普通高等教育“十四五”省级规划教材

工程结构

GONGCHENG JIEGOU

（第2版）

主　编　金恩平

副主编　谢　强　刘海阳　张沛沛　张　威

西安交通大学出版社
XI'AN JIAOTONG UNIVERSITY PRESS
国家一级出版社
全国百佳图书出版单位

内容简介

本书共分九章，主要内容包括：导论、结构作用与荷载计算、工程结构设计的基本原理、钢筋混凝土结构构件设计、钢筋混凝土结构单元设计、高层钢筋混凝土结构设计、砌体结构设计、钢结构设计、地基与基础设计。

本书可作为高等学校工程管理、工程造价、房地产开发与管理、物业管理、建筑学及土木工程等专业的教材，也可供从事工程结构设计、工程施工、工程管理、工程监理及工程咨询等工程技术人员参考使用。

图书在版编目(CIP)数据

工程结构/金恩平主编. —西安：西安交通大学出版社，2022.6
ISBN 978-7-5693-2317-7

Ⅰ. ①工… Ⅱ. ①金… Ⅲ. ①工程结构 Ⅳ. ①TU3

中国版本图书馆 CIP 数据核字(2021)第 206352 号

书　　名 工程结构
主　　编 金恩平
责任编辑 郭鹏飞
责任校对 李　佳

出版发行 西安交通大学出版社
(西安市兴庆南路 1 号　邮政编码 710048)
网　　址 http://www.xjtupress.com
电　　话 (029)82668357　82667874(市场营销中心)
(029)82668315(总编办)
传　　真 (029)82668280
印　　刷 陕西龙山海天艺术印务有限公司

开　　本 787mm×1092mm　1/16　**印张** 20.5　**字数** 511 千字
版次印次 2022 年 6 月第 1 版　2022 年 6 月第 1 次印刷
书　　号 ISBN 978-7-5693-2317-7
定　　价 56.00 元

如发现印装质量问题，请与本社市场营销中心联系。
订购热线：(029)82665248　(029)82667874
投稿热线：(029)82669097
读者信箱：lg_book@163.com

第1版前言

近年来，随着高等院校工程管理、建筑学与城镇规划等相关专业的不断发展，如何依据专业人才培养目标和专业教学指导委员会拟定的专业课程教学大纲，构建各门课程的教学内容，编写适用的教材，是当下教学工作中亟待解决的问题。

工程结构是一门重要的专业技术课程，其内容多、公式多、构造规定多，具有较强的理论性与实践性。在专业教学过程中，限于课时相对较少，需要解决三个基本问题：一是处理好与其他课程（如工程力学、工程材料、工程图学、建筑学等）的贯通与衔接关系；二是对本课程所涉及研究对象（如结构设计基本原理与工程制图方法和手段，一般结构设计与抗震设计，地上工程与地下工程，房屋建筑与道路桥梁，钢筋混凝土结构、钢结构与砌体结构等）的取舍；三是对本课程认知与把握的深度，基于现行规程、规范的技术运用，或理论研究与技术运用的并进。良好教学效果的获得与这些问题的解决有着密切的关系。近年来，国内同仁们虽然对这些问题经过了认真的探讨，取得了可喜的成绩，但从专业教学的实践层面上看，仍有很大的提升空间。

在本书的编写过程中，我们致力于突出以下特色：

(1)教学内容的渐进性与理论知识的系统性相结合，从结构设计的基本原理，到结构设计方法，再到结构施工图的表达方法，由浅入深地进行讲解；

(2)专业教学内容与工作岗位需求相结合，培养符合社会需求的应用型人才；

(3)规范性的理解与运用相结合，这也是当前工程结构课程教学中较为缺乏的方面。

本书由金恩平任主编，谢强、刘海阳任副主编，张丹丽、郑鑫轲、胡宗微参加了编写工作。具体编写分工如下：金恩平编写第1章、第4章；谢强编写第8章、第9章；刘海阳编写第5章、第6章；张丹丽编写第3章；郑鑫轲编写第2章；胡宗微编写第7章；全书由金恩平统稿。

由于编者水平有限，书中难免存在疏漏之处，敬请广大读者批评指正。最后，对兰州理工大学朱彦鹏教授的帮助表示感谢，对所参考教材与文献的作者们表示感谢。

编　者

第 2 版前言

本书第 1 版在 2016 年出版以后，蒙兄弟院校作为教材使用，并提出不少宝贵的意见和建议。现依据这些意见和建议，以及《河南省教育厅决定开展河南省普通高等教育“十四五”规划教材建设工作的通知》[教高(2020)283 号]要求，对教材进行了修订。

在保证第 1 版教材特色的基础上，第 2 版进一步凸显教材内容的抽象与直观结合、理论分析与实践运用紧密衔接等特点，体现新时代要求下的“适度、够用”原则，并主要修改了以下内容：

(1)在各章节增设了适量的习题与设计案例；

(2)对原版中“工程结构抗震设计”“温度作用”“预应力混凝土构件设计”“砌体结构设计”等教学内容进行了简化。

另外，在有关章节中，对文字叙述、公式与图片表达进行了润色与修改。

本书由金恩平任主编，谢强、刘海阳、张沛沛、张威任副主编。本书编写人员具体负责章节如下：金恩平编写第 1 章、第 4 章 4.1～4.4 节，谢强编写第 8 章，刘海阳编写第 5 章，张沛沛编写第 9 章及第 4 章 4.5～4.6 节，张威编写第 6 章，张丹丽编写第 3 章，郑鑫轲编写第 7 章，胡宗微编写第 2 章。全书由金恩平、张扬统稿审阅。

恳切希望广大兄弟院校师生及相关读者继续对本书进行严格审查，以便后续修订。

谢谢！

编者

2021 年 8 月

目　录

第1章　导　论

【教学目标】

本章主要讲述工程结构基本概念、主要结构类别与特点，以及工程结构设计原则与基本方法。本章学习目标如下：

(1)掌握工程结构定义；

(2)熟悉工程结构基本类别及其特点；

(3)了解工程结构设计基本原则和结构设计方法演变。

【教学要求】

知识要点	能力要求	相关知识
工程结构基本概念	(1)掌握工程与工程结构、建筑与建筑结构、结构构件、结构单元和结构体系概念 (2)掌握结构设计使用年限、结构设计规范定义	(1)工程结构中力学知识 (2)工程结构与工程实体基本关系
工程结构基本类别、特点	(1)熟悉混凝土结构、钢结构、砌体结构类别与特点	(1)工程结构发展史 (2)各类工程结构应用及特点
工程结构设计基本原则与方法	(1)了解工程结构设计基本原则 (2)了解工程结构设计方法演变	(1)工程结构设计与物理学、天文学、地质学、高等数学等关系

1.1　工程结构的相关概念

为了准确理解工程结构设计及其涉及的内容，本书根据《工程结构设计基本术语标准》(GB/T 50083—2014)、《建筑结构可靠性设计统一标准》(GB 50068—2018)等现行规范，并参考现代汉语词典和其他文献，对书中与工程结构设计有关的概念给予说明。

1. 工程与工程结构

在现代社会中，工程可以泛指由若干人为达到某种目的，在一段较长时间内进行协作活动的过程，如南水北调工程、教育工程、扶贫工程等。然而，工程的有些意义多是在其本意上的拓展。工程的本意原是指土木构筑及社会生产、制造部门用比较大而复杂的设备进行的活动，如土木、机械、化工、水利等类的工作，其成果多为实体产品。总体上讲，工程可定义为人们经营的一项活动及其产品。

土木工程是工程的一部分，是人们为了满足生产、生活和学习等活动的需要，利用工程材料及技术手段而营造的空间场所，即土木类的活动与产品。

土木工程的英文是 civil engineering，可直译为民用工程，多指建筑物、构筑物及其建造活动。随着社会的发展，土木工程的活动范围越来越广，不同使用功能要求的对象也越来越多，如住宅、公共建筑、厂房、道路、桥梁、堤坝等。在这些营造物中，由某些工程材料筑成并能承受外在影响而起骨架作用的构架，称为土木工程结构，简称为工程结构。

工程结构是土木工程建设主要研究的对象之一。工程实体要满足人们预期的可靠性要求，熟练掌握与运用工程结构的理论知识与设计技术是十分重要的。

2. 建筑与建筑结构

“建筑”一词的含义较广。《工程结构设计基本术语标准》(GB/T 50083—2014)对“建筑”的定义是：建筑物，即人类建造活动的一切成果，如房屋建筑、桥梁、码头、水坝等。房屋建筑以外的其他建筑物有时也称构筑物。《现代汉语词典》(第6版)对“建筑”的名词解释是：建筑物，即人工建造的供人们进行生产、生活等活动的房屋或场所，如住宅、厂房、车站等。有些文献认为：建筑是建筑物与构筑物的统称，建筑物是人工建造的供人们进行活动的房屋或场所；构筑物是服务于人们活动的土木工程设施，如水塔、烟囱、纪念碑、电视塔等。总体来看，建筑是土木工程的一部分，其名词含义通常是指房屋建筑物与构筑物。建筑可以根据不同的标准进行分类，如按照使用的功能可以分为民用建筑、工业建筑、农业建筑等。

在建筑中起骨架作用的构架也就是建筑物或构筑物的结构，即建筑结构。建筑结构是建筑物赖以存在的物质基础，为建筑的持久作用和美观服务，并为人的生命及财产提供安全保障。

3. 结构构件、结构单元和结构体系

本书以房屋建筑物为例，解释结构构件、结构单元和结构体系的内涵及其关系。

房屋建筑物是由诸多构件组成的集合体，包括结构构件和非结构构件。对于结构构件，不同文献上的解释存在差异，或认为是组成建筑物结构的单元，或认为是在物理上可以区分出的部件。本书界定为：结构构件是组成建筑物结构的基本部件，如梁、板、柱、墙、杆、拱、壳、索、膜等；结构单元是由两个及两个以上基本部件组成的集合，如板-梁结构单元、梁-柱结构单元等；结构体系既可以解释为由诸多结构构件有机组合而成的传力系统，也可以解释为由多个结构构件与结构单元有机组合而成的传力系统。图1-1所示的钢筋混凝土框架结构的基本结构构件有楼板、框架梁、框架柱与柱下独立基础；若楼板与框架梁整体现浇，则构成了板-梁结构单元。

在实际工程中，建筑结构的复杂程度不一，结构体系也有繁简之别。一个结构构件或一个结构单元可以构成一个结构体系。一般情况下，房屋建筑物的结构体系包括多个结构构件或多个结构单元。

根据结构构件或结构单元的主导作用，房屋建筑物的结构体系可划分为三部分，即水平分体系、竖向分体系和基础分体系。

1)水平分体系

水平分体系主要指楼盖单元。按照所在部位，楼盖分为屋盖和楼层，前者也称顶层盖板；后者是多、高层建筑物的上下分隔板，又称楼板层。楼盖单元的主要类型有楼面板单元、楼面板与楼面梁组成的板-梁单元等。楼盖单元主要承受楼盖构件及其构造层的自重恒载、楼盖的活荷载等。

2)竖向分体系

竖向分体系是指竖向结构体系，一般由墙、柱等构件构成。竖向分体系既承受竖向荷载产生的内力效应，又承受水平作用(如风荷载、地震作用等)产生的内力效应，其将水平分体系和

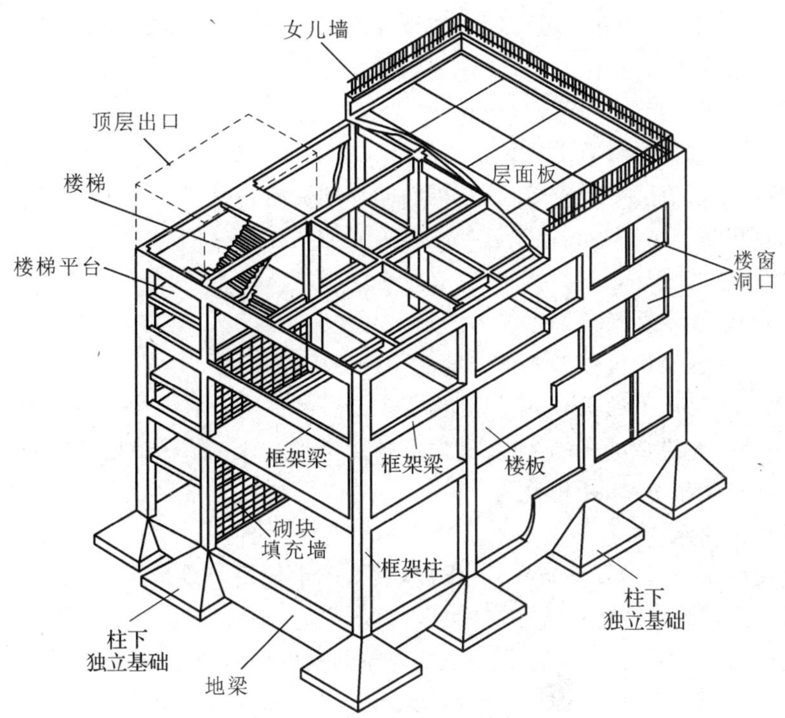

图 1-1 钢筋混凝土框架结构的基本结构构件

自身的受力传至基础。

常见的竖向分体系主要有砌体承重墙体系、排架体系、框架体系、剪力墙体系、框架-剪力墙体系和筒体体系。

3)基础分体系

基础分体系是指由承受竖向力与水平力的结构构件所构成的承重体系，其将上部结构的荷载传给相应的持力层，即地基。基础分体系根据埋置深度一般分为浅基础和深基础。浅基础的埋深比较浅，一般为 1～6 m(不包括 6 m)。常见的浅基础有无筋扩展基础、扩展基础(钢筋混凝土条形基础和钢筋混凝土柱下独立基础等)。深基础的埋层较深，一般大于或等于 6 m。常见的深基础有桩基础、筏形基础和箱形基础等。

4. 结构概念设计

目前，工程结构设计规范对结构概念设计尚无明确的定义。有些专家在相关文献中参照抗震概念设计的定义，对结构概念设计的基本内容作了说明，并没有给出明确的定义。在工程结构设计中，结构概念设计工作是存在的，结构设计人员严格遵循结构设计规范的要求，将其作为数值计算的定性说明。只有在结构抗震设计时，抗震概念设计才凸显其地位和重要程度。

从整体角度看，结构概念设计包括一般结构概念设计和抗震概念设计。一般结构概念设计既可以理解为对各种结构体系进行设计的一般要求，也可以理解为针对单层、多层建筑结构进行设计的基本要求。在目前的结构设计规范和具体结构设计中多指后者，抗震概念设计主要针对高层建筑结构设计的特殊要求。

基于上述解释，为了理解和运用的方便，本书给出结构概念设计的一个定义：为使建筑物设计方案具有功能优、造型美、技术先进、经济合理和施工便利等特点，根据工程理论、试验研究结果和工程经验等形成的基本设计原则与设计思想，对建筑结构进行总体布置，并确定其细部构造的过程。结构概念设计包括以下主要内容：

(1)结构平面、竖向布置及形态分析；

(2)结构体系的选择及材料的应用；

(3)结构数值分析方法的确定，包括结构的非弹性性能和弹塑性性能；

(4)建筑场地、基础结构及其相关设计影响因素的选择与分析；

(5)非结构构件的设计；

(6)整体结构的稳定性及抗倒塌能力的设计与控制；

(7)其他有关保证结构可靠性要求的细部构造措施的确定。

总之，随着建筑物规模的扩大、建筑结构复杂程度的加剧及对结构抗震性能要求的不断提高，结构概念设计的重要性越来越突出。并且，结构概念设计与结构数值计算是不能截然分开的，两者互相影响、互相协调、互相整合。

5. 结构设计使用年限

结构设计使用年限是指在正常设计、正常施工、正常使用与维护下，结构或结构构件不需要进行大修即可实现预定目标的使用时间。这里所说的“正常”是指在结构设计预定条件内的外在作用下发生，否则均为“非正常”。非正常现象的发生是不受结构设计使用年限限制的。

正常情况下，各类工程结构的设计使用年限是不统一的，如桥梁结构的设计使用年限就比房屋结构的设计使用年限长。《建筑结构可靠性设计统一标准》(GB 50068—2018)将建筑结构的设计使用年限分为四个类别，其具体规定见表 1－1。

表 1－1　建筑结构的设计使用年限分类

类　别	设计使用年限/年	示　　例
1	5	临时性结构
2	25	易于替换的结构构件
3	50	普通房屋和构筑物
4	100	纪念性建筑和特别重要的建筑结构

需要注意的是，结构的设计使用年限与结构的使用年限是不完全相同的。例如，当结构的使用年限超过结构设计使用年限(如 50 年)时，一般情况下，其失效概率将会逐年增大，但结构尚未报废，经过适当维修后，仍可能正常使用，不过其继续使用的年限必须经鉴定确定。

6. 结构设计规范

工程设计规范是国家、行业部门及地方政府颁布的对工程设计工作要求的基本规则，是具有约束性的法规性条文。工程设计规范一般包括总体目标的技术描述、功能的技术描述、技术指标的技术描述及限制条件的技术描述等。

结构设计规范是工程设计规范的主要组成部分，是关于结构设计技术和构造要求的技术规定与标准。其为工程结构设计、校核、审批工程设计等工作提供了标准和依据。

目前，现行的结构设计规范很多。本书所涉及的现行结构设计规范主要有《建筑结构可靠性设计统一标准》(GB 50068—2018)、《混凝土结构设计规范》(GB 50010—2010)、《砌体结构设计规范》(GB 50003—2011)、《钢结构设计规范》(GB 50017—2017)、《建筑结构荷载规范》

(GB 50009—2012)、《建筑抗震设计规范》(GB 50011—2010)、《建筑地基基础设计规范》(GB 50007—2011)和《高层建筑混凝土结构技术规程》(JGJ 3—2010)。

1.2　工程结构的类别

工程结构的分类方法很多。按照结构受力与构造特点,工程结构可分为混合结构、排架结构、框架结构、剪力墙结构和其他结构;按照结构受力分析和空间构成,工程结构可分为平面结构和空间结构;按照结构所用的材料,工程结构可分为混凝土结构、砌体结构、钢结构和木结构;等等。

本书主要介绍混凝土结构、砌体结构和钢结构。

1.2.1　混凝土结构

混凝土结构是以混凝土和钢材为基本材料制成的结构形式,可分为素混凝土结构、钢筋混凝土结构、劲性混凝土结构、预应力混凝土结构和钢管混凝土结构等(见图 1-2)。混凝土结构具有刚度大、可模性好、整体性好、耐久性好、耐火性好等优点,但也存在自重大、抗裂性能差、施工复杂、隔热与隔声性能较差等缺点。

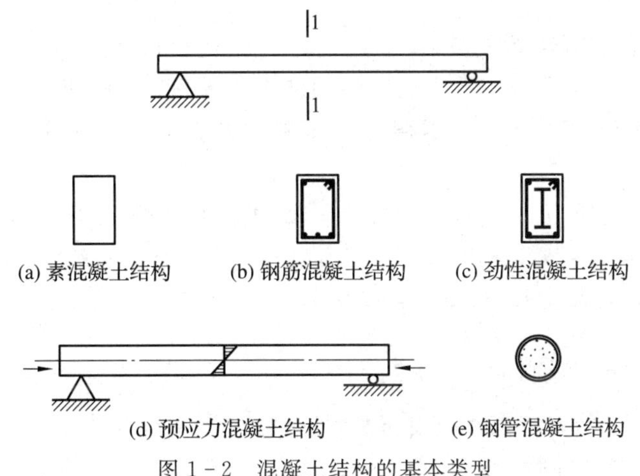

图 1-2　混凝土结构的基本类型

目前,混凝土结构已经是多种结构中使用最为普遍的一种结构形式。随着工程实践、理论研究、新材料与新工艺的较快发展,混凝土结构在其所用材料和配筋方式上有了许多新进展,也形成了一些新的混凝土结构形式,如高性能混凝土结构、纤维增强混凝土结构和钢-钢混凝土组合结构等。

1.2.2　砌体结构

砌体结构是一种古老的工程结构形式,它是以砖、石和砌块为块体,用砂浆砌筑而成的墙、柱作为建筑物主要受力构件的结构,也称为砖石结构。根据块体材料的不同,砌体结构可分为砖砌体结构、砌块砌体结构与石砌体结构。砌体结构取材方便,具有良好的保温、隔热、隔声等性能,其造价低且施工简单,但强度较低,整体性较差。为了提高砌体的抗压、抗剪和抗弯能力,可以在砌体中配置一定量的钢筋或钢筋混凝土,因而砌体结构又有无筋砌体结构和配筋砌体结构之分。目前，工程中的砌体结构多是指由混凝土构件和砂浆砌筑而成的墙、柱构件组合而成的砖混结构。

当前，砌体结构的发展主要表现在以下几个方面。

1. 开发新材料

研究轻质、高强度且低能耗的砖、砌块；积极开发研究节能环保的新型材料，如蒸压灰砂废渣制品；利用页岩生产多孔砖和废渣轻型混凝土墙板等。

2. 使用机具的研制和定制生产

砌体施工中，机具（如铺砂浆器、小直径振捣棒、小型灌孔混凝土浇筑泵、小型钢筋焊机、灌孔混凝土检测仪等）的合理使用对保证配筋砌块结构的质量十分重要。

3. 砌体结构破坏机理和受力性能的研究

我们可以从砌体结构理论方面对砌体结构破坏机理和受力性能作进一步研究。通过数学和力学模式，建立完善与精确的砌体结构理论；用适合于砌体结构特点的模型和手段，研究砌体结构的本构关系和基本工作原理，研究砌体结构的各种力学行为，研究结构整体工作性能及砌体结构的评估、修复和加固等。

1.2.3 钢结构

钢结构主要是指用钢板、热轧型钢、冷加工成形的薄壁型钢和钢管等构件经焊接、铆接或螺栓连接组合而成的，以及以钢索为主材建造的结构。从建筑结构的力学模型角度看，钢结构常见的形式主要有四种，即大跨度屋盖结构、多高层钢结构建筑、单层厂房的横向平面框架结构及门式刚架。

钢结构的优点是材质均匀、物理力学性能可靠、塑性与韧性好、强度高、重量轻、密封性好、制作加工方便、工业化程度高、工期短、抗震性能较好。在国内外历次地震的案例比较分析中，钢结构的损坏最轻。因此，钢结构已被公认为是抗震设防地区，尤其是强震区的最佳结构形式。

钢结构也存在着很明显的缺点。首先，钢结构的耐火性较差，当钢材的表面温度在 150 ℃以内时，其强度变化不大，但当钢材的表面温度达到 600 ℃时，其强度几乎降至零。裸露的钢结构在火灾温度下，15 分钟后会完全丧失承载能力。其次，钢结构的耐腐蚀性差，易锈蚀，在潮湿、有腐蚀性气体的环境中，钢材的腐蚀速度会快速上升，缩短结构的工程寿命。再次，钢结构在低温条件下可能发生脆性断裂。

由于钢结构具有高强度、高性能、高绿色环保的优异特征和良好的抗震性能，因而目前在建筑方面的应用范围迅速扩展，主要应用在大跨度建筑的屋盖结构、工业厂房的承重骨架和吊车梁、轻型房屋钢结构、塔桅结构、容器和管道等壳体结构、高层和超高层建筑等方面。

1.3 工程结构设计的原则与方法

建筑物的产生与发展大致可分为三个阶段，即决策阶段、实施阶段和使用阶段（或运营阶段）。在统一活动过程中，虽然每个阶段所涉及的工作内容各有侧重，但彼此又要协调配合。

实施阶段的主要任务是建筑物的设计与施工。建筑物的设计主要包括设计前准备和施工图设计两部分。对小型、技术简单的建筑物，施工图设计可细分为方案设计和施工图设计两个阶段；对一些重大工程建设项目，施工图设计可细分方案设计、初步设计、技术设计和施工图设计四个阶段。总体来讲,实施阶段设计过程的最终结果是施工图及设计文件,其内容主要包括建筑施工图、结构施工图和设备安装施工图(如给排水设备安装施工图、采暖通风设备安装施工图、建筑电器设备安装施工图、燃气设备安装施工图等)。

1.3.1 结构的可靠性

可靠性、经济性和美观性是建筑物所应体现出的基本功能。确保建筑物存在的可靠性既是结构设计的基本任务,也是其他功能赖以存在的前提。

结构的可靠性是指结构在规定的时间内,在规定的条件下,完成预定功能的能力,主要包括安全性、适用性和耐久性三个方面。这里所说的规定时间是指结构的设计使用年限。

1. 安全性

安全性是指建筑结构应能承受在正常设计、正常施工和正常使用过程中可能出现的各种作用(如荷载、外加变形、温度、收缩等),以及在偶然事件(如地震、爆炸等)发生时或发生后仍能保持必要的整体稳定性,不致发生倒塌的工作性能。

2. 适用性

适用性是指建筑结构在正常使用过程中,结构及其构件所应具有的良好工作性能。由于外在作用的随机性、结构及其构件自身抗力的变化、施工和使用过程中的人为或非人为等因素的影响,结构及其构件会产生一定程度的变形、裂缝或振动,这些现象中大多都是正常的、不可避免的,它们不会影响建筑结构的正常使用。

3. 耐久性

耐久性是指建筑结构在正常使用、正常维护的条件下,结构及其构件具有足够的安全性和适用性的能力,并保持建筑的各项功能直至达到结构设计使用年限。例如,工程使用材料的锈蚀、腐蚀和风化,构件保护层过薄及出现过宽裂缝等,都是影响结构及其构件耐久性的因素,由于它们大多很难进行确切的定量计算,通常需要采用相应的构造和预防措施提供保障。

1.3.2 工程结构设计的原则

结构设计是结构工程师工作的基本内容。在结构设计时,一般应遵循工程设计的基本原则,依据建筑物的重要性等级,保证结构体系与结构基本构件能在预定的时间内及规定的条件下,完成预定的功能。其主要涉及结构体系设计原则、结构缝的设计原则、结构构件的连接与构造原则三个方面。

1. 结构体系设计原则

(1)结构的平面、立面布置宜简单、规则、均匀、连续,高宽比和长宽比应适当。

(2)根据建筑物的使用功能布置结构体系,合理确定结构构件的形式。

(3)结构传力途径应简捷、明确,关键部位宜有多条传力途径,垂直构件宜竖向对齐。

(4)宜采用超静定结构,并增加重要构件的冗余约束。

(5)结构的刚度和承载力宜均匀、连续。

(6)为避免连续倒塌,必要时可设置结构缝,将结构分割为若干独立的单元。

(7)结构设计应有利于减小偶然作用效应的影响范围,避免结构发生与偶然作用不相匹配的大范围破坏或连续倒塌。

(8)减小环境条件对建筑结构耐久性的影响。

(9)符合节省材料、降低能耗和保护环境的要求。

2. 结构缝的设计原则

(1)根据结构体系的受力特点、尺度、形状和使用功能,合理确定结构缝的位置和构造形式。

(2)结构缝的构造应满足相应功能(伸缩、沉降、防震等),并宜减少结构缝的数量。

(3)结构可根据需要在施工阶段设置临时性的缝,如收缩缝、沉降缝、施工缝、引导缝等。

(4)采取有效措施减少结构缝对使用功能带来的不利影响。

3. 结构构件的连接与构造原则

(1)连接处的承载力应不小于被连接构件的承载力。

(2)当混凝土结构与其他材料构件连接时,应采用适当的连接方式。

(3)考虑构件变形对连接节点及相邻结构或构件造成的影响。

1.3.3 工程结构设计的基本方法

1. 现代结构设计方法的演变

自 19 世纪初期以来,建筑物的结构设计方法经历了容许应力法、破损阶段设计法和极限状态设计法三个发展阶段。

1)容许应力法

容许应力法是于 1826 年提出的一种传统工程结构设计方法。该方法假设材料为均匀弹性体,通过分析结构受到的外界作用,计算出危险截面上的应力分布值,确定关键点上的工作应力值不超过材料的容许应力。其容许应力值是将材料强度除以大于 1 的安全系数得到的。这种方法的主要依据是结构分析理论、材料与构件的试验成果及荷载测试,安全方面则取决于安全系数的取值。

容许应力法的表达形式简单,计算方便,易于掌握,已沿用至今。容许应力法的缺点是:单一安全系数是一个笼统的经验系数,给定容许应力就不能保证各种结构均具有比较一致的安全水平;也未考虑荷载增大的不同比率或具有异号荷载效应情况对结构安全的影响。例如,在应力分布不均匀的情况下,对受弯构件、受扭构件或静不定结构进行内力分析时,这种方法就较为保守。

2)破损阶段设计法

破损阶段设计法是于 20 世纪初提出的一种工程设计方法。该法是以构件的极限承载力为依据,要求荷载的数值乘以一个大于 1 的安全系数后不超过构件的极限承载力。若结构满足这些条件,则认为是绝对安全的;反之,则认为是绝对不安全的。

这种方法考虑了材料的塑性变形性能,可以充分发挥材料的潜力,也比较符合实际情况。这种方法的缺点是,安全系数是由经验确定的不变的数值,且只考虑了构件的承载力,没有考虑其在正常使用情况下的变形和裂缝。

3)半经验半概率的极限状态设计法

自 20 世纪 40 年代美国学者提出了结构失效概率的概念后,20 世纪 50 至 60 年代,半经验半概率的极限状态设计法逐步进入工程设计领域。该方法规定了三种极限状态(承载能力、变形、裂缝),并分别进行计算或验算。对于安全系数,按照荷载、材料、工作条件等不同情况,采用不同的数值来表达。这种结构设计法提出了结构极限状态的概念,既考虑了构件的承载力问题，又考虑了其在正常使用情况下的变形和裂缝问题，同时在确定荷载和材料强度的取值时引入了数理统计的方法，并与工程经验相结合，以确定一些设计使用的数值。

但是，该法在保证率的确定、相关系数的取值等方面仍由工程经验确定。在这方面，其与容许应力法、破损阶段设计法一样，均属于定值法的范畴。

2. 基于概率理论的极限状态设计法

20 世纪 80 年代，在半经验半概率的极限状态设计法的基础上，国际上提出了基于概率理论的极限状态设计法。该法以概率论和结构可靠度理论为基础，综合考虑了影响结构安全的各种因素，通过概率统计方法和可靠度指标将各种影响因素转化为多个分项安全系数，并以极限状态为结构的设计状态，用概率论处理结构的可靠性问题。极限状态分为承载力极限状态与正常使用极限状态。这种方法更加全面地考虑了影响结构安全的各种因素的客观变化与差异，使得设计参数更加合理，结构的安全性和经济性得到了更好的协调统一。

基于概率理论的极限状态设计法较之半经验半概率的极限状态设计法又向前发展了一步，两者在设计表达式的表达方式上及运算过程中存在一定程度的相似性，但本质上有所区别。基于概率理论的极限状态设计法，运用概率的方法给出结构可靠度的计算，已不再属于定值法的范畴，而属于概率法的范畴。

目前，我国现行的建筑结构设计规范运用了基于概率理论的极限状态设计法，遵循了《建筑结构可靠性设计统一标准》(GB 50068—2018)的基本设计原则，并规定了采用该法进行结构设计时需要解决的几个问题。

(1)确定结构构件的计算简图。选择适宜的结构形式，合理进行结构平面布置，通过合理的简化，确定结构的计算单元和计算简图，包括构件截面尺寸的选择、计算跨度的确定、荷载的取值，不同的荷载有不同的计算简图。

(2)选择结构材料及相应的强度等级。

(3)采用力学方法进行荷载效应的分析计算，利用荷载效应组合公式进行荷载效应组合设计值的计算。

(4)根据荷载效应组合设计值，确定构件抗力；根据相应公式进行抗力计算，如确定构件配筋等。

【拓展与应用】

国家游泳中心的设计与建造

国家游泳中心，别名水立方，位于北京市朝阳区北京奥林匹克公园内，始建于 2003 年 12 月 24 日，于 2008 年 1 月正式竣工。2020 年 11 月 27 日，国家游泳中心改造为冬奥会冰壶场馆，水立方变身为冰立方。

水立方，是一个 177 m×177 m 的方型建筑，高 31 m，看起来形状很随意的建筑。立面遵循严格的几何规则，立面上的不同形状有 11 种；内层和外层都安装有充气的枕头。表面梦幻般的蓝色来自外层气枕的薄膜结构，因为弯曲的表面反射阳光，使整个建筑表面看起来像是阳光下晶莹的水滴。如果置身于水立方内部，则感觉会更奇妙：显现在视野中的，是宛如海洋环境里面的一个个水泡。水立方的内外立面膜结构共由 3065 个气枕组成，其中最小的 1～2 m^2，最大的达到 70 m^2，总覆盖面积达到 10 万 m^2，展开面积达到 26 万 m^2。上万个位置不同的钢构件组成空间钢架结构，场馆内部是一个六层楼建筑，平面呈正方形。

水立方，目前是世界上最大的膜结构工程，建筑外围采用世界上最先进的环保节能 ETFE 膜材料。它集建筑学、结构力学、精细化工、材料科学与计算机技术等为一体，建造出具有标志性的空间结构形式。它充分体现出结构的力量美，人们可以尽情享受大自然般的浪漫空间。

思考练习题

1. 什么是工程结构？从结构受力分析角度看，工程结构大致可分为哪几类？
2. 工程结构设计的原则是什么？
3. 简述混凝土结构、砌体结构和钢结构的优缺点。
4. 试述工程结构设计方法的发展与演变。
5. 简述工程结构设计规范及规程与工程结构设计的关系。
6. 概念解释：结构构件、结构体系、结构设计使用年限、结构使用年限。

第2章 结构作用与荷载计算

【教学目标】

本章主要讲述工程结构上作用与荷载的概念与分类、主要结构荷载值的计算与规定。本章学习目标如下：

(1)掌握结构作用与荷载概念与分类；

(2)熟悉荷载标准值、代表值及其组合值计算与规定。

【教学要求】

知识要点	能力要求	相关知识
结构作用与荷载概念与分类	(1)掌握结构作用、荷载的概念 (2)掌握结构荷载的类别	熟悉《建筑结构荷载规范》(GB50009－2012)
荷载标准值、代表值和荷载组合值计算与规定	(1)熟悉永久荷载与活荷载计算方法与规定 (2)熟悉结构荷载代表值和组合值计算方法与规定	熟悉《建筑结构可靠性设计统一标准》(GB50068－2018)

2.1 结构作用与荷载的概念

结构作用，是指施加在结构上的集中力或分布力及引起结构外加变形或约束变形的原因。现行《建筑结构可靠性设计统一标准》(GB 50068—2018)中，将施加在结构上的集中力或分布力称为直接作用，如各种土木工程结构的自重、土压力、房屋建筑中楼面上的人和家具等的重量；将引起结构外加变形或约束变形的原因称为间接作用，如地基变形、混凝土收缩徐变、焊接变形、温度作用和地震作用等。直接作用是以外加力的形式直接施加在结构上，与结构本身的性质无关；间接作用不是以外加力的形式直接施加在结构上，它们的大小与结构本身的性质有关。

从产生的效果角度看，直接作用和间接作用都能使结构或构件产生结构效应，如应力、位移、应变等。在结构设计中，为了便于使用和交流，通常将结构作用统称为广义上的荷载。

本书所说的荷载是指施加在结构上的直接作用。

2.2 荷载的分类

对于某个特定的工程结构，作用于其上的荷载类型较多。在结构设计时，首先要分析工程结构在使用过程中可能会出现哪些荷载，它们产生的背景和特点，哪些在时间和空间上是独立的，哪些可能是相互关联或不能独立存在的，然后将它们按不同的标准进行分类，最后进行定量计算。

通常情况下，结构上的荷载类别可以按照时间变异、空间位置变异、结构反应特点、荷载作用方向、荷载的实际分布情况等标准进行划分。

1. 按时间的变异分类

(1)永久荷载(亦称恒载)。永久荷载是指在结构设计使用年限内,其值不随时间变化,或其变化幅度与平均值相比可以忽略不计,或其变化是单调的并能趋于限值的荷载。如结构构件及配件的自重、土压力、预应力等。

(2)可变荷载(亦称活载)。可变荷载是指在结构设计使用年限内,其值随时间变化,且其变化幅度与平均值相比不可以忽略不计的荷载。如楼面活荷载、屋面活荷载、积灰荷载、吊车荷载、风荷载、雪荷载、温度作用等。

(3)偶然荷载。偶然荷载是指在结构设计使用年限内不一定出现,而一旦出现其量值很大,且持续时间很短的荷载,如爆炸力、撞击力等。

2. 按空间位置的变异分类

(1)固定荷载。固定荷载是指在结构空间位置上固定分布的荷载,如结构的自重、固定设备的自重等。

(2)自由荷载。自由荷载是指在结构空间位置上的一定范围内可以任意分布的荷载,如起重机荷载、人群荷载等。

3. 按结构的反应特点分类

(1)静态荷载(亦称静载)。静态荷载是指使结构或结构构件不产生加速度,或其加速度可以忽略不计的荷载。如住宅与办公楼的楼面活荷载、结构构件的自重等。

(2)动态荷载(亦称动载)。动态荷载是指使结构或结构构件产生的加速度不可忽略不计的荷载。如吊车荷载、设备振动荷载、起重机荷载、作用在高耸结构上的风荷载等。

4. 按荷载作用的方向分类

(1)竖向荷载。竖向荷载一般是指由重力作用引起的荷载,如结构构件的自重、屋面活荷载、屋面积灰荷载和屋面雪荷载等。此外,还有地震产生的竖向作用。

(2)水平荷载。水平荷载是指由风作用产生的荷载,以及斜柱等产生的水平方向荷载,亦称侧向荷载或横向荷载。此外,还有地震产生的水平作用。

(3)冲击荷载。冲击荷载一般是指一种侧向荷载。例如,运行中的电梯对电梯井壁产生的侧向作用,高层建筑中楼梯间的墙体在火灾时受到的侧压力等。

5. 按荷载的实际分布情况分类

(1)分布荷载。一般情况下,分布荷载总是与建筑结构有一定的接触面积,当接触面积较大,并按一定几何关系分布时,称为面荷载,如均匀分布面荷载、三角形分布面荷载等。其中,对可以将面荷载视为集中在一条线上分布的荷载,称为线荷载,如均匀分布线荷载(简称均布线荷载)、三角形分布线荷载等。

(2)集中荷载。集中荷载是指荷载分布面积不大,可以将其近似认为集中于一点的荷载。

2.3 荷载标准值的计算及规定

荷载标准值,是指在设计基准期内最大荷载统计分布的特征值,如均值、众值、中值或某个分位值等。所谓设计基准期,是指为确定可变荷载及与时间有关的材料性能等取值而选用的时间参数,它与结构设计年限不是一个概念。我国建筑结构的设计基准期为 50 年,其他工程结构的设计基准期应按相应设计规范确定,如我国桥梁结构的设计基准期为 100 年。

在结构设计使用年限内,荷载是个随机变量。若有足够的荷载统计资料,则可以绘制其最大值的概率分布，通过在设计基准期内对统一规定的概率分布的分位值百分数进行分析，就能比较准确地获得具有某种保证率的荷载最大值。然而，在结构设计使用期间，仍有可能出现量值大于标准值的荷载，只是出现的概率比较小。为了解决这个问题，通常根据历史记载、现场观测和试验等，并结合工程经验进行综合的分析和判断，在不同的历史时期加以调整和确定。

现行《建筑结构荷载规范》(GB 50009—2012，以下简称《荷载规范》)给出了各种荷载的标准值计算方法及其基本数据。

2.3.1　永久荷载标准值的计算及规定

永久荷载包括结构构件、围护构件、面层及装饰、固定设备、长期储物的自重，土压力、水压力，以及其他需要按永久荷载考虑的荷载。

1. 结构自重的标准值

结构自重，是指结构构件(梁、板、柱、墙、支撑等)和非结构构件(抹灰、饰面材料、填充墙、吊顶等)由于地球引力所产生的重力。通常情况下，只要知道结构构件的尺寸及所使用的材料，就可以按结构构件的设计尺寸和材料单位体积的自重计算确定。在建筑工程中，组成结构的各种构件可能采用多种材料，若计算结构总自重，可将其划分为若干基本构件，首先计算基本构件的重量，然后再进行叠加即得结构总自重(G_k)。其计算公式为：

$$G_k = \sum_{i=1}^{n} \gamma_i V_i \tag{2-1}$$

式中：n——组成结构的基本构件数；

γ_i——第 i 个基本构件的单位自重，N/m^3，对于一般材料的单位自重可取其平均值，对于自重变异较大的材料，自重的标准值应根据对结构的不利或有利状态，分别取上限值或下限值，常用材料单位体积的自重可按《荷载规范》附录 A 采用；

V_i——第 i 个基本构件的体积，m^3。

例如，某矩形截面钢筋混凝土梁的计算跨度 $l_0 = 2$ m，截面尺寸 $b \times h = 200$ mm$\times$500 mm，钢筋混凝土的自重取 25 kN/m^3，则该梁沿跨度方向的自重标准值 $G_k = 0.2 \times 0.5 \times 25 = 2.5$ kN/m。

为了应用方便，有时可把建筑物看成一个整体，将结构每层的自重转化为平均楼面荷载进行近似估算。对于钢结构建筑，平均楼面荷载为 2.48～3.96 kN/m^2；对于钢筋混凝土结构建筑，平均楼面荷载为 4.95～7.43 kN/m^2；对于预应力混凝土结构建筑，平均楼面荷载可取为普通钢筋混凝土结构建筑自重的 70%～80%。

需要指出的是，在一般情况下，固定隔墙的自重可按永久荷载考虑；对位置可灵活布置的隔墙，其自重应按可变荷载考虑。

2. 土的自重应力

土的自重，是指作用在基础上的一部分荷载。根据土力学基本原理，当计算土中自重应力时，若地面下的土质均匀，土层的天然重度为 γ，在天然地面下任意深度 h 处水平面上的竖直自重应力为 σ，则作用于任意一个单位面积上的土柱体自重应力可按 γh 计算。通常情况下，地基土是由不同重度的土层组成的，若天然地面下深度 h 范围内，各层土的高度自上而下依次为 $h_1, h_2, \cdots, h_i, \cdots, h_n$(见图 2-1)，则可得土层深度 h 处的竖直有效自重应力为：

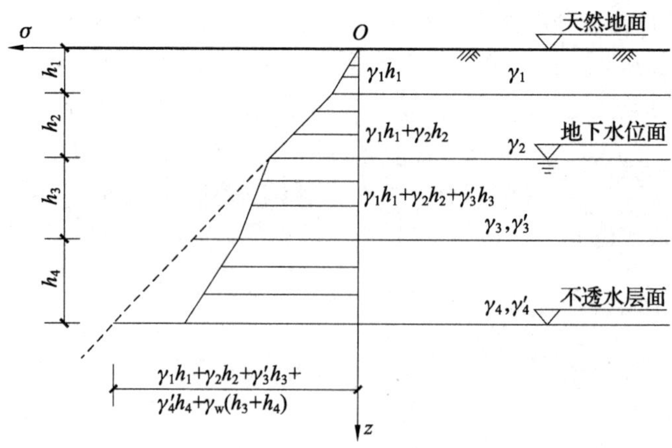

图 2-1　分层土中竖向自重应力沿深度的分布

$$\sigma=\gamma_1 h_1+\gamma_2 h_2+\cdots+\gamma_i h_i+\cdots+\gamma_n h_n=\sum_{i=1}^{n}\gamma_i h_i \tag{2-2}$$

式中：n——天然地面到深度 h 处的土层数；

h_i——第 i 层土的厚度；

γ_i——第 i 层土的天然重度。

若土层位于地下水位以下，考虑水的浮力作用，则应取土的有效重度 γ_i'，其大小一般取$\gamma_i'=\gamma_i-10$。

2.3.2　楼面和屋面活荷载标准值的计算及规定

楼面和屋面活荷载，是指在结构设计基准期内其量值随时间而变化、位置可移动的、施加于楼面和屋面的非自然荷载，如人群、家具、用品、设备等。

1. 民用建筑楼面活荷载

民用建筑楼面活荷载，是人们在其中生活或工作时所产生的荷载，其大小和位置具有任意性。为便于工程设计，一般将楼面活荷载简化为楼面均布活荷载。一方面，均布活荷载的量值与建筑物的功能有关，如公共建筑(如商店、展览馆、车站、电影院等)的均布活荷载值一般比住宅、办公楼的均布活荷载值大；另一方面，楼面均布活荷载是取楼面总活荷载在楼面总面积上的平均值，若设计时考虑的楼面面积越大，则实际平摊后的楼面活荷载越小。

现行《荷载规范》的相关规定如下。

(1)在计算结构构件的楼面荷载效应时，对于一般的使用构件即在规定的从属面积范围之内，楼面活荷载的标准值可以按照表 2-1 对应的类别取值。所谓从属面积，就是考虑梁、柱等构件均布荷载折减所采用的计算构件负荷的楼面面积，它可以根据楼板的剪力零线划分。实际应用中也可以适当简化，如楼面梁的从属面积可按照梁两侧各延伸 1/2 梁间距范围内的实际面积确定。

(2)若引起效应的楼面活荷载面积超过一定从属面积值，则应对楼面均布活荷载进行折减。

在设计楼面梁、墙、柱及基础时，表 2-1 中楼面活荷载标准值的折减系数取值不应小于下列规定。

表 2-1　民用建筑楼面均布活荷载标准值及其组合值、频遇值和准永久值系数

<table>
<tr><th>项次</th><th colspan="3">类　别</th><th>标准值
/(kN·m^{-2})</th><th>组合值
系数 Ψ_c</th><th>频遇值
系数 Ψ_f</th><th>准永久值
系数 Ψ_q</th></tr>
<tr><td rowspan="2">1</td><td colspan="3">(1)住宅、宿舍、旅馆、办公楼、医院病房、托儿所、幼儿园</td><td>2.0</td><td>0.7</td><td>0.5</td><td>0.4</td></tr>
<tr><td colspan="3">(2)试验室、阅览室、会议室、医院门诊室</td><td>2.0</td><td>0.7</td><td>0.6</td><td>0.5</td></tr>
<tr><td>2</td><td colspan="3">教室、食堂、餐厅、一般资料档案室</td><td>2.5</td><td>0.7</td><td>0.6</td><td>0.5</td></tr>
<tr><td rowspan="2">3</td><td colspan="3">(1)礼堂、剧场、影院、有固定座位的看台</td><td>3.0</td><td>0.7</td><td>0.5</td><td>0.3</td></tr>
<tr><td colspan="3">(2)公共洗衣房</td><td>3.0</td><td>0.7</td><td>0.6</td><td>0.5</td></tr>
<tr><td rowspan="2">4</td><td colspan="3">(1)商店、展览厅、车站、港口、机场大厅及旅客等候室</td><td>3.5</td><td>0.7</td><td>0.6</td><td>0.5</td></tr>
<tr><td colspan="3">(2)无固定座位的看台</td><td>3.5</td><td>0.7</td><td>0.5</td><td>0.3</td></tr>
<tr><td rowspan="2">5</td><td colspan="3">(1)健身房、演出舞台</td><td>4.0</td><td>0.7</td><td>0.6</td><td>0.5</td></tr>
<tr><td colspan="3">(2)运动场、舞厅</td><td>4.0</td><td>0.7</td><td>0.6</td><td>0.3</td></tr>
<tr><td rowspan="2">6</td><td colspan="3">(1)书库、档案库、贮藏室</td><td>5.0</td><td>0.9</td><td>0.9</td><td>0.8</td></tr>
<tr><td colspan="3">(2)密集柜书库</td><td>12.0</td><td>0.9</td><td>0.9</td><td>0.8</td></tr>
<tr><td>7</td><td colspan="3">通风机房、电梯机房</td><td>7.0</td><td>0.9</td><td>0.9</td><td>0.8</td></tr>
<tr><td rowspan="4">8</td><td rowspan="4">汽车通道及客车停车库</td><td rowspan="2">(1)单向板楼盖(板跨不小于 2 m)和双向板楼盖(板跨不小于 3 m×3 m)</td><td>客车</td><td>4.0</td><td>0.7</td><td>0.7</td><td>0.6</td></tr>
<tr><td>消防车</td><td>35.0</td><td>0.7</td><td>0.5</td><td>0.0</td></tr>
<tr><td rowspan="2">(2)双向板楼盖(板跨不小于 6 m×6 m)和无梁楼盖(柱网不小于 6 m×6 m)</td><td>客车</td><td>2.5</td><td>0.7</td><td>0.7</td><td>0.6</td></tr>
<tr><td>消防车</td><td>20.0</td><td>0.7</td><td>0.5</td><td>0.0</td></tr>
<tr><td rowspan="2">9</td><td rowspan="2">厨房</td><td colspan="2">(1)餐厅</td><td>4.0</td><td>0.7</td><td>0.7</td><td>0.7</td></tr>
<tr><td colspan="2">(2)其他</td><td>2.0</td><td>0.7</td><td>0.6</td><td>0.5</td></tr>
<tr><td>10</td><td colspan="3">浴室、卫生间、盥洗室</td><td>2.5</td><td>0.7</td><td>0.6</td><td>0.5</td></tr>
<tr><td rowspan="3">11</td><td rowspan="3">走廊、门厅</td><td colspan="2">(1)宿舍、旅馆、医院病房、托儿所、幼儿园、住宅</td><td>2.0</td><td>0.7</td><td>0.5</td><td>0.4</td></tr>
<tr><td colspan="2">(2)办公楼、餐厅、医院门诊部</td><td>2.5</td><td>0.7</td><td>0.6</td><td>0.5</td></tr>
<tr><td colspan="2">(3)教学楼及其他可能出现人员密集的情况</td><td>3.5</td><td>0.7</td><td>0.5</td><td>0.3</td></tr>
<tr><td rowspan="2">12</td><td rowspan="2">楼梯</td><td colspan="2">(1)多层住宅</td><td>2.0</td><td>0.7</td><td>0.5</td><td>0.4</td></tr>
<tr><td colspan="2">(2)其他</td><td>3.5</td><td>0.7</td><td>0.5</td><td>0.3</td></tr>
<tr><td rowspan="2">13</td><td rowspan="2">阳台</td><td colspan="2">(1)可能出现人员密集的情况</td><td>3.5</td><td>0.7</td><td>0.6</td><td>0.5</td></tr>
<tr><td colspan="2">(2)其他</td><td>2.5</td><td>0.7</td><td>0.6</td><td>0.5</td></tr>
</table>

注：1. 本表所给各项活荷载适用于一般使用条件，当使用荷载较大、情况特殊或有专门要求时，应按实际情况采用。

2. 第 6 项书库活荷载当书架高度大于 2 m 时，书库活荷载尚应按每米书架高度不小于 2.5 kN/m^2 确定。

3. 第 8 项中的客车活荷载仅适用于停放载人少于 9 人的客车；消防车活荷载适用于满载总重为

300 kN的大型车辆；当不符合本表的要求时，应将车轮的局部荷载按结构效应的等效原则，换算为等效均布荷载。

4. 第 8 项消防车活荷载，当双向板楼盖板跨介于 3 m×3 m 和 6 m×6 m 之间时，应按跨度线性插值确定。

5. 第 12 项楼梯活荷载，对预制楼梯踏步平板，尚应按 1.5 kN 集中荷载验算。

6. 本表各项荷载不包括隔墙自重和二次装修荷载；对固定隔墙的自重应按永久荷载考虑，当隔墙位置可灵活自由布置时，非固定隔墙的自重应取不小于 1/3 的每延米长墙重(kN/m)作为楼面活荷载的附加值(kN/m^2)计入，且附加值不应小于 1.0 kN/m^2。

①设计楼面梁时：

a. 第 1(1)项，当楼面梁从属面积超过 25 m^2时，应取 0.9；

b. 第 1(2)至第 7 项，当楼面梁从属面积超过 50 m^2时，应取 0.9；

c. 第 8 项对单向板楼盖的次梁和槽形板的纵肋应取 0.8，对单向板楼盖的主梁应取 0.6，对双向板楼盖的梁应取 0.8；

d. 第 9 至第 13 项应采用与所属房屋类别相同的折减系数。

②设计墙、柱和基础时：

a. 第 1(1)项应按表 2-2 规定采用；

b. 第 1(2)至第 7 项应采用与其楼面梁相同的折减系数；

c. 第 8 项的客车，对单向板楼盖应取 0.5，对双向板楼盖和无梁楼盖应取 0.8。

d. 第 9 至第 13 项应采用与所属房屋类别相同的折减系数。

注意：在确定楼面均布活荷载时，应当考虑建筑物长期使用过程中改变用途的可能性，应该取其大值。

表 2-2　活荷载按楼层的折减系数

墙、柱、基础计算截面以上的层数	计算截面以上各楼层活荷载总和的折减系数
1	1.00(0.90)
2～3	0.85
4～5	0.70
6～8	0.65
9～20	0.60
>20	0.55

注：当楼面梁的从属面积超过 25 m^2时，应采用括号内的系数。

2. 工业建筑楼面活荷载

工业建筑楼面在生产使用或安装检修时，由设备、管道、运输工具及可能拆移的隔墙产生的局部荷载，均应按实际情况采用等效均布活荷载代替。对设备位置固定的情况，可直接按固定位置进行结构计算，但应考虑因设备安装和维修过程中的位置变化可能出现的最不利效应。工业建筑楼面堆放原料或成品较多、较重的区域，应按实际情况考虑；一般的堆放情况可按均布活荷载或等效均布活荷载考虑。

楼面等效均布活荷载包括计算次梁、主梁和基础时的楼面活荷载，可分别按《荷载规范》附录 C 的规定确定；对于一般金工车间、仪器仪表生产车间、半导体器件车间、棉纺织车间、轮胎准备车间与粮食加工车间，当缺乏资料时，可按《荷载规范》附录 D 采用。

另外，工业建筑楼面(包括工作平台)上无设备区域的操作荷载，包括操作人员、一般工具、零星原料和成品的自重，可按均布活荷载 2.0 kN/m² 考虑。在设备所占区域内可不考虑操作荷载和堆料荷载。生产车间的楼梯活荷载，可按实际情况采用，但不宜小于 3.5 kN/m²。生产车间的参观走廊活荷载，可采用 3.5 kN/m²。

3. 屋面活荷载

屋面活荷载的大小和位置也具有任意性，在工程设计时，一般可将其简化为均布活荷载。各种不同使用状态的屋面活荷载可按照表 2－3 取值。

表 2－3　屋面均布活荷载标准值及其组合值、频遇值和准永久值系数

项次	类　别	标准值/(kN·m^{-2})	组合值系数 Ψ_c	频遇值系数 Ψ_f	准永久值系数 Ψ_q
1	不上人的屋面	0.5	0.7	0.5	0.0
2	上人的屋面	2.0	0.7	0.5	0.4
3	屋顶花园	3.0	0.7	0.6	0.5
4	屋顶运动场地	3.0	0.7	0.6	0.4

注：1. 不上人的屋面，当施工或维修荷载较大时，应按实际情况采用；对不同类型的结构应按有关设计规范的规定采用，但不得低于 0.3 kN/m²。

2. 当上人的屋面兼作其他用途时，应按相应楼面活荷载采用。

3. 对于因屋面排水不畅、堵塞等引起的积水荷载，应采取构造措施加以防止；必要时，应按积水的可能深度确定屋面活荷载。

4. 屋顶花园活荷载不应包括花圃土石等材料自重。

5. 不上人的屋面活荷载，可不与雪荷载和风荷载同时组合。

4. 施工和检修荷载及栏杆荷载

在结构设计中，应考虑到施工和检修时的荷载值，该值应取在构件最不利位置处可能出现的最大值。

(1)施工和检修荷载应按下列规定采用。

①设计屋面板、檩条、钢筋混凝土挑檐、悬挑雨篷和预制小梁时，施工或检修集中荷载标准值不应小于 1.0 kN，并应在最不利位置处进行验算。

②对于轻型构件或较宽的构件，应按实际情况验算，或应加垫板、支撑等临时设施。

③计算挑檐、悬挑雨篷的承载力时，应沿板宽每隔 1.0 m 取一个集中荷载；在验算挑檐、悬挑雨篷的倾覆时，应沿板宽每隔 2.5～3.0 m 取一个集中荷载。

(2)楼梯、看台、阳台和上人屋面等的栏杆活荷载标准值，不应小于下列规定。

①住宅、宿舍、办公楼、旅馆、医院、托儿所、幼儿园栏杆顶部的水平荷载应取 1.0 kN/m。

②学校、食堂、剧场、电影院、车站、礼堂、展览馆或体育场栏杆顶部的水平荷载应取 1.0 kN/m，竖向荷载应取 1.2 kN/m，水平荷载与竖向荷载应分别考虑。

(3)施工荷载、检修荷载及栏杆荷载的组合值系数应取 0.7，频遇值系数应取 0.5，准永久值系数应取 0。

2.3.3　雪荷载标准值的计算及规定

雪荷载是房屋屋面所承受的主要荷载之一。在寒冷及其他有雪地区，因雪荷载导致屋面甚至整个结构破坏的事故时有发生，尤其是大跨度结构和轻型屋盖结构，对雪荷载更为敏感。因此，在有雪地区的结构设计中必须考虑雪荷载。

1. 雪荷载的计算方法

雪荷载的标准值(s_k)，是指作用在屋面水平投影的单位面积上的雪荷载，用当地基本雪压(s_0)与屋面积雪分布系数(μ_r)的乘积表示：

$$s_k = \mu_r s_0 \tag{2-3}$$

1)雪压与基本雪压

雪压是指单位面积地面上积雪的自重，是积雪深度与积雪重度的乘积。为了便于不同地区雪压的比较，《荷载规范》规定了雪压测试的标准条件，即在当地一般空旷平坦地面上 50 年内统计得到最大积雪自重，并将在标准条件下测得的雪压称为基本雪压。

基本雪压的计算表达式为：

$$s_0 = \gamma_s d \tag{2-4}$$

式中：γ_s——雪的重度，kN/m^3；

d——积雪深度，m；

其他参数含义同前。

雪的重度随积雪厚度、积雪时间长短等因素的变化而有较大的差异，对雪压值的影响也较大，如新鲜下落的雪的密度较小，为 50～100 kg/m^3。当积雪达到一定厚度时，积存在下层的雪由于受到上层雪的压缩而密度增加，越靠近地面，雪的密度越大；雪深越大，其下层的密度也越大。为了工程设计应用方便，一般将雪的重度定为常值，即以某地区的气象记录资料统计分析后所得的重度平均值或某分位值作为该地区的雪的重度。

2)屋面基本雪压的确定

《荷载规范》中的基本雪压是针对地面上的积雪荷载定义的。屋面的雪荷载由于多种因素的影响，往往与地面雪荷载不同，一般情况下小于地面雪荷载。造成屋面积雪和地面积雪不同的主要原因是风的影响、屋面形式、屋面散热等，具体表现为雪的漂积、滑移、融化及结冰等。针对这些问题，在结构设计过程中往往采用 μ_r进行折减，μ_r的取值按《荷载规范》中表 7.2.1 的规定采用。

2. 雪荷载取值的相关规定

(1)一般建筑物的基本雪压是以 50 年重现期的雪压确定的；对雪荷载敏感的结构，应采取 100 年重现期的雪压。

(2)山区的雪荷载应通过实际调查后确定。当无实测资料时，可按当地邻近空旷平坦地面的雪荷载值乘以系数 1.2 采用。

(3)设计建筑结构及屋面的承重构件时，屋面板和檩条应按积雪不均匀分布的最不利情况采用；屋架、拱壳应分别按全跨积雪的均匀分布、不均匀分布，半跨积雪的均匀分布按最不利情况采用；框架和柱可按全跨积雪的均匀分布情况采用。

2.3.4 吊车荷载标准值的计算及规定

在工业厂房中，因工艺上的要求常设有桥式吊车，其由桥架(大车)和吊钩(小车)组成。按照吊车的荷载状态，一般将吊车分为轻、中、重和超重 4 级工作制。工作中，大车沿厂房纵向在吊车梁上行驶，小车沿厂房横向在桥架上行驶。吊车行驶到某一位置时，作用在厂房横向排架结构上的荷载有吊车竖向荷载与横向水平荷载，作用在纵向排架结构上的荷载为吊车纵向水平荷载。

1. 吊车荷载的计算方法

1）吊车竖向荷载 D_{max}、D_{min}

吊车竖向荷载，是指吊车在满载运行时，可能作用在厂房横向排架柱上的最大压力。吊车荷载的位置是变动的，当吊车沿厂房纵向运行时，吊车梁传给柱的竖向压力随吊车位置的不同而变化。当小车吊有额定最大起重量开到大车一端的极限位置时，这一端的每个大车轮压称为吊车的最大轮压 P_{max}，同时另一端的大车轮压称为吊车的最小轮压 P_{min}，如图 2－2 所示。最大轮压与最小轮压的关系为：

$$P_{max} = 0.5(G + g + Q) - P_{min} \tag{2-5}$$

式中：G——吊车桥架（大车）的总重；

g——小车的重量；

Q——吊车的额定最大起重量。

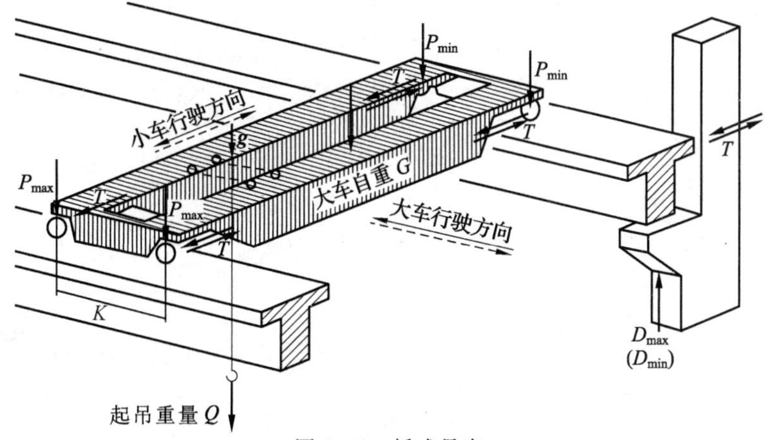

图 2－2　桥式吊车

作用在排架柱上的 D_{max}、D_{min} 的计算简图如图 2－3 所示。吊车竖向荷载 D_{max}、D_{min} 的设计值可按式（2－6）和式（2－7）计算。

$$D_{max} = \gamma_Q D_{k,max} = \gamma_Q [P_{1max}(y_1 + y_2) + P_{2max}(y_3 + y_4)] \tag{2-6}$$

$$D_{min} = \gamma_Q D_{k,min} = \gamma_Q [P_{1min}(y_1 + y_2) + P_{2min}(y_3 + y_4)] \tag{2-7}$$

式中：$D_{k,max}$、$D_{k,min}$——吊车竖向荷载的最大标准值与最小标准值；

P_{1max}、P_{2max}——两台吊车最大轮压的标准值，且 $P_{1max} > P_{2max}$；

P_{1min}、P_{2min}——两台吊车最小轮压的标准值，且 $P_{1min} > P_{2min}$；

y_1、y_2、y_3、y_4——与吊车轮子相对应的支座反力影响线上的竖向坐标值；

γ_Q——可变荷载分项系数，其取值可按第 3 章的表 3－1 执行。

2）吊车横向水平荷载 T_{max}

当吊着重物的小车在运行中突然刹车时，重物与小车的惯性将产生一个横向水平制动力，该力通过吊车两侧的轮子及轨道传给两侧的吊车梁，并最终传给两侧的柱，如图 2－4（a）所示。吊车横向水平制动力应按两侧柱的刚度大小分配。为简化计算，《荷载规范》允许吊车横向水平制动力近似地平均分配给两侧柱。当四轮吊车满载运行时，每个轮子产生的横向水平

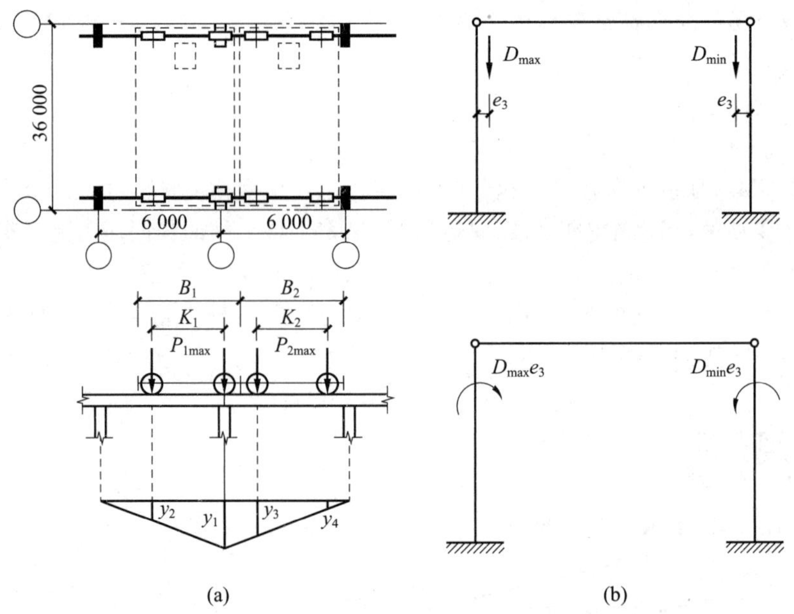

B_1、B_2—轨道中心至端部距离；K_1、K_2—吊车轮距；e_3—吊车竖向荷载的偏心距。

图 2-3　吊车竖向荷载的计算简图

制动力标准值可按下式计算：

$$T_k = \frac{\alpha}{4}(G + g) \tag{2-8}$$

式中：α——横向制动力系数。

横向水平制动力标准值 T_k确定后，可用类似于求吊车竖向荷载的方法来确定最终作用于排架柱上的吊车水平荷载设计值 T_{max}，即

$$T_{max} = \gamma_Q T_{k,max} = \gamma_Q [T_{1max}(y_1 + y_2) + T_{2max}(y_3 + y_4)] \tag{2-9}$$

考虑到小车沿左右方向均有可能刹车，如图 2-4(b)所示，T_{max}的方向既可向左又可向右。由于横向水平制动力 T_{max}通过连接件传递给柱子(见图 2-4(c))，因而可近似认为其作用于吊车梁顶面标高处。

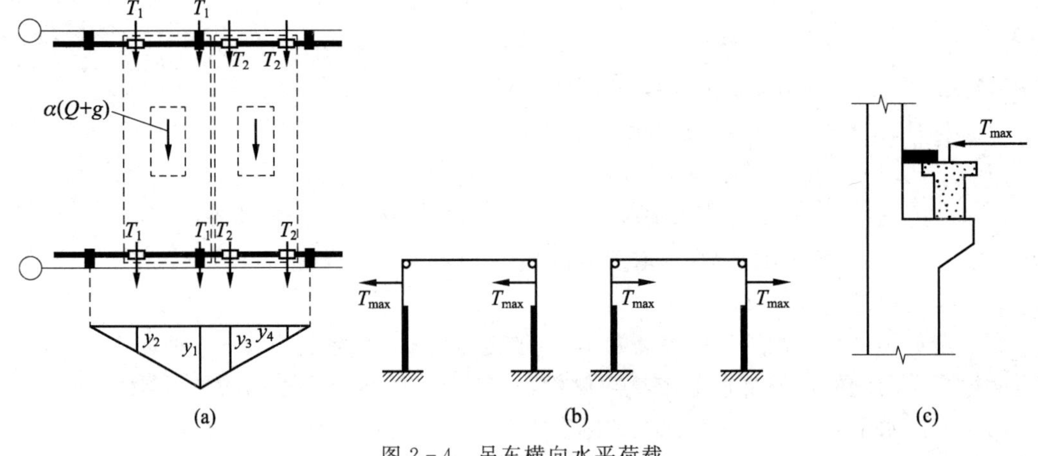

图 2-4　吊车横向水平荷载

3)吊车纵向水平荷载 T_0

当大车沿厂房纵向运行中起动或突然刹车时，吊车自重与所吊重物的惯性将产生吊车纵向制动力，并由吊车一侧的制动轮传至轨道，最后通过吊车梁传给纵向柱列间支撑(见图 2-5)。每台吊车纵向水平荷载 T_0为：

$$T_0 = mT = m\frac{nP_{\max}}{10} \tag{2-10}$$

式中：m——起重量相同的吊车台数，当 $m>2$ 时，取 $m=2$；

n——吊车每侧的制动轮数。

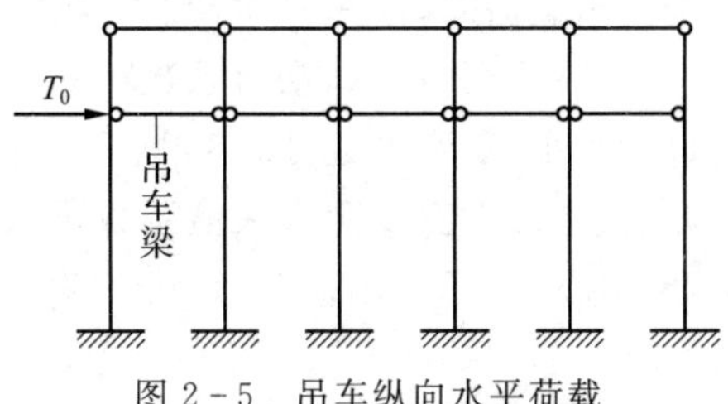

图 2-5　吊车纵向水平荷载

2.《荷载规范》的相关规定

(1)吊车竖向荷载标准值应采用吊车最大轮压或最小轮压。

(2)吊车纵向水平荷载和横向水平荷载应按下列规定采用。

①吊车纵向水平荷载标准值应按作用在一边轨道上所有刹车轮的最大轮压之和的 10%采用；该项荷载的作用点位于刹车轮与轨道的接触点，其方向与轨道方向一致。

②吊车横向水平荷载标准值，应取横行小车重量与额定起重量之和的下列百分数，并应乘以重力加速度：

a. 软钩吊车：当额定起重量不大于 10 t 时，应取 12%；当额定起重量为 16～50 t 时，应取 10%；当额定起重量不小于 75 t 时，应取 8%；

b. 硬钩吊车：应取 20%。

③吊车横向水平荷载应等分于桥架的两端，分别由轨道上的车轮平均传至轨道，其方向与轨道垂直，并考虑正反两个方向的刹车情况。应当注意的是，悬挂吊车的水平荷载应由支撑系统承受，设计该支撑系统时，还应考虑风荷载与悬挂吊车水平荷载的组合；手动吊车及电动葫芦可不考虑水平荷载。

(3)计算排架时，若考虑多台吊车竖向荷载，则对单层吊车的单跨厂房的每个排架，参与组合的吊车台数不宜多于 2 台；对单层吊车的多跨厂房的每个排架，不宜多于 4 台；对双层吊车的单跨厂房宜按上层和下层吊车分别不多于 2 台进行组合；对双层吊车的多跨厂房宜按上层和下层吊车分别不多于 4 台进行组合，且当下层吊车满载时，上层吊车应按空载计算；上层吊车满载时，下层吊车不应计入。考虑多台吊车水平荷载时，对单跨或多跨厂房的每个排架，参与组合的吊车台数不应多于 2 台。当情况特殊时，应按实际情况考虑。

(4)计算排架时，多台吊车的竖向荷载和水平荷载的标准值，应乘以表 2-4 中规定的折减系数。

表 2-4　多台吊车的荷载折减系数

参与组合的吊车台数	吊车工作级别	
	A1～A5	A6～A8
2	0.90	0.95
3	0.85	0.90
4	0.80	0.85

(5)当计算吊车梁及其连接的承载力时，吊车竖向荷载应乘以动力系数。对悬挂吊车(包括电动葫芦)及工作级别为 A1～A5 的软钩吊车，动力系数可取 1.05；对工作级别为 A6～A8 的软钩吊车、硬钩吊车与其他特种吊车，动力系数可取 1.1。

(6)吊车荷载的组合值系数、频遇值系数及准永久值系数可采用表 2-5 中的数值。设计厂房排架时，在荷载准永久组合中可不考虑吊车荷载；但吊车梁按正常使用极限状态设计时，宜采用吊车荷载的准永久值。

表 2-5　吊车荷载的组合值、频遇值及准永久值系数

吊车工作级别		组合值系数 Ψ_c	频遇值系数 Ψ_f	准永久值系数 Ψ_q
软钩吊车	A1～A3	0.70	0.60	0.50
	A4、A5	0.70	0.70	0.60
	A6、A7	0.70	0.70	0.70
硬钩吊车及工作级别为 A8 的软钩吊车		0.95	0.95	0.95

2.3.5　风荷载标准值的计算及规定

风荷载标准值，是指建筑物某一高度处，垂直于其表面的单位面积上的风荷载，是当地基本风压和当地风压高度变化系数、结构的风荷载体型系数及相应高度处的风振系数的乘积。

当计算主要受力结构的风荷载时，按式(2-11)计算。

$$w_k = \beta_z \mu_s \mu_z w_0 \tag{2-11}$$

式中：w_k——风荷载标准值，kN/m²；

β_z——高度 z 处的风振系数；

μ_s——风荷载体型系数；

μ_z——风压高度变化系数；

w_0——基本风压，kN/m²。

当计算围护结构的风荷载时，按式(2-12)计算。

$$w_k = \beta_{gz} \mu_{st} \mu_z w_0 \tag{2-12}$$

式中：β_{gz}——高度 z 处的阵风系数；

μ_{st}——风荷载局部体型系数。

1. 基本风压

空气的流动形成了风。风在流动的过程中，实际速度是不断变化的。如图 2-6 所示，为了较为准确地描述风的速度，采用平均风速和瞬时风速两个概念。平均风速是指在地面以上

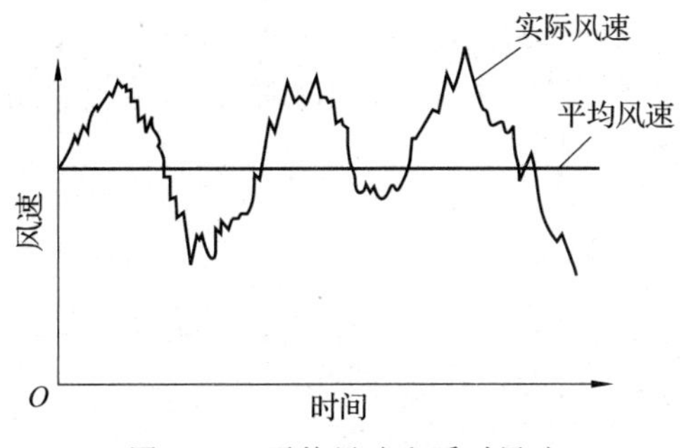

图2-6 平均风速和瞬时风速

10 m处,10 min内测得的水平风速平均值;瞬时风速是指在数秒到10 s内的平均风速。通常所说的风速是平均风速。

为了描述风的大小(也称风力),根据风对地面(海面)的影响程度,将风力划分为13个等级。不同的风力等级,其对应的风速大小不同,对建筑物影响的作用力差异也很大。在确定风力对建筑物作用的具体大小时,引入了风压的概念。如图2-7所示,当风遇到建筑物时,被迫从建筑物的侧面或顶部通过,在建筑物表面(立面、山墙、屋顶)产生压力或吸力,也就是风压。当风经过较宽建筑物的立面时,风速减慢甚至还会形成涡流(指尺度在几米范围内,在几分钟内的空气旋涡)。在工程设计过程中,常用基本风压来表示某地区风压的大小。

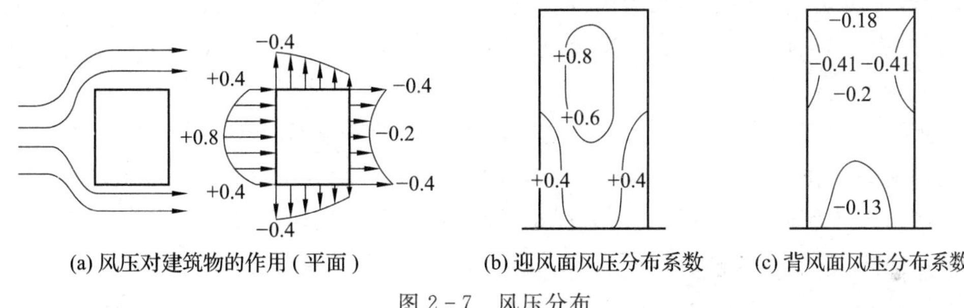

图2-7 风压分布

《荷载规范》中给出的基本风压值w_0,是用各地区空旷地面上离地10 m高、统计50年重现期的10 min平均最大风速v_0(m/s)计算得到的,计算公式为$w_0=v_0^2/1600$。全国各城市的基本风压值应按《荷载规范》附录E中表E.5重现期为50年的值采用。

2. 风荷载体型系数

风荷载体型系数,是指风作用在建筑物表面所引起的实际压力(或吸力)与基本风压的比值,它反映了建筑物表面在稳定风压作用下的静态压力分布规律。影响该分布规律的主要因素是建筑物的体型和尺寸。试验研究表明:作用在建筑物表面的风力是一个很复杂的问题(见图2-8),一般情况下,当风作用在建筑物墙、屋面上时,迎风面会产生压力,侧风面及背风面会产生吸力,并且各表面上的风力分布是不均匀的。

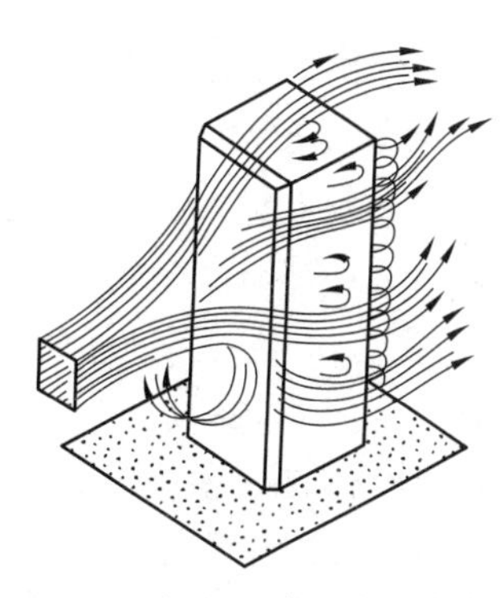
图2-8 气流在建筑表面的流动

为了设计计算方便,《荷载规范》规定:当风产生压力时,其风荷载体型系数为正(+);当风产生吸力时,其风荷载体型系数为负(－);当房屋的同一部位的体型系数不同时,可取该部位体型系数平均值作为该处风荷载体型系数。例如,图 2－9 中迎风面外墙的风荷载体型系数取＋0.8。各种体型房屋的风荷载体型系数可按照《荷载规范》中表 8.3.1 采用。

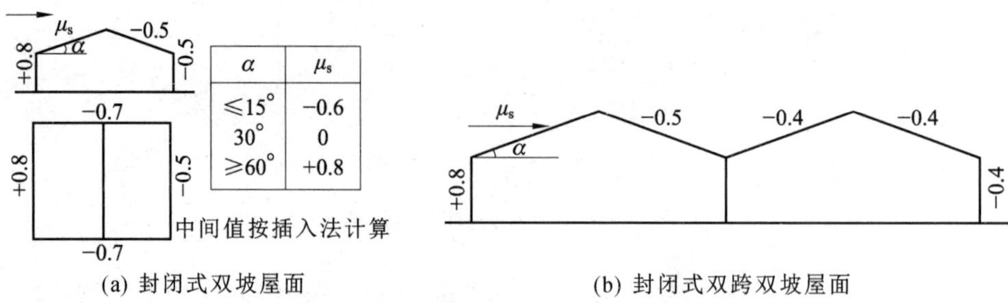

(a) 封闭式双坡屋面　　(b) 封闭式双跨双坡屋面

图 2－9　部分建筑物荷载体型系数

《荷载规范》还有如下规定。

(1)对于重要且体型复杂的房屋和构筑物,应由风洞试验确定风荷载体型系数。

(2)当多个建筑物,特别是群集的高层建筑,相互间距较近时,宜考虑风力相互干扰的群体效应;一般可将单独建筑物的体型系数 μ_s 乘以相互干扰系数。国内研究表明:当建筑物距离上游建筑物小于 3.5 倍的房屋宽度或 0.7 倍高度时,其影响最大;当距离扩大一倍后,影响将降到最小;当两个建筑物轴心连线与风向交角为 30°～45°时,影响最大;当相邻建筑物超过两个时,其影响大小与两个建筑物的情况接近,对两侧建筑物的影响比中间的要大。相互干扰系数可按下列规定确定:

①对矩形平面高层建筑,当单个施扰建筑与受扰建筑高度相近时,根据施扰建筑的位置,对顺风向风荷载可在 1.00～1.10 范围内选取,对横风向风荷载可在 1.00～1.20 范围内选取。

②其他情况可比照类似条件的风洞试验资料确定,必要时宜通过风洞试验确定。

(3)当计算围护构件及其连接的风荷载时,可按下列规定采用局部体型系数 μ_{s1}:

①封闭式矩形平面房屋的墙面及屋面可按《荷载规范》中表 8.3.3 的规定采用。

②檐口、雨篷、遮阳板、边棱处的装饰条等突出构件,取－2.0。

③其他房屋与构筑物可按《荷载规范》中第 8.3.1 条规定的体型系数的 1.25 倍取值。

(4)当计算非直接承受风荷载的围护构件风荷载时,局部体型系数 μ_{s1} 可按构件的从属面积折减,折减系数按下列规定采用:

①当从属面积不大于 1 m^2 时,折减系数取 1.0。

②当从属面积大于或等于 25 m^2 时,对墙面折减系数取 0.8,对局部体型系数绝对值大于 1.0 的屋面区域折减系数取 0.6,对其他屋面区域折减系数取 1.0。

③当从属面积大于 1 m^2、小于 25 m^2 时,墙面和绝对值大于 1.0 的屋面局部体型系数可采用对数插值,即按式(2－13)计算。

$$\mu_{s1}(A) = \mu_{s1}(1) + [\mu_{s1}(25) - \mu_{s1}(1)]\lg A/1.4 \tag{2-13}$$

式中:A——从属面积。

(5)计算围护构件风荷载时,建筑物内部压力的局部体型系数 μ_{s1} 可按下列规定采用:

①对封闭式建筑物,按其外表面风压的正负情况取－0.2 或 0.2。

②仅一面墙有主导洞口的建筑物,当开洞率大于 0.02 且小于或等于 0.10 时,取 0.4μ_{s1};

当开洞率大于 0.1 且小于或等于 0.30 时，取 0.6μ_{s1}；当开洞率大于 0.30 时，取 0.8μ_{s1}。

③其他情况应按开放式建筑物 μ_{s1} 取值。

3. 风压高度变化系数

风压高度变化系数，是指 z 高度处的风压与基本风压 w_0 的比值，它是反映风压随不同场地、地貌和高度变化的系数。如前所述，某地的基本风压 w_0 既可以根据当地的实测风速资料计算得到，也可直接根据《荷载规范》给出的该地基本风压或全国分布图确定。但是该风压是离地面 10 m(标准高度)处的风压值；对于非标准高度处风压值的取值，就需要确定风压高度变化系数。

试验研究表明，风压随高度而变化，离地面越近，风压越小。若设离地面 10 m 处的风压高度变化系数为 1，则离地面 10 m 以上高度处的风压高度变化系数大于 1，离地面 10 m 以下高度处的风压高度变化系数小于 1。导致这种变化的因素主要是地面粗糙度，即地面的房屋、树木等情况。地面粗糙度大的上空，平均风速小，反之则大。

《荷载规范》把地面粗糙度分为四类，即 A 类(近海海面和海岛、海岸、湖岸及沙漠地区)、B 类(田野、乡村、丛林、丘陵及房屋比较稀疏的乡镇)、C 类(有密集建筑群的城市市区)、D 类(有密集建筑群且房屋较高的城市市区)，并给出了在平坦或稍有起伏的地形上的四类风压高度变化系数，详见表 2－6。

表 2－6　风压高度变化系数

离地面或海平面高度/m	地面粗糙度类别			
	A	B	C	D
5	1.09	1.00	0.65	0.51
10	1.28	1.00	0.65	0.51
15	1.42	1.13	0.65	0.51
20	1.52	1.23	0.74	0.51
30	1.67	1.39	0.88	0.51
40	1.79	1.52	1.00	0.60
50	1.89	1.62	1.10	0.69
60	1.97	1.71	1.20	0.77
70	2.05	1.79	1.28	0.84
80	2.12	1.87	1.36	0.91
90	2.18	1.93	1.43	0.98
100	2.23	2.00	1.50	1.04
150	2.46	2.25	1.79	1.33
200	2.64	2.46	2.03	1.58
250	2.78	2.63	2.24	1.81
300	2.91	2.77	2.43	2.02
350	2.91	2.91	2.60	2.22

续表

离地面或海平面高度/m	地面粗糙度类别			
	A	B	C	D
400	2.91	2.91	2.76	2.40
450	2.91	2.91	2.91	2.58
500	2.91	2.91	2.91	2.74
≥550	2.91	2.91	2.91	2.91

注：1. 对于山区的建筑物，风压高度变化系数除应按平坦地面的粗糙度类别确定外，还应考虑地形条件对其修正。

2. 对于远海海面和海岛的建筑物或构筑物，风压高度变化系数除可按 A 类由本表确定外，还应考虑表 2-7 中给出的修正系数 η。

表 2-7　远海海面和海岛的修正系数 η

距海岸距离/m	η
<40	1.0
40～60	1.0～1.1
60～100	1.1～1.2

一般情况下，作用在建筑物上的风荷载沿高度(H)呈阶梯形分布(q_{k20})，如图 2-10(a)所示。在结构分析中，通常按基底弯矩相等的原则，把阶梯形分布的风荷载换算成等效均布荷载(P_0)，如图 2-10(b)所示；在设计结构方案，估算风荷载对结构受力的影响时，可近似简化为沿高度呈三角形分布线荷载(q_k)，如图 2-10(c)所示。

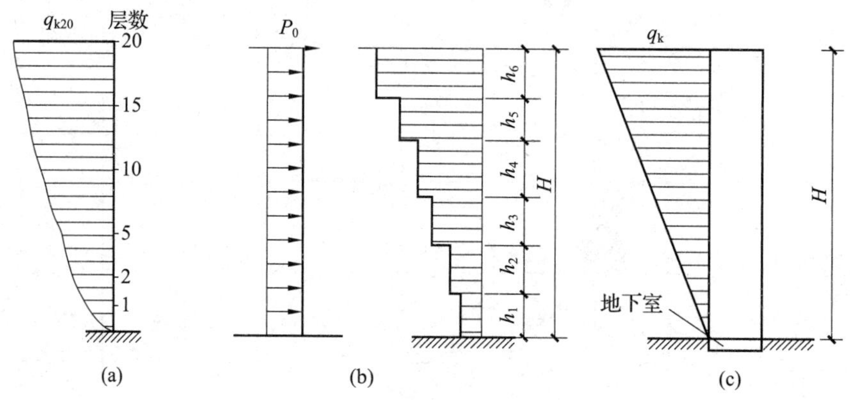

图 2-10　沿高度分布的风荷载

4. 高度 z 处的风振系数

风振系数，是反映风速中高频脉动部分对建筑结构不利影响的风压动力系数。基上所述，风对建筑物的作用是不规则的，风压随风速、风向的紊乱而不停地改变。通常将风作用的平均值看成平均风压，实际风压是在平均风压上下波动的(见图 2-6)。根据风的这一特点，一般把顺风向的风效应分解为平均风(稳定风)和脉动风来分析。平均风相对稳定，其周期较长，远大于一般结构的自振周期。虽然平均风本质上也是脉动的，但其对结构的动力影响很小，可将其等效为静力侧向荷载，忽略其对结构的脉动影响，基本风压表示的就是平均风。但是，脉动风的周期较短，可能与某些工程结构的自振周期较接近，容易引起结构顺风向振动（风振），对结构产生不利影响。

实测资料表明：在脉动风的影响下，结构的刚度越小，即结构基本自振周期越长，波动风压对结构的影响越大；波动风压产生的动力效应主要与建筑物的高度、高宽比和跨度等有关。对于高度大于 30 m 且高宽比大于 1.5 的房屋，以及基本自振周期 T_1 大于 0.25 s 的各种高耸结构，应该考虑风压脉动对结构产生顺风向风振的影响。对于风敏感或跨度大于 36 m 的柔性屋盖结构，应该考虑风压脉动对结构产生风振的影响。《荷载规范》规定，高耸结构和高层建筑在高度 z 处的风振系数 β_z 可按式（2－14）计算：

$$\beta_z = 1 + 5I_{10}B_z\sqrt{1+R^2} \tag{2-14}$$

式中：I_{10}——10 m 高度名义湍流强度，对应 A、B、C 和 D 类地面粗糙度，可分别取 0.12、0.14、0.23 和 0.39；

B_z——脉动风荷载的背景分量因子，可按《荷载规范》第 8.4.5 条规定取值；

R——脉动风荷载的共振分量因子，可按《荷载规范》第 8.4.4 条规定取值。

5. 高度 z 处的振风系数

振风系数是指在计算直接承受风压的幕墙构件（包括门窗）风荷载时所采用的基本风压调整系数。实测资料表明：玻璃幕墙等结构或构件的变形能力很差，其自振周期与脉动风周期相差很大，脉动引起的振动影响很小，可不考虑风振；但是由于风压的脉动，瞬时风压比平均风压高出很多，因而考虑乘以风压脉动的振风系数。

计算围护结构 β_{gz} 的值时，幕墙与其他构件不再区分，统一按式（2－15）计算：

$$\beta_{gz} = 1 + 5I_{10}\left(\frac{z}{10}\right)^{-\alpha} \tag{2-15}$$

式中：α——地面粗糙度指数。

2.4　荷载代表值

如前所述，永久荷载、活荷载等都是随机变量，其大小具有不同程度的变异性，不仅随地而异，而且随时而异，具有明显的随机性。永久荷载的变异性较小，活荷载的变异性较大。另外，这些荷载的标准值是在设计基准期内获得的。在结构设计中，为了保证结构在结构设计使用年限内的可靠性和经济性，直接引用反映荷载变异性的各种统计参数，将会给设计工作带来许多困难。为了方便，通常对各种荷载规定了具体的采用量值。例如，混凝土的自重为 25 kN/m^3，住宅建筑的活荷载为 2 kN/m^2，等等，这些确定的荷载值被称为荷载代表值。

《荷载规范》规定，荷载代表值是指设计中用以验算结构构件处于极限状态所采用的荷载量值。荷载代表值包括标准值、组合值、频遇值和准永久值。不同类别的荷载应采用不同的代表值，如永久荷载仅采用标准值，可变荷载根据设计要求可分别采用标准值、频遇值、准永久值或组合值。对于偶然荷载的代表值，目前国内还没有比较成熟的确定方法，一般是由各专业部门根据历史记载、现场观测、试验等，并结合工程经验综合分析、判断确定。

1. 标准值

标准值，是荷载的基本代表值。永久荷载的标准值常用 G_k 或 g_k 表示，下标“k”代表标准值；活荷载的标准值常用 Q_k 或 q_k 表示，下标“k”代表标准值。它们的具体计算方法见本章 2.3

节。

2. 组合值

组合值，是指对可变荷载使组合后的荷载效应在设计基准期内的超越概率，能与该荷载单独出现时的相应概率趋于一致的荷载值，或对组合后的结构具有统一规定的可靠指标的荷载值。当结构承担两种或两种以上的可变荷载时，各可变荷载同时达到其标准值的可能性极小，此时除其中产生最大效应的荷载（主导荷载）仍取其标准值外，其他伴随的可变荷载均采用小于其标准值的值作为荷载代表值。这种经调整后的代表值，称为可变荷载组合值，其值可由组合值系数 Ψ_c与相应的可变荷载标准值的乘积来确定，即 $\Psi_c Q_k$或 $\Psi_c q_k$。

3. 频遇值

频遇值，是指可变荷载在设计基准期内，超越的总时间为规定的较小比率或超越频率为规定频率的荷载值。这主要是针对结构上偶尔出现的较大荷载而言的，其值可由频遇值系数 Ψ_f与相应的可变荷载标准值的乘积来确定，即 $\Psi_f Q_k$或 $\Psi_f q_k$。

4. 准永久值

准永久值，是指可变荷载在设计基准期内，其超越的总时间约为设计基准期一半的荷载值。该可变荷载在规定的期限内，总持续时间较长，对结构的影响类似于永久荷载。可变荷载的准永久值可由准永久值系数 Ψ_q与相应的可变荷载标准值的乘积来确定，即 $\Psi_q Q_k$或 $\Psi_q q_k$。

5.《荷载规范》对荷载代表值的规定

对于标准值、组合值、频遇值和准永久值及其系数，《荷载规范》给出如下规定：

(1)对永久荷载应采用标准值作为代表值。

(2)房屋建筑楼面、屋面活荷载的代表值系数，可分别按表 2-1 和表 2-3 取值；工业建筑楼面活荷载的组合值系数、频遇值系数和准永久值系数除按《荷载规范》附录 D 中给出的值采用以外，还应按实际情况采用；但在任何情况下，组合值系数和频遇值系数不应小于 0.7，准永久系数不应小于 0.6。

(3)吊车荷载的组合值系数、频遇值系数和准永久值系数可按表 2-5 取用。

(4)雪荷载的组合值系数可取 0.7，频遇值系数可取 0.6，准永久值系数应按雪荷载分区Ⅰ、Ⅱ、Ⅲ的不同，分别取 0.5、0.2 和 0；雪荷载的分区可按《荷载规范》附录 E.5 或附图 E.6.2 的规定采用。

(5)风荷载的组合值系数、频遇值系数和准永久值系数可分别取 0.6、0.4 和 0。

2.5 荷载组合

荷载组合，是指工程结构采用极限状态设计方法设计时，为保证结构可靠性而对同时出现的各种荷载设计值的规定。工程结构设计的基本目的，是在工程结构的可靠与经济、适用与美观之间，选择一种最佳的合理的平衡，使工程结构能满足预定的各项功能要求，即保证结构的可靠性。另外，作用在结构上的荷载具有随机性，如果将所有荷载的代表值同时考虑，势必造成材料浪费，使工程造价过高，这也与实际情况不符；如果仅仅考虑部分荷载代表值，很可能导致结构不安全，无法保证结构的可靠性。因此，在工程结构设计中，必须考虑荷载的取值方式及不同荷载的组合情况。例如，不上人屋面均布活荷载可不与雪荷载、风荷载同时组合，积灰荷载应与雪荷载或不上人屋面均布活荷载两者中的较大值同时考虑等。

《荷载规范》中规定了五种基本荷载组合形式，即基本组合、偶然组合、标准组合、频遇组合和准永久组合。

(1)基本组合，是指在承载能力极限状态计算时，永久荷载和可变荷载的组合。

(2)偶然组合，是指在承载能力极限状态计算时，永久荷载、可变荷载和一个偶然荷载的组合；偶然事件发生后受损结构整体稳固性验算时，永久荷载与可变荷载的组合。

(3)标准组合，是指在正常使用极限状态计算时，采用标准值或组合值为荷载代表值的组合。

(4)频遇组合，是指在正常使用极限状态计算时，对可变荷载采用频遇值或准永久值为荷载代表值的组合。

(5)准永久组合，是指在正常使用极限状态计算时，对可变荷载采用准永久值为荷载代表值的组合。

关于承载能力极限状态和正常使用极限状态的含义、各种荷载组合形式的数学表达式及其具体运算方法，将在本书第 3 章中阐述。

【拓展与应用】

曹冲称象的故事

曹冲 (196—208)，字仓舒，谥号邓哀王，东汉末年沛国谯（今安徽亳州市)人，是曹操的儿子。《三国志》中记载："冲少聪察，生五六岁，智意所及，有若成人之智。时孙权曾致巨象，太祖欲知其斤重，访之群下，咸莫能出其理。冲曰："置象大船之上，而刻其水痕所至，称物以载之，则校可知矣。"太祖大悦，即施行焉。"

曹冲称象的故事，妇孺皆知；从思想教育角度，人们得到启示——曹冲聪明睿智，能够具体分析事物的矛盾并善于解决矛盾，用大石头，化整为零地解决了古代没有地磅的疑难问题。然而，我们从现代力学角度看，不同的外在作用，在同一物体上产生的效果，是可以等效的。

思考练习题

1. 说明结构作用与荷载的联系和区别。
2. 简要说明建筑结构上荷载的主要分类标准及其内容。
3. 计算楼面活荷载时，为什么当荷载影响面积较大时需要进行折减？
4. 说明相关概念的内涵及关联性：结构设计使用年限、结构使用年限、设计基准期。
5. 影响风压的因素有哪些？什么是风荷载体型系数？如何计算建筑物的风荷载体型系数？
6. 什么是基本雪压？如何确定雪压的标准值？
7. 什么是荷载代表值？活荷载的代表值有哪些？

第 3 章 工程结构设计的基本原理

【教学目标】

本章主要讲述工程结构功能函数、极限状态方程及其实用表达式、工程结构耐久性设计和结构抗震设计。本章学习目标如下：

(1)掌握结构作用效应与结构抗力概念；

(2)掌握工程结构功能函数、极限状态方程及其实用表达式；

(3)熟悉工程结构耐久性设计方法、混凝土结构与砌体结构耐久性设计相关规定；

(4)了解工程结构抗震设计的基本知识以及其设计方法与基本规定。

【教学要求】

知识要点	能力要求	相关知识
(1)作用效应与结构抗力概念 (2)工程结构的功能函数、极限状态方程及其实用表达式	(1)掌握作用效应与结构抗力概念 (2)掌握工程结构功能函数 (3)掌握工程结构极限状态方程与实用表达式	混凝土结构、钢结构、砌体结构、木结构、空间结构的设计规范与规程
(1)工程结构的耐久性设计方法 (2)混凝土结构与砌体结构耐久性设计相关规定	(1)熟悉工程结构耐久性设计原理 (2)熟悉混凝土结构与砌体结构耐久性设计相关规定	混凝土结构、钢结构、砌体结构、木结构、空间结构的设计规范与规程
(1)工程结构抗震设计基本知识 (2)抗震设计的方法与基本规定	(1)了解工程结构的抗震设计基本知识 (2)了解抗震概念设计、地震作用计算方法以及结构抗震验算方法	工程结构抗震设计规范

3.1 作用效应与结构抗力

3.1.1 作用效应

作用效应，是指在各种作用(如荷载、温度变化、地震等)下，结构或结构构件内产生的内力(如轴力、剪力、弯矩、扭矩等)、变形(挠度、转角等)和裂缝的总称，常用 S 表示。当作用为荷载时所引起的作用效应称为荷载效应。

一般情况下，荷载与荷载效应近似呈线性关系，见式(3-1)。

$$S = CQ \tag{3-1}$$

式中：S——荷载效应；

Q——某种荷载；

C——荷载效应系数。

对于某种荷载 Q，根据结构设计的目的和要求，可以取标准值，也可以取设计值。当 Q 取标准值时，其值可以按照第 2 章讲述的方法确定；当 Q 取设计值时，其值应为荷载标准值乘以荷载分项系数。荷载分项系数有永久荷载分项系数 γ_G 与可变荷载分项系数 γ_Q 之分，不同类型的荷载分项系数取值见表 3－1。

表 3－1　不同类型的荷载分项系数

荷载类别	荷载特征	荷载分项系数 γ_G、γ_Q
永久荷载	当其效应对结构不利时： (1)对由可变荷载效应控制的组合 (2)对由永久荷载效应控制的组合	 1.3 1.35
	当其效应对结构有利时： (1)一般情况 (2)对结构的倾覆、滑移或漂浮验算	 1.0 0.9
可变荷载	(1)对标准值大于 4 kN/m^2 的工业房屋楼面结构的活荷载 (2)一般情况	1.3 1.5

荷载效应系数 C 需要根据力学的基本原理和知识加以确定。例如，某一承受均布荷载 Q 作用的简支梁，计算跨度为 l_0，则跨中弯矩为 $M=\frac{1}{8}Ql_0^2$。此处 M 是荷载效应，Q 是荷载，$\frac{1}{8}l_0^2$ 就是荷载效应系数 C。

注意：这里所讲的 S 是指在结构设计年限内某一状态的荷载效应值。结构上的荷载是随机变量，荷载效应也是随机变量，此外，影响荷载效应的主要不确定因素还有结构内力计算假定与实际受力情况之间的差异等。基于结构的可靠性和经济性功能考虑，为了结构设计的荷载效应理论值与实际值基本吻合，《荷载规范》给出了一个设计使用年限的调整系数 γ_L，该系数具体取值见表 3－2。

表 3－2　楼面和屋面活荷载考虑设计使用年限的调整系数 γ_L

结构设计使用年限/年	γ_L
5	0.9
50	1.0
100	1.1

注：1. 当设计使用年限不为表中数值时，调整系数 γ_L 可按线性内插法确定。

2. 对于荷载标准值可控制的活荷载，设计使用年限调整系数 γ_L 取 1.0。

对于雪荷载和风荷载，应取重现期为结构设计使用年限，按照《荷载规范》第 E.3.3 条的规定确定基本雪压和基本风压，或按其他相关规范的规定采用。

3.1.2 结构抗力

结构抗力，是指结构或结构构件承受作用效应的能力，如结构的承载力、刚度和抗裂度等，常用 R 表示。如荷载或荷载效应一样，结构抗力也具有不确定性，是一个随机变量，影响其大小的不确定因素主要是材料强度的变异性、施工制造过程中引起的偏差等。

结构抗力可以近似表达为材料性能、截面几何特征及计算模式等的函数，见式(3－2)。

$$R = R(f,\alpha) \tag{3-2}$$

式中：f——所采用的结构材料的强度指标；

α——结构尺寸的几何参数。

建筑结构中常用的结构材料主要是钢材、混凝土等。从结构设计角度看，合理确定并选取这些材料的性能指标值，对保证结构抗力至关重要。这些材料的性能指标值主要涉及材料的强度标准值、强度设计值、弹性模量和变形模量等。

《建筑结构可靠性设计统一标准》(GB 50068—2018)中规定：这些材料的强度标准值通常取具有 95%保证率的下限分位值，也就是材料强度的代表值；材料的强度设计值可以由强度标准值除以材料分项系数得到。通常情况下，混凝土材料分项系数 γ_c 取 1.4，HPB300、HRB335、HRB400 级钢筋材料分项系数 γ_s 取 1.10，HRB500 级钢筋材料分项系数 γ_s 取 1.15，预应力钢筋材料分项系数 γ_s 取 1.2。

混凝土、钢筋有关性能指标取值参见表 3－3、表 3－4 和表 3－5。

表 3－3 混凝土强度标准值、设计值及弹性模量 单位：N/mm²

强度及弹性模量		混凝土强度等级													
		C15	C20	C25	C30	C35	C40	C45	C50	C55	C60	C65	C70	C75	C80
强度标准值	轴心抗压 f_{ck}	10.0	13.4	16.7	20.1	23.4	26.8	29.6	32.4	35.5	38.5	41.5	44.5	47.4	50.2
	轴心抗拉 f_{tk}	1.27	1.54	1.78	2.01	2.20	2.39	2.51	2.64	2.74	2.85	2.93	2.99	3.05	3.11
强度设计值	轴心抗压 f_c	7.2	9.6	11.9	14.3	16.7	19.1	21.1	23.1	25.3	27.5	29.7	31.8	33.8	35.9
	轴心抗拉 f_t	0.91	1.10	1.27	1.43	1.57	1.71	1.80	1.89	1.96	2.04	2.09	2.14	2.18	2.22
弹性模量 $E_c/(\times 10^4)$		2.20	2.55	2.80	3.00	3.15	3.25	3.35	3.45	3.55	3.60	3.65	3.70	3.75	3.80

表 3－4 普通钢筋强度标准值、设计值及弹性模量 单位：N/mm²

牌号	符号	公称直径 d/mm	屈服强度标准值 f_{yk}	抗拉强度设计值 f_y	抗压强度设计值 f_y'	弹性模量 $E_s/(\times 10^5)$
HPB300	Φ	6～22	300	270	270	2.10
HRB335	Φ	6～50	335	300	300	2.00
HRB400	Φ		400	360	360	
RRB400	Φ^R					
HRB500	Φ		500	435	410	

表 3-5 预应力钢筋强度标准值、设计值及弹性模量 单位：N/mm^2

种 类	极限强度标准值 f_{ptk}	抗拉强度设计值 f_{py}	抗压强度设计值 f'_{py}	弹性模量 $E_c/(\times 10^5)$
中强度预应力钢丝	800	510	410	2.05
	970	650		
	1 270	810		
消除应力钢丝	1 470	1 040	410	2.05
	1 570	1 110		
	1 860	1 320		
钢绞线	1 570	1 110	390	1.95
	1 720	1 220		
	1 860	1 320		
	1 960	1 390		
预应力螺纹钢筋	980	650	410	2.0
	1 080	770		
	1 230	900		

3.2 结构的功能函数及其极限状态

结构设计的主要任务，是保证结构及其构件满足安全性、适用性和耐久性，即结构的可靠性要求。实现这种要求需要考虑两个方面的问题：一是所设计的结构能否在规定的时间内、规定的条件下完成预定功能；二是如何界定结构完成预定功能的能力大小。

3.2.1 结构的功能函数

结构的可靠性是指结构在规定的前提下完成预定功能的能力。从数值分析角度看，假定影响这种能力的变量有 $X_1, X_2, \cdots, X_n$，用来描述结构或结构构件完成该预定功能的状态函数为 Z，则该功能函数可表示为：

$$Z = g(X_1, X_2, \cdots, X_n) \tag{3-3}$$

对于房屋建筑，这种能力主要取决于结构上的作用效应 S 和结构抗力 R，则式(3-3)可以用结构抗力和荷载效应表达出来，即

$$Z = R - S \tag{3-4}$$

根据 Z 值的大小不同，可以描述出结构在某一工作状态下的三种可能性：当 $Z>0$ 时，结构可靠；当 $Z<0$ 时，结构失效；当 $Z=0$ 时，结构处于极限状态。

显然，若所设计的结构在规定的时间内、规定的条件下完成预定功能，则必须使功能函数 $Z \geqslant 0$。

3.2.2 结构的可靠度

结构的可靠度，是对结构可靠性的度量，即结构在规定前提下完成预定功能的概率，一般用可靠指标 β 表示。

结构作用效应及结构抗力都是随机变量或随机过程，具有不确定性但又有一定的内部规律。描述、分析处理这种随机变量的基本理论和方法就是概率论与数理统计，这也是现行规范中采用的方法。

分析研究表明，结构作用效应及结构抗力的实际分布情况很复杂，基于式(3－4)所绘出的分布曲线类型不一。为了简便计算，假定结构功能函数的概率分布曲线服从正态分布，或经过处理后可以用于运算的正态分布，如图 3－1 所示。图中反弯点为保证率达到 95.44％的标准差 σ_z所对应的值点。

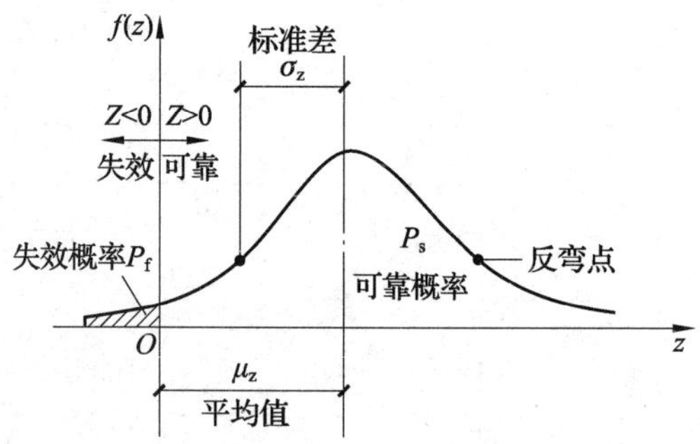

图 3－1　功能函数的正态分布曲线

从图 3－1 中可以看出，纵坐标轴左侧的分布曲线围成的面积(阴影部分)为结构的失效概率 P_f，纵坐标轴右侧分布曲线所围成的面积为结构的可靠概率 P_s。由概率论可知，失效概率与可靠概率之间存在互补关系，即 $P_f+P_s=1$。因此，结构的可靠性既可以用 P_s来衡量，也可以用 P_f来衡量。

一般情况下，结构的失效为小概率事件，用 P_f衡量结构的可靠性更为直观，但是计算 P_f比较繁琐。《建筑结构可靠性设计统一标准》(GB 50068—2018)中引入一个可靠性指标 β 来代替 P_f。

可靠性指标 β，是结构功能函数 Z 的平均值 μ_z与其标准差 σ_z的比值，即

$$\beta=\frac{\mu_z}{\sigma_z}=\frac{\mu_R-\mu_s}{\sqrt{\sigma_R^2+\sigma_s^2}} \tag{3-5}$$

式中：μ_s、σ_s——结构构件作用效应的平均值和标准差；

μ_R、σ_R——结构构件抗力的平均值和标准差。

由图 3－1 和式(3－5)可以看出，β 与 P_f的对应关系(见表 3－6)：β 值越大，P_f值越小；反之，P_f越大。

表 3－6　可靠指标 β 与失效概率 P_f值的对应关系

β	P_f
2.7	3.5×10^{-3}
3.2	6.9×10^{-4}
3.7	1.1×10^{-4}
4.2	1.3×10^{-5}

3.2.3 目标可靠指标及结构的安全等级

工程结构在工作状态下，失效概率 $P_f=0$ 或 $P_s=1$ 是不存在的。为了使所设计的工程结构既安全可靠，又经济合理，应该尽量采取降低失效概率的方法，使其小到可以认为该工程结构达到安全可靠的程度。这种最低失效概率所对应的可靠指标 β 就是目标可靠指标$[\beta]$。

现行《建筑结构可靠性设计统一标准》(GB 50068—2018)中，给出了不同情况下的目标可靠指标$[\beta]$值，见表3-7。

表3-7　不同安全等级的目标可靠指标$[\beta]$

破坏类型	安全等级		
	一级	二级	三级
延性破坏	3.7	3.2	2.7
脆性破坏	4.2	3.7	3.2

注：1. 结构构件承载力极限状态的可靠指标，不应小于表中的规定。

2. 当承受偶然作用时，结构构件的可靠指标应符合专门规范的规定。

由于建筑物的使用功能及其重要性程度的差异，在结构设计中对不同建筑物的可靠性要求程度也不一样。根据建筑结构破坏后的严重程度，《建筑结构可靠性设计统一标准》(GB 50068—2018)将建筑结构划分为三个安全等级。对于不同安全等级的结构，所要求的可靠指标 β 不同。安全等级越高，β 值取得越大，失效概率越小。建筑结构的安全等级划分及设计使用年限情况见表3-8。

表3-8　建筑结构的安全等级划分及设计使用年限要求

安全等级	破坏后果	建筑物类型	设计使用年限/年
一级	很严重	重要的房屋	100年及以上
二级	严重	一般的房屋	50年
三级	不严重	次要的房屋	5年及以下

需要说明的是：表3-8中所对应的安全等级是指整个结构体系。在通常情况下，对同一结构体系中的各类结构构件，其安全等级宜与整个结构体系的安全等级相同；也允许对结构中的部分结构构件的安全等级进行调整，但不得低于三级。

3.2.4 结构的两种极限状态

由式(3-4)可知，当 $Z=0$ 时，结构处于极限状态，即结构处于可靠与失效的临界状态。根据建筑物使用功能的要求，其结构极限状态可分为两大类，即承载能力极限状态和正常使用极限状态。

1. 承载能力极限状态

承载能力极限状态，是指结构或结构构件达到最大承载能力或不适于继续承载变形时的状态。现行《建筑结构可靠性设计统一标准》(GB 50068—2018)规定，当结构或结构构件出现下列状态之一时，应认为超过了承载能力极限状态，即 $Z<0$：

(1)整个结构或结构的一部分作为刚体失去平衡(如倾覆、滑移等);

(2)结构构件或连接因超过材料强度而破坏(包括疲劳破坏),或因过度变形而不适于继续承载;

(3)结构或结构构件丧失稳定(如压屈等);

(4)结构转变为机动体系;

(5)地基丧失承载能力而破坏(如失稳等)。

2. 正常使用极限状态

正常使用极限状态,是指结构或结构构件达到正常使用或耐久性的某项规定限值时的状态。现行《建筑结构可靠性设计统一标准》(GB 50068—2018)规定,当结构或结构构件出现下列状态之一时,应认为超过了正常使用极限状态:

(1)影响正常使用或外观的变形;

(2)影响正常使用或耐久性的局部损坏(包括裂缝);

(3)影响正常使用的振动;

(4)影响正常使用的其他特定状态。

一般情况下,在工程结构设计时,均将承载能力极限状态放在首位,在结构或结构构件满足承载能力极限状态要求后,才按正常使用极限状态进行验算。

3.3 极限状态方程及其实用表达式

3.3.1 极限状态方程

基于概率理论的极限状态设计方法是建筑结构设计的基本方法之一。由式(3-4)可以得到工程结构设计的极限状态方程,即

$$Z = R - S = 0 \tag{3-6}$$

该极限状态方程可以用来描述结构或结构构件在可靠与失效之间的临界工作状态。基于数理统计与概率论的基本理论和知识,当荷载的概率分布、统计参数,材料性能、尺寸的统计参数确定时,根据规定的目标可靠指标,即可按照结构可靠度的概率分析方法进行结构及其结构构件的设计。

3.3.2 极限状态方程的实用表达式

利用极限状态方程进行结构设计,对于一般性的结构构件来说工作量很大,计算过程过于繁琐。考虑到实际应用简便和广大工程设计人员的习惯,《荷载规范》没有推荐直接根据可靠指标来进行结构设计,而是采用了工程设计人员熟悉的结构构件实用表达式。这种实用表达式是以荷载代表值、材料性能标准值、几何参数标准值及各种分项系数来表达的。

1. 承载能力的极限状态

1)设计表达式

任何结构构件均应进行承载力设计,以确保其安全性。承载能力极限状态设计表达式为

$$\gamma_0 S_d \leqslant R_d \tag{3-7}$$

式中:γ_0——结构重要性系数,其值应按结构构件的安全等级和设计使用年限,并考虑工程经验确定,对安全等级为一级的结构构件不应小于 1.1,对安全等级为二级的结构

构件不应小于1.0，对安全等级为三级的结构构件不应小于0.9；

S_d——荷载组合的效应设计值；

R_d——结构构件抗力的设计值，应按各有关建筑结构设计规范的规定确定。

2)荷载效应组合

当在承载力的极限状态下计算结构构件上的荷载效应时，应按照荷载效应的基本组合进行设计，必要时还应考虑荷载效应的偶然组合。

(1)荷载效应的基本组合。一般情况下，对于作用于结构构件上的基本组合效应设计值S_d，应从式(3-8)和式(3-9)中取用最不利的值确定。

①由可变荷载控制的效应设计值，应按式(3-8)进行计算。

$$S_d = \sum_{j=1}^{m} \gamma_{G_j} S_{G_j k} + \gamma_{Q_1} \gamma_{L_1} S_{Q_1 k} + \sum_{i=2}^{n} \gamma_{Q_i} \gamma_{L_i} \Psi_{c_i} S_{Q_i k} \tag{3-8}$$

式中：γ_{G_j}——第j个永久荷载的分项系数，可按表3-1取值；

γ_{Q_i}——第i个可变荷载的分项系数，其中γ_{Q_1}为主导可变荷载Q_1的分项系数，可按表3-1取值；

γ_{L_i}——第i个可变荷载考虑设计使用年限的调整系数，其中γ_{L_1}为主导可变荷载Q_1考虑设计使用年限的调整系数，可按表3-2取值；

$S_{G_j k}$——第j个永久荷载标准值G_jk计算的荷载效应值；

$S_{Q_i k}$——第i个可变荷载标准值G_ik计算的荷载效应值，其中$S_{Q_1 k}$为诸可变荷载效应中起控制作用者，可按表2-1至表2-3取值；

Ψ_{c_i}——第i个可变荷载Q_i的组合值系数，可按表2-1至表2-3取值；

m——参与组合的永久荷载数；

n——参与组合的可变荷载数。

②由永久荷载控制的效应设计值，应按式(3-9)进行计算。

$$S_d = \sum_{j=1}^{m} \gamma_{G_j} S_{G_j k} + \sum_{i=1}^{n} \gamma_{Q_i} \gamma_{L_i} \Psi_{c_i} S_{Q_i k} \tag{3-9}$$

对于一般排架、框架结构，为了简化计算，可以将式(3-8)简化为式(3-10)，其荷载效应的基本组合应取式(3-9)和式(3-10)的最不利值。

$$S_d = \sum_{j=1}^{m} \gamma_{G_j} S_{G_j k} + \Psi \sum_{i=1}^{n} \gamma_{Q_i} \gamma_{L_i} S_{Q_i k} \tag{3-10}$$

式中：Ψ——荷载组合系数，一般可取0.90，当只有一个可变荷载时，取1.0。

注意：由式(3-8)计算得到的效应设计值仅适用于荷载与荷载效应为线性的情况；当对$S_{Q_1 k}$无法判断时，应轮次以各可变荷载效应作为$S_{Q_1 k}$，选取其中最不利的荷载效应组合。

另外，在应用式(3-9)时，出于简化目的，对于可变荷载，也可仅考虑与结构自重方向一致的竖向荷载，忽略影响不大的水平荷载。

(2)荷载效应的偶然组合。偶然作用的情况复杂，种类较多。考虑到偶然作用及其产生的效应，《荷载规范》中给出了相应的规定及荷载效应偶然组合的基本公式。

①用于承载能力极限状态计算的效应设计值，应按式(3-11)进行计算：

$$S_d = \sum_{j=1}^{m} S_{G_j k} + S_{A_d} + \Psi_{f_1} S_{Q_1 k} + \sum_{i=2}^{n} \Psi_{q_i} S_{Q_i k} \tag{3-11}$$

式中：S_{A_d}——按偶然荷载标准值 A_d 计算的荷载效应值；

Ψ_{f_1}——第 1 个可变荷载的频遇值系数，可按表 2－1 至 2－3 取值；

Ψ_{q_i}——第 i 个可变荷载的准永久值系数，可按表 2－1 至 2－3 取值。

②用于偶然事件发生后受损结构整体稳定性验算的效应设计值，应按式(3－12)进行计算：

$$S_d = \sum_{j=1}^{m} S_{G_j k} + \Psi_{f_1} S_{Q_1 k} + \sum_{i=2}^{n} \Psi_{q_i} S_{Q_i k} \tag{3-12}$$

对于式(3－11)和式(3－12)，《荷载规范》的规定为：

a. 组合中的设计值仅适用于荷载与荷载效应为线性的情况；

b. 偶然荷载不再考虑荷载分项系数，直接采用规定的标准值为设计值；

c. 不考虑两种或两种以上偶然荷载的组合；

d. 与偶然荷载同时出现的其他荷载应采用适当的代表值；

e. 不同情况下的荷载效应的设计值公式应按有关规范或规程的要求确定，如考虑地震作用，可以按《建筑抗震设计规范》(GB 50011—2010)(2016 版)的规定确定。

2. 正常使用极限状态

1)设计表达式

正常使用极限状态下的设计，主要是验算结构构件的变形、抗裂度或裂缝宽度。其设计表达式为

$$S_d \leqslant C \tag{3-13}$$

式中：C——结构或结构构件达到正常使用要求的规定限值，如变形、裂缝、振幅、加速度和应力等的限值，应按各有关建筑结构设计规范的规定采用。

结构处于正常使用极限状态下，结构构件达到的危害程度不如承载力不足时引起的结构破坏大时，对其可靠性的要求可适当降低。因此，按正常使用极限状态设计时，荷载效应组合值不需要乘以荷载分项系数，也不必考虑结构的重要性系数。

2)荷载效应组合

在正常使用极限状态下，荷载组合的效应设计值 S_d 可以根据不同的设计目的，分别按荷载效应的标准组合、频遇组合和准永久组合进行计算。

(1)荷载标准组合的效应设计值 S_d 为

$$S_d = \sum_{j=1}^{m} S_{G_j k} + S_{Q_1 k} + \sum_{i=2}^{n} \Psi_{c_i} S_{Q_i k} \tag{3-14}$$

(2)荷载频遇组合的效应设计值 S_d 应按式(3－12)进行计算。

(3)荷载准永久组合的效应设计值 S_d 为

$$S_d = \sum_{j=1}^{m} S_{G_j k} + \sum_{i=1}^{n} \Psi_{q_i} S_{Q_i k} \tag{3-15}$$

式(3－14)和式(3－15)组合中的设计值仅适用于荷载与荷载效应为线性的情况。

【案例 3－1】 某混合结构教学办公楼的标准层平面如图 3－2(a)所示。整体现浇钢筋混凝土楼盖，板厚为 100 mm，梁截面尺寸 $b \times h = 250\ \text{mm} \times 700\ \text{mm}$[见图 3－2(b)]，板面上铺 20 mm厚水泥砂浆面层，梁底吊天花板(自重为 0.45 kN/m²)，楼面梁两端简支，计算跨度 $l_0 = 8\ \text{m}$，该建筑安全等级为二级。

试求：

(1)按承载力极限状态计算时的梁跨中截面弯矩组合设计值。

(2)按正常使用极限状态验算梁的变形和裂缝宽度时，梁跨中截面荷载效应的标准组合、频遇组合和准永久组合的弯矩值。

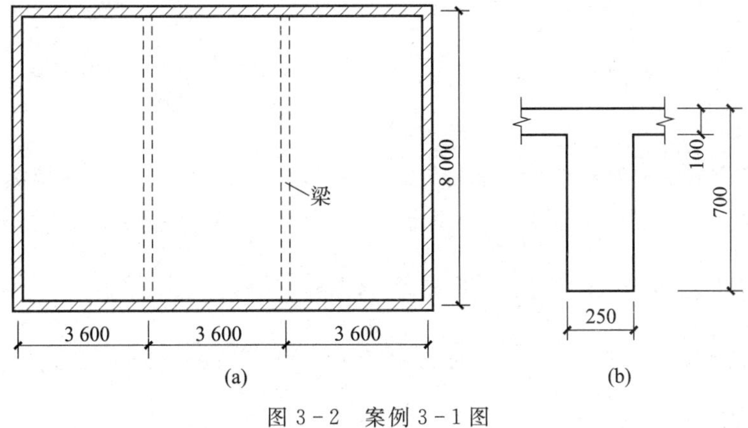

图 3-2　案例 3-1 图

案例分析：钢筋混凝土的自重为 25 kN/m^3，水泥砂浆的自重为 20 kN/m^3，天花板的自重为 0.45 kN/m^2。

(1)梁构件恒荷载标准值计算。

钢筋混凝土板恒荷载标准值为

$$G_{1k}=25\times0.1\times3.6=9(kN/m)$$

砂浆面层和天花板恒荷载标准值为

$$G_{2k}=20\times0.02\times3.6+0.45\times3.6=3.06(kN/m)$$

梁自重恒荷载标准值为

$$G_{3k}=0.25\times0.6\times25=3.75(kN/m)$$

梁构件恒荷载标准值合计为

$$G_k=\sum_{i=1}^{3}G_{ik}=9+3.06+3.75=15.81(kN/m)$$

(2)梁构件活荷载标准值计算。

由表 2-1 可知，办公楼楼面活荷载为 2.0 kN/m^2，梁的从属面积 $A=3.6\times8=28.8\ m^2$，取楼面活荷载的折减系数为 0.90，则

$$Q_k=2.0\times3.6\times0.90=6.48(kN/m)$$

梁的计算简图如图 3-3 所示。

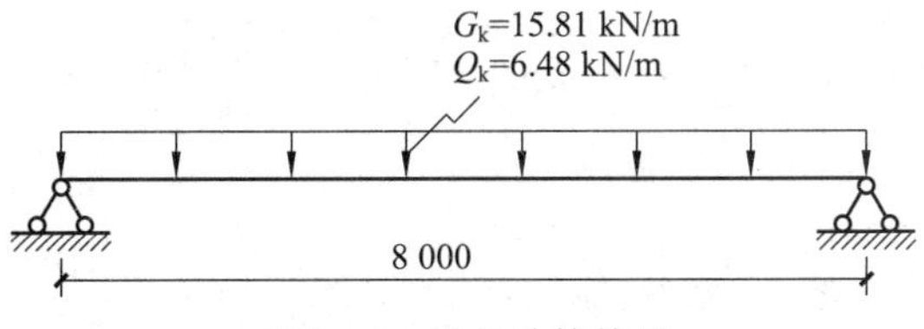

图 3-3　梁的计算简图

(3)梁构件于承载力极限状态下的弯矩组合设计值 M。

①由可变荷载效应控制的组合。永久荷载分项系数取 1.3,结构重要性系数取 1.0(安全等级为二级),梁上只有一种可变荷载,可变荷载分项系数可取 1.5。由式(3-8)可得

$$M_1 = \gamma_0 \left(\sum_{j=1}^{m} \gamma_{G_j} M_{G_j k} + \gamma_{Q_1} \gamma_{L_1} M_{Q_1 k} \right)$$

$$= 1.0 \times \left(1.3 \times \frac{1}{8} \times 15.81 \times 8^2 + 1.5 \times 1.0 \times \frac{1}{8} \times 6.48 \times 8^2 \right)$$

$$= 242.18(\text{kN} \cdot \text{m})$$

②由永久荷载效应控制的组合。永久荷载分项系数取 1.35,可变荷载分项系数取 1.5,考虑结构使用年限,可变荷载调整系数取 1.0,组合值系数从表 2-1 中查取为 0.7,由式(3-9)可得

$$M_2 = \gamma_0 \left(\sum_{j=1}^{m} \gamma_{G_j} M_{G_j k} + \sum_{i=1}^{n} \gamma_{Q_i} \gamma_{L_i} \Psi_{c_i} M_{Q_i k} \right)$$

$$= 1.0 \times \left(1.35 \times \frac{1}{8} \times 15.81 \times 8^2 + 1.5 \times 1.0 \times 0.7 \times \frac{1}{8} \times 6.48 \times 8^2 \right)$$

$$= 225.18(\text{kN} \cdot \text{m})$$

基于最不利组合原则,梁跨中弯矩组合设计值应由可变荷载效应控制的组合①确定,即

$$M = M_1 = 242.18(\text{kN} \cdot \text{m})$$

(4)梁构件在正常使用极限状态下的验算。

①标准组合弯矩值。由于只有一种活荷载,由式(3-14)可得

$$M = \sum_{j=1}^{m} M_{G_j k} + M_{Q_1 k}$$

$$= \frac{1}{8} \times 15.81 \times 8^2 + \frac{1}{8} \times 6.48 \times 8^2$$

$$= 178.32(\text{kN} \cdot \text{m})$$

②频遇组合弯矩值。从表 2-1 中查取 $\Psi_{f_1} = 0.5$,由式(3-12)可得

$$M = \sum_{j=1}^{m} M_{G_j k} + \Psi_{f_1} M_{Q_1 k}$$

$$= \frac{1}{8} \times 15.81 \times 8^2 + 0.5 \times \frac{1}{8} \times 6.48 \times 8^2$$

$$= 152.4(\text{kN} \cdot \text{m})$$

③准永久组合弯矩值。从表 2-1 中查取 $\Psi_{q_1} = 0.4$,由式(3-15)可得

$$M = \sum_{j=1}^{m} M_{G_j k} + \sum_{i=1}^{n} \Psi_{q_i} M_{Q_i k}$$

$$= \frac{1}{8} \times 15.81 \times 8^2 + 0.4 \times \frac{1}{8} \times 6.48 \times 8^2$$

$$= 147.22(\text{kN} \cdot \text{m})$$

3.4　工程结构的耐久性设计

3.4.1　结构耐久性的设计方法

建筑结构的耐久性设计是结构设计的基本内容之一，是保证结构可靠性的基本要求。《建筑结构可靠性设计统一标准》及相关规范指出，结构耐久性是指结构在规定的工作环境中，在预定时间内，其材料性能的恶化不会导致结构出现不可接受的失效概率的能力。从结构设计角度，耐久性设计合格的标准是在结构设计使用年限内，在正常维护而不需要进行维修加固的条件下，保证结构的安全性与适用性。

参照并依据结构安全性、适用性的设计原理和方法，结构的耐久性设计也可以从概念设计、数值分析和构造措施三方面进行。从数值分析角度，假定影响结构耐久性的变量有 Y_1，Y_2，…，Y_n，用来描述结构或结构构件完成该预定功能的状态函数为 Z'，则该功能函数可表示为

$$Z' = g(Y_1, Y_2, \cdots, Y_n) \tag{3-16}$$

对于房屋建筑，假定结构构件的耐久性抗力为 R'，影响结构耐久性下降或不足的作用为 S'，则式(3－16)可以改写为

$$Z' = R' - S' \tag{3-17}$$

显然，根据式(3－17)中 Z' 值的大小不同，可以确定结构的耐久性设计是否能够满足结构可靠性功能的要求，即当 $Z' \geqslant 0$ 时，结构满足；当 $Z' < 0$ 时，结构不满足。

工程实践与试验研究表明，影响结构耐久性的因素很多，其规律的不确定性很大，确定 S' 的数学模型十分困难，而且 S' 与 R' 两参数之间互为耦合，关联性很大。国内外在这方面的研究还不够深入，难以达到进行定量计算的程度。目前，结构的耐久性设计只能采用经验性的定性方法解决，也就是针对不同材料的结构，从材料、结构所处环境和设计使用年限等方面提出满足耐久性规定的宏观控制对策。

3.4.2　混凝土结构的耐久性设计

1. 影响混凝土结构耐久性的主要因素

影响混凝土结构耐久性的因素很多，主要有内部和外部两个方面。内部因素主要有混凝土的强度、密实性、水泥用量、水灰比、氯离子及碱含量、外加剂用量、保护层厚度等；外部因素主要指环境条件，包括温度、湿度、CO 含量和侵蚀性介质等。此外，设计不周、施工质量差或使用中维修不当等也会影响混凝土结构的耐久性。混凝土结构构件耐久性下降问题的出现，通常是内、外部因素综合作用的结果。

2. 混凝土结构耐久性设计的基本原则

(1)结构构件在规定的设计使用年限内，在正常维护条件下，必须保持适合于安全性、适用性的使用条件，满足既定功能的要求。

(2)在规定的设计使用年限内，在自然与人为环境的化学及物理作用下，结构构件应不出现无法接受的承载力减小、使用功能降低及不能接受的外观破损问题。对所出现的问题可以通过正常的维护来解决，而不需要付出较高的代价。

(3)根据结构的使用环境类别和设计使用年限进行耐久性设计。对临时性混凝土结构和大体积混凝土的内部可以不考虑耐久性设计。

3. 混凝土结构耐久性设计的基本内容

《混凝土结构设计规范》(GB 50010—2010)(2015 版)规定，混凝土结构应根据设计使用年限和环境类别进行耐久性设计。耐久性设计包括五个方面，即确定结构所处的环境类别，提出对混凝土材料的耐久性基本要求，确定构件中钢筋的混凝土保护层厚度，提出不同环境条件下的耐久性技术措施，以及提出结构使用阶段的检测与维护要求。

1)确定结构所处的环境类别

混凝土结构的耐久性与其使用环境密切相关。《混凝土结构设计规范》(GB 50010—2010)(2015 版)把混凝土结构的使用环境分为五大类，以此作为耐久性设计的主要依据，其具体内容见表 3-9。

表 3-9 混凝土结构的环境类别

环境类别	条 件
一	室内干燥环境；无侵蚀性静水浸没环境
二 a	室内潮湿环境；非严寒和非寒冷地区的露天环境；非严寒和非寒冷地区与无侵蚀性的水或土壤直接接触的环境；严寒和寒冷地区的冰冻线以下与无侵蚀性的水或土壤直接接触的环境
二 b	干湿交替环境；水位频繁变动环境；严寒和寒冷地区的露天环境；严寒和寒冷地区冰冻线以上与无侵蚀性的水或土壤直接接触的环境
三 a	严寒和寒冷地区冬季水位变动区环境；受除冰盐影响环境；海风环境
三 b	盐渍土环境；受除冰盐作用环境；海岸环境
四	海水环境
五	受人为或自然的侵蚀性物质影响的环境

2)提出对混凝土材料的耐久性基本要求

设计使用年限为 50 年的混凝土结构，其混凝土材料宜符合表 3-10 的规定。

表 3-10 结构混凝土材料的耐久性基本要求

<table>
<tr><th>环境类别</th><th>最大水胶比</th><th>最低强度等级</th><th>最大氯离子含量/%</th><th>最大碱含量/(kg·m^{-2})</th></tr>
<tr><td>一</td><td>0.60</td><td>C20</td><td>0.30</td><td>不限制</td></tr>
<tr><td>二 a</td><td>0.55</td><td>C25</td><td>0.20</td><td rowspan="4">3.0</td></tr>
<tr><td>二 b</td><td>0.50(0.55)</td><td>C30(C25)</td><td>0.15</td></tr>
<tr><td>三 a</td><td>0.45(0.50)</td><td>C35(C30)</td><td>0.15</td></tr>
<tr><td>三 b</td><td>0.40</td><td>C40</td><td>0.10</td></tr>
</table>

注：1. 氯离子含量指其占胶凝材料总量的百分比。

2. 预应力构件混凝土中的最大氯离子含量为 0.06%，其最低混凝土强度等级宜按表中的规定提高两个等级。

3. 素混凝土构件的水胶比及最低强度等级的要求可适当放宽。

4. 有可靠工程经验时，二类环境中的最低混凝土强度等级可降低一个等级。

5. 处于严寒和寒冷地区二 b、三 a 类环境中的混凝土应使用引气剂，并可采用括号中的有关参数。

6. 当使用非碱活性骨料时，对混凝土中的碱含量可不做限制。

3)确定构件中钢筋的混凝土保护层厚度

混凝土保护层厚度是指构件最外缘钢筋(包括箍筋、构造筋、分布筋等)到构件外表面的一段距离,其保证钢筋与混凝土共同工作,满足对受力钢筋的有效锚固,并以保证耐久性的要求为依据。《混凝土结构设计规范》(GB 50010—2010)(2015 版)对构件中钢筋的混凝土保护层厚度做出如下规定。

(1)构件中普通钢筋及预应力筋混凝土保护层的相应规定。

①构件中受力钢筋的保护层厚度不应小于钢筋的公称直径。

②设计使用年限为 50 年的混凝土结构,最外层钢筋的保护层厚度应符合表 3-11 的规定;设计使用年限为 100 年的混凝土结构,最外层钢筋的保护层厚度不应小于表 3-11 中数值的 1.4 倍。

表 3-11　混凝土保护层的最小厚度　　单位:mm

环境类别	板、墙、壳	梁、柱、杆
一	15	20
二 a	20	25
二 b	25	35
三 a	30	40
三 b	40	50

注:1. 混凝土强度等级不大于 C25 时,表中保护层厚度数值应增加 5 mm。

2. 钢筋混凝土基础宜设置混凝土垫层,基础中钢筋的混凝土保护层厚度应从垫层顶面算起,且不应小于 40 mm。

(2)当有充分依据并采取下列措施时,可适当减小混凝土保护层的厚度。

①构件表面有可靠的防护层。

②采用工厂化生产的预制构件。

③在混凝土中掺加阻锈剂或采取阴极保护处理等防锈措施。

④当对地下室墙体采取可靠的建筑防水做法或防护措施时,与土层接触一侧钢筋的保护层厚度可适当减小,但不应小于 25 mm。

(3)当梁、柱、墙中纵向受力钢筋的保护层厚度大于 50 mm 时,宜对保护层采取有效的构造措施。当在保护层内配置防裂、防剥落的钢筋网片时,网片钢筋的保护层厚度不应小于 25 mm。

4)提出不同环境条件下的耐久性技术措施

为保证混凝土结构的耐久性,根据使用环境类别和设计使用年限,针对影响耐久性的主要因素,从设计、材料和施工方面提出技术措施,并采取有效的构造措施。

(1)结构设计技术措施。

①在设计使用年限内未经技术鉴定或设计许可,不能改变结构的用途和使用环境。

②对于结构中使用环境较差的构件,宜设计成可更换或易更换的构件。

③宜根据环境类别,规定维护措施及检查年限;对重要的结构,宜在与使用环境类别相同的适当位置设置供耐久性检查的专用构件。

④对于暴露在侵蚀性环境中的结构构件,其受力钢筋可采用环氧涂层带肋钢筋,预应力筋应有防护措施。在此情况下宜采用高强度等级的混凝土。

(2)对混凝土材料的要求。

用于一类、二类和三类环境中设计使用年限为50年的混凝土结构，其混凝土材料宜符合表3-10的要求。

①对于设计使用年限为100年且处于一类环境中的混凝土结构，应符合下列规定：

a. 钢筋混凝土结构的混凝土强度等级不应低于C30，预应力混凝土结构的混凝土强度等级不应低于C40。

b. 混凝土中最大氯离子含量为0.06%。

c. 宜使用非碱活性骨料；当使用碱活性骨料时，混凝土中最大碱含量为3.0 kg/m^3。

d. 混凝土保护层厚度应符合表3-11的要求；当采取有效的表面防护措施时，混凝土保护层厚度可适当减少。

②对于设计使用年限为100年且处于二类、三类环境中的混凝土结构，应采取专门的有效措施。

(3)施工要求。混凝土的耐久性主要取决于它的密实性，除应满足上述对混凝土材料的要求外，还应重视混凝土的施工质量，控制商品混凝土的各个环节，加强对混凝土的养护，防止过大受荷等。

5)提出结构使用阶段的检测与维护要求

混凝土在设计使用年限内应遵守下列规定：

(1)建立定期检测、维修制度；

(2)设计中可更换的混凝土构件应按规定更换；

(3)构件表面的防护层应按规定维修或更换；

(4)当结构出现可见的耐久性缺陷时，应及时进行处理。

3.4.3 砌体结构的耐久性设计

砌体结构的耐久性包括两个方面；一是对配筋砌体结构构件的钢筋的保护；二是对砌体材料的保护。《砌体结构设计规范》(GB 50003—2011)中有关耐久性的内容主要是根据工程经验并参照国内外有关规范新增补的，并规定砌体结构的耐久性应根据环境类别和设计使用年限进行设计。

1. 砌体结构环境类别的划分

砌体结构环境类别主要是根据国际标准《配筋砌体结构设计规范》(ISO 9652—3)与英国标准BS5628来划分的。其分类方法与我国现行《混凝土结构设计规范》(GB 50010—2010)(2015版)很接近，具体内容见表3-12。

表3-12 砌体结构的环境类别

环境类别	条 件
1	正常居住及办公建筑的内部干燥环境
2	潮湿的室内或室外环境，包括与无侵蚀性土和水接触的环境
3	严寒和使用化冰盐的潮湿环境(室内或室外)
4	与海水直接接触的环境，或处于滨海地区的盐饱和的气体环境
5	有化学侵蚀的气体、液体或固体形式的环境，包括有侵蚀性土壤的环境

2. 材料耐久性的设计

(1)当设计使用年限为 50 年时,砌体中钢筋的耐久性选择应符合表 3-13 的规定。

表 3-13　砌体中钢筋耐久性选择

环境类别	钢筋种类与最低保护要求	
	位于砂浆中的钢筋	位于灌孔混凝土中的钢筋
1	普通钢筋	普通钢筋
2	重镀锌或有等效保护的钢筋	当采用混凝土灌孔时,可为普通钢筋;当采用砂浆灌孔时应为重镀锌或有等效保护的钢筋
3	不锈钢或有等效保护的钢筋	重镀锌或有等效保护的钢筋
4 或 5	不锈钢或等效保护的钢筋	不锈钢或有等效保护的钢筋

注:1. 对夹心墙的外叶墙,应采用重镀锌或有等效保护的钢筋。

2. 表中的钢筋即为国家现行标准《混凝土结构设计规范》(GB 50010—2010)(2015 版)和《冷轧带肋钢筋混凝土结构技术规程》(JGJ 95—2011)等标准规定的普通钢筋或非预应力钢筋。

(2)设计使用年限为 50 年时,砌体材料的耐久性应符合下列规定。

①地面以下或防潮层以下的砌体、潮湿房间的墙或环境类别 2 的砌体,所用材料的最低强度等级应符合表 3-14 的规定。

②处于环境类别 3～5 等有侵蚀性介质的砌体材料应符合下列规定。

a. 不应采用蒸压灰砂普通砖、蒸压粉煤灰普通砖。

b. 应采用实心砖,砖的强度等级不应低于 MU20,水泥砂浆的强度等级不应低于 M10。

表 3-14　地面以下或防潮层以下的砌体、潮湿房间的墙所用材料的最低强度等级

潮湿程度	烧结普通砖	混凝土普通砖、蒸压普通砖	混凝土砌块	石材	水泥砂浆
稍潮湿的	MU15	MU20	MU7.5	MU30	M5
很潮湿的	MU20	MU20	MU10	MU30	M7.5
含水饱和的	MU20	MU25	MU15	MU40	M10

注:1. 在冻胀地区,地面以下或防潮层以下的砌体,不宜采用多孔砖;如采用时,其孔洞应用不低于 M10 的水泥砂浆预先灌实。当采用混凝土空心砌块时,其孔洞应采用强度等级不低于 Cb20 的混凝土预先灌实。

2. 对安全等级为一级或设计使用年限大于 50 年的房屋,表中材料强度等级应至少提高一级。

c. 混凝土砌块的强度等级不应低于 MU15,灌孔混凝土的强度等级不应低于 Cb30,砂浆的强度等级不应低于 Mb10。

d. 应根据环境条件对砌体材料的抗冻指标、耐酸碱性能提出要求,或符合有关规范的规定。

3. 砌体中钢筋保护层厚度的确定

当设计使用年限为 50 年时,砌体中钢筋的保护层厚度应符合下列规定。

(1)配筋砌体中钢筋的最小混凝土保护层厚度应符合表 3-15 的规定。

表 3－15　砌体中钢筋的最小保护层厚度

环境类别	混凝土强度等级			
	C20	C25	C30	C35
	最低水泥含量/(kg・m^{-3})			
	260	280	300	320
1	20	20	20	20
2	—	25	25	25
3	—	40	40	30
4	—	—	40	40
5	—	—	—	40

注：1. 材料中最大氯离子含量和最大碱含量应符合现行国家标准《混凝土结构设计规范》(GB 50010—2010)(2015 版)的规定。

2. 当采用防渗砌体块体和防渗砂浆时，可以考虑部分砌体(含抹灰层)的厚度作为保护层，但对环境类别 1、2、3，其混凝土保护层的厚度相应地不应小于 10 mm、15 mm 和 20 mm。

3. 钢筋砂浆面层的组合砌体构件的钢筋保护层厚度宜比表 3－15 规定的混凝土保护层厚度数值增加 5～10 mm。

4. 对安全等级为一级或设计使用年限为 50 年以上的砌体结构，钢筋保护层的厚度应至少增加 10 mm。

(2)灰缝中钢筋外露砂浆保护层的厚度不应小于 15 mm。

(3)所有钢筋端部均应有与对应钢筋的环境类别条件相同的保护层厚度。

(4)对填实的夹心墙或特别的墙体构造，钢筋的最小保护层厚度应符合下列规定：

①用于环境类别 1 时，应取 20 mm 厚砂浆或灌孔混凝土与钢筋直径较大者；

②用于环境类别 2 时，应取 20 mm 厚灌孔混凝土与钢筋直径较大者；

③采用重镀锌钢筋时，应取 20 mm 厚砂浆或灌孔混凝土与钢筋直径较大者；

④采用不锈钢筋时，应取钢筋的直径。

同时，设计使用年限为 50 年时，夹心墙的钢筋连接件或钢筋网片、连接钢板、锚固螺栓或钢筋，应采用重镀锌或等效的防护涂层，镀锌层的厚度不应小于 290 g/m^2；当采用环氯涂层时，灰缝钢筋涂层厚度不应小于 290 μm，其余部件涂层厚度不应小于 450 μm。

3.5　工程结构抗震设计概述

地震是一种自然现象。地球内部在运动过程中始终存在巨大的能量，地岩层在巨大的能量作用下，会不停地连续变动，不断地产生褶皱、断裂和错动，使岩层处于复杂的地应力作用之下。地壳运动使地壳某些部位的地应力不断加强，当弹性应力的积聚超过岩石的强度极限时，岩层就会发生突然断裂和猛烈错动，释放出巨大能量，其中大部分能量以波的形式传到地面，引起地面振动，形成地震。

处于地表面上的建筑物，在地震发生过程中，会出现不同程度的破坏。一般情况下直接破坏现象较为严重，如结构丧失整体性、结构或结构构件强度破坏、地基失效、房屋倒塌等。因此，在抗震设防地区，需要对建筑工程进行抗震设计。

当前，抗震设计的内容主要包括三个方面，即抗震概念设计、抗震计算和抗震构造措施，这三方面是相辅相成、不可分割的，忽略任何一方面都会造成抗震设计的失败。

3.5.1　地震设计的主要概念

1. 地震震级

地震震级，是表明地震本身强度大小及释放出能量多少的一种度量，其数值是通过地震仪记录到的地震波图确定的。每一次地震只有一个震级，震级越高，释放的能量也越多。一般情况下，2 级以下的地震，人们感觉不到，称为微震；2～5 级的地震，人体有所感觉，称为有感地震；5 级以上的地震，会引起地面工程结构的破坏，称为破坏性地震；7～8 级的地震，称为强烈地震或大地震；8 级以上的地震称为特大地震。世界上已经记录到的最大地震震级为 9.0 级(2011 年 3 月 11 日发生在日本)。目前，各国与各地区的地震分级标准不尽相同，我国使用的震级标准是国际上通用的震级标准，即里氏震级。

2. 地震烈度

地震烈度，是指地震对地表及其上建筑物影响的平均强弱程度，其大小是综合人的感觉、家具与器物的振动情况，以及房屋和构筑物遭受的破坏程度等方面，从宏观上对地震影响做出的定量描述。目前，我国与世界上绝大多数国家一样采用了 12 等级的烈度划分表。

监测资料与理论研究表明，同一个地震，在不同地区的地震烈度大小是不一样的。距离震源越近，破坏性越大，地震烈度越高；距离震源越远，破坏性越小，地震烈度越低；在同一地区，也会因局部场地的地形和地质条件等影响，出现局部烈度较低或较高的地震异常区。

地震震级与震中烈度的对应关系见表 3－16。

表 3－16　地震震级与震中烈度的关系

地震震级	震中烈度
2	1～2
3	3
4	4～5
5	6～7
6	7～8
7	9～10
8	11
>8	12

3. 抗震设防烈度

抗震设防烈度，是指按国家批准权限审定的作为一个地区抗震设防依据的地震烈度。一般情况下，抗震设防烈度可采用《中国地震动参数区划图》(GB 18306—2015)上所标示的地震基本烈度。对于进行过抗震设防区划工作并经主管部门批准的城市，可按批准的抗震设防区划确定抗震设防烈度(或设计地震参数)。

抗震设防烈度和设计基本地震加速度值的对应关系见表 3－17。

表 3-17　抗震设防烈度和设计基本地震加速度值的对应关系

抗震设防烈度	设计基本地震加速度
6	0.05g
7	0.10(0.15)g
8	0.20(0.30)g
9	0.40g

注:1. g 为重力加速度。

2. 对于设计基本地震加速度为 0.15g 和 0.30g 地区内的建筑,应分别按抗震设防烈度为 7 度和 8 度的要求进行抗震设计。

4. 设计地震分组

理论分析和震害表明,不同地震对某一地区不同动力特性的结构破坏作用是不同的。为了区分同一烈度下不同震级和震中距的地震对不同动力特性的建筑物的破坏作用,《建筑抗震设计规范》(GB 50011—2010)(2016 版)以设计地震分组来体现震级和震中距的影响,将建筑工程的设计地震分为三组。该规范附录 A 中列出我国抗震设防区的各县级及县级以上城镇抗震设防烈度、设计基本地震加速度和设计地震分组,可供设计时取用。

5. 建筑场地

建筑场地,是指工程群体所在地,具有相似的反应谱特征,其范围相当于厂区、居民小区和自然村的区域。震害表明,不同场地上的建筑物的震害差异较大,土质越软,覆盖层越厚,建筑物的震害越严重,反之较轻。

在工程结构抗震设计中,为了反映建筑场地的影响,《建筑抗震设计规范》(GB 50011—2010)(2016 版)主要依据场地土的刚性(坚硬程度或密实程度)及其覆盖层厚度,把场地分为Ⅰ、Ⅱ、Ⅲ、Ⅳ类。其中,Ⅰ类场地对抗震最为有利,Ⅳ类场地对抗震最不利。建筑场地类别的划分以土层等效剪切波速和场地覆盖层厚度来划分,由工程地质勘查部门提供。

3.5.2　地震设计的基本要求

1. 抗震设防标准

抗震设防标准,是衡量抗震设防要求的尺度,由抗震设防烈度和建筑使用功能的重要性确定。

1)抗震设防类别

按照建筑物使用功能的重要性、地震灾害后果等条件,《建筑工程抗震设防分类标准》(GB 50223—2008)将建筑工程分为四个抗震设防类别,即特殊设防类(简称甲类)、重点设防类(简称乙类)、标准设防类(简称丙类)和适度设防类(简称丁类)。

(1)甲类建筑,是指使用上有特殊设施,涉及国家公共安全的重大建筑工程和地震时可能发生严重次生灾害等特别重大灾害后果,需要进行特殊设防的建筑,如三级医院中承担特别重要医疗任务的门诊、住院用房。

(2)乙类建筑,是指地震时使用功能不能中断或需尽快恢复的生命线相关建筑,以及地震时可能导致大量人员伤亡等重大灾害后果,需要提高设防标准的建筑,如特大型的体育场、电影院、剧场、图书馆、博物馆、展览馆,幼儿园、小学、中学的教学用房等。

(3)丁类建筑,是指使用上人员稀少且震损不致产生次生灾害,允许在一定条件下适度降低要求的建筑,如一般储存物品的单层仓库。

(4)丙类建筑,是指大量的除甲、乙、丁类以外按标准要求进行设防的建筑,如居住建筑。

2)抗震设防标准应符合的规定

(1)甲类建筑,应按高于本地区抗震设防烈度的要求加强抗震措施,其值应按批准的地震安全性评价结果确定。抗震措施:当抗震设防烈度为 6～8 度时,应符合本地区抗震设防烈度提高一度的要求;当为 9 度时,应符合比 9 度抗震设防更高的要求。

(2)乙类建筑,应符合本地区抗震设防烈度的要求。抗震措施:一般情况下,当抗震设防烈度为 6～8 度时,应符合本地区抗震设防烈度提高一度的要求;当为 9 度时,应符合比 9 度抗震设防更高的要求。地基基础的抗震措施,应符合有关规定。对较小的乙类建筑,当其结构改用抗震性能较好的结构类型时,应允许仍按本地区抗震设防烈度的要求采取抗震措施。

(3)丙类建筑,应按本地区抗震设防烈度确定其抗震措施和抗震能力。

(4)丁类建筑,允许在本地区抗震设防烈度要求的基础上适当降低抗震措施,但抗震设防烈度为 6 度时不应降低。一般情况下,仍应符合本地区抗震设防烈度的要求。

总体来讲,6 度及 6～9 度抗震设防地区的各类建筑,必须进行抗震设计及隔震、消能减震设计;超过 9 度地区的建筑和行业有特殊要求的工业建筑,其抗震设计应依据有关专门规定执行。

2. 抗震设防目标——三水准抗震目标

抗震设防目标,是对建筑结构应具有的抗震安全性提出的要求,即结构物遭遇不同水准的地震影响时,对结构构件、使用功能、设备的损坏程度及人身安全的总要求。

《建筑抗震设计规范》(GB 50011—2010)(2016 版)将抗震设防目标划分为三水准,即小震不坏、中震可修、大震不倒。

(1)第一水准要求——小震不坏。当建筑遭受低于本地区抗震设防烈度的多遇地震影响时,一般应不受损坏或不需修理仍可继续使用。

(2)第二水准要求——中震可修。当建筑遭受相当于本地区抗震设防烈度的地震影响时,可能有一定的损坏,经一般修理仍可继续使用。

(3)第三水准要求——大震不倒。当建筑遭受高于本地区抗震设防烈度预估的罕遇地震影响时,不致倒塌或发生危及生命的严重破坏。

同时,当分析年限取 50 年时,对小震、中震、大震也规定了具体的概率水准:小震烈度(多遇地震烈度)所对应的被超越概率为 63.2%;中震烈度(基本烈度或抗震设防烈度)所对应的被超越概率一般为 10%;大震烈度(罕遇地震烈度)所对应的被超越概率为 2%～3%。通过统计分析可知,基本烈度比多遇地震烈度约高 1.55 度,比罕遇地震烈度约低 1 度。

建筑在实际使用期间,当一般小震发生时,要求做到结构不受损坏,在技术和经济上是可以做到的;但要求结构遭受大震时不受损坏,在经济上是不合理的。

3. 抗震设计的两阶段法

为了实现三水准的设防目标,目前在具体做法上可以采用简化的两阶段设计法。

第一阶段——结构设计阶段,包括承载力和使用状态下的变形验算。此时,结构为弹性体系,取第一水准的地震动参数,计算结构的作用效应和其他荷载效应的基本组合,验算结构构件的承载能力,在小震作用下验算结构的弹性变形。

第二阶段——弹塑性变形验算。在大震作用下，对特殊要求的建筑、地震时易倒塌的结构及有明显薄弱层的不规则结构，除进行第一阶段设计外，还要进行薄弱部位的弹塑性层间变形验算，并采取相应的抗震构造措施。

在结构设计阶段，重在保证第一水准抗震设防目标的要求；弹塑性变形验算，重在保证第三水准的抗震设防要求；至于如何保证第二水准损坏可修的目标，目前普遍的共识是通过概念设计和抗震构造措施来实现。

3.5.3 结构抗震概念设计

结构抗震概念设计，是结构概念设计的一部分，主要包括三方面内容，即建筑结构的规则性设计、建筑结构体系的合理选择与抗侧力结构构件的延性设计。

1. 场地选择与地基基础设计要求

大量震害表明，建筑场地的地质条件和地形地貌特点与建筑物震害的影响程度有很大关联性。因此，在建筑抗震概念设计时，要注意建筑场地的选择，根据工程需要、区域场地特征与区域地震活动情况，合理选择对建筑抗震有利的地段，对不利的地段应尽量避开，当无法避开时要采取有效措施。各类地段的特点可以参考《建筑抗震设计规范》(GB 50011—2010)(2016版)的规定(见表 3-18)。

表 3-18　有利、一般、不利和危险地段的划分

地段类别	地质、地形、地貌
有利地段	稳定基岩，坚硬土，开阔、平坦、密实、均匀的中硬土等
一般地段	不属于有利、不利和危险的地段
不利地段	软弱土，液化土，条状突出的山嘴，高耸孤立的山丘，陡坡，陡坎，河岸和边坡的边缘，平面分布上成因、岩性、状态明显不均匀的土层(含故河道、疏松的断层破裂带、暗埋的塘浜沟谷和半填半挖地基)，高含水量的可塑黄土，地表存在结构性裂缝等
危险地段	地震时可能发生滑坡、崩塌、地陷、地裂、泥石流等及发震断裂带上可能发生地表错位的部位

地基与基础设计应符合下列要求：

(1)同一结构单元不宜设置在性质截然不同的地基土层上；

(2)同一结构单元不宜部分采用天然地基而其余部分采用桩基；

(3)当地基有软弱土、可液化土、新近填土或严重不均匀土层时，应加强基础的整体性和刚性；

(4)根据具体情况，选择对抗震有利的基础类型，在抗震验算时应尽量考虑结构、基础和地基的相互作用，使之能反映地基基础在不同阶段的工作状态。

2. 选择有利于抗震的平面和立面布置

震害分析表明，简单、对称的建筑在地震时表现出较好的抗震性能。例如，建筑的立面和竖向剖面宜规则，结构的侧向刚度宜均匀变化，竖向抗侧力构件的截面尺寸和材料强度宜自下而上逐渐减小，避免抗震侧力结构的侧向刚度及承载力突变。

为此，在进行建筑设计时应符合抗震概念设计的要求，不应采用严重不规则的设计方案。

表 3-19、表 3-20 和图 3-4 给出了几种常见的不规则类型和典型的不规则结构。

表 3-19　平面不规则类型

不规则类型	定义和参考指标
平面扭转不规则	在规定的水平力作用下，楼层的最大弹性水平位移(层间位移)大于该楼层两端弹性水平位移(或层间位移)平均值的 1.2 倍
凸凹角不规则	平面凹进的尺寸大于相应投影方向总尺寸的 30%
楼板局部不连续	楼板的尺寸和平面刚度急剧变化，例如，有效楼板宽度小于该层楼板典型宽度的 50%，或开洞面积大于该层楼面面积的 30%，或较大的楼层错层

表 3-20　竖向不规则类型

不规则类型	定义和参考指标
竖向的侧向刚度不规则	该层的侧向刚度小于相邻上一层的 70%，或小于其上相邻三个楼层侧向刚度平均值的 80%；除顶层或突出屋面小建筑外，局部收进的水平向尺寸大于相邻下一层的 25%
竖向抗侧移构件不连续	竖向抗侧力构件(柱、抗震墙、抗震支撑)的内力由水平转换构件(梁、桁架等)向下传递
楼层承载力突变	抗侧力结构的层间受剪承载力小于相邻上一楼层的 80%

对于体型复杂、平立面特别不规则的建筑结构，可按实际需要在适当部位设置防震缝，形成多个较规则的抗侧力结构单元。防震缝的宽度可以根据抗震设防烈度、结构材料种类、结构类型、结构单元的高度和高差情况留设，其两侧的上部结构应完全断开。

3. 选择合理的抗震结构体系

抗震结构体系的选择，应根据建筑抗震设防类别、设防烈度、建筑高度、场地条件、地基与基础、结构材料和施工等因素，经过技术、经济和使用条件综合比较确定。

在选择抗震结构体系时，应主要考虑以下要求：

(1)结构体系应具有明确的计算简图和合理的地震作用传递途径，受力明确、传力合理、传力路线不间断、抗震分析与实际表现相符合。

(2)应避免因部分结构或结构构件破坏而导致整个结构丧失抗震能力或对重力荷载的承载能力。例如，若柱子的数量较少或承载能力较弱，部分柱子退出工作后，整个结构系统丧失了对竖向荷载的承载能力。因此，在抗震设计时，让结构具有必要的赘余度和内力重分配的功能是十分重要的。

(3)结构体系应具备必要的承载能力、良好的变形能力和消耗地震能量的能力。足够的承载力和变形能力是需要同时满足的。若仅有较大的变形能力而缺少较高的抗侧向力的能力，则在不大的地震作用下会产生较大的变形，导致非结构构件的破坏或结构本身的失稳；若仅有较高的承载能力而缺少较大的变形能力，则结构很容易因脆性破坏而倒塌。只有必要的承载能力与良好的变形能力相结合，结构在地震作用下才具有较好的耗能能力。

(4)宜具有合理的刚度和强度分布，避免因局部削弱或突变形成薄弱部位，产生过大的应力集中或塑性变形集中。对可能的薄弱部位，应采取措施提高抗震能力。

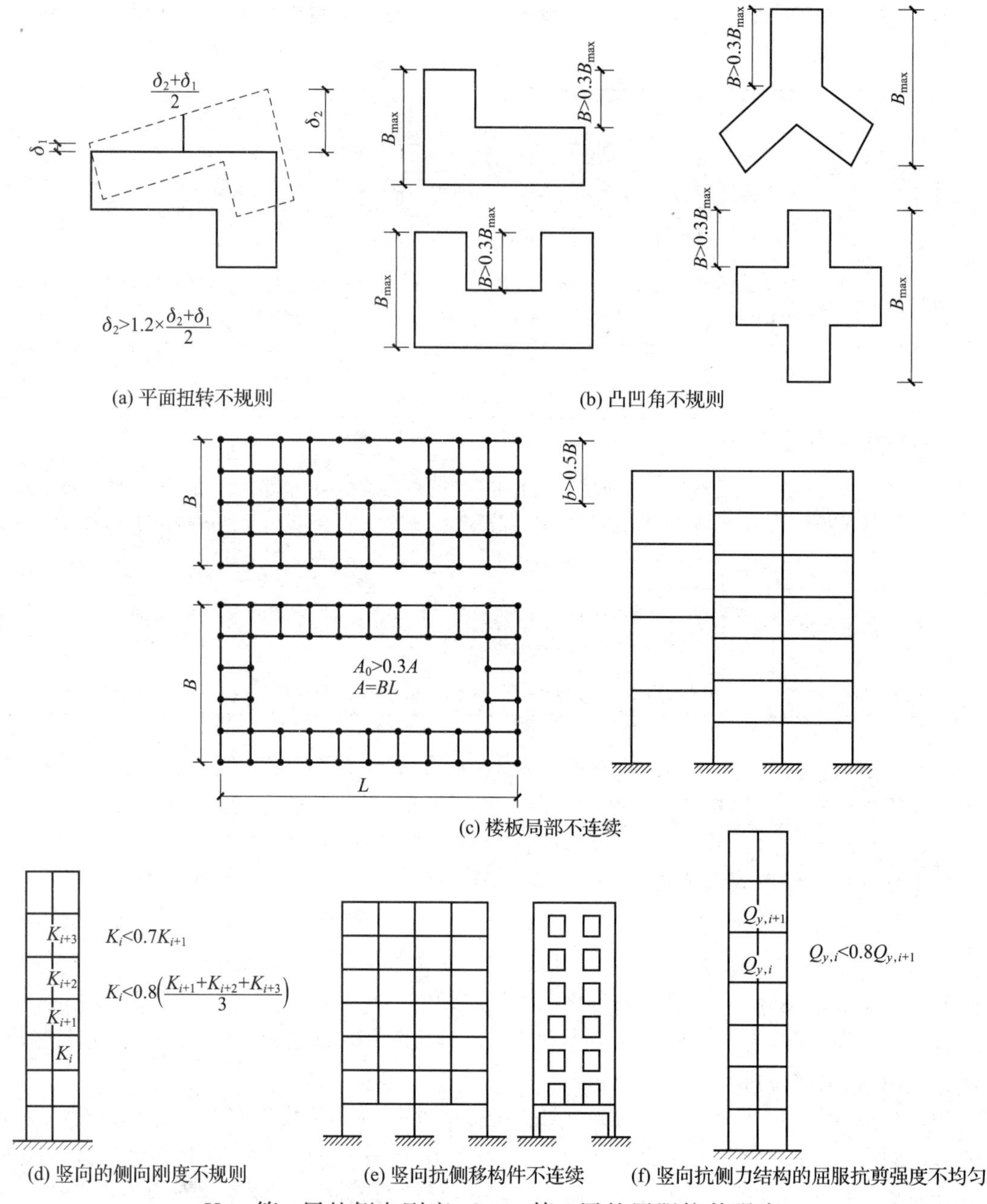

K_i—第 i 层的侧向刚度，$Q_{y,i}$—第 i 层的屈服抗剪强度。

图 3－4　典型的不规则结构

(5)宜有多道抗震防线，应避免因部分结构或构件破坏而导致整个结构丧失抗震能力或对重力荷载的承载能力。

(6)结构在两个主轴方向的动力特性宜相近。

4. 抗侧力结构和构件的延性设计

结构的变形能力取决于组成结构的构件及其连接的延性水平。保证主体结构构件之间的可靠连接，充分发挥各个构件的承载能力和变形能力，是保证整个结构具有良好抗震能力的重要措施。

通常情况下,抗震结构构件之间的连接应符合以下要求。

(1)构件节点的破坏,不应先于其连接的构件。

(2)预埋件的锚固破坏,不应先于连接件。

(3)装配式结构构件的连接,应能保证结构的整体性。例如,屋面板与屋架、梁、墙之间,梁与柱之间等。

(4)预应力混凝土构件的预应力钢筋宜在节点核心区以外锚固。

支撑系统的不完善,往往导致屋盖系统倒塌,致使厂房发生灾难性震害。因此,厂房的各种抗震支撑系统,应保证地震时结构的稳定性。

5. 非结构构件的抗震设计

非结构构件,包括建筑非结构构件(如女儿墙、围护墙、内隔墙、雨篷、高门脸、吊顶、装饰贴面等)和建筑附属机电设备,自身及其与结构主体连接,应进行抗震设计。

(1)附着于屋面、楼面结构上的非结构构件,以及楼梯间的非承重墙体,应与主体结构有可靠的连接或锚固,避免地震时倒塌伤人或砸坏重要设备。

(2)框架结构的围护墙和隔墙,应估计其对结构抗震的不利影响,避免不合理设置而导致主体结构的破坏。

(3)幕墙、装饰贴面与主体结构应有可靠连接,避免地震时脱落伤人。

(4)安装在建筑上的附属机械、电气设备系统的支座和连接,应符合地震时使用功能的要求,且不应导致相关部件的损坏。

3.5.4　地震作用计算

地震作用,是指由地震动引起的结构动态作用,包括地震加速度、速度和动位移的作用。按照《建筑结构设计基本术语和符号标准》(GB/T 50083—2014)规定,地震作用属于间接作用,通常也称为地震等效荷载。

地震作用主要是从水平地震作用和竖向地震作用两方面考虑。对一般建筑结构而言,竖向地震作用的影响不明显,主要是水平地震作用,只有抗震设防烈度为 8 度、9 度时的大跨度、长悬臂结构及 9 度时的高层建筑,才需要计算竖向地震作用。

1. 地震作用的计算简图

地震作用的大小与结构质量有关。在计算地震作用时,经常采用集中质量法对结构体系进行简化,获得结构计算简图,如图 3－5 所示。该方法的基本原理,就是把结构简化为一个有限数目质点的悬臂杆,假定各楼层的质量集中在楼盖标高处,墙体质量按上下层各半集中在该层楼盖处,各楼层质量抽象为若干个参与振动的质点,最后便形成了一个单质点或多质点的弹性体系力学模型。

2. 地震作用的主要计算方法

目前,地震作用的计算方法主要有振型分解反应谱法、底部剪力法和时程分析法。前两种方法是结构计算的基本方法,时程分析法一般作为结构抗震设计的补充计算方法。

1)振型分解反应谱法

振型分解反应谱法,是根据地震反应谱理论,以结构的各阶振型为广义坐标,分别求出对应的结构地震反应,并相互组合结构的各阶振型反应,然后确定结构地震内力及变形的方法。

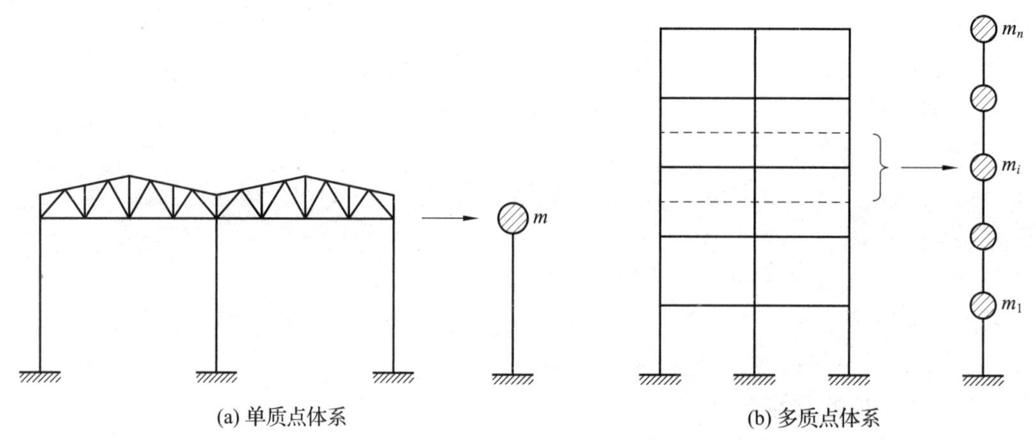

图 3-5　抗震结构计算简图

此法在计算过程中较好地考虑了结构的动力特性，根据结构的振型曲线确定了地震作用的分布，计算精度也较高。

2)底部剪力法

底部剪力法，是根据地震反应谱理论，按照地震作用引起的结构底部总剪力与等效单质点体系的水平地震作用相等，以及地震作用沿结构高度分布接近于倒三角形，确定地震作用的合理分布，并求出结构内力与变形的方法。此法比较简单，便于手算分析，但计算精度较低。

3)时程分析法

时程分析法，是将地震加速度记录或人工地震波输入结构体系运动微分方程并积分求解，得到地震整个历程时间内结构内力与变形的方法。

现行《建筑抗震设计规范》(GB 50011—2010)(2016 版)给出了上述三种方法的基本适用范围。

(1)高度不超过 40 m、以剪切变形为主且质量与刚度沿高度分布比较均匀的结构，以及近似于单质点体系的结构，可采用底部剪力法等。

(2)除(1)条外的建筑结构，宜采用振型分解反应谱法。

(3)特别不规则的建筑、甲类建筑和表 3-21 中所列高度范围内的高层建筑，应采用时程分析法作为多遇地震下的补充计算；当取三组加速度时程曲线输入时，计算结果宜取时程分析法的包络值和振型分解反应谱法的较大值；当取七组及七组以上的时程曲线时，计算结果可取时程分析法的平均值和振型分解反应谱法的较大值。

(4)其他情况应根据规范要求进行综合分析。

表 3-21　采用时程分析法的房屋高度范围

烈度、场地类型	房屋高度范围/m
8 度Ⅰ、Ⅱ类场地和 7 度	＞100
8 度Ⅲ、Ⅳ场地	＞80
9 度	＞60

3.5.5　结构抗震验算

建筑结构的抗震极限状态设计包括三个方面，即在多遇地震作用下结构构件抗震承载力验算、在多遇地震作用下结构抗震变形验算和在罕遇地震作用下结构抗震变形验算。

1. 一般规定

现行《建筑抗震设计规范》(GB 50011—2010)(2016 版)中有如下规定。

(1)一般情况下，应至少在建筑结构的两个主轴方向分别计算水平地震作用，各方向的水平地震作用应由该方向抗侧力构件承担。

(2)有斜交抗侧力构件的结构，当相交角度大于 15°时，应分别计算各抗侧力构件方向的水平地震作用。

(3)质量和刚度分布明显不对称的结构，应计入双向水平地震作用下的扭转影响；其他情况，应允许采用调整地震作用效应的方法计入扭转影响。

(4)对不同方向的抗侧力结构的共同构件(如框架结构柱)，应考虑双向水平地震作用的影响。

(5)抗震设防烈度为 8 度、9 度时的大跨度和长悬臂结构及 9 度时的高层建筑，应计算竖向地震作用。

2. 多遇地震作用下结构构件截面抗震验算

根据抗震可靠度理论，在多遇地震作用下结构构件的截面抗震验算，地震作用效应和其他效应采用基本组合设计值，并按照下式计算：

$$S_E \leqslant R/\gamma_{RE} \tag{3-18}$$

式中：S_E——结构构件内力组合的设计值，包括组合的弯矩、轴向力与剪力设计值等；

R——结构构件承载力设计值；

γ_{RE}——承载力抗震调整系数。

3. 多遇地震作用下结构抗震变形验算

在多遇地震作用下，为了避免非结构构件(包括围护墙、隔墙、内外装修、附属机电设备等)出现破坏，应对各类结构进行抗震变形验算，使其楼层内最大的弹性层间位移小于规定的限值。其变形验算按照下式计算：

$$\Delta u_e \leqslant [\theta_e]h \tag{3-19}$$

式中：Δu_e——多遇地震作用标准值产生的楼层内最大的弹性层间位移；

$[\theta_e]$——弹性层间位移角限值，如钢筋混凝土框架结构取 1/550，多、高层钢结构取 1/250 等；

h——楼层的层高。

4. 罕遇地震作用下结构抗震变形验算

在罕遇地震作用下，主体结构已经允许进入弹塑性状态。为了防止其由于弹塑性变形过多而造成严重破坏或倒塌，现行《建筑抗震设计规范》(GB 50011—2010)(2016 版)规定，除砌体结构外，钢筋混凝土结构、钢结构及隔震消能设计结构，均应进行罕遇地震作用下的变形验算。基于建筑物的重要程度，罕遇地震作用下的变形验算可分为严格要求、稍有选择和不做验算三种情况。

1)严格要求验算的结构

①钢筋混凝土结构,包括7～9度时楼层屈服强度系数小于0.5的框架结构,8度Ⅲ、Ⅳ类场地和9度时的高大单层排架厂房的横向排架,甲类建筑和9度时的乙类建筑。

②高度大于150 m的各类高层钢结构、甲类和乙类9度时的钢结构建筑。

③所有采用隔震、消能减震设计的结构。

2)可根据情况验算的结构

①钢筋混凝土结构,包括底部框架-抗震墙砖房、板柱-抗震墙结构、竖向不规则且较高的高层建筑,以及乙类8度和乙类7度Ⅲ类、Ⅳ类场地的建筑。

②高度不大于150 m的各类钢结构,乙类8度和乙类7度Ⅲ类、Ⅳ类场地的钢结构建筑。

3)可不进行弹塑性变形验算的结构

①丙类规则或高度较低的抗震墙结构和框架抗震墙钢筋混凝土结构。

②丙类多层框架钢结构、多层框架-支撑钢结构。

4)变形验算公式

罕遇地震下的变形计算,属于偶然作用下的承载能力极限状态验算。荷载效应的组合值应采用罕遇地震与其他荷载效应的偶然组合,各标准值的效应不乘分项系数。各层变形验算按照下式计算:

$$\Delta u_p \leqslant [\theta_p]h \tag{3-20}$$

式中:Δu_p——罕遇地震作用组合下的弹塑性层间位移;

$[\theta_p]$——弹塑性层间位移角限值,如钢筋混凝土框架结构和多、高层钢结构取1/50等;

h——薄弱层楼层高度或单层厂房上柱高度。

【拓展与应用】

牛顿与苹果的故事

1665年秋季,牛顿坐在自家院中的苹果树下苦思着行星绕日运动的原因。这时,一只苹果恰巧掉下来,落在牛顿的脚边。这是一个发现的瞬间:这次苹果下落与以往无数次苹果下落不同,因为它引起了牛顿的注意。牛顿从苹果落地这一自然现象找到了苹果下落的原因——引力的作用,这种来自地球的无形的力拉着苹果下落,正像地球拉着月球,使月球围绕地球运动一样。

据说,这个故事是由牛顿的外甥女巴尔顿夫人告诉法国哲学家、作家伏尔泰的;伏尔泰将它写入《牛顿哲学原理》一书中;之后渐渐流传开来。这棵苹果树后来被移植到剑桥大学中。牛顿去世后,他被当作发现宇宙规律的英雄人物继而被赋予传奇色彩,牛顿与苹果的故事更是广为流传了。

三百多年来,人们在津津乐道这一故事的时候,是否疑惑道:苹果树上的其他苹果当时为什么没有下落?那只下落的苹果为什么之前不会被引力拉下?

思考练习题

1.什么是作用效应?说明荷载与荷载效应的关系。

2.什么是结构抗力?影响结构抗力的主要因素有哪些?

3.可变荷载有几个代表值?在结构设计中,如何应用荷载代表值?

4. 什么是材料强度标准值和材料强度设计值，举例说明。
5. 结构的预定功能是什么？什么是结构的可靠度？可靠度是如何度量的？
6. 什么是结构的极限状态？极限状态分为几类？
7. 什么是失效概率？什么是可靠指标？二者有何联系？
8. 简要说明基于概率理论的极限状态设计法，其主要特点是什么？
9. 简要说明承载力极限状态设计表达式的基本内涵及现实意义，举例说明。
10. 对正常使用极限状态，如何根据不同的设计要求确定荷载效应组合值？
11. 什么是混凝土保护层，如何取值？试举例说明。
12. 什么是地震震级？什么是地震设防烈度？两者有何联系？
13. 简要说明我国抗震设防标准和目标的基本内容及特点。
14. 什么是结构抗震概念设计？地震作用的计算方法有哪些？
15. 简要说明我国抗震设计两阶段法的基本内容及其现实意义。
16. 图 3－6 所示为钢筋混凝土雨篷板，板厚 $h=120$ mm，板面抹 20 mm 厚的水泥砂浆，板底抹 10 mm 厚的石灰砂浆。板上活荷载标准值为 500 N/m^2。结构设计使用年限为 50 年，环境类别为一类。试求：

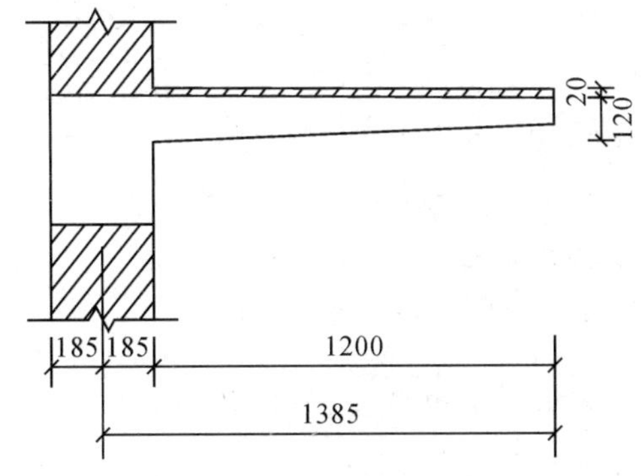

图 3－6　钢筋混凝土雨篷板

(1)按承载力极限状态计算时的截面弯矩与剪力组合设计值；
(2)按正常使用极限状态验算时截面的荷载效应标准组合、频遇组合和准永久组合的弯矩值。

17. 某钢筋混凝土简支梁如图 3－7 所示，计算跨度 $l_0=4.0$ m，承受集中活荷载标准值 $Q_k=6.0$ kN，均布活荷载标准值 $q_k=4.0$ kN/m，均布恒荷载标准值 $g_k=8.0$ kN/m，结构的安全等级为二级。试求：
(1)承载能力极限状态设计时的跨中最大弯矩设计值；
(2)正常使用极限状态下跨中的标准组合值和准永久组合值。

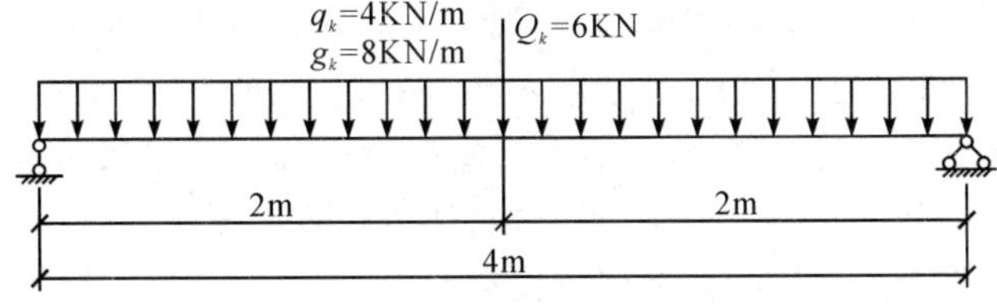

图 3－7　钢筋混凝土简支梁

第 4 章　钢筋混凝土结构构件设计

【教学目标】

本章主要讲述钢筋混凝土结构用材，拉、压、弯、扭构件截面承载力设计，混凝土构件正常使用状态下变形验算，预应力混凝土构件设计。本章学习目标如下：

(1)掌握钢筋与混凝土基本性能指标与构造要求；

(2)掌握拉、压、弯、扭混凝土构件承载力设计方法与构造要求；

(3)熟悉混凝土构件正常使用状态下变形验算原理与方法；

(4)了解预应力混凝土构件设计方法与基本规定。

【教学要求】

知识要点	能力要求	相关知识
(1)钢筋与混凝土基本性能指标与构造要求 (2)拉、压、弯、扭混凝土构件承载力设计方法与构造要求	(1) 掌握钢筋与混凝土基本性能指标与构造要求 (2)掌握拉、压、弯、扭混凝土构件承载力设计方法与构造要求	混凝土结构施工图平面整体表示方法制图规则和构造详图
混凝土构件正常使用状态下变形验算的原理与方法	熟悉混凝土构件正常使用状态下变形验算原理与方法	工程结构事故的检测与评定
预应力混凝土构件设计方法与基本规定	了解预应力混凝土构件设计方法与基本规定	预应力结构工程施工与管理

4.1　钢筋混凝土结构用材

钢筋混凝土结构主要是由钢筋和混凝土两种材料组成的。在设计钢筋混凝土结构时，需要掌握钢筋与混凝土的基本性能及结构对其的基本要求。

4.1.1　混凝土的基本性能指标及结构要求

混凝土是一种普遍使用的，主要的工程结构材料，按照所用胶凝材料、材质密度等不同标准，可以分为不同的类型。例如，按所用胶凝材料，混凝土可以分为水泥混凝土、沥青混凝土等；按材质密度，混凝土可以分为轻混凝土、重混凝土和普通混凝土等。

普通混凝土(以下简称为混凝土)是指以水泥、砂、石子和水按一定配合比拌和，需要时掺入外加剂和矿物混合材料，经过均匀拌制、密实成型及养护硬化而制成的人工石料。混凝土的性能指标包括混凝土的强度、变形、碳化、耐腐蚀、耐热和防渗等。

这里主要阐述混凝土的强度指标和变形指标。

1. 混凝土的强度

混凝土的强度是指其抵抗外力的某种应力，即混凝土材料达到破坏或破裂极限状态时所能承受的应力。

根据结构构件外在作用效应的特点，混凝土强度可分为抗拉强度和抗压强度。《混凝土结构设计规范》(GB 50010—2010)(2015 版)给出了五种强度指标理论值，即立方体抗压强度标准值(用 $f_{cu,k}$表示)、轴心抗压强度标准值(用 f_{ck}表示)、轴心抗压强度设计值(用 f_c表示)、轴心抗拉强度标准值(用 f_{tk}表示)和轴心抗拉强度设计值(用 f_t表示)。

试验研究和工程实践表明，混凝土的强度大小与其材料组成、受力状态、截面几何特征等因素有关。因此，在结构设计中，正确理解和运用各个强度指标值，应该熟悉以下问题。

1)混凝土强度标准值的确定方法

混凝土强度标准值的确定主要涉及两个方面：一是基于混凝土在结构中主要承受的压力，以抗压强度作为衡量其大小的基本指标；二是便于不同材质的标准化，制订统一的试验试件及其测试条件。当前，国际标准组织颁布了《混凝土按抗压强度的分级》(ISO 3839—1997)，并规定了直径为 150 mm、高度为 300 mm 的圆柱体和边长为 150 mm 的立方体两种标准试件。

《混凝土结构设计规范》(GB 50010—2010)(2015 版)采用以边长为 150 mm 的立方体试件，在标准条件下测得的立方体抗压强度标准值作为基本指标。这里所说的标准条件指：立方体试件按照标准方法制作，按照标准进行养护[在温度为(20±3)℃、相对湿度大于 90%的环境中养护28 d或设计规定龄期]，按照标准试验方法进行操作(加载速度：C30 以下控制在 0.3～0.5 MPa/s，C30 以上控制在 0.5～0.8 MPa/s，两端不涂润滑剂)，测得的强度数据具有 95%的保证率。对于非标准的试件，所测试的强度数据可以通过换算系数转化为标准试件值。不同试件的换算系数见表 4－1。

表 4－1　不同试件测试强度值之间的换算系数

试件类型	试件规格	换算系数
立方体	200 mm×200 mm×200 mm	1.05
	150 mm×150 mm×150 mm	1.00
	100 mm×100 mm×100 mm	0.95
圆柱体	6″×12″(1″=2.54 cm)	1.20
棱柱体	6″×12″(1″=2.54 cm)	1.32

2)混凝土强度等级的划分

根据作用效应大小和安全等级等条件的不同要求，《混凝土结构设计规范》(GB 50010—2010)(2015 版)中以立方体抗压强度标准值为标准，给出了 14 个等级的混凝土强度值，即 C15、C20、C25、C30、C35、C40、C45、C50、C55、C60、C65、C70、C75、C80。其中，各级数值代表一个阈值，如 C25 混凝土，表示为 $25\ \mathrm{N/mm^2} \leqslant f_{cu,k} < 30\ \mathrm{N/mm^2}$。通常情况下，将 C50 级以下的混凝土称为一般混凝土，将 C50 级以上的混凝土称为高强混凝土。

f_{ck}、f_c、f_{tk}和 f_t均可通过它们与基本指标值 $f_{cu,k}$的关系得到，见式(4－1)至式(4－4)。为了设计方便，《混凝土结构设计规范》(GB 50010—2010)(2015 版)中已给出了各级强度的具体数值，详见表 3－3。

$$f_{ck} = 0.88\alpha_{c1}\alpha_{c2}f_{cu,k} \tag{4-1}$$

$$f_{tk} = 0.88\times 0.395f_{cu,k}^{0.55}(1-1.645\delta)^{0.45}\alpha_{C2} \tag{4-2}$$

$$f_c = \frac{f_{ck}}{\gamma_c} \tag{4-3}$$

$$f_t = \frac{f_{tk}}{\gamma_c} \tag{4-4}$$

式中：α_{c1}——棱柱体抗压强度与立方体抗压强度之比(对于C50及以下强度等级的混凝土，取0.76；对于C80混凝土，取0.82；中间按线性内插法取值)；

α_{c2}——混凝土的脆性折减系数(对于C40混凝土，取1.0；对于C80混凝土，取0.87；中间按线性内插法取值)；

0.88——考虑实际结构中混凝土强度与试件混凝土强度之间的差异等因素而确定的修正系数；

δ——混凝土强度的变异系数，见表4-2。

3)复合应力状态下的混凝土强度特点

上面所讲的混凝土抗压与抗拉强度，都是指混凝土在单向受力条件下所得到的理论强度。实际上，混凝土结构构件很少处于单向受拉或受压状态，而往往承受弯矩、剪力、轴向力及扭矩的多种组合作用，大多是处于双向或三向的复合应力状态。

表4-2 混凝土强度的变异系数

$f_{cu,k}$	δ
C15	0.21
C20	0.18
C25	0.16
C30	0.14
C35	0.13
C40	0.12
C45	0.12
C50	0.11
C55	0.11
C60～C80	0.1

复合应力状态下的混凝土，表现出与单向受力条件下不同的特点。例如，在两个相互垂直的平面上分别受法向应力σ_1和σ_2的作用，而在第三个平面上应力为零的双向应力状态下(见图4-1)，当双向同时受拉时，混凝土的强度基本上与单向状态下近似；当双向同时受压时，混凝土的强度较单向状态下提高1.27倍；当一向受压另一向受拉时，混凝土的强度较单向状态下低。试验研究还表明：混凝土试件在三向压应力作用下(见图4-2)，其强度较单向状态下有很大提高，可提高3～5倍；同时，混凝土的极限应变值也得到了很大提高。

总体来说，在复合应力状态下，对混凝土强度的研究多为近似方法，至今尚未建立统一的相关理论。在结构设计中，目前尚处于采用混凝土在单向受力下的强度与变形的水平。

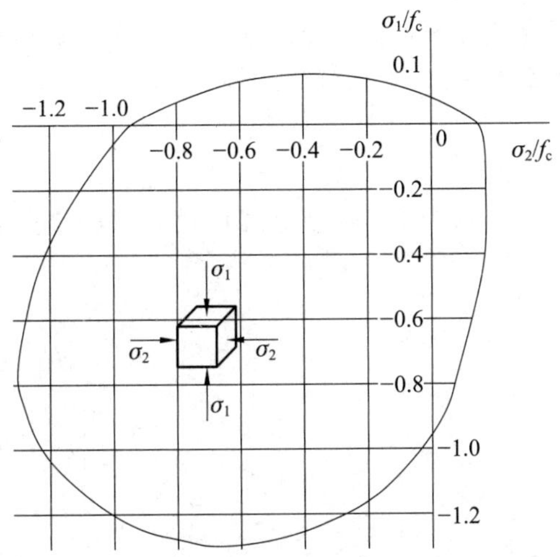

图 4－1　混凝土双向应力状态下的强度曲线

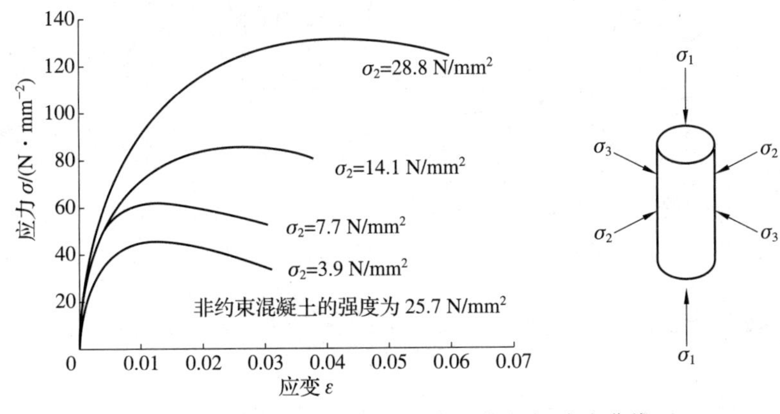

图 4－2　混凝土三向受压状态下的应力-应变曲线

4）结构构件设计对混凝土强度的要求

混凝土是一种复合性材料，由固体、液体和气体组成，其本身具有水化过程长、性能稳定时间长、凝结硬化过程中易收缩而形成微裂缝等特点，还易受制作、养护和使用条件等因素的影响。考虑到理论与实践的差异性，为了能够更好地保证混凝土结构构件的可靠性，《混凝土结构设计规范》（GB 50010—2010）（2015 版）对混凝土强度给出了如下基本要求：

（1）素混凝土结构的混凝土强度等级不应低于 C15，钢筋混凝土结构的混凝土强度等级不应低于 C20。

（2）当采用强度等级为 400 MPa 及以上的钢筋时，混凝土强度等级不宜低于 C25。

（3）预应力混凝土结构的混凝土强度等级不宜低于 C40，且不应低于 C30。

（4）承受重复荷载的钢筋混凝土构件，混凝土强度等级不应低于 C30。

同时，应根据建筑所处环境条件确定混凝土的最低强度等级，以保证建筑的耐久性。

2. 混凝土的变形

在实际工作状态中，混凝土结构构件通常受到荷载作用和非荷载作用的综合影响，强度和变形的效应也会统一显现出来。当变形达到或超过某一限值时，也会影响结构的可靠性功能。

目前,混凝土变形性能的研究内容主要涉及两个方面:一个是在荷载(包括一次短期荷载、重复荷载和长期荷载)作用下的变形;另一个是体积变形(主要包括混凝土的收缩和温度变化产生的变形等)。

1)混凝土的应力-应变曲线

如图 4-3 所示,该图为标准棱柱体混凝土试件在一次短期作用下受压时的应力-应变($\sigma-\varepsilon$)曲线图。

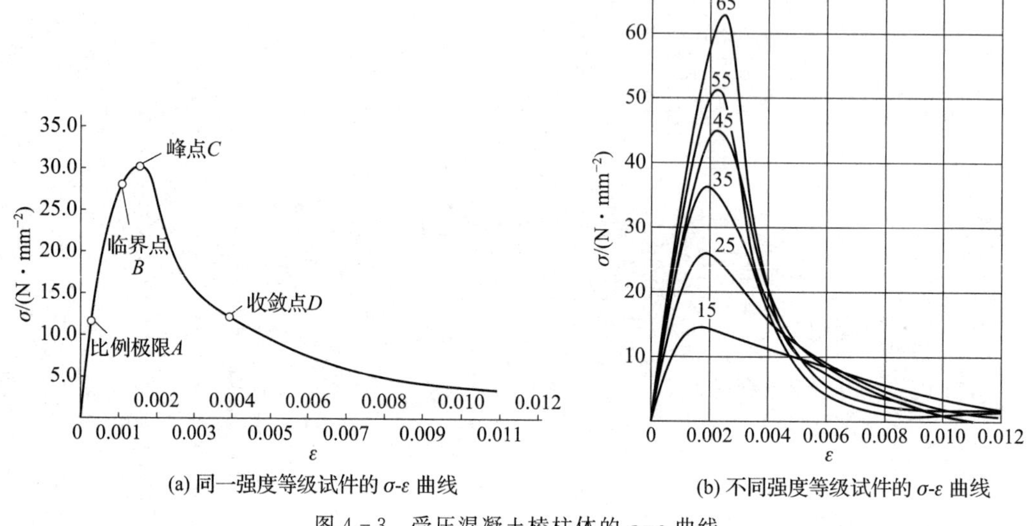

(a) 同一强度等级试件的 σ-ε 曲线　　(b) 不同强度等级试件的 σ-ε 曲线

图 4-3　受压混凝土棱柱体的 $\sigma-\varepsilon$ 曲线

(1)同一强度等级试件的 $\sigma-\varepsilon$ 曲线。如图 4-3(a)所示,该 $\sigma-\varepsilon$ 曲线大致可分为上升段和下降段两部分。

①上升段。OA 段很短,应力较低($\sigma \leqslant 0.3f_{ck}$),应力与应变的关系接近直线,$A$ 点为比例极限,此时可将混凝土视为理想的弹性体;在 AB 段,混凝土的非弹性性质逐渐显现,曲线弯曲,应变增加的速度比应力增长的速度快,试件内部的微裂缝开始发展,但其仍处于稳定状态,应力值为 $0.3f_{ck}$~$0.8f_{ck}$,B 点为临界点;当荷载进一步增加,应变迅速增加,塑性变形也显著增大,裂缝发展进入不稳定阶段,当到达峰点 C 时,混凝土应力也达到 f_{ck},此值对应的应变称为应变峰值 ε_0,ε_0 一般在 0.001 5~0.002 5 范围波动。

②下降段。当曲线超过峰点 C 以后,试件的承载力随应变的增加而降低,曲线呈下降趋势,试件表面也出现纵向裂缝,经过收敛点 E,即应变达到 0.004~0.006 时,应力下降减缓,之后残余应力趋于稳定,此时试件的主裂缝已经很宽了。

(2)不同强度等级试件的 $\sigma-\varepsilon$ 曲线。从图 4-3(b)可以看出,不同强度等级的混凝土,其应力-应变曲线与同一强度等级混凝土的曲线形状基本相似。各曲线的应力峰值 f_{ck} 所对应的应变 ε_0 的变化范围大致相同,而且最大应力对应的应变不是最大,而应力达到最大并不意味着立即破坏。不同的是,随着混凝土强度的提高,混凝土的应变峰值 ε_0 有所提高,而极限压应变 ε_{cu} 却明显减小。

由此可知,混凝土的应力-应变关系是一种非线性关系,随着混凝土强度的提高,其脆性越明显,延性越差。

基于结构的可靠性要求,《混凝土结构设计规范》(GB 50010—2010)(2015 版)规定：峰值应变常取 $\varepsilon_0=0.002$；对于混凝土的极限压应变 ε_{cu}，按照 $\varepsilon_{cu}=0.0033-(f_{cu}-50)\times 10^{-5}$ 计算，当计算所得的 $\varepsilon_{cu}>0.0033$ 时，取 $\varepsilon_{cu}=0.0033$。

试验研究表明，混凝土受拉时的应力-应变曲线的形状与受压时相似，只是混凝土的极限拉应变 ε_{0t} 较小，约为极限压应变的 1/20。由于混凝土的极限拉应变太小，所以，处于受拉区的混凝土极易开裂。

2)混凝土的弹性模量

由力学知识可知，弹性模量是应力与应变的比值。但是混凝土的 $\sigma-\varepsilon$ 关系告诉我们，混凝土的弹性模量不是常数，不能用已知的混凝土应变值乘以规范中所给的弹性模量值求得混凝土的应力。试验研究也表明，利用一次加载的 $\sigma-\varepsilon$ 曲线不易准确测得混凝土的弹性模量。

《混凝土结构设计规范》(GB 50010—2010)(2015 版)中规定的模量取值方法，是利用混凝土在应力重复加载和卸载，以 5 次后的 $\sigma-\varepsilon$ 曲线的斜率作为混凝土的弹性模量；对于不同强度等级的混凝土弹性模量值，可以按照经验公式(4-5)计算。

$$E_c=\frac{10^5}{2.2+\dfrac{34.7}{f_{cu,k}}} \tag{4-5}$$

混凝土受拉时的 $\sigma-\varepsilon$ 曲线与受压时的 $\sigma-\varepsilon$ 曲线相似，在计算中，受拉弹性模量与受压弹性模量取值相同。

3)混凝土的徐变

在不变荷载作用下，混凝土的应变值随时间的增长而继续增长，这种现象称为混凝土的徐变。混凝土的这种性质对结构构件的变形、强度及预应力筋中的应力都会将产生重要的影响。

如图 4-4 所示，该图为混凝土棱柱体试件(100 mm×100 mm×400 mm)加载至 $\sigma=0.5f_c$ 后维持荷载不变测得的徐变-时间($\varepsilon-t$)关系曲线。通过 $\varepsilon-t$ 关系曲线变化特点可知，徐变的发展规律是先快后慢，在最初 6 个月内徐变增长很快，可以达总徐变量的 70%～80%，在第 1 年内约完成 90%，2～3 年后基本趋于稳定。如经长期荷载作用后于某时卸载，在卸载瞬间，混凝土将发生瞬时的弹性恢复的变形，其数值小于加载时的瞬时应变，经过一段时间之后，还有一段恢复的变形，称为徐变应变恢复的弹性后效，但会余下一段不可恢复的残余应变。

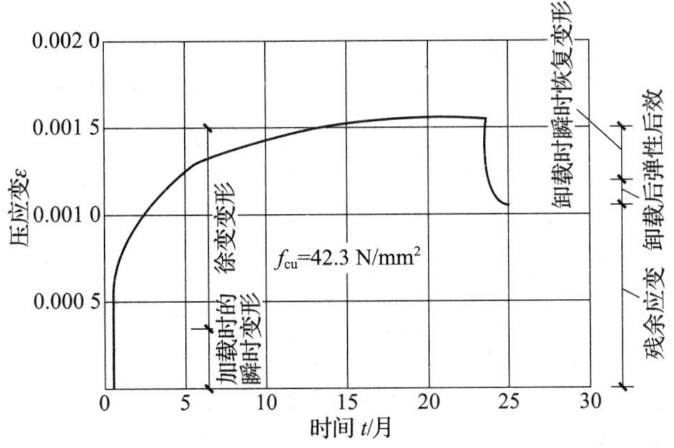

图 4-4　混凝土的徐变-时间关系曲线

对于这种现象产生的原因，目前尚无定论。一般解释是，当 σ 小于 $0.5f_c$ 不太多时，其主要由混凝土中一部分尚未形成结晶体的水泥凝胶体的黏性流动而产生的塑性变形；当 σ 超过 $0.5f_c$ 较多时，其主要是混凝土内部微裂缝，在荷载作用下不断发展和增加而导致的附加应变。

试验研究和工程实践表明：混凝土的徐变对钢筋混凝土结构的影响，在大多数情况下是不利的。例如，徐变会使构件的变形大大增加；对于长细比较大的偏心受压构件，徐变会使偏心距增大而降低构件的承载力；在预应力混凝土构件中，徐变会造成预应力损失；等等。

导致混凝土产生徐变的主要因素有以下几点：

(1)应力越大，徐变也越大。

(2)加载时混凝土的龄期越短，徐变越大。

(3)水泥用量多，则累积徐变大。

(4)养护温度高、时间长，则徐变小。

(5)混凝土骨料的级配好，弹性模量大，则徐变小。

(6)与水泥的品种有关，普通硅酸盐水泥的混凝土较矿渣水泥、火山灰水泥影响混凝土徐变相对要大。

4)混凝土的收缩与膨胀

混凝土在空气中硬结时体积减小的现象称为混凝土的收缩。混凝土在水中或处于饱和湿度情况下硬结时体积增大的现象称为膨胀。一般情况下，混凝土的收缩值比膨胀值大很多，所以分析和研究收缩、膨胀现象时以收缩为主。

现采用 100 mm× 100 mm×400 mm 的混凝土试件，强度 $f_{cu,k}=42.3\ N/mm^2$，水灰比为 0.45，52.5 级硅酸盐水泥，分别在常温养护[恒温(20±1)℃]和蒸汽养护[恒温(65±5)℃]情况下对混凝土的收缩性能进行测试，试验结果如图 4-5 所示。

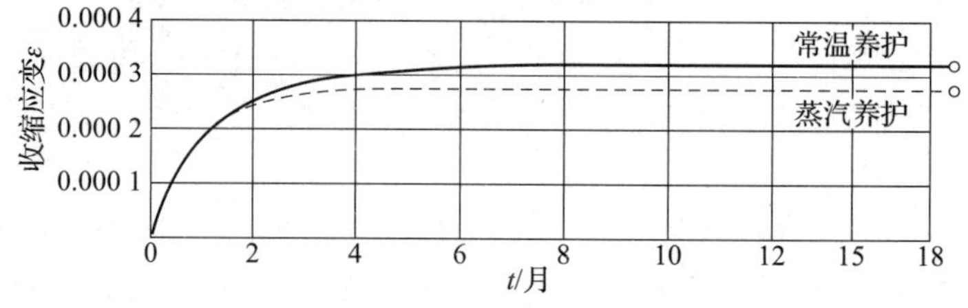

图 4-5　混凝土的收缩曲线

该图曲线变化表明：蒸汽养护的收缩值要小于常温养护的收缩值；混凝土的收缩是随时间的增长而增大的，结硬初期收缩较快，1 个月大约可完成 1/2 的收缩，3 个月后增长缓慢，一般 2 年后趋于稳定，最终收缩应变为 $(2\sim5)\times10^{-4}$，通常取收缩应变值为 3×10^{-4}。

试验研究还表明，混凝土收缩的原因主要来自两个方面，即化学收缩和干湿收缩，其中，干燥失水是引起收缩的重要因素。所以，构件的养护条件、使用环境的温湿度及影响混凝土水分保持的因素，都对收缩有影响。

值得注意的是，对处于完全自由状态的构件，混凝土的收缩只会引起构件的缩短而不会使其开裂；对周边有约束而不能自由变形的构件，收缩会引起构件内混凝土产生拉应力，甚至会有裂缝产生。在不受约束的混凝土结构中，混凝土具有收缩的性质，而钢筋并没有这种性质，钢筋的存在限制了混凝土的自由收缩，使混凝土受拉，如果截面的配筋率较高，则会导致混凝土开裂。

5)混凝土的温度变形

混凝土具有热胀冷缩的性质,当温度变化时,结构构件会产生温度变形。当温度变形受到外界的约束而不能自由发生时,将在构件内产生温度应力,若该值过大,则会导致混凝土表面开裂。例如,在大体积混凝土中,由于混凝土的表面较内部的收缩量大,再加上水泥水化热使混凝土的内部温度比表面温度高,如果把内部混凝土视为相对不变形体,它将对试图缩小体积的表面混凝土形成约束,在表面混凝土中形成拉应力,由于内外变形差较大,就会造成表层混凝土开裂。这也是在大体积混凝土施工过程中,从材料、施工和养护等方面采取诸多措施,减少温度变形不利作用的原因。

4.1.2　钢筋的基本性能指标及结构要求

1. 钢筋的种类和级别

钢筋是工程结构的主要用材之一,其种类较多,可以根据不同的标准进行划分。

1)按化学成分划分

按化学成分划分,钢筋可分为碳素结构钢和普通低合金钢两大类。

(1)碳素结构钢。根据含碳量的多少,碳素结构钢又可分为低碳钢(含碳量为 0.25%)、中碳钢(含碳量大于 0.25%～0.6%)和高碳钢(含碳量大于 0.6%～1.4%)。随着含碳量的增加,钢材的强度会提高,但塑性和可焊性将降低。

(2)普通低合金钢。普通低合金钢是在钢材冶炼过程中加入了少量的合金元素(如锰、硅、钒、钛等),其可以有效地提高钢材的强度,并使钢材保持一定的塑性和可焊性。

2)按生产加工工艺划分

按生产加工工艺划分,钢筋可分为热轧钢筋、钢丝、钢绞线和热处理钢筋等。其中,热轧钢筋是由低碳钢、普通合金钢在高温状态下轧制而成的,按强度不同可分为 HPB300、HRB335、HRB400、RRB400、HRB500 等级别。

3)按钢筋的外形划分

按钢筋的外形划分,钢筋可分为光面钢筋和变形钢筋。

(1)光面钢筋。光面钢筋又称为光圆钢筋,其截面呈圆形,表面光滑无凸起的花纹,如图 4-6(a)所示。通常,光面钢筋的直径不小于 6 mm。

(2)变形钢筋。变形钢筋又称为带肋钢筋,其是在钢筋表面轧成肋纹,如月牙纹、人字纹、螺纹等,如图 4-6(b)、(c)和(d)所示。通常,变形钢筋的直径不小于 10 mm。

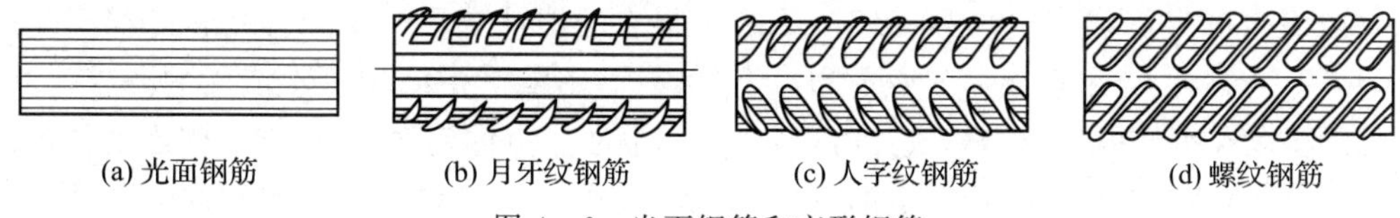

(a) 光面钢筋　(b) 月牙纹钢筋　(c) 人字纹钢筋　(d) 螺纹钢筋

图 4-6　光面钢筋和变形钢筋

4)按钢筋的受力特点划分

按钢筋的受力特点划分,钢筋可分为受力钢筋和构造筋。受力钢筋有受压钢筋、受拉钢筋、受扭钢筋和箍筋等。构造筋有分布筋、腰筋、放射筋、吊筋、架立筋和爬筋等。

2. 钢筋的力学性能

1)钢筋的应力-应变曲线

钢筋按其力学性能的不同,可分为有明显流幅的钢筋和没有明显流幅的钢筋。通常情况下,把有明显流幅的钢筋称为软钢,如热轧钢筋;把没有明显流幅的钢筋称为硬钢,如消除应力钢丝、刻痕钢丝和钢绞线等。硬钢与软钢的应力-应变曲线是不同的。通过拉伸试验可以得到,如图 4-7 和图 4-8 所示。

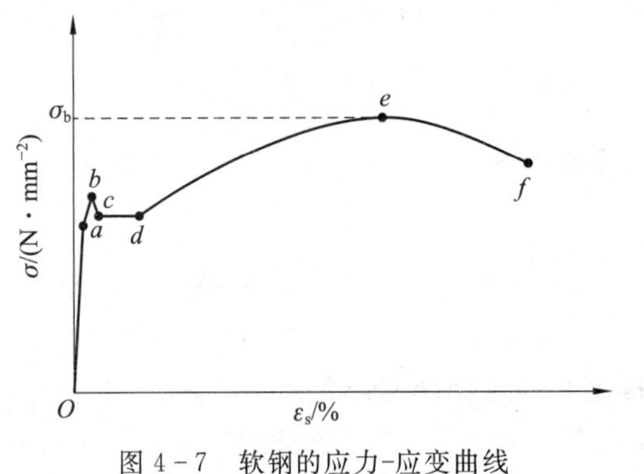

图 4-7 软钢的应力-应变曲线

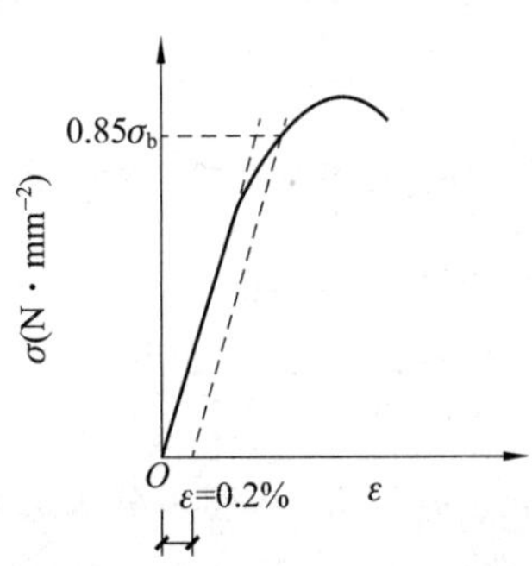

图 4-8 硬钢的应力-应变曲线

(1)软钢的应力-应变曲线(见图 4-7)。由图 4-7 可知,软钢的应力-应变关系曲线大致可以分为四个阶段,即弹性阶段(oa 段)、屈服阶段(ad 段)、强化阶段(de 段)和颈缩阶段(ef 段)。为了研究和设计使用的方便,称 a 点对应的应力值为比例极限,称 b 点对应的应力值为屈服上限,称 c 点对应的应力值为屈服下限(屈服强度 σ_s),称最高点 e 对应的应力值为极限抗拉强度 σ_b。

(2)硬钢的应力-应变曲线(见图 4-8)。与图 4-7 相比较可知,硬钢的应力-应变关系曲线没有明显的屈服阶段。虽然钢筋的强度很高、变形很小,但脆性较大,这就给设计带来了一定的困难和风险。为了结构安全起见,《混凝土结构设计规范》(GB 50010—2010)(2015 版)规定,条件屈服强度作为这类钢筋的强度设计指标。条件屈服强度是指无明显屈服点的钢筋经过加载和卸载后,残余应变为 0.2%时所对应的应力值,以 $\sigma_{0.2}$ 表示,其值相当于极限抗拉强度 σ_b 的 0.85 倍。

2)钢筋的强度

钢筋的强度有两个指标,即屈服强度和极限抗拉强度。依据图 4-7 和图 4-8 所知,对于有明显屈服点的钢筋,当其达到屈服时,会产生很大的塑性变形。试验研究和工程实践也证明,因此使结构构件会出现很大的变形和过宽的裂缝,不能满足结构正常使用的要求。所以,现行规范要求在钢筋混凝土结构设计时,对于有明显屈服点的钢筋,应取其屈服强度作为结构设计的强度指标;对于无明显屈服点的钢筋,应取 $\sigma_{0.2}$ 作为结构设计的强度指标。各种级别钢筋的强度标准值、强度设计值见表 3-4 和表 3-5。

3. 钢筋的塑性性能

试验研究和工程实践表明,钢筋除了具有较大的强度外,还具有一定的塑性变形能力。用于反映塑性变形能力的基本指标是伸长率和冷弯性能。

钢筋的伸长率是指试件拉断后的伸长值与拉伸前的原长之比,用符号 δ_5、δ_{10} 表示。通常情况下,可以取规定标距($l_1=5d$ 或 $l_1=10d$,d 为钢筋直径)的钢筋试件进行拉伸试验。试验表明，伸长率越大，钢筋的塑性性能越好，拉断前有明显的预兆；软钢的伸长率较大，硬钢的伸长率较小。

钢筋的冷弯，是指将钢筋试件围绕规定直径（$D=d$ 或 $D=3d$，d 为钢筋直径）的辊轴进行弯曲（见图 4－9），并要求弯到规定的冷弯角度 α（180°或 90°），测试其表面是否出现裂缝、起皮或断裂现象的过程。通过冷弯试验，可以间接反映钢筋的塑性性能和其内在质量。

《混凝土结构设计规范》（GB 50010—2010）（2015 版）将屈服强度、极限强度、伸长率和冷弯性能作为衡量钢筋合格性的四个主要指标。

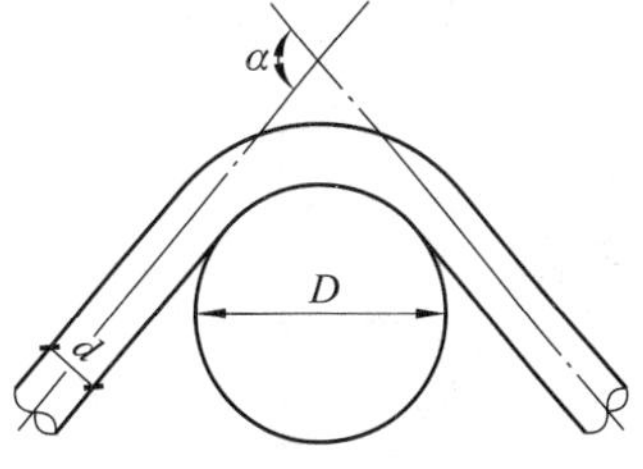

图 4－9　钢筋的冷弯试验

4. 钢筋的弹性模量

钢筋的弹性模量是指反映钢筋在弹性阶段的应力-应变关系的物理量，可以由拉伸试验来测定，如图 4－7 和图 4－8 所示。试验表明，同一类钢筋，其受拉的弹性模量和受压的弹性模量相同。各类钢筋的弹性模量见表 3－4 和表 3－5。

5. 混凝土结构对钢筋性能的要求

混凝土结构对钢筋的性能要求主要体现在四个方面，即强度适当、塑性好、可焊性好、钢筋与混凝土的黏结性好。

1）强度适当

钢筋的屈服强度是构件承载力计算的依据。在结构设计中，若采用屈服强度高的钢筋，则结构用钢量相对较少，这样既可以节约钢材又能够取得较好的经济效益。工程实践表明，实际结构中钢筋的强度并非越高越好。钢筋的弹性模量并不因其强度的提高而增大，高强钢筋在高应力下的变形会引起混凝土结构变形过大和裂缝宽度增加，从而影响结构的适用性；同时，若钢筋的屈强比过大，则结构的强度储备较小，钢筋强度的有效利用率低，结构的安全系数相对较小。

为此，《混凝土结构设计规范》（GB 50010—2010）（2015 版）规定：

（1）纵向受力普通钢筋宜采用 HRB400、HRB500、HRBF400、HRBF500 钢筋，也可采用 HPB300、HRB335、HRBF335、RRB400 钢筋；箍筋宜采用 HPB300、HRBF400、HRB500、HRBF500，也可采用 HRB335、HRBF335 钢筋。

（2）预应力筋宜采用预应力钢丝、钢绞线和预应力螺纹钢筋。

（3）当构件中配有不同种类的钢筋时，每种钢筋应采用各自的强度设计值。横向钢筋的抗拉强度设计值 f_{yv} 应按表 3－4 中 f_y 的数值采用；当用作受剪、受扭、受冲切承载力计算时，钢筋强度设计值大于 360 N/mm^2，应取 360 N/mm^2。

（4）构件中的钢筋可采用并筋的配置形式：直径 28 mm 及以下的钢筋，并筋数量不应超过三根；直径 32 mm 的钢筋，并筋数量宜为两根；直径 36 mm 及以上的钢筋，不应采用并筋。对于并筋，应按单根等效钢筋进行计算。

各种钢筋的公称直径、公称截面面积及理论重量可按表 4－3 采用。每米板宽钢筋间距的截面面积可按表 4－4 采用。

表 4-3　钢筋的公称直径、公称截面面积及理论重量

公称直径/mm	不同根数钢筋的公称截面面积/mm²									单根钢筋理论质量/(kg·m⁻¹)
	1	2	3	4	5	6	7	8	9	
6	28.3	57	85	113	142	170	198	226	255	0.222
8	50.3	101	151	201	252	302	352	402	453	0.395
10	78.5	157	236	314	393	471	550	628	707	0.617
12	113.1	226	339	452	565	678	791	904	1017	0.888
14	153.9	308	461	615	769	923	1077	1231	1385	1.21
16	201.1	402	603	804	1005	1206	1407	1608	1809	1.58
18	254.5	509	763	1017	1272	1527	1781	2036	2290	2.00(2.11)
20	314.2	628	942	1256	1570	1884	2199	2513	2827	2.47
22	380.1	760	1140	1520	1900	2281	2661	3041	3421	2.98
25	490.9	982	1473	1964	2454	2954	3436	3927	4418	3.85(4.10)
28	615.8	1232	1947	2463	3079	3695	4310	4926	5542	4.83
32	804.2	1609	2413	3217	4021	4826	5630	6434	7238	6.31(6.65)
36	1017.9	2036	3054	4072	5089	6107	7125	8143	9161	7.99
40	1256.6	2513	3770	5027	6283	7540	8796	10053	11310	9.87(10.34)
50	1963.5	3928	5892	7856	9820	11784	13748	15712	17676	15.42(16.28)

注:括号内为预应力螺纹钢筋的数值。

表 4-4　每米板宽钢筋间距的截面面积　　单位:mm²

钢筋间距/mm	钢筋直径/mm											
	3	4	5	6	6/8	8	8/10	10	10/12	12	12/14	14
70	101	179	281	404	561	719	920	1 121	1 369	1 616	1 907	2 199
75	94.2	167	262	377	524	671	899	1 047	1 277	1 508	1 780	2 052
80	88.4	157	245	354	491	629	805	981	1198	1414	1669	1924
85	83.2	148	231	333	462	592	758	924	1127	1331	1571	1811
90	78.5	140	218	314	437	559	716	872	1064	1257	1438	1710
95	74.5	132	207	298	414	529	678	826	1008	1190	1405	1620
100	70.6	126	198	283	393	503	644	785	958	1131	1335	1539
110	64.2	114	178	257	357	457	585	714	871	1028	1214	1399
120	58.9	105	163	236	327	419	537	645	798	942	1113	1283
125	56.6	100	157	226	314	402	515	628	766	905	1068	1231
130	54.4	96.6	151	218	302	387	495	604	737	870	1027	1184
140	50.5	89.7	140	202	281	359	460	561	684	808	954	1099
150	47.1	83.8	131	189	262	335	429	523	639	754	890	1026
160	44.1	78.5	123	177	246	314	403	491	599	707	834	962
170	41.5	73.9	115	166	231	296	379	462	564	665	785	905
180	39.2	69.8	109	157	218	279	358	436	532	628	742	855

续表

钢筋间距/mm	钢筋直径/mm											
	3	4	5	6	6/8	8	8/10	10	10/12	12	12/14	14
190	37.2	66.1	103	149	207	265	339	413	504	595	703	810
200	35.3	62.8	98.2	141	196	251	322	393	479	565	668	770
220	32.1	57.1	89.2	129	176	229	293	357	436	514	607	700
240	29.4	52.4	81.8	118	164	210	268	327	399	471	556	641
250	28.3	50.3	78.5	113	157	201	258	314	383	452	534	616
260	27.2	48.3	75.5	109	151	193	248	302	268	435	514	592
280	25.2	44.9	70.1	101	140	180	230	281	342	404	477	555
300	23.6	41.9	66.5	94	131	168	215	262	320	377	445	513
320	22.1	39.2	61.4	88	121	157	201	245	299	353	417	481

2)塑性好

钢筋具有了一定的塑性,可以保证钢筋在断裂前能有足够的变形,保证钢筋混凝土构件表现出良好的延性。同时,钢筋的加工成型也比较容易。普通钢筋及预应力筋在最大力作用下的总伸长率 δ_{gt}不应小于表 4－5 规定的数值。

表 4－5　普通钢筋及预应力筋在最大力作用下的总伸长率限值

钢筋品种	普通钢筋			预应力筋
	HPB300	HRB335、HRBF335、HRB400、HRBF400、HRB500、HRBF500	RRB400	
δ_{gt}/%	10.0	7.5	5.0	3.5

3)可焊性好

基于钢筋运输和现场加工的要求,对出厂的直条状钢筋和盘状钢筋,一般都需要进行现场截断和接长。钢筋接长的方法主要有绑扎搭接、机械连接(锥螺纹套筒、钢套筒挤压连接等)和焊接,其中焊接是最常用的。保证钢筋的可焊性质量,这是结构设计与施工都必须关注与重视的问题。

保证或检验钢筋可焊性质量合格的措施主要涉及两个方面,一是钢筋焊接接头的可焊性质量,二是钢筋焊接接头的布置。

衡量钢筋焊接接头可焊性质量的合格性标准是:

(1)同一母材焊接接头的强度值不应低于母材的强度值。

(2)不同母材焊接接头的强度值不应低于高强度母材的强度值。

(3)对焊接接头的试件进行拉伸时,产生裂纹或颈缩的位置首先出现在距离焊接接点20 mm以外的任何部位。

对于钢筋焊接接头的布置,《混凝土结构设计规范》(GB 50010—2010)(2015 版)规定:纵向受力钢筋的焊接接头应相互错开;当钢筋焊接接头位于不大于 35d(d 为连接钢筋的较小直径)且不小于 500 mm 的长度范围内,应视为位于同一连接区段;位于同一连接区段内,纵向受拉钢筋的焊接接头面积百分率不应大于 50%,纵向受压钢筋的焊接接头百分率可不受限制;

对预制构件的拼接处，可根据实际情况放宽。

4）钢筋与混凝土的黏结性好

钢筋和混凝土能够在一起共同工作，除了两者具有相近的温度线膨胀系数及混凝土对钢筋具有保护作用外，主要还在于钢筋与混凝土的接触面上存在良好的黏结力。通常把钢筋与混凝土接触面单位截面面积上的剪应力称为黏结应力。

试验研究表明，钢筋与混凝土之间产生黏结作用主要来自三个方面的原因：一是钢筋与混凝土之间的接触面上产生化学吸附作用力，也称为化学胶结力；二是因为混凝土收缩将钢筋紧紧握裹而产生摩擦力；三是钢筋的表面凸凹不平与混凝土产生机械咬合力。其中化学胶结力一般很小，光面钢筋的黏结力以摩擦力为主，变形钢筋的黏结力以机械咬合力为主。

为了保证钢筋与混凝土之间具有良好的黏结力，通常从混凝土的强度、钢筋的表面形状、混凝土的保护层厚度、钢筋的净距、锚固长度和钢筋的搭接长度等方面采取相应的构造措施。这里主要介绍钢筋的锚固长度及其搭接长度。

（1）钢筋的锚固长度。钢筋的锚固长度是指为避免纵向钢筋在受力过程中产生滑移，甚至从混凝土中拔出而造成锚固破坏，将纵向受力钢筋伸过其受力截面的一定长度。试验研究与工程实践表明，钢筋的锚固长度与钢筋强度、钢筋直径、钢筋的外形、混凝土的抗拉强度、构件受力特点、施工质量等因素有关。为了更好地保证混凝土构件与构件的可靠性连接，《混凝土结构设计规范》（GB 50010—2010）（2015 版）给出钢筋锚固长度的计算方法和要求。

①纵向受拉钢筋的基本锚固长度（l_{ab}）可按式（4－6－1）计算。

$$l_{ab} = \alpha \frac{f_y}{f_t} d \tag{4-6-1}$$

式中：f_y——普通钢筋的抗拉强度设计值，N/mm^2；

f_t——混凝土轴心抗拉强度设计值，N/mm^2，当混凝土强度等级高于 C60 时，按 C60 取用；

d——锚固钢筋的直径，mm；

α——锚固钢筋的外形系数，按表 4－6 取用。

表 4－6　锚固钢筋的外形系数 α

钢筋类型	光面钢筋	带肋钢筋	螺旋肋钢丝	三股钢绞线	七股钢绞线
α	0.16	0.14	0.13	0.16	0.17

②纵向受拉钢筋的锚固长度（l_a），可按式（4－6－2）计算，且不应小于 200 mm。

$$l_a = \zeta_a l_{ab} \tag{4-6-2}$$

式中：ζ_a——锚固长度修正系数。对普通钢筋按《混凝土结构设计规范》（GB 50010—2010）（2015 版）第 8.3.2 条的规定取用，当多于一项，可按连乘计算，但不应小于 0.6；对预应力筋可取 1.0。

③纵向受压钢筋的锚固长度，可按不小于纵向受拉钢筋锚固长度（l_a）的 70%取值。

对于各种受力构件，各类纵向受压钢筋、受拉钢筋的最小锚固长度见表 4－7。

（2）钢筋的搭接长度。《混凝土结构设计规范》（GB 50010—2010）规定，轴心受拉及小偏心受拉杆件的纵向受力钢筋不得采用绑扎搭接；其他构件中的钢筋采用绑扎搭接时，受拉钢筋的直径不宜大于 25 mm，受压钢筋的直径不宜大于 28 mm。

表 4-7　钢筋的最小锚固长度　　单位：mm

序号	混凝土等级强度		C15		C20		C25		C30		C35		C40	
	钢筋直径 d/mm		≤25	>25	≤25	>25	≤25	>25	≤25	>25	≤25	>25	≤25	>25
1	钢筋种类	HPB300	$\frac{37d}{26d}$		$\frac{31d}{22d}$		$\frac{24d}{19d}$		$\frac{27d}{17d}$		$\frac{22d}{15d}$		$\frac{20d}{14d}$	
2		HRB335	—		$\frac{38d}{27d}$	$\frac{42d}{30d}$	$\frac{33d}{23d}$	$\frac{27d}{26d}$	$\frac{30d}{21d}$	$\frac{32d}{23d}$	$\frac{27d}{19d}$	$\frac{30d}{21d}$	$\frac{25d}{21d}$	$\frac{27d}{19d}$
3		HRB400 RRB400	—		$\frac{46d}{32d}$	$\frac{51d}{36d}$	$\frac{40d}{28d}$	$\frac{44d}{31d}$	$\frac{36d}{25d}$	$\frac{39d}{27d}$	$\frac{32d}{23d}$	$\frac{36d}{25d}$	$\frac{30d}{21d}$	$\frac{33d}{23d}$

注：(1)表中横线以下数据为当计算中充分利用钢筋的抗压强度时，受压钢筋的锚固长度。

(2)纵向受拉钢筋的锚固长度不应小于 250 mm。

当钢筋接长采用绑扎搭接方式时，需要注意钢筋搭接的长度及其搭接点的分布问题。纵向受拉钢筋绑扎搭接接头的搭接长度，应根据位于同一连接区段内的钢筋搭接接头面积百分率按式(4-7)计算，且不应小于 300 mm。

$$l_l = \zeta_l l_a \tag{4-7}$$

式中：l_l——纵向受拉钢筋的搭接长度；

ζ_l——纵向受拉钢筋搭接长度修正系数，按表 4-8 取用，当纵向搭接钢筋接头面积百分率为表的中间值时，修正系数可按内插取值；

其他符号含义同前。

表 4-8　纵向受拉钢筋搭接长度修正系数

纵向搭接钢筋接头面积百分率/%	≤25	50	100
ζ_l	1.2	1.4	1.6

对于钢筋搭接点的分布问题，《混凝土结构设计规范》(GB 50010—2010)(2015 版)规定：

①同一构件中相邻纵向受力钢筋的绑扎搭接接头宜相互错开。钢筋绑扎搭接接头的区段长度为搭接长度 l_l的 1.3 倍，凡搭接接头中点位于该连接区段长度内的搭接接头均属于同一连接区段(见图 4-10)。

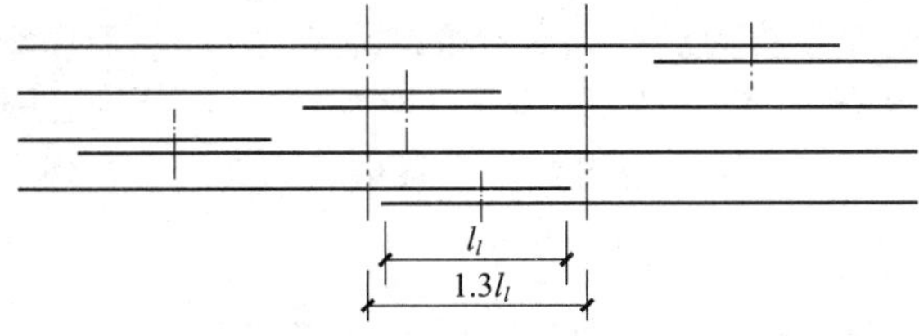

图 4-10　同一连接区段内纵向受拉钢筋的绑扎搭接接头

②位于同一连接区段内的受拉钢筋搭接接头面积百分率，即该连接区段内有搭接接头的纵向受力钢筋截面面积与全部纵向受力钢筋截面面积之比：对梁类、板类及墙类构件，不宜大于 25%；对柱类构件，不宜大于 50%。当工程中确有必要增大受拉钢筋搭接接头面积百分率时，对梁类构件，不宜大于 50%；对板、墙、柱与预制构件的拼接处，可根据实际情况放宽。

③构件中的纵向受压钢筋当采用搭接连接时，其受压搭接长度不应小于按式(4-7)计算

长度的 0.7 倍，且不应小于 200 mm。纵向受力钢筋的机械连接接头宜相互错开。钢筋机械连接区段的长度为 $35d$（d 为连接钢筋的较小直径）。凡接头中点位于该连接区段长度内的机械连接接头均属于同一连接区段。位于同一连接区段内的纵向受拉钢筋接头面积百分率不宜大于 50%。纵向受压钢筋的接头面积百分率可不受限制。

4.2 受弯构件的承载力设计

受弯构件，是指以承受弯矩 M 和剪力 V 作用效应为主，轴力很小甚至可以忽略的构件。在钢筋混凝土结构体系中，各种类型的梁、板及非抗震设计的梁式楼梯和板式楼梯，均是典型的受弯构件。

4.2.1 受弯构件试验研究

现采用矩形截面钢筋混凝土梁构件（见图 4-11），在对称加载作用下，对其截面上的应力、应变规律进行试验测试与结果分析。

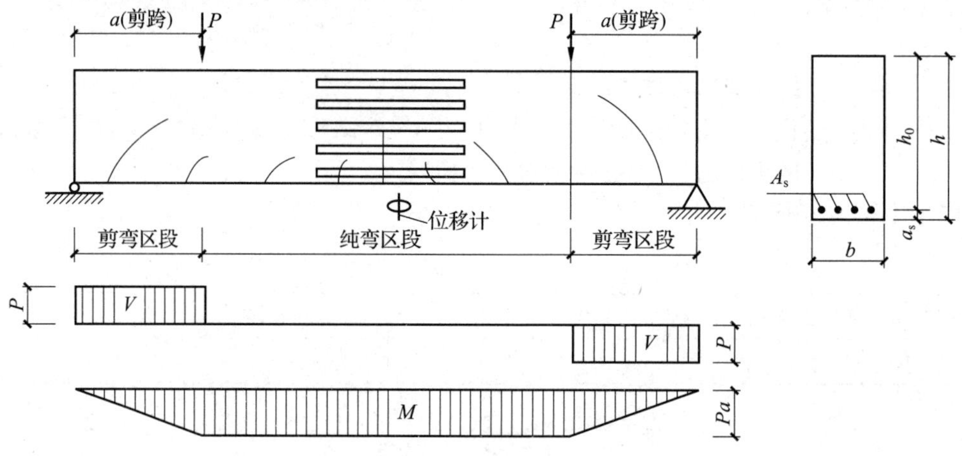

图 4-11 对称加载的钢筋混凝土矩形截面简支梁

1. 试验条件

钢筋混凝土梁的截面宽度为 b，高度为 h，计算跨度为 l_0；截面内配置适量的钢筋，受拉区钢筋面积为 A_s，纵向受拉钢筋合力点至截面近边的距离为 a_s，箍筋面积为 A_{sv}，并沿梁通长布置，间距为 s。梁的钢筋配置如图 4-12 所示。支座为铰支座，混凝土强度等级及钢筋强度级别不定。试验梁采用两点对称加载，加载点距离梁端近边为 a。在两加载点之间沿截面高度

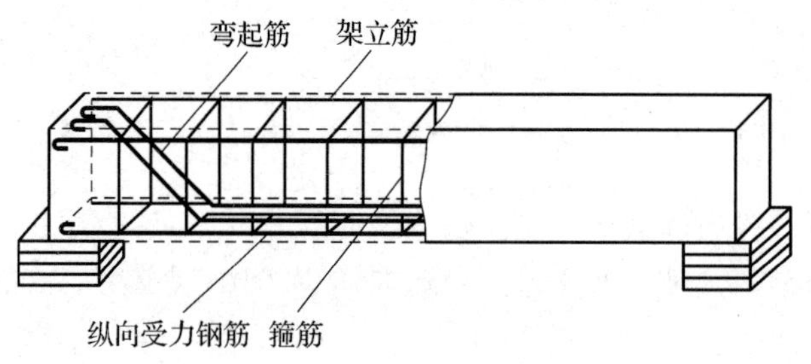

图 4-12 梁的钢筋配置

布置一系列的应变计，监测混凝土的纵向应变分布，在受拉钢筋上布置应变计，监测钢筋的受拉应变；在梁跨中部布置位移计，监测梁的挠度变形。

2. 作用效应计算

该梁的截面有效高度为 $h_0=h-a_s$。若忽略梁自重，则可计算出该梁的弯矩 M 和剪力 V 值，如图 4－11 所示。由于两加载点之间仅承受弯矩，可以称该区段为纯弯区段，其他两端区段称为剪弯区段。

3. 试验现象记录及分析

点荷载由零开始逐级施加，在构件承受的作用效应由 0 至 M_u 或 V_u 的过程中，可以看到两种现象十分明显（见图 4－13）：一种是在梁的纯弯曲段出现垂直的裂纹，裂纹从受拉区开始，渐渐地向受压区延伸，直到受压区的混凝土被压碎；另一种是在梁的剪弯区段出现斜裂纹，裂纹由梁支座处开始，渐渐地向加荷点斜向延伸，直到加荷点处的混凝土被压碎。

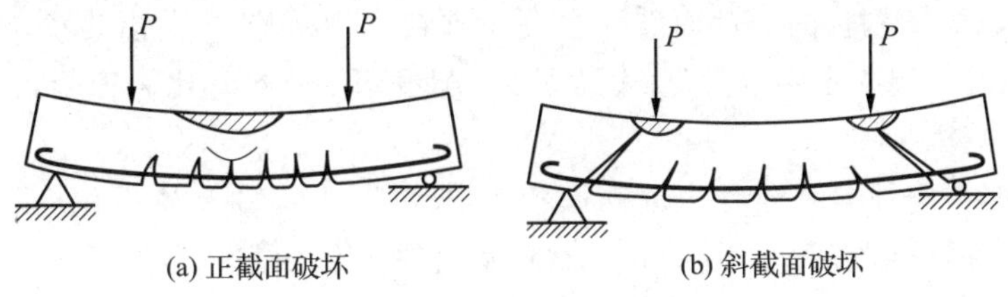

图 4－13　受弯构件的破坏形态

通常情况下，第一种破坏形态称为正截面破坏，第二种破坏形态称为斜截面破坏。也就是说，在设计受弯构件时，为了保证构件的安全性能，需要从构件的正截面和斜截面两个方面进行承载力计算。

同时，各测点相应记录了梁的应力、应变和跨中挠度的数值，以及其变形和裂缝发生、发展直到破坏时的变化过程。为了理论分析和设计方便，现将该梁的受力过程大致分为三个阶段，如图 4－14 所示。

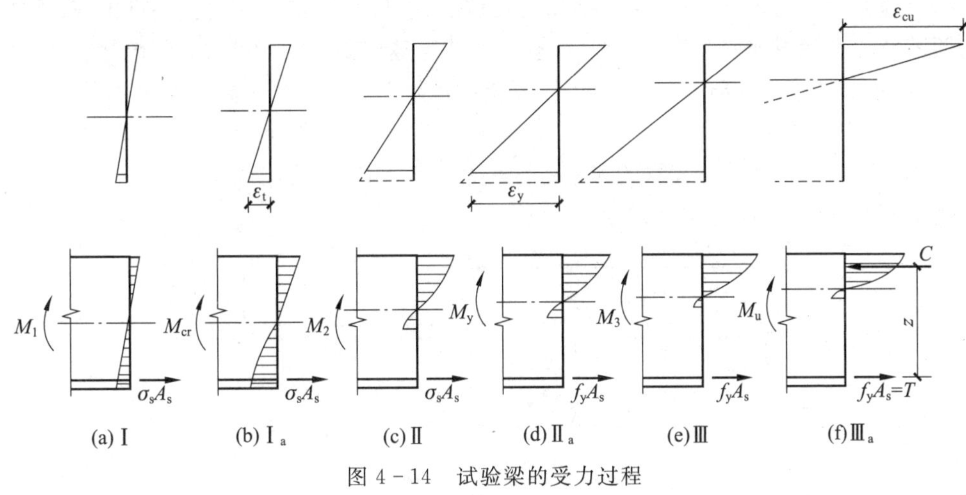

图 4－14　试验梁的受力过程

第Ⅰ阶段：如图 4－14(a)、(b)所示，梁的应力与应变近乎呈直线关系，截面处于将裂未裂的极限状态。此时，该阶段对应的弯矩可称为抗裂弯矩，用 M_{cr} 表示。

第Ⅱ阶段:如图 4-14(c)、(d)所示,梁的受拉区混凝土出现裂缝,中性轴逐渐上移,拉力几乎全部由受拉钢筋承担,受压区混凝土的应力图形呈曲线形。此时,该阶段对应的弯矩可称为屈服弯矩,用 M_y 表示。

第Ⅲ阶段:如图 4-14(e)、(f)所示,梁的受拉钢筋的应力保持不变,相当于屈服强度,但钢筋的应变在迅速增大,受拉区混凝土的裂缝迅速向上扩展;最后,受压边缘混凝土的压应变达到极限压应变,混凝土被压碎。此时,该阶段对应的弯矩可称为破坏弯矩,用 M_u 表示。

需要提示的是,在以后讲述的有关内容中,截面抗裂验算是建立在第Ⅰ$_a$阶段基础上,构件使用阶段的变形和裂缝宽度验算是建立在第Ⅱ阶段基础上,截面的承载力计算是建立在第Ⅲ$_a$阶段基础上而进行的。

大量试验研究和工程实践表明:受弯构件的正截面破坏主要与外在作用效应 M 直接关联,抵抗该种形态破坏能力的大小主要与混凝土强度等级、截面形式、配筋率 ρ 等因素有关,其中,ρ 的影响最大;受弯构件的斜截面破坏主要与外在作用效应 V 直接关联,抵抗该种形态破坏能力的大小主要与混凝土强度等级、截面形式、配箍率 ρ_{sv}、剪跨比 λ 等因素有关,其中,λ 和 ρ_{sv}是最主要的影响因素。

配筋率,就是指构件内纵向受力钢筋面积 A_s 与混凝土构件有效面积 bh_0 的比值,可以用 $\rho=A_s/bh_0$ 表示。根据配筋率的不同,正截面的破坏形态大致可以分为适筋破坏、超筋破坏和少筋破坏,如图 4-15 所示。

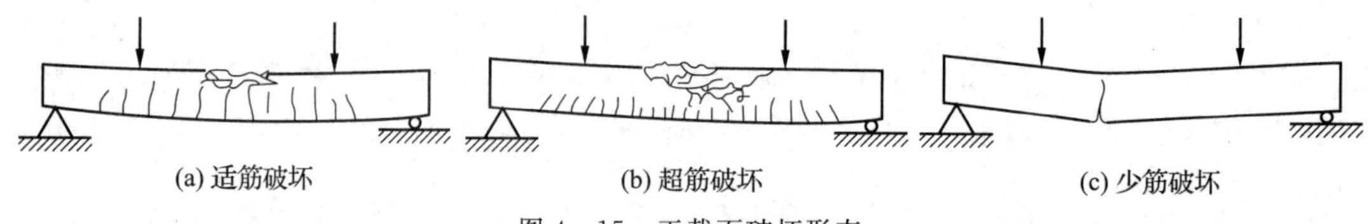

图 4-15　正截面破坏形态

对于适筋破坏,其破坏特点是受拉钢筋首先屈服,最后受压区边缘的混凝土达到极限压应变,构件破坏;对于少筋破坏,由于受拉钢筋配置过少,受拉区混凝土的裂缝一旦出现,钢筋的应力就会迅速增大并超过屈服强度而进入强化阶段,甚至被拉断,构件破坏;对于超筋破坏,由于受拉钢筋配置过多,在钢筋屈服前,受压区的混凝土便达到极限压应变而被压碎、破坏,构件破坏。

剪跨比,是指加载点至梁端近边距离 a 与有效高度的比值,可以用 $\lambda=a/h_0$ 表示。配箍率,是指纵向单位水平截面内含有的箍筋截面面积,可以用 $\rho_{sv}=A_{sv}/bs=nA_{sv1}/bs$ 表示(n 为箍筋的肢数,A_{sv1} 为单肢箍筋的截面面积),如图 4-16 所示。

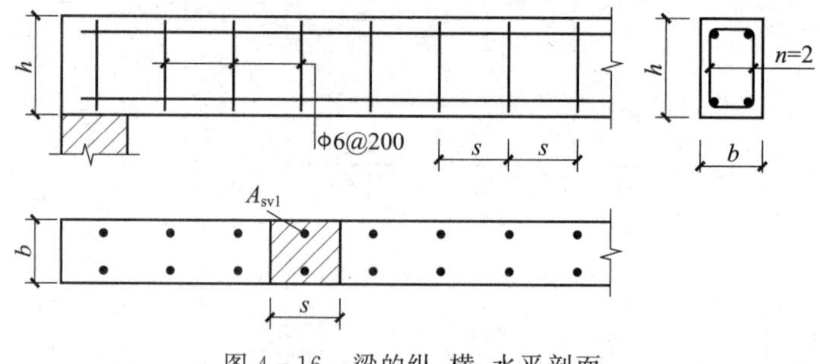

图 4-16　梁的纵、横、水平剖面

依据箍筋数量和剪跨比的大小,斜截面的破坏形态也可以分为三种,即斜拉破坏、剪压破坏和斜压破坏，如图 4－17 所示。斜拉破坏是箍筋配置过少且剪跨比 $\lambda>3$ 时常常发生的破坏形式，其特点是一旦出现斜裂缝，与斜裂缝相交的箍筋应力立即达到屈服强度，随后斜裂缝迅速延伸到梁的受压区边缘，构件破坏；剪压破坏是箍筋适量且剪跨比 $1\leqslant\lambda\leqslant3$ 时发生的破坏形式，其特点是与临界斜裂缝相交的箍筋应力达到屈服强度后，剪压区的混凝土在正应力与剪应力的共同作用下达到极限状态而被压碎，构件破坏；斜压破坏是箍筋配置的过多、过密或剪跨比 $\lambda<1$ 时发生的破坏形态，其特点是箍筋应力尚未达到屈服强度，但混凝土在正应力和剪应力的共同作用下被压碎，构件破坏。

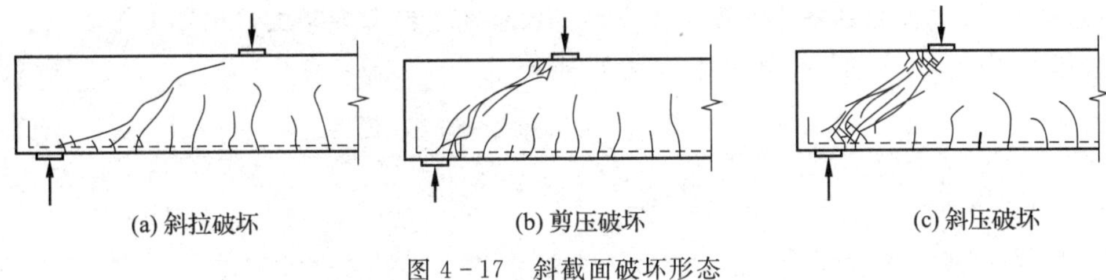

图 4－17　斜截面破坏形态

在以上破坏形式中，超筋破坏、少筋破坏、斜拉破坏和斜压破坏都属于脆性破坏，破坏时没有明显的预兆，实际工程中不应采用。适筋破坏属于塑性破坏，破坏时，钢筋和混凝土的强度都得到充分发挥。剪压破坏虽然属于脆性破坏，但相对于斜拉破坏和斜压破坏而言，破坏时有一定的预兆，并且可以通过计算避免。所以，《混凝土结构设计规范》(GB 50010—2010)(2015 版)规定：受弯构件的正截面承载力计算公式，是以适筋破坏形式为基础建立的；斜截面受剪承载力计算公式，是以剪压破坏形式为基础建立的。

4.2.2　受弯构件的一般构造要求

1. 截面形式与几何尺寸

1）截面形式

建筑工程中，受弯构件的截面形式有多种。例如，梁的截面形式有矩形、T 形、倒 T 形、L 形、工字形、十字形、花篮形等，板的截面形式有矩形、空心板、槽形板等，如图 4－18 所示。其中，常用的截面形式是矩形和 T 形等。

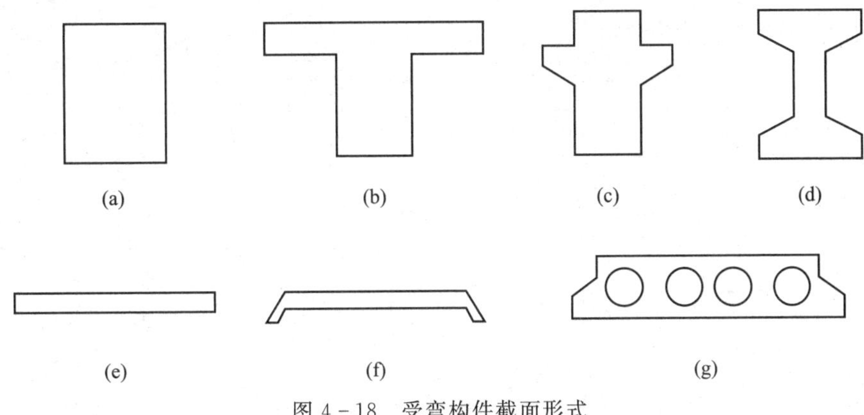

图 4－18　受弯构件截面形式

2)几何尺寸

受弯构件截面尺寸的确定，需要满足承载力、正常使用和施工方便的要求，也要符合相关构造要求的规定。

板的宽度一般比较大，设计时，可取单位宽度 $b=1000$ mm 进行计算。

板的厚度在满足表 4-9 规定数值的要求外，还应符合以下要求：

(1)单向简支板的最小厚度不小于 $l_0/35$(l_0为计算跨度)，双向简支板的最小厚度不小于 $l_0/45$。

(2)多跨连续单向板的最小厚度不小于 $l_0/40$，多跨连续双向板的最小厚度不小于 $l_0/50$。

(3)悬臂板的最小厚度(指其根部的厚度)不小于 $l_0/12$。

表 4-9 现浇钢筋混凝土板的最小厚度 单位:mm

板的类别		最小厚度
单向板	屋面板	60
	民用建筑楼板	60
	工业建筑楼板	70
	行车道下的楼板	80
双向板		80
密肋楼盖	面板	50
	肋高	250
悬臂板(根部)	悬臂长度不大于 500 mm	60
	悬臂长度 1200 mm	100
无梁楼板		150
现浇空心楼盖		200

梁的截面尺寸，对于一般荷载作用下的梁，从刚度条件考虑，其截面高度可按照高跨比来估算，见表 4-10。按模数要求，梁的截面高度 h 一般可取 250 mm、300 mm…、800 mm。当 $h\leqslant 800$ mm 时，以 50 mm 为模数；当 $h>800$ mm 时，以 100 mm 为模数。梁的截面宽度可由高宽比来确定：一般矩形截面 $h/b=2.0\sim2.5$，T 形截面 $h/b=2.5\sim4.0$。

表 4-10 不需要做变形验算的梁的截面最小高度

构件种类		简支	两端连续	悬臂
整体肋形梁	次梁	$l_0/15$	$l_0/20$	$l_0/8$
	主梁	$l_0/12$	$l_0/15$	$l_0/6$
独立梁		$l_0/12$	$l_0/15$	$l_0/6$

注：l_0为梁的计算跨度，当 $l_0>9$ m 时，表中的数值应乘以系数 1.2，悬臂梁的高度指其根部高度。

矩形梁的截面宽度和 T 形截面的肋宽 b 宜采用 100 mm、120 mm、150 mm、180 mm、200 mm、220 mm、250 mm；当 $b>250$ mm 时，以 50 mm 为模数。

2. 钢筋的要求

(1)板的配筋如图 4-19 所示。

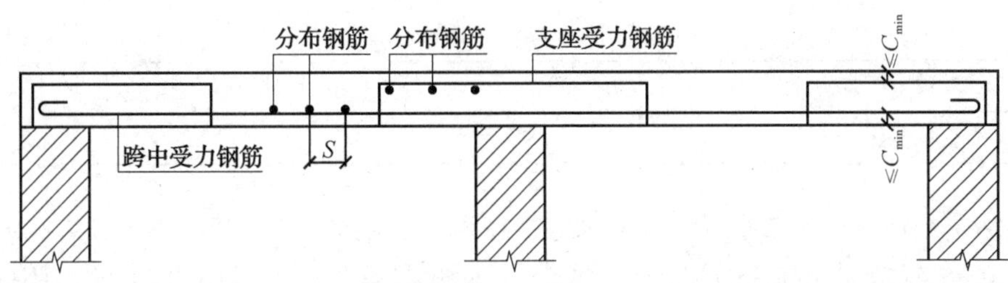

图 4-19　板的配筋

板中的钢筋通常有受力钢筋和分布钢筋。

①受力钢筋。受力钢筋常采用 HPB300 级和 HRB335 级钢筋，常用直径为 6～12 mm。现浇板的受力钢筋的直径不宜小于 8 mm，当板厚较大时，钢筋直径可用 14～18 mm。钢筋间距一般为 70～200 mm，当板厚 $h \leqslant 150$ mm 时，板中受力钢筋的间距不宜大于 200 mm；当板厚 $h > 150$ mm 时，板中受力钢筋的间距不宜大于 $1.5h$，且不宜大于 250 mm。

②分布钢筋。分布钢筋可按构造要求配置，常采用 HPB300 级和 HRB335 级钢筋，直径为 6 mm 和 8 mm。当按单向板设计时，应在垂直于受力的方向布置分布钢筋，单位宽度上的配筋不宜小于单位宽度上的受力钢筋的 15%，且配筋率不宜小于 0.15%；分布钢筋的直径不宜小于 6 mm，间距不宜大于 250 mm；当集中荷载较大时，分布钢筋的配筋面积尚应增加，且间距不宜大于 200 mm。

(2)梁的配筋。梁中的钢筋通常有纵向受力钢筋、架立筋和箍筋等。

①纵向受力钢筋。梁的纵向受力钢筋可采用 HPB300 级、HRB335 级、HRB400 级、HRB500 级等，常用直径为 12～25 mm，根数不得少于两根。同一种受力钢筋最好为同一种直径，设计时需要两种不同直径的钢筋，钢筋的直径相差不超过 2 mm 为宜。同一受力钢筋应尽量布置成一层，当一层排不下时可布置成两层，但应避免两层以上的情况出现。纵向受力钢筋的直径应当适中，不宜太大或太小；并且保证受力钢筋间留有足够的净间距，如图 4-20 所示。

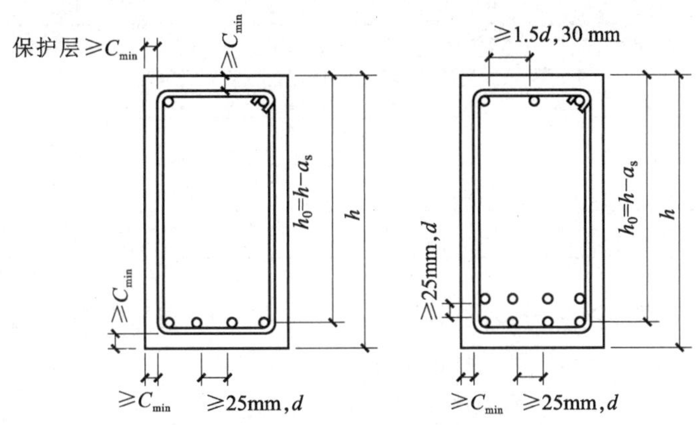

图 4-20　钢筋净间距与保护层厚度

②架立筋。架立筋设置在受压区外缘两侧并平行于纵向受力钢筋，其主要作用是固定箍筋位置以形成梁的钢筋骨架、承受因温度变化和混凝土收缩而产生的拉应力。受压区配置的纵向受压钢筋可兼作架立筋。架立筋常采用 HPB300 级和 HRB335 级钢筋，直径为 6～14 mm，且最小直径不宜小于表 4-11 所列数值。

表 4-11 架立筋的最小直径 单位:mm

梁　跨	<4	4~6	>6
架立筋的最小直径	8	10	12

③箍筋。箍筋主要用来承受由剪力和弯矩在梁上引起的主拉应力,并通过绑扎或焊接把其他钢筋连接起来而形成空间骨架。箍筋可采用 HPB300 级、HRB335 级、HRB400 级、HRBF400 级等,常用直径为 6~14 mm。一般情况下,当梁高 $h \geqslant 800$ m 时,箍筋直径不宜小于 8 mm;当梁高 $h<800$ mm 时,箍筋直径不宜小于 6 mm;同时,当梁中配有计算需要的纵向受压钢筋时,箍筋直径不应小于纵向受压钢筋最大直径的 1/4。

箍筋可做成开口式[见图 4-21(a)]和封闭式,通常采用封闭式。封闭式有单肢、双肢、四肢之分[见图 4-21(b)、(c)和(d)],一般采用双肢箍筋。

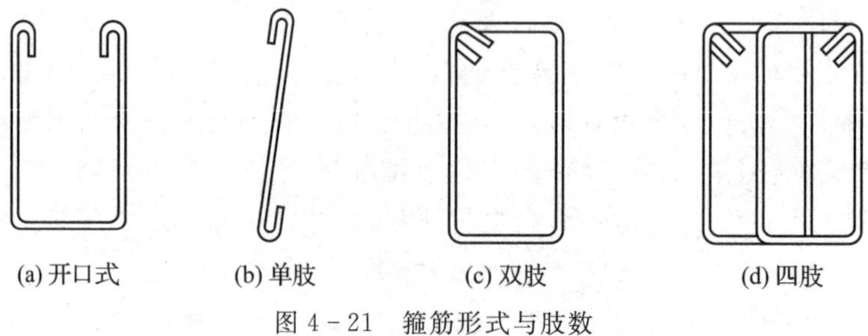

图 4-21 箍筋形式与肢数

受扭所需封闭箍筋的末端应做成 135°弯钩,弯钩端头平直段长度不应小于 $10d$(d 为箍筋直径)。箍筋的间距除满足计算要求外,还应符合最大间距的要求(见表 4-12),加密区的箍筋间距应不大于上述确定值的 1/2。

表 4-12 梁中箍筋和弯起钢筋的最大间距 单位:mm

梁高 h	$V>0.7f_tbh_0+0.05N_{p0}$	$V \leqslant 0.7f_tbh_0+0.05N_{p0}$
$150<h \leqslant 300$	150	200
$300<h \leqslant 500$	200	300
$500<h \leqslant 800$	250	350
$h>800$	300	400

按承载力计算不需要箍筋的梁,当截面高度 $h>300$ mm 时,应按构造要求沿梁全长设置构造箍筋;当截面高度 $h=150 \sim 300$ mm 时,可仅在构件端部 $l_0/4$ 范围内设置构造箍筋(l_0 为跨度)。但当在构件中部 $l_0/2$ 范围内有集中荷载作用时,则应沿梁全长设置箍筋。当截面高度 $h<150$ mm 时,可不设置箍筋。

④纵向构造钢筋及拉筋。当梁的截面高度较大时,为了防止在梁的侧面产生垂直于梁轴线的收缩裂缝,同时也为了增强钢筋骨架的刚度和梁的抗扭作用,在梁的腹板高度 $h_w \geqslant 450$ mm时,应在梁的两个侧面沿高度配置纵向构造钢筋(腰筋),并用拉筋固定(见图 4-22)。每侧纵向构造钢筋(不包括梁的受力钢筋和架立筋)的截面面积不应小于腹板截面面积 bh_w 的 0.1%,且其间距不宜大于 200 mm。这里腹板高度 h_w 的取值为:矩形截面取截面有效高度 h_0

[见图 4－23(a)]，T 形截面取有效高度 h_0 减去翼缘高度 h_f'[见图 4－23(b)]，I 形截面取腹板净高[见图 4－23(c)]。纵向构造钢筋一般不必做弯钩。拉筋的直径一般与箍筋的直径相同，其间距常取箍筋间距的两倍。

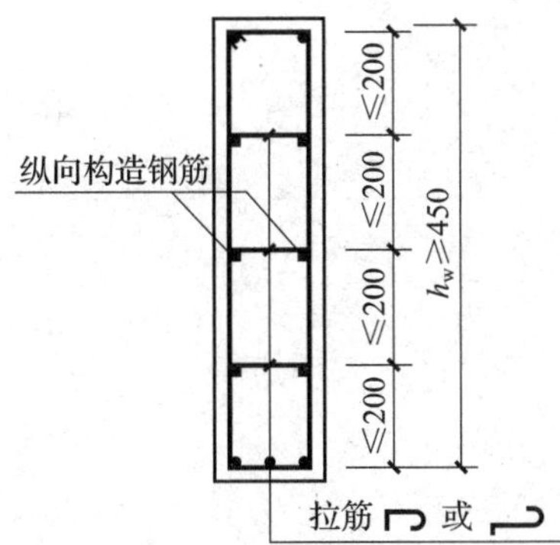

图 4－22　纵向构造钢筋及拉筋

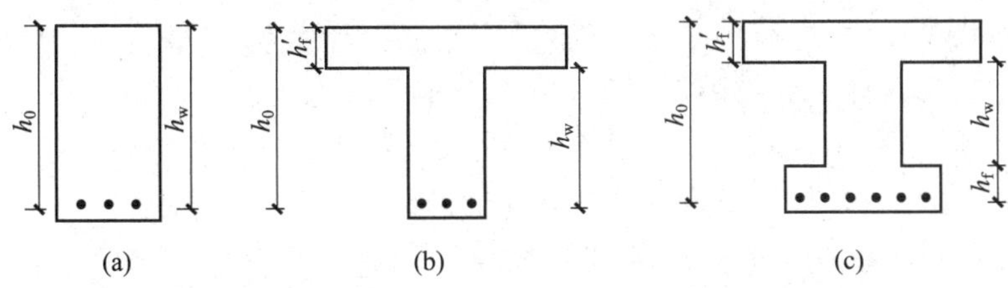

图 4－23　截面腹板高度 h_w 的取值

4.2.3　受弯构件的承载力计算

受弯构件的设计主要包括两部分，即正截面承载力计算和斜截面承载力计算。

1. 正截面承载力的计算

1)基本假定

如前所述，受弯构件的正截面承载力计算，是以图 4－14(f)所示的第Ⅲ$_a$阶段的应力状态为依据的。《混凝土结构设计规范》(GB 50010—2010)(2015 版)规定，包括受弯构件在内的其他混凝土构件的正截面承载力计算，首先应满足下列基本假定的要求：

(1)截面应变保持平面。构件正截面弯曲变形后，在截面上的应变沿截面高度为线性分布。实测结果可知，混凝土受压区的应变基本呈线性分布，受拉区的平均应变大体上也符合平截面假定。

(2)不考虑混凝土的抗拉强度。

(3)混凝土受压的应力-应变关系(见图 4－24)按照以下规定取用：

当 $\varepsilon_c \leqslant \varepsilon_0$ 时

$$\sigma_c = f_c\left[1-\left(1-\frac{\varepsilon_c}{\varepsilon_0}\right)^n\right] \tag{4-8}$$

当 $\varepsilon_0 < \varepsilon_c \leqslant \varepsilon_u$ 时

$$\sigma_c = f_c \tag{4-9}$$

$$n = 2-\frac{1}{60}(f_{cu,k}-50) \tag{4-10}$$

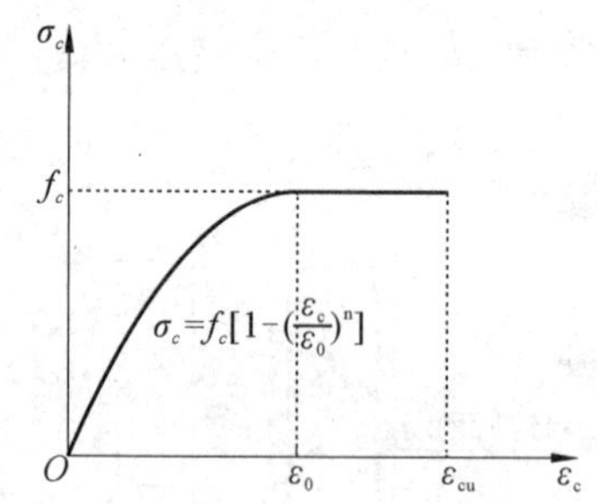

图 4-24　混凝土应力-应变关系曲线

$$\varepsilon_0 = 0.002 + 0.5(f_{cu,k} - 50)\times 10^{-5} \tag{4-11}$$

$$\varepsilon_{cu} = 0.0033 - (f_{cu,k} - 50)\times 10^{-5} \tag{4-12}$$

式中：σ_c——混凝土压应变为 ε_c 时的混凝土压应力；

f_c——混凝土轴心抗压强度设计值，按表 3-3 采用；

ε_0——混凝土压应力达到 f_c 时的混凝土压应变，当计算的 ε_0 值小于 0.002 时，取为 0.002；

ε_{cu}——正截面混凝土的极限压应变，当处于非均匀受压且按式(4-12)计算的值大于 0.003 3时，取为 0.003 3，当处于轴心受压时取为 ε_0；

$f_{cu,k}$——混凝土立方体抗压强度标准值，按表 3-3 取值；

n——系数，当计算的 n 值大于 2.0 时，取为 2.0。

(4)纵向受拉钢筋的极限拉应变取为 0.01。

(5)纵向钢筋的应力取钢筋应变 ε_s 与其弹性模量 E_s 的乘积，但其值不得大于其强度设计值 f_y。

2)等效矩形应力图

依据基本假定，图 4-14(f)所示第Ⅲ$_a$阶段的应力图形，可简化为图 4-25(a)所示的应力图；再按照受压区混凝土的合力大小不变、合力作用点不变的原则，将其进一步等效为图 4-25(b)所示的矩形应力图，即为等效矩形应力图。其中，x_0 为实际混凝土受压区高度，等效受压高度 $x=\beta_1 x_0$，等效矩形应力值为 $\alpha_1 f_c$。

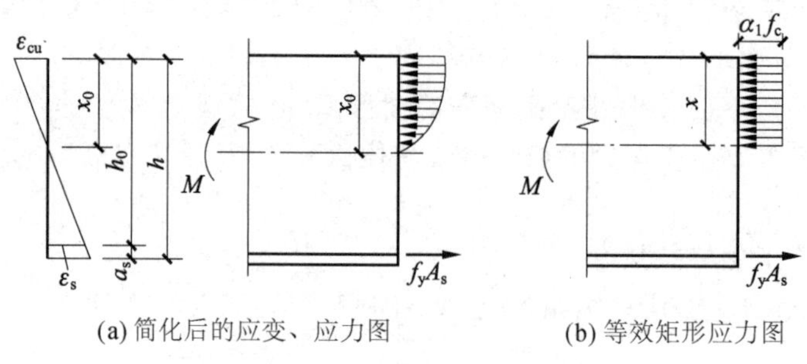

图 4-25　适筋梁的等效应力图

在等效运算的过程中，根据几何关系，可以求出图形系数值 β_1 和 α_1。为了简化取值，《混凝土结构设计规范》(GB 50010—2010)(2015 版)将所求的数值取整，见表 4-13。

表 4－13　等效应力应变图形系数

混凝土强度等级	≤C50	C55	C60	C65	C70	C75	C80
β_1	0.80	0.79	0.78	0.77	0.76	0.75	0.74
α_1	1.0	0.99	0.98	0.97	0.96	0.95	0.94

3)适筋破坏与超筋破坏、少筋破坏间的界定特征值

《混凝土结构设计规范》(GB 50010—2010)(2015 版)规定：适筋破坏与超筋破坏的界限特征值是相对受压区高度，用 ξ_b 表示，见表 4－14；适筋破坏与少筋破坏的界限特征值是截面最小配筋百分率，用 ρ_{min} 表示，见表 4－15。

表 4－14　部分相对界限受压区高度特征值 ξ_b

混凝土强度	≤C50			C55			C60		
钢筋级别	HPB300	HRB335	HRB400	HPB300	HRB335	HRB400	HPB300	HRB335	HRB400
ξ_b	0.576	0.550	0.518	0.565	0.541	0.508	0.556	0.531	0.499
α_{cmax}	0.410	0.399	0.384	0.405	0.395	0.379	0.401	0.390	0.374

表 4－15　钢筋混凝土结构构件中纵向受力钢筋的最小配筋百分率 ρ_{min}　　单位：%

受力类型			最小配筋百分率
受压构件	全部纵向钢筋	强度等级 500 MPa	0.50
		强度等级 400 MPa	0.55
		强度等级 300 MPa、335 MPa	0.60
	一侧纵向钢筋		0.20
受弯构件、偏心受拉、轴心受拉构件一侧的受拉钢筋			0.20 和 $45f_t/f_y$ 中的较大值

注：1. 受压构件全部纵向钢筋最小配筋百分率，当采用 C60 以上强度等级的混凝土时，应按表中规定增加 0.10。

2. 板类受弯构件(不包括悬臂板)的受拉钢筋，当采用强度等级 400 MPa、500MPa 的钢筋时，其最小配筋百分率应允许采用 0.15 和 $45f_t/f_y$ 中的较大值。

3. 偏心受拉构件中的受压钢筋，应按受压构件一侧纵向钢筋考虑。

4. 受压构件的全部纵向钢筋和一侧纵向钢筋的配筋率以及轴心受拉构件和小偏心受拉构件一侧受拉钢筋的配筋率，均应按构件的全截面面积计算。

5. 受弯构件、大偏心受拉构件一侧受拉钢筋的配筋率应按全截面面积扣除受压翼缘面积 $(b'_f-b)h'_f$ 后的截面面积计算。

6. 当钢筋沿构件截面周边布置时，"一侧纵向钢筋"系指沿受力方向两个对边中一边布置的纵向钢筋。

(1)相对受压区高度。相对受压区高度，是等效矩形应力图中混凝土受压区高度 x 与截面有效高度 h_0 的比值，即 $\xi=x/h_0$。当受弯构件处于适筋破坏与超筋破坏的界限状态时，受拉钢筋达到屈服强度 f_y，受拉钢筋的应变为 $\varepsilon_y=f_y/E_s$，受压区混凝土边缘达到极限压应变 ε_{cu}，这时等效矩形应力图中混凝土受压区高度 $x=x_{0b}$，相对受压区高度等于相对界限受压区高度特征值，即 $\xi=\xi_b$，如图 4－26(a)所示，则

$$\xi_b = \frac{x_b}{h_0} = \frac{\beta_1 x_{0b}}{h_0} = \frac{\beta_1}{1 + \frac{f_y}{E_s \varepsilon_{cu}}} \tag{4-13}$$

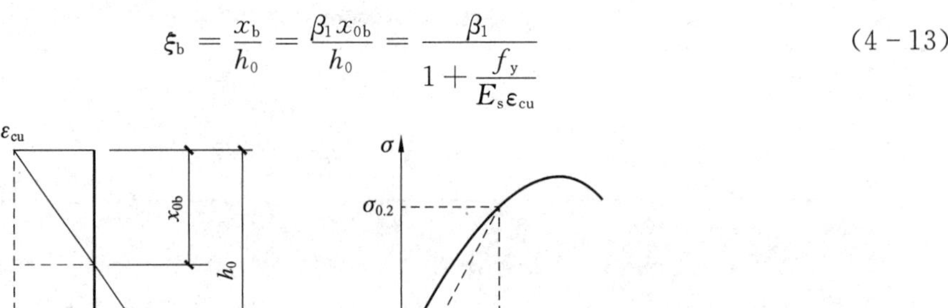

(a) 有明显屈服点的钢筋　　(b) 无明显屈服点的钢筋

图 4-26　界限状态下的应力应变简图

式(4-13)是针对有明显屈服点的钢筋而言的。对于无明显屈服点的钢筋,如图 4-26(b)所示,可以把受拉钢筋的应变变为 $\varepsilon_s = 0.002 + f_y/E_s$,即得到其相对界限受压区高度特征值的计算公式(4-14)。

$$\xi_b = \frac{x_b}{h_0} = \frac{\beta_1 x_{0b}}{h_0} = \frac{\beta_1}{1 + \frac{0.002}{\varepsilon_{cu}} + \frac{f_y}{E_s \varepsilon_{cu}}} \tag{4-14}$$

试验研究和工程实践表明:当 $\xi \leqslant \xi_b$ 时,受弯构件会发生适筋破坏;当 $\xi > \xi_b$ 时,受弯构件会发生超筋破坏。根据式(4-13)和式(4-14),可以计算出不同级别钢筋在不同混凝土强度下的相对界限受压区高度特征值(见表 4-14)。

(2)截面最小配筋百分率。如前试验分析可知,少筋破坏的特点是一裂即坏。为了避免出现少筋破坏情况出现,必须严格控制截面配筋率,使之不小于某一界限值,即最小配筋百分率 ρ_{min},见表 4-15。

确定最小配筋率(ρ_{min})的方法是:如图 4-14(f)所示,第Ⅲ$_a$阶段计算的正截面受弯承载力等于同截面素混凝土构件所能承受的弯矩(开裂弯矩 M_{cr}),依据适筋破坏计算所得的等效配筋率。理论上讲,当素混凝土可以承受作用在构件上的弯矩时,构件可以不配置受力钢筋,但考虑到混凝土强度的离散性、温度应力、混凝土收缩等因素的不利影响,构件应配置一定数量的钢筋。受弯构件的最小配筋率可近似按式(4-15)计算。

$$A_s = \rho_{min} bh \tag{4-15}$$

式中:A_s——构件中纵向钢筋的截面面积;

　bh——构件截面宽高之积,即构件截面面积。

4)正截面设计的计算公式

根据构件受压区是否配置受力钢筋,受弯构件正截面设计分为单筋正截面设计和双筋正截面设计,亦称为单筋截面梁设计和双筋截面梁设计。这里仅介绍矩形和 T 形正截面设计,I 形、圆形、环形及任意截面设计可参看《混凝土结构设计规范》(GB 50010—2010)(2015 版)。

(1)单筋矩形正截面设计。由图 4-25(b)所示等效矩形应力图,根据静力平衡条件,可得出单筋矩形截面梁正截面承载力计算的基本公式。

$$\sum X = 0 \quad f_y A_s = \alpha_1 f_c bx \tag{4-16}$$

$$\sum M_s=0 \quad M\leqslant \alpha_1 f_c bx\left(h_0-\frac{x}{2}\right) \tag{4-17}$$

或

$$\sum M_c=0 \quad M\leqslant f_y A_s\left(h_0-\frac{x}{2}\right) \tag{4-18}$$

式中：h_0——截面的有效高度，即 $h_0=h-a_s$。在结构设计中，一般情况下，当纵向钢筋为一排时，取 $a_s=35\sim40$ mm；当纵向钢筋为两排时，取 $a_s=60\sim65$ mm；但当进行截面承载力校核时，a_s应根据 $a_s=c+d/2$ 计算。c 为钢筋保护层的厚度，按表 3-11 取值。

式(4-16)至式(4-18)的适用条件为：

①为防止发生少筋破坏，应满足 $\rho\geqslant\rho_{min}$ 或 $A_s\geqslant A_{s,min}=\rho_{min}bh$ 的要求；当不满足时，构件的实际配筋率应取$(\rho,\rho_{min})_{max}$或$(A_s,A_{s,min})_{max}$。

②为防止发生超筋破坏，应满足 $\xi\leqslant\xi_b$或 $x\leqslant\xi_b h_0$；当不满足时，需要对各式中所涉及的参数进行调整，也可以直接取 $\xi=\xi_b$或 $x=\xi_b h_0$，按照下面所讲的双筋矩形正截面进行设计。

(2)双筋矩形正截面设计。实际结构设计中，在截面的受拉区和受压区同时配置纵向受力钢筋，一般不宜采用，这主要是基于经济问题。若出现以下情况，需要提高构件的承载力，可以考虑采用双筋梁设计方案：

①构件所承受的弯矩较大，截面尺寸受到限制，采用单筋梁无法满足要求；

②在不同的荷载组合下，构件同一截面内可能承受变号弯矩的作用；

③基于抗震性能要求，在截面受压区配置一定数量的受力钢筋，有利于提高截面的延性。

如图 4-27 所示，根据静力平衡条件，可得出双筋矩形截面梁正截面承载力计算的基本公式为

$$\sum X=0 \quad \alpha_1 f_c bx+f'_y A'_s=f_y A_s \tag{4-19}$$

$$\sum M_s=0 \quad M\leqslant \alpha_1 f_c bx\left(h_0-\frac{x}{2}\right)+f'_y A'_s(h_0-a'_s) \tag{4-20}$$

式中：A'_s——受压区配置的受压钢筋面积；

f'_y——钢筋的抗压强度，取 $f'_y=f_y$；

a'_s——纵向受压钢筋合力点至截面近边的距离，其取值与 a_s为一排时的相同。

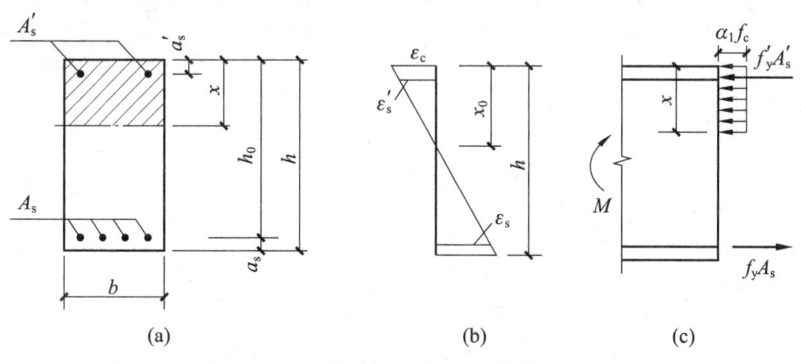

图 4-27　双筋矩形正截面的等效应力图

式(4-19)至式(4-20)的适用条件为：

①为防止发生超筋破坏，应满足 $\xi \leqslant \xi_b$ 或 $x \leqslant \xi_b h_0$。

②为了保证受压钢筋在破坏时达到规定的应力值，应满足 $x \geqslant 2a'_s$；在设计中，当 $x < 2a'_s$ 时，可近似取 $x = 2a'_s$，则依据图 4－27(c)得到

$$M \leqslant f_y A_s (h_0 - a'_s) \tag{4-21}$$

双筋截面梁一般不会出现少筋破坏情况，故可不必进行最小配筋百分率的验算。

【案例 4－1】 某钢筋混凝土矩形截面简支梁，跨中弯矩设计值 $M=80\ \text{kN}\cdot\text{m}$，截面尺寸 $b\times h=200\ \text{mm}\times 450\ \text{mm}$，采用 C25 级混凝土，HRB400 级钢筋，设计安全等级为二级。试确定该梁纵向受力钢筋的数量。

案例分析：基于已知条件和相关构造要求，合理地选定相关参数，一般包括两个方面：一是构件的几何尺寸，二是构件所用材料的基本类型和强度等级。

构件的截面尺寸 $b\times h=200\ \text{mm}\times 450\ \text{mm}$。所用材料有：C25 混凝土（$f_c=11.9\ \text{N/mm}^2$，$f_t=1.27\ \text{N/mm}^2$）；HRB400 级钢筋（$f_y=360\ \text{N/mm}^2$，$f'_y=360\ \text{N/mm}^2$），同时得到 $\gamma_0=1.0$，$\alpha_1=1.0$，$\xi_b=0.518$。

①荷载效应的计算。根据建筑力学知识与本书第 3 章 3.3 节所讲内容，可以确定 $M=80\ \text{kN}\cdot\text{m}$。由于 M 较小且 $b=200\ \text{mm}$，可初步拟定受拉钢筋为一排布置，即 $a_s=a'_s=35\ \text{mm}$，则 $h_0=h-a_s=450-35=415\ \text{mm}$。

②截面配筋形式的判断，即是否需要采用双筋截面设计。由式(4－17)可得

$$M \leqslant \alpha_1 f_c bx\left(h_0-\frac{x}{2}\right)=\alpha_1 f_c bh_0^2\xi(1-0.5\xi)$$

若令 $\alpha_c=\xi(1-0.5\xi)$，则

$$\frac{M}{\alpha_1 f_c bh_0^2} \leqslant \alpha_c$$

假定构件截面处于适筋破坏的临界状态，即 $x=x_{0b}=\xi_b h_0$，可以得到

$$\alpha_{c,\max}=\xi_b(1-0.5\xi_b)=0.518\times(1-0.5\times 0.518)=0.384$$

若 $\alpha_c \leqslant \alpha_{c,\max}$，则可按单筋截面设计，反之应按双筋截面设计。

本题 $\alpha_c=\dfrac{M}{\alpha_1 f_c bh_0^2}=\dfrac{80\times 10^6}{1.0\times 11.9\times 200\times 415^2}=0.195<\alpha_{c,\max}=0.384$

故可以按照单筋截面进行设计。

③计算等效应力图中的 x，验算超筋破坏发生的可能性。由式(4－17)可得

$$x=h_0-\sqrt{h_0^2-\frac{2M}{\alpha_1 f_c b}}=91.0<\xi_b h_0=0.518\times 415=215(\text{mm})$$

满足要求，不会发生超筋破坏。

若该题按双筋截面设计，则可直接取 $x=\xi_b h_0=215(\text{mm})$。

④计算纵向钢筋截面面积 A_s、A'_s，并验算少筋破坏发生的可能性。由于该设计方案为单筋截面，可以按照式(4－16)计算。

$$A_s=\frac{\alpha_1 f_c bx}{f_y}=\frac{1.0\times 11.9\times 200\times 91.0}{360}$$
$$=601.6>\rho_{\min}bh=0.2\times 10^{-2}\times 200\times 450=180(\text{mm}^2)$$
$$A'_s=0$$

满足要求，也不会发生少筋破坏。

⑤选择配筋方案。根据表 4－3(若是板配筋可按照表 4－4)选择多种配筋方案,最后确定受力安全、经济合理、施工可行的设计方案。本题选择 4 ф 14($A_s=615\ \text{mm}^2$)。构件配筋如图 4－28 所示。

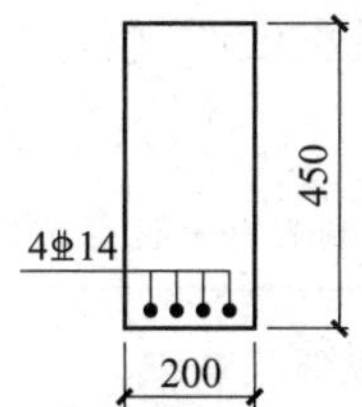

图 4－28　案例 4－1 配筋图

案例 4－1 采用的是公式计算法,也可以运用表格法计算,两种方法大同小异,计算结果几乎相同,这里不再介绍。

(3)单筋 T 形截面设计。在单筋矩形截面设计中,受拉区混凝土的作用是不考虑的,若将受拉区两侧的混凝土挖掉一部分,把受拉钢筋配置在肋部(见图 4－29),就形成了 T 形截面梁。这样,既不降低截面承载力,又节省材料,减轻了自重。在工程实际中,除独立 T 形梁外,槽形板、空心板、现浇肋形楼盖中主梁和次梁的跨中截面等,均按照 T 形截面计算。这里主要介绍现浇肋形楼盖中主梁和次梁跨中截面的计算方法。

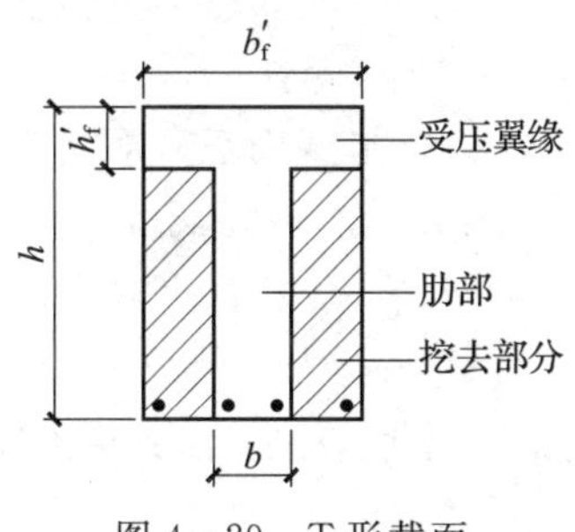

图 4－29　T 形截面

①T 形截面尺寸的确定。如图 4－29 所示,截面尺寸 $b\times h$ 的确定方法同单筋矩形截面,主要是确定翼缘的尺寸 $b'_f\times h'_f$。对于现浇肋形楼盖(见图 4－30),梁与板是整体现浇在一起的,形成了 T 形或倒 L 形截面。试验研究表明,梁截面两侧的板作为翼缘在一定范围内承受

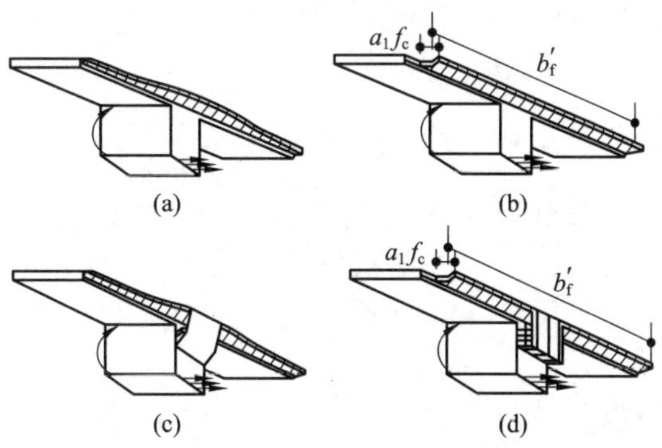

图 4－30　T 形截面应力分布与计算简图

了梁压区应该承受的压应力，而且翼缘上混凝土的压应力也是不均匀的，越接近肋部(梁)，压应力越大，但超过一定距离时，压应力几乎为零。也就是说，矩形截面 $b\times h$ 梁实际上作为 T 形截面在工作，翼缘的尺寸是 $b'_f\times h'_f$。为了简化计算，翼缘的计算高度 h'_f取现浇板厚，翼缘的计算宽度 b'_f取表 4-16 中各项计算的最小值，并假定在此宽度范围内压应力均匀分布，该范围以外的部分不起作用。

表 4-16　T 形、I 形及倒 L 形截面受弯构件翼缘的计算宽度 b'_f

情　况		T 形、I 形截面		倒 L 形截面
		肋形梁、肋形板	独立梁	肋形梁、肋形板
按计算跨度 l_0 考虑		$l_0/3$	$l_0/3$	$l_0/6$
按梁(纵肋)净距 s_n 考虑		$b+s_n$	—	$b+s_n/2$
按翼缘高度 h'_f 考虑	$h'_f/h_0\geqslant 0.1$	—	$b+12h'_f$	—
	$0.1>h'_f/h_0\geqslant 0.05$	$b+12h'_f$	$b+6h'_f$	$b+5h'_f$
	$h'_f/h_0<0.05$	$b+12h'_f$	b	$b+5h'_f$

注：1. 表中 b 为梁的腹板厚度；

2. 肋形梁在梁跨内设有间距小于纵肋间距的横肋时，可不考虑表中的规定；

3. 独立梁受压区的翼缘板在荷载作用下经验算沿纵肋方向可能产生裂缝时，其计算宽度应取腹板宽度 b。

②T 形截面的类型及其计算公式。T 形截面正截面受力分析方法与单筋矩形截面的分析方法基本相同，不同点是由于外在作用大小的不同，截面上的中性轴可能在翼缘内，也可能在肋部。为便于有针对性地受力分析和计算，根据中性轴是否在翼缘内，可将 T 形截面分为第Ⅰ类型截面和第Ⅱ类型截面。

对于第Ⅰ类型截面，如图 4-31(a)所示，中性轴在翼缘内($x\leqslant h'_f$)，受压区面积为矩形，由平衡条件可得计算式(4-22)和式(4-23)。

$$\alpha_1 f_c b'_f x = f_y A_s \tag{4-22}$$

$$M\leqslant \alpha_1 f_c b'_f x(h_0-\frac{x}{2}) \tag{4-23}$$

对于第Ⅱ类型截面，如图 4-31(b)所示，中性轴在梁肋内($x>h'_f$)，受压区面积为 T 形，由平衡条件可得式(4-24)和式(4-25)。

$$\alpha_1 f_c h'_f(b'_f-b)+\alpha_1 f_c bx = f_y A_s \tag{4-24}$$

$$M\leqslant \alpha_1 f_c h'_f(b'_f-b)(h_0-\frac{h'_f}{2})+\alpha_1 f_c bx\left(h_0-\frac{x}{2}\right) \tag{4-25}$$

两类 T 截面公式的适用条件同式(4-16)至式(4-18)的适用条件。

值得注意的是：第Ⅰ类型截面的最小配筋按 $A_s=\rho_{min}bh$ 计算，而不是按 $A_s=\rho_{min}b'_f h$ 计算；第Ⅱ类型截面梁受压区高度 x 较大，相应的受拉钢筋配筋面积 A_s较大，通常满足 ρ_{min}的要求，可不必验算。

③T 形截面类型的判断

假定 $x=h'_f$，如图 4-31(c)所示。由平衡条件可得计算式(4-26)和式(4-27)。

$$\alpha_1 f_c b'_f h'_f = f_y A_s \tag{4-26}$$

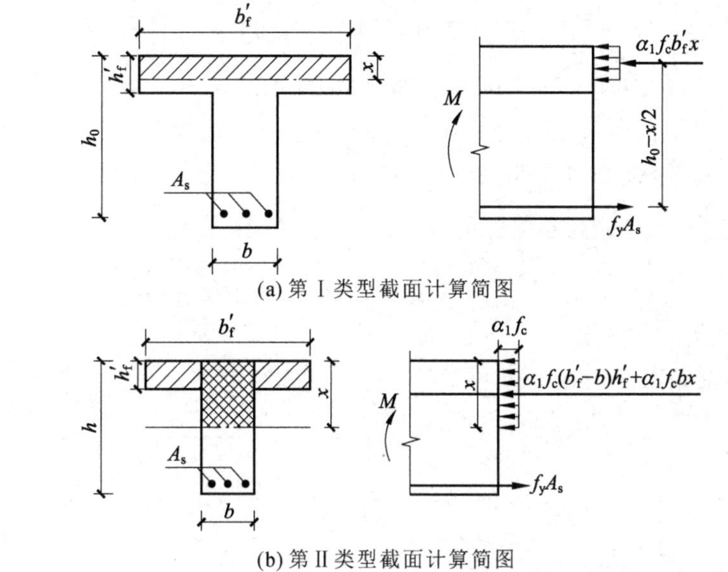

(a) 第Ⅰ类型截面计算简图

(b) 第Ⅱ类型截面计算简图

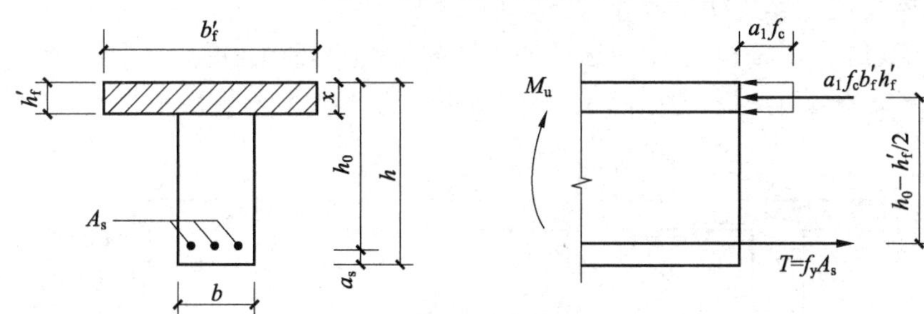

(c) 两类T形截面的判断界限

图 4-31　T 形截面计算简图

$$M_u = \alpha_1 f_c b'_f h'_f \left(h_0 - \frac{h'_f}{2}\right) \tag{4-27}$$

由式(4-27)可知,M_u 为一常数,表示构件在一定条件下的最大抗力。当 $M_u \geqslant M$ 时,$x \leqslant h'_f$,属于第Ⅰ类型截面;当 $M_u < M$ 时,$x > h'_f$,属于第Ⅱ类型截面。这里的 M 为外在作用效应。同理,在截面校核时,可以通过式(4-26)确定:当 $\alpha_1 f_c b'_f h'_f \geqslant f_y A_s$ 时,为第Ⅰ类型截面;反之为第Ⅱ类型截面。

【案例 4-2】 某现浇肋形楼盖次梁,截面尺寸如图 4-32(a)所示,计算跨度为 4.8 m,跨中弯矩设计值为 95 kN·m,采用 C25 级混凝土和 HRB400 级钢筋,设计安全等级为二级。试确定次梁纵向钢筋的数量。

案例分析:基于已知条件和相关构造要求,合理地选定相关参数。

构件截面尺寸 $b \times h = 200\ \text{mm} \times 500\ \text{mm}$。取 $h'_f = 80$ mm,按照表 4-16 计算 $b'_f = 1\ 600$ mm;所用材料:C25 混凝土($f_c = 11.9\ \text{N/mm}^2$,$f_t = 1.27\ \text{N/mm}^2$);HRB400 级钢筋($f_y = 360\ \text{N/mm}^2$,$f'_y = 360\ \text{N/mm}^2$),同时得到 $\gamma_0 = 1.0$,$\alpha_1 = 1.0$,$\xi_b = 0.518$。

①计算荷载效应。安全等级为二级,跨中弯矩设计值为 95 kN·m。同样可以假定拉区纵向钢筋一排布置,取 $a_s = 35$ mm,则 $h_0 = h - 35 = 500 - 35 = 465$ mm。

②判别 T 形截面的类型。根据式(4-27)可以得到

$$M_u = \alpha_1 f_c b_f' h_f' \left(h_0 - \frac{h_f'}{2}\right) = 1.0 \times 11.9 \times 1600 \times 80 \times \left(465 - \frac{80}{2}\right)$$

$$= 647\ 360\ 000(\text{N} \cdot \text{m}) = 647.36(\text{kN} \cdot \text{m}) > 95(\text{kN} \cdot \text{m})$$

属于第Ⅰ类型 T 形截面。

③计算等效应力图中的受压区高度 x,并验算超筋破坏发生的可能性。

$$x = h_0 - \sqrt{h_0^2 - \frac{2M}{\alpha_1 f_c b_f'}} = 465 - \sqrt{465^2 - \frac{2 \times 95 \times 10^6}{1.0 \times 11.9 \times 1600}}$$

$$= 10.86(\text{mm}) < \xi_b h_0 = 0.518 \times 465 = 240.87(\text{mm})$$

满足要求,不会发生超筋破坏。

④计算纵向钢筋截面面积 A_s、A_s',并验算少筋破坏发生的可能性。由式(4-26)可以得到

$$A_s = \frac{\alpha_1 f_c b_f' x}{f_y} = \frac{1.0 \times 11.9 \times 1\ 600 \times 10.86}{360}$$

$$= 574.4(\text{mm}^2) > \rho_{min} bh = 200(\text{mm}^2)$$

$$A_s' = 0$$

满足要求,也不会发生少筋破坏。

⑤选择配筋方案。根据表 4-3 选择多种配筋方案,最后确定受力安全、经济合理、施工可行的设计方案。本题可选择 3 ⏀ 18(A_s=763 mm²),如图 4-32(b)所示。

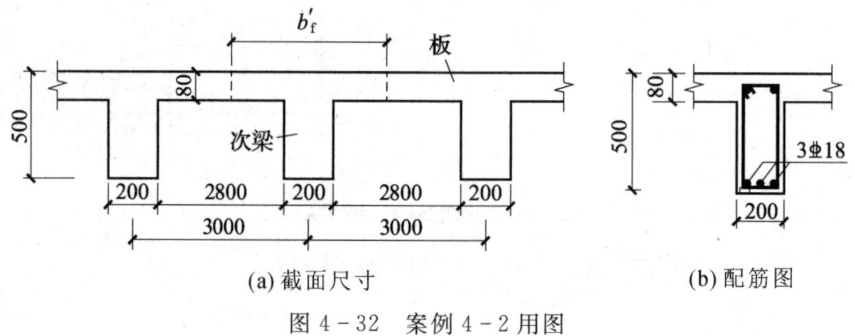

(a) 截面尺寸　　(b) 配筋图

图 4-32　案例 4-2 用图

5)正截面复核计算

以上讲述的内容是构件的截面设计。既有构件的截面复核是截面设计的逆过程。已知构件承受的设计弯矩值 M,截面尺寸(b、h、b_f'、h_f'),钢筋和混凝土材料的强度等级及数量(f_y、f_y'、f_c、f_t、A_s、A_s'),求得截面可以承受的最大弯矩设计值 M_u。若 $M_u \geqslant M$,则截面是安全的;反之,截面是不安全的。对于不同形状的截面复核,其计算过程大致相同,只是所用的计算公式不同。

【案例 4-3】 某 T 形截面梁的截面尺寸 $b \times h$=300 mm×800 mm,h_f'=100 mm,b_f'=600 mm;跨中承受的弯矩设计值 M=600 kN·m,采用 C25 混凝土,受拉区已配置 10 根直径为 22 mm 的 HRB335 级钢筋,钢筋两排布置,每排各 5 根。安全等级为二级,环境类别为一类,试复核该梁正截面是否安全。

案例分析:基于既有构件条件,合理确定相关参数。构件截面尺寸 $b \times h$=300 mm×800 mm,h_f'=100 mm,b_f'=600 mm;所用材料:C25 混凝土(f_c=11.9 N/mm²,f_t=1.27 N/mm²,α_1=1.0),HRB335 级钢筋(f_y=300 N/mm²,f_y'=300 N/mm²,A_s=3 801.1 mm²,A_s'=0);外在作用效应 M=600 kN·m;同时得到 ξ_b=0.550,c=25 mm。由于构件内钢筋按两排布置,不应

直接假定 a_s 值，可根据加权平均法求取，即

第一排钢筋的 $a_{s1} = c + d_1/2 = 25 + 22 \div 2 = 36(\text{mm})$

第二排钢筋的 $a_{s2} = c + d_1 + 25 + d_2/2 = 25 + 22 + 25 + 22 \div 2 = 83(\text{mm})$

$$\alpha_s = \frac{n_1\alpha_1 + n_2\alpha_2}{n_1 + n_2} = \frac{5 \times 36 + 5 \times 83}{5 + 5} = 60(\text{mm})$$

则

$$h_0 = h - a_s = 800 - 60 = 740(\text{mm})$$

(1)判别 T 形截面的类型(若为矩形截面，则需要判断是按单筋配置方案计算，还是按双筋配置方案计算)。

由式(4－26)可得到

$$\alpha_1 f_c b_f' h_f' = 1.0 \times 11.9 \times 600 \times 100 = 714\ 000(\text{N})$$

$$= 714(\text{kN}) < f_y A_s = 300 \times 3\ 801.1 = 1140\ 330(\text{N}) = 1\ 140.33(\text{kN})$$

属于第Ⅱ类型 T 形截面。

(2)最小配筋率的验算。对于第Ⅱ类型 T 形截面，因受拉区纵向钢筋量较大，通常都能满足 ρ_{min} 的要求，因而可不必验算，但对于矩形截面需要验算。

(3)求等效应力图中的受压区高度 x，并验算是否产生超筋破坏。根据式(4－24)可得

$$x = \frac{f_y A_s - \alpha_1 f_c h_f'(b_f' - b)}{\alpha_1 f_c b} = \frac{300 \times 3\ 801.1 - 1.0 \times 11.9 \times 100 \times (600 - 300)}{1.0 \times 11.9 \times 300}$$

$$= 219.4(\text{mm}) < \xi_b h_0 = 0.550 \times 740 = 407(\text{mm})$$

满足要求，不会产生超筋破坏。

(4)安全性验算。根据式(4－25)，可以求得构件的最大承重能力 M_u。

$$M_u = \alpha_1 f_c h_f'(b_f' - b)(h_0 - \frac{h_f'}{2}) + \alpha_1 f_c bx\left(h_0 - \frac{x}{2}\right)$$

$$= 1.0 \times 11.9 \times 100 \times (600 - 300) \times \left(740 - \frac{100}{2}\right) + 1.0 \times 11.9 \times 300 \times 219.4 \times \left(740 - \frac{219.4}{2}\right)$$

$$= 740 \times 10^6 = 740(\text{kN} \cdot \text{m}) > M = 600(\text{kN} \cdot \text{m})$$

所以，该 T 形梁正截面是安全的。

2. 斜截面承载力的计算

在受弯构件的剪弯区段，斜截面承载力计算包括斜截面受剪承载力和斜截面受弯承载力两部分。实际工程设计中，斜截面受剪承载力是通过计算配置腹筋来保证的，而斜截面受弯承载力则是通过构造措施来保证的。

1)斜截面受剪承载力的计算公式

试验研究和工程实践表明，影响斜截面受剪承载力的因素众多，破坏形态复杂，精确计算比较困难。目前，对混凝土构件受剪机理的认识尚不充分，至今未能像正截面承载力计算一样建立一套完整的理论体系。国内外各主要规范及国内各行业标准中的计算方法各异，计算模式也不尽相同，所有现行计算公式多带有经验性质。

本章节主要介绍的是我国《混凝土结构设计规范》(GB 50010—2010)(2015 版)所给出的基本计算方法和计算公式。

(1)斜截面的受力分析。基于本节前面的试验分析，构件在荷载作用下，剪弯区段同时存在剪力和弯矩，而抵抗剪力的构件抗力主要来自三个方面(见图 4－33)：剪压区段混凝土受剪

承载力设计值 V_c、与斜裂缝相交的箍筋受剪承载力设计值 V_{sv} 及与斜裂缝相交的弯起钢筋受剪承载力设计值 V_{sb}。

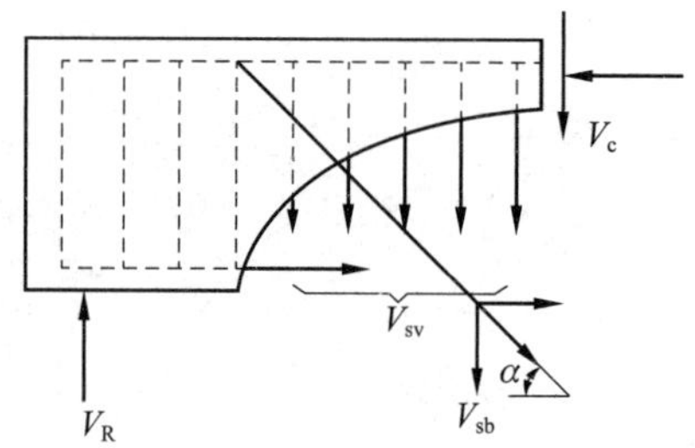

图 4－33　斜截面的受力分析

现将上述三项叠加，即构成受弯构件斜截面的抗力 V_R；再根据力的平衡条件和极限状态设计方法的函数表达式，可得到受弯构件斜截面受剪承载力设计的计算式(4－28)。

$$V \leqslant V_R = V_c + V_{sv} + V_{sb} \tag{4-28}$$

式中：V——构件斜截面上的最大剪力设计值。

试验表明，V_c 与 V_{sv} 相互影响，很难单独确定它们的数值，通常将它们合并起来，采用理论和试验相结合的方法确定，即 $V_{cs}=V_c+V_{sv}$。

由此，式(4－28)可以改写为式(4－29)。

$$V \leqslant V_R = V_{cs} + V_{sb} \tag{4-29}$$

(2)斜截面的计算公式。

①不配置腹筋的一般受弯构件。

$$V \leqslant 0.7\beta_h f_t bh_0 \tag{4-30}$$

式中：β_h——截面高度影响系数，可按 $\beta_h=\left(\frac{800}{h_0}\right)^{1/4}$ 计算，当 $h_0<800$ mm 时，取 $h_0=800$ mm；当 $h_0\geqslant 2\ 000$ mm 时，取 $h_0=2\ 000$ mm。

其他符号含义同前。

需要说明的是，腹筋是箍筋和弯起钢筋的统称，通常把配有腹筋的梁称为有腹筋梁，不配腹筋的梁称为无腹筋梁。实际工程中，无腹筋梁多指一般板类受弯构件，即均布荷载作用下的单向板和双向板。对于均布荷载作用下的无腹筋简支浅梁、无腹筋简支短梁、无腹筋简支深梁及无腹筋连续浅梁等，考虑到它们发生剪切破坏时有明显的脆性，特别是斜拉破坏，因此，在设计计算时，即使满足 $V\leqslant V_c$，仍需按照构造要求配置箍筋。

②当仅配箍筋时，矩形、T 形和 I 形截面受弯构件的斜截面受剪承载力为

$$V \leqslant V_{cs} = \alpha_{cv} f_t bh_0 + f_{yv}\frac{A_{sv}}{s}h_0 \tag{4-31}$$

式中：α_{cv}——斜截面混凝土受剪承载力系数。对于一般受弯构件取 0.7；对集中荷载作用下(包括多种荷载作用，其中集中荷载对支座截面或节点边缘所产生的剪力值占总剪力的 75％以上的情况)的独立梁，取 $\alpha_{cv}=1.75/(\lambda+1)$，$\lambda$ 为计算截面的剪跨比，可取 $\lambda=a/h_0$(当 $\lambda<1.5$ 时，取 $\lambda=1.5$；当 $\lambda>3$ 时，取 $\lambda=3$)，a 取集中荷载作用点至支座截面或节点边缘的距离。

A_{sv}——配置在同一截面内箍筋各肢的全部截面面积，即 nA_{sv1}。此处，n 为在同一个截面

内箍筋的肢数，A_{sv1} 为单肢箍筋的截面面积；s 为沿构件长度方向的箍筋间距。

其他符号含义同前。

③当配置箍筋和弯起钢筋时，矩形、T 形和 I 形截面受弯构件的斜截面受剪承载力为

$$V \leqslant V_{cs} + V_{sb} = \alpha_{cv} f_t b h_0 + f_{yv} \frac{A_{sv}}{s} h_0 + 0.8 f_{yv} A_{sb} \sin \alpha \tag{4-32}$$

式中：α——斜截面上弯起钢筋的切线与构件纵轴线的夹角，一般取 45°，当梁高大于 800 mm 时，可取 60°。

A_{sb}——同一平面内弯起钢筋的截面面积。

0.8——应力不均匀系数。

(3)公式适用条件。上述公式仅适合于剪压破坏情况。为防止构件可能产生斜压破坏和斜拉破坏，《混凝土结构设计规范》(GB 50010—2010)(2015 版)对其规定了上限值和下限值。

①上限值——最小截面尺寸。为确保斜压破坏不会发生，受弯构件的最小截面尺寸应满足以下要求：

当 $h_w/b \leqslant 4$ 时

$$V \leqslant 0.25\beta_c f_c b h_0 \tag{4-33}$$

当 $h_w/b \geqslant 6$ 时

$$V \leqslant 0.2\beta_c f_c b h_0 \tag{4-34}$$

当 $4 < h_w/b < 6$ 时，按线性内插法确定。

式中：β_c——混凝土强度影响系数，当混凝土强度等级不超过 C50 时，β_c 取 1.0；当混凝土强度等级为 C80 时，β_c 取 0.8，其间按线性内插法确定；

b——矩形截面的宽度，T 形截面或 I 形截面的腹板宽度；

h_w——截面的腹板高度，如图 4-23 所示，矩形截面取有效高度 h_0，T 形截面取有效高度减去翼缘高度，I 形截面取腹板净高；

其他符号含义同前。

结构设计中，如果不满足上述公式的要求，应加大截面尺寸，或提高混凝土强度等级，直到满足要求为止。

②下限值——最小配箍率和箍筋最大间距。为了防止斜拉破坏的产生，构件配箍率应满足式(4-35)的要求；同时箍筋的间距不宜大于表 4-12 的要求，箍筋的直径不宜小于 6 mm ($h_0 \leqslant 800$ mm 时)或 8 mm($h_0 > 800$ mm 时)。

$$\rho_{sv} = \frac{A_{sv}}{bs} = \frac{nA_{sv1}}{bs} \geqslant \rho_{sv,min} = 0.24 \frac{f_t}{f_{yv}} \tag{4-35}$$

如不能满足上述要求，则应按照 $\rho_{sv,min}$ 配置箍筋，并满足构造要求。

(4)斜截面计算位置的确定。工程实践中，同正截面的适筋破坏在拉区、压区出现一样，斜截面的剪压破坏也可能在多处发生，因而在进行斜截面受剪承载力计算时，应该确定计算截面的位置。一般情况下，该位置应选取剪力设计值最大的危险截面或受剪承载力较为薄弱的截面。

在设计中，剪力设计值的计算截面应按下列规定采用。

①支座边缘处的截面，如图 4-34(a)、(b)中截面 1-1。

②受拉区弯起钢筋弯起点处的截面，如图 4-34(a)中截面 2-2、3-3。

③箍筋截面面积或间距改变处的面，如图 4－34(b)截面 4－4。

④截面尺寸改变处的截面。

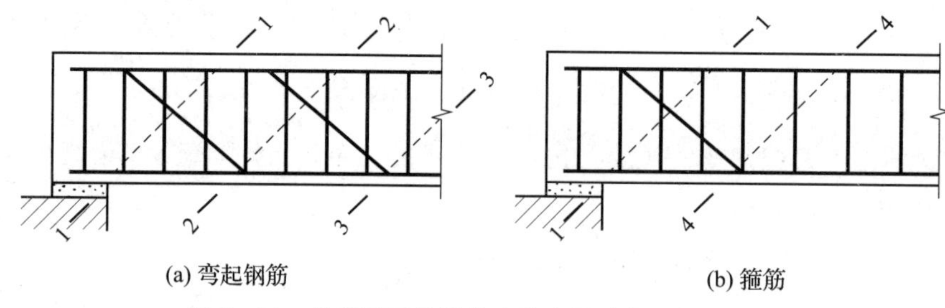

图 4－34　斜截面受剪承载力剪力设计值的计算截面

2)斜截面受弯承载力的保证措施

(1)抵抗弯矩图。抵抗弯矩图是指按构件实际配置的纵向受拉钢筋所绘出的梁上各正截面所能承受的弯矩图形，也称为材料图。

设简支梁在均布荷载 q 的作用下，可知荷载弯矩图为 $M_{\max}=ql_0^2/8$，按照正截面设计原则和方法，配置纵向受拉钢筋的总截面积为 A_s，每根钢筋的截面积为 A_{si}，若纵向受拉钢筋在梁的全跨内既不弯起也不截断，则可得到截面抵抗弯矩 $M_R=f_yA_sh_0\left(1-\dfrac{\rho f_y}{2\alpha_1 f_c}\right)$，每一根纵向受拉钢筋的抵抗弯矩值 $M_{Ri}=A_{si}M_R/A_s$。按照相同比例绘制，可得到荷载弯矩图和抵抗弯矩图，如图 4－35 所示。

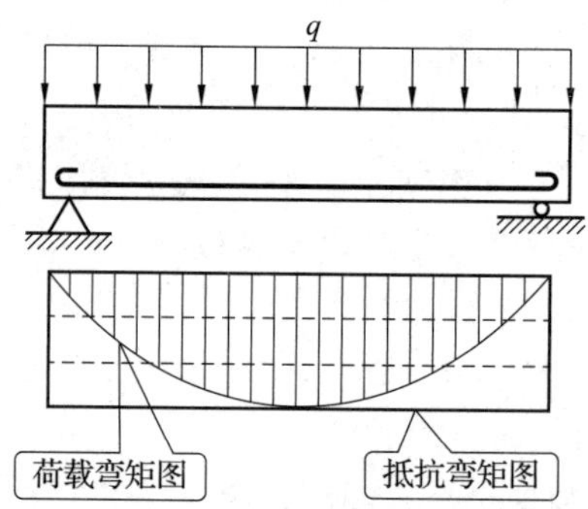

图 4－35　荷载弯矩图和抵抗弯矩图

如此，构件的正截面既不会发生弯曲破坏，又能满足斜截面的受弯承载力要求。这说明保证斜截面抗弯承载力的条件，是抵抗弯矩各截面不小于荷载弯矩图或抵抗弯矩图要包住荷载弯矩图。

在实际工程中，为了要求设计方案的结构安全和经济利益组合的最优化，可以将一部分纵向受拉钢筋在某一位置弯起或截断，这就需要基于构件的材料抵抗弯矩图，确定纵向受拉钢筋恰当的弯起或截断位置，以及纵向钢筋的锚固等构造要求。

(2)纵向受力钢筋的理论断点和实际断点。图 4－36 所示为某承受均布荷载的简支梁的抵抗弯矩图。从理论上讲，b 点以外，①号钢筋就不再需要，b 点就是①号钢筋的不需要点或理论断点；同理，c 点以外，②号钢筋就不再需要，c 点就是②号钢筋的不需要点或理论断点。

在混凝土梁中，根据内力分析所得的弯矩图沿梁的纵长方向是变化的。为了让任何一根

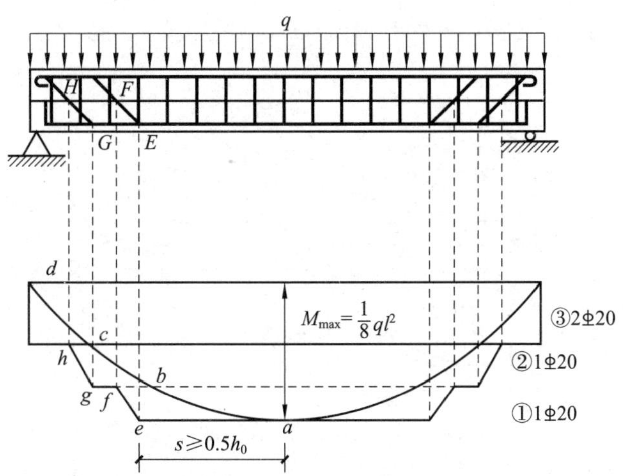

图 4－36 某承受均布荷载的简支梁的抵抗弯矩图

纵向钢筋发挥其承载力的作用，应从理论断点外伸一定的长度 l_{d1}，依靠该长度与混凝土的黏结锚固作用使钢筋有足够的抗力；同时，根据正截面承载力的计算要求，钢筋也需要外伸一定的长度 l_{d2}，作为受力钢筋应有的构造措施，如图 4－37 所示。为此，从上述两个条件确定的较长外伸长度作为实际伸长长度 l_d，并作为钢筋的实际断点。

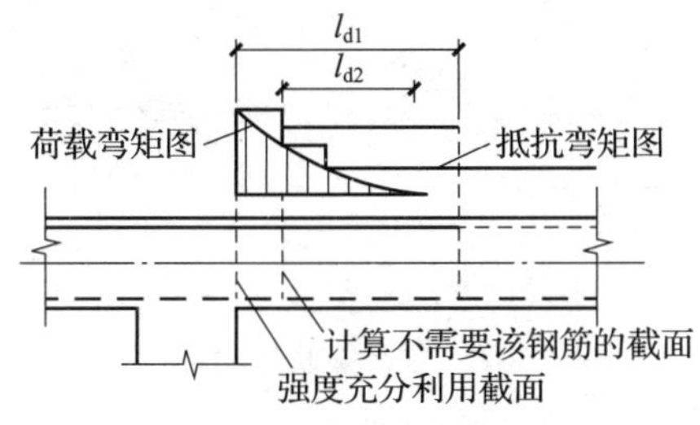

图 4－37 纵向钢筋实际断点位置

《混凝土结构设计规范》(GB 50010—2010)(2015 版)规定：钢筋混凝土梁支座截面负弯矩纵向受拉钢筋不宜在受拉区截断，当需要截断时，应满足表 4－17 的要求。

表 4－17 负弯矩纵向受拉钢筋的延伸长度

截面条件	充分利用截面伸出的长度 l_{d1}	计算不需要截面伸出的长度 l_{d2}
$V\leqslant0.7f_tbh_0$	$>1.2l_a$	$\geqslant20d$
$V>0.7f_tbh_0$	$>1.2l_a+h_0$	$\geqslant h_0$ 且 $\geqslant20d$
$V>0.7f_tbh_0$ 且截断点仍位于负弯矩对应的受拉区内	$>1.2l_a+1.7h_0$	$\geqslant1.3h_0$ 且 $\geqslant20d$

(3)纵向钢筋弯起点。为了满足斜截面的抗弯能力，在梁的受拉区中，弯起点应设置在按正截面抗弯承载力计算该钢筋的强度被充分利用的截面(称为充分利用点)以外，其距离 s 应不小于 $h_0/2$；同时，弯起筋与梁纵轴线的交点应位于按计算不需要该钢筋的截面(称为不需要点)。通过理论分析可知，当 $s\geqslant0.5h_0$ 时，可以保证正截面的受弯承载力和斜截面的抗弯能力。

《混凝土结构设计规范》(GB 50010—2010)(2015 版)规定，不论钢筋的弯起角度为多少，均统一取 $s \geqslant 0.5h_0$，如图 4-38 所示。

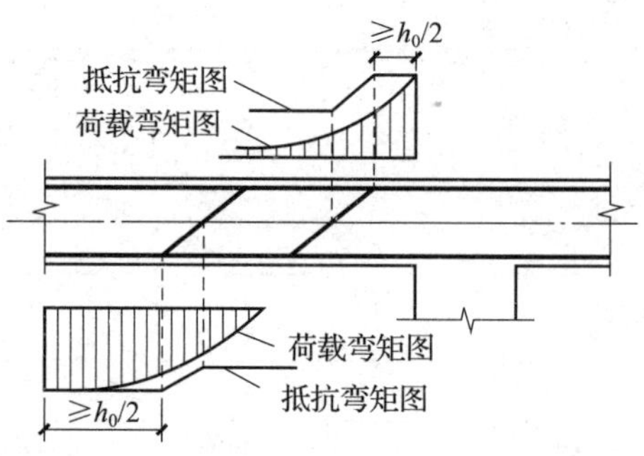

图 4-38　纵向钢筋弯起点的位置

同时，弯起钢筋在弯终点外应有一直线段的锚固长度，以保证在斜截面处发挥其强度。《混凝土结构设计规范》(GB 50010—2010)(2015 版)规定：当直线段位于受拉区时，其长度不小于 $20d$；当直线段位于受压区时，其长度不小于 $10d$(d 为弯起钢筋的直径)；光面钢筋的末端还应设弯钩；为了防止弯折处混凝土挤压力过于集中，弯折半径 B 应不小于 $10d$。如图 4-39 所示。

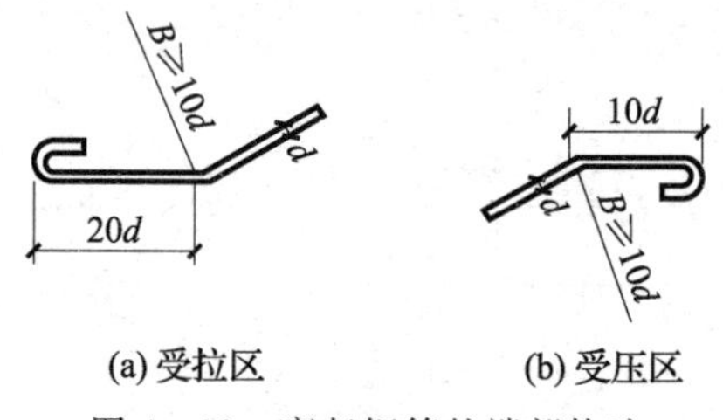

图 4-39　弯起钢筋的端部构造

当纵向受力钢筋不能在需要的地方弯起，或弯起钢筋不足以承受剪力时，可单独设置抗剪的弯起钢筋。此时，弯起钢筋应采用鸭筋形式，严禁采用浮筋，如图 4-40 所示。

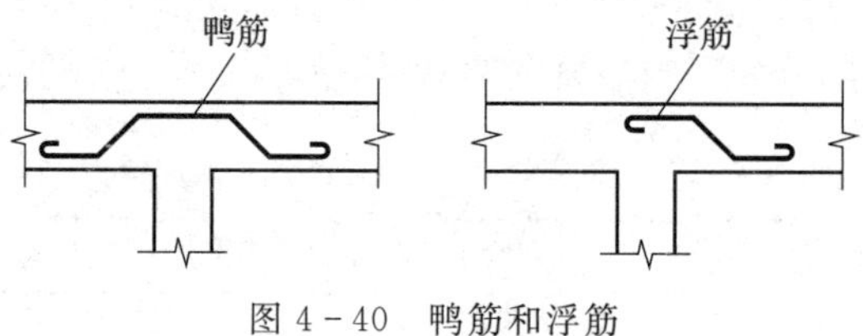

图 4-40　鸭筋和浮筋

(4)纵向钢筋在支座处的锚固。为了防止纵向受力钢筋在支座处被拔出而导致构件发生沿斜截面的弯曲破坏，钢筋混凝土梁与板中的纵向受力钢筋伸入支座内的锚固长度应满足《混凝土结构设计规范》(GB 50010—2010)(2015 版)的规定：

①板。简支板或连续板简支端下部纵向受力钢筋伸入支座的锚固长度不应小于钢筋直径的 5 倍，且宜伸过支座中心线。伸入支座的下部钢筋数量，当采用弯起式配筋时，其间距不应大于 400 mm；截面面积不应小于跨中受力钢筋截面面积的 1/3；当采用分离式配筋时，跨中受力钢筋应全部伸入支座。

②梁。在钢筋混凝土简支梁和连续梁简支端支座处，下部纵向受力钢筋伸入支座的锚固

长度 l_{as}可比基本锚固长度 l_a略小，如图 4－41 所示。l_{as}的数值不应小于表 4－18 的规定，并且伸入梁支座范围内锚固的纵向受力钢筋的数量不宜少 2 根，当梁宽 b<100 mm 时，可为 1 根。

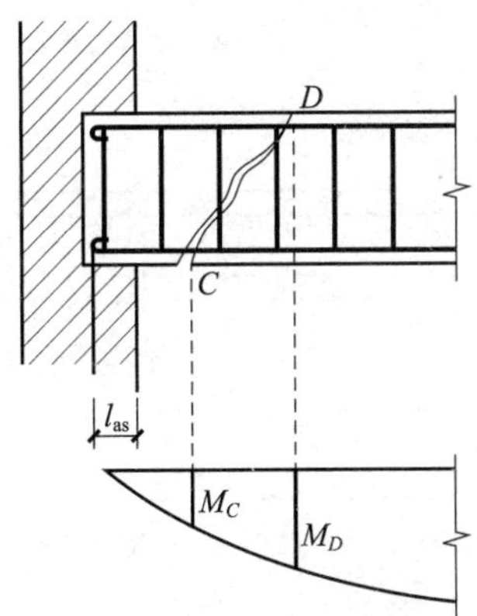

图 4－41　梁支座处的锚固长度

表 4－18　梁支座处的锚固长度

锚固条件		$V \leqslant 0.7f_tbh_0$	$V > 0.7f_tbh_0$
钢筋类型	光面钢筋(带弯钩)	$\geqslant 5d_{max}$	$\geqslant 15d_{max}$
	带肋钢筋		$\geqslant 12d_{max}$
	C25 及以下混凝土，跨边有集中力作用		$\geqslant 15d$

注：1. d_{max}为钢筋的最大直径，d 为锚固钢筋的直径；

2. 跨边有集中力作用，是指混凝土梁的简支端距支座边 1.5h 范围内作用有集中荷载，且其对支座截面所产生的剪力占总剪力值的 75%以上。

因条件限制不能满足上述规定的锚固长度时，可将纵向受力钢筋的端部弯起或采取附加锚固措施，如在钢筋上加焊锚固钢板或将钢筋端部焊接在梁端的预埋件上等，如图 4－42 所示。

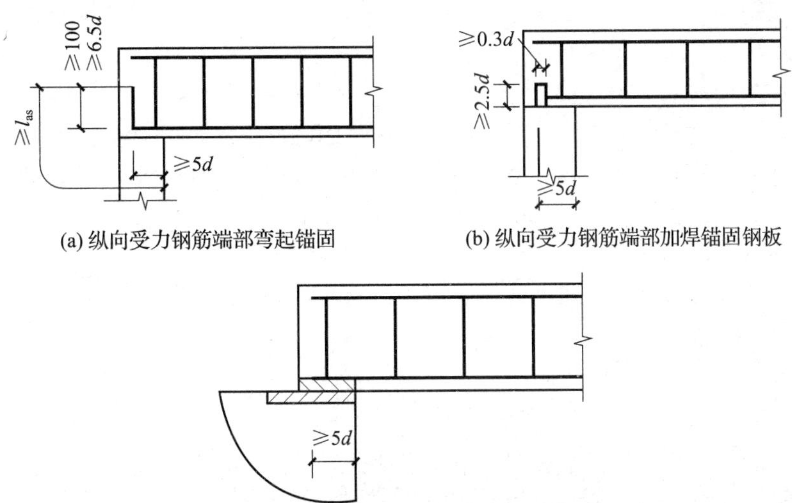

(a) 纵向受力钢筋端部弯起锚固　(b) 纵向受力钢筋端部加焊锚固钢板

(c) 纵向受力钢筋端部焊接在梁端的预埋件上

图 4－42　锚固长度不足时的措施

(5)悬臂梁纵向钢筋的弯起和截断。在剪力作用较大的悬臂梁内,梁的全长受负弯矩作用,虽然临界斜裂缝的倾角较小,但延伸较长,故不应在梁的上部截断负弯矩钢筋。负弯矩钢筋可以分批向下弯折并锚固在梁的下边,但至少必须有两根上部钢筋伸至悬臂梁的端部,并向下弯折不小于 12d,如图 4-43 所示。

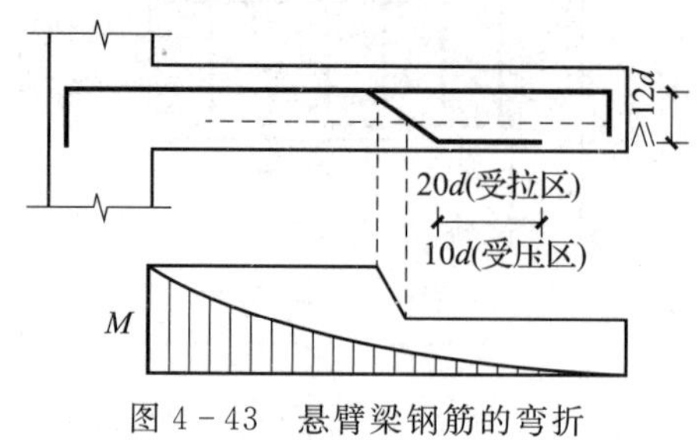

图 4-43　悬臂梁钢筋的弯折

【案例 4-4】 某办公楼矩形截面简支梁的截面尺寸 $b\times h=250\ \text{mm}\times 500\ \text{mm}$,$h_0=465\ \text{mm}$,承受均布荷载作用,支座边缘剪力设计值 $V=185.85\ \text{kN}$,混凝土强度等级为 C25,箍筋采用 HPB300 级钢筋。试确定箍筋数量。

案例分析:实际设计中,斜截面设计是在正截面设计后所提供条件的基础上进行的,当然也可以对既有条件提出合理修改。理论上,斜截面的设计方案有三种,即配置箍筋和弯起钢筋、仅配置箍筋、仅配置弯起钢筋。通常仅配置弯起钢筋适合于板类,对于梁类可以采用其他两种方案;一般情况下,以仅配置箍筋方案为优。

(1)基本条件。$b\times h=250\ \text{mm}\times 500\ \text{mm}$,$f_c=11.9\ \text{N/mm}^2$,$f_t=1.27\ \text{N/mm}^2$,$\beta_c=1.0$,$f_{yv}=270\ \text{N/mm}^2$,$h_0=465\ \text{mm}$,$V=185.85\ \text{kN}$,等等。

(2)截面尺寸复核,防止斜压破坏发生的可能性。因 $h_w/b=465\div 250=1.86\leqslant 4$,故根据式(4-33)可知

$$\begin{aligned}0.25\beta_c f_c bh_0 &= 0.25\times 1.0\times 11.9\times 250\times 465\\ &= 345.84\times 10^3(\text{N})=345.84(\text{kN})>V=185.85(\text{kN})\end{aligned}$$

截面尺寸满足要求。

(3)确定配筋方案。首先验算是否需要配置箍筋,由式(4-30)可得

$$\begin{aligned}0.7\beta_h f_t bh_0 &= 0.7\times 1.0\times 1.27\times 250\times 465\\ &= 103.35\times 10^3(\text{N})=103.35(\text{kN})<V=185.85(\text{kN})\end{aligned}$$

计算结果显示,需要配置箍筋。现选择仅配置箍筋方案。根据式(4-31)求得箍筋数量为

$$\frac{A_{sv}}{s}\geqslant\frac{V-\alpha_{cv}f_t bh_0}{f_{yv}h_0}=\frac{185.85\times 10^3-103.35\times 10^3}{270\times 465}=0.657$$

依据构造要求,箍筋直径可以选择 6～14 mm,箍筋肢数 $n=2$。这里选取Φ 8 箍筋($A_{sv1}=50.3\ \text{mm}^2$),则箍筋的间距为

$$s\leqslant\frac{A_{sv}}{0.657}=\frac{nA_{sv1}}{0.657}=\frac{2\times 50.3}{0.657}=153.1(\text{mm})$$

查表 4-12,可以取 $s=150\ \text{mm}<s_{max}=200\ \text{mm}$。

(4)最小配筋率验算,防止斜拉破坏发生的可能性。由式(4-35)可知

$$\rho_{sv}=\frac{A_{sv}}{bs}=\frac{nA_{sv1}}{bs}=\frac{2\times 50.3}{250\times 150}\times 100\%=0.268\%$$

$$\rho_{sv,min}=0.24\frac{f_t}{f_{yv}}=0.24\times\frac{1.27}{270}\times100\%=0.113\%<\rho_{sv}$$

箍筋配置满足要求。箍筋可以选用Φ 8@150,并沿梁长均匀布置;若需要在梁的剪弯区段加密,则加密区的箍筋为Φ 8@70。

本题也可以采用同时配置箍筋和弯起钢筋的方案,但应注意以下两个问题:

①箍筋数量的确定。首先要根据构造要求初步假定箍筋的直径和间距,再根据式(4 - 32)求得弯起钢筋的面积 A_{sb},然后基于正截面设计的纵向钢筋,选择可以弯起钢筋的根数,如果需要单独增加弯起钢筋,弯起钢筋的形式应符合构造要求。

②合理确定弯起钢筋的位置和排数。弯起钢筋的位置可按照图 4 - 34 确定。在计算每一排弯起钢筋时,其计算截面的剪力设计值应取相应截面上的最大剪力值 V,通常按以下方法采用。

如图 4 - 44 所示,计算第一排(对支座而言)弯起钢筋时,取支座边缘处的剪力值 V;计算以后的每一排弯起钢筋时,取前一排(对支座而言)弯起钢筋弯起点处的剪力值;同时,箍筋间距及前一排弯起钢筋的弯起点至后一排弯起钢筋弯终点的距离均应符合箍筋的最大间距 s_{max} 要求,靠近支座的第一排弯起钢筋的弯起点距支座边缘的距离不大于 s_{max},且不小于 50 mm,一般取 50 mm。

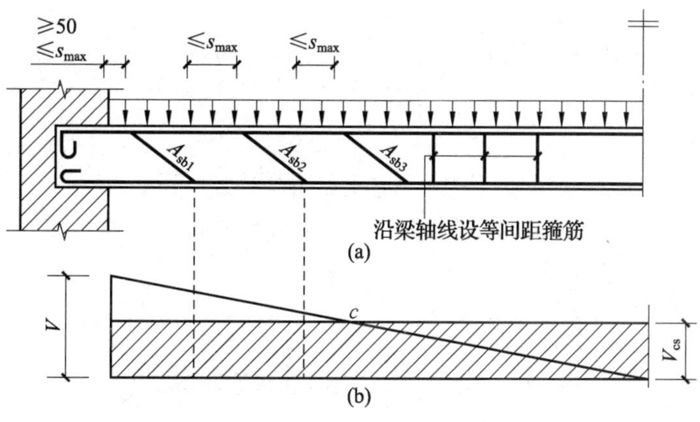

图 4 - 44　弯起钢筋承担剪力的位置要求

【案例 4 - 5】 某钢筋混凝土简支梁的截面尺寸及配筋如图 4 - 45 所示,混凝土强度等级采用 C20,箍筋采用双肢Φ 8@200 的 HPB300 级钢筋,纵向受拉钢筋为 HRB335 级 3 Φ 22 的

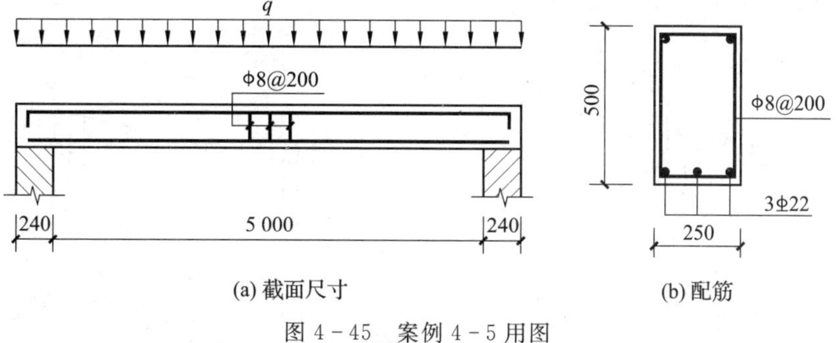

图 4 - 45　案例 4 - 5 用图

钢筋。试验算该梁所能承担的最大剪力设计值。

案例分析:关于构件复核验算的理论和方法在正截面计算中已经详细说明,斜截面的复核验算与正截面的基本一致。这里以例证简要说明斜截面复核问题的基本过程。

(1)基于既有构件条件,确定相关参数的计算数据。截面尺寸:$b\times h=250\ \text{mm}\times 500\ \text{mm}$,$c=25\ \text{mm}$,$a_s=36\ \text{mm}$,$h_0=464\ \text{mm}$;混凝土:$f_c=9.6\ \text{N/mm}^2$,$f_t=1.10\ \text{N/mm}^2$,$\beta_c=1.0$;钢筋:$f_y=300\ \text{N/mm}^2$,$f_{yv}=270\ \text{N/mm}^2$,$A_s=1140\ \text{mm}^2$,$A_{sv1}=50.3\ \text{mm}^2$,$n=2$,$s=200\ \text{mm}$。

(2)验算最小配筋百分率。

$$\rho_{sv}=\frac{nA_{sv1}}{bs}=\frac{2\times 50.3}{250\times 200}\times 100\%=0.20\%$$

$$\rho_{sv,\min}=0.24\frac{f_t}{f_{yv}}=0.24\times\frac{1.10}{270}\times 100\%=0.10\%<\rho_{sv}$$

满足要求。

(3)计算梁的受剪承载力。

$$\begin{aligned}V_u&=\alpha_{cv}f_tbh_0+f_{yv}\frac{A_{sv}}{s}h_0\\&=0.7\times 1.1\times 250\times 464+270\times\frac{2\times 50.3}{200}\times 464=152\times 10^3(\text{N})=152(\text{kN})\end{aligned}$$

(4)截面复核。

$$\frac{h_w}{b}=\frac{464}{250}=1.852\leqslant 4$$

则

$$\begin{aligned}0.25\beta_cf_cbh_0&=0.25\times 1.0\times 9.6\times 250\times 464\\&=277.8\times 10^3(\text{N})=277.8(\text{kN})>V=152(\text{kN})\end{aligned}$$

满足要求。

所以,该梁斜截面的最大承剪力 $V_u=152\ \text{kN}$。

4.3 受扭构件的承载力设计

受扭构件是指在构件截面中主要承受扭矩作用的构件。根据形成扭矩的成因,受扭构件可分为平衡扭转和协调扭转(或附加扭矩)两类。平衡扭转与构件本身抗扭刚度无关,可以直接由荷载静力平衡求出,如图 4-46(a)所示;协调扭矩是由相邻构件的变形引起的,与构件本身抗扭刚度有关,如图 4-46(b)所示。

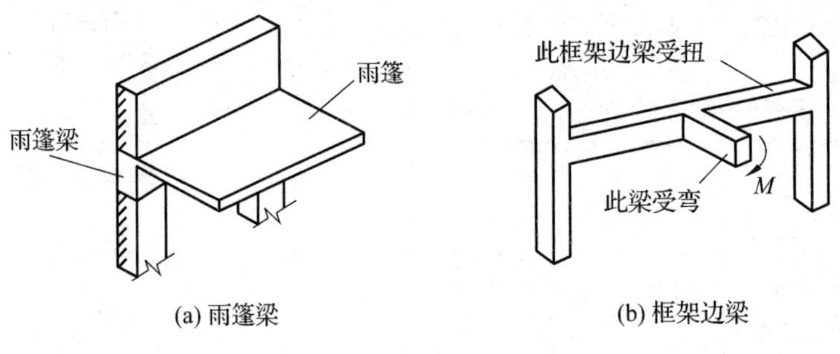

图 4-46 工程中的钢筋混凝土受扭构件

《混凝土结构设计规范》(GB 50010—2010)(2015 版)建议采用的受扭构件承载力公式是针对平衡扭转的情况，而协调扭转一般通过增加适量的构造钢筋来处理。

平衡扭转类的受扭构件主要涉及四种形式，即纯扭构件(扭矩作用)、弯扭构件(弯矩和扭矩作用)、剪扭构件(剪力和扭矩作用)、弯剪扭构件(弯矩、剪力和扭矩作用)。在钢筋混凝土结构中，纯扭构件、剪扭构件和弯扭构件比较少见，弯剪扭构件则较为常见。

本节以受弯构件承载力理论和纯扭计算理论为基础，主要介绍矩形截面的纯扭构件和弯剪扭构件承载力计算理论及设计方法。

4.3.1　受扭构件的构造要求

1. 钢筋

受扭纵向钢筋应沿构件截面周边均匀对称布置。矩形截面的四角及 T 形和 I 形截面各分块矩形的四角，均必须设置受扭纵向钢筋。受扭纵向钢筋的间距不应大于 200 mm，也不应大于梁截面短边长度，如图 4-47 所示。受扭纵向钢筋的接头和锚固要求，均应按受拉钢筋的相应要求考虑。架立筋和梁侧构造纵向钢筋也可作为受扭纵向钢筋。

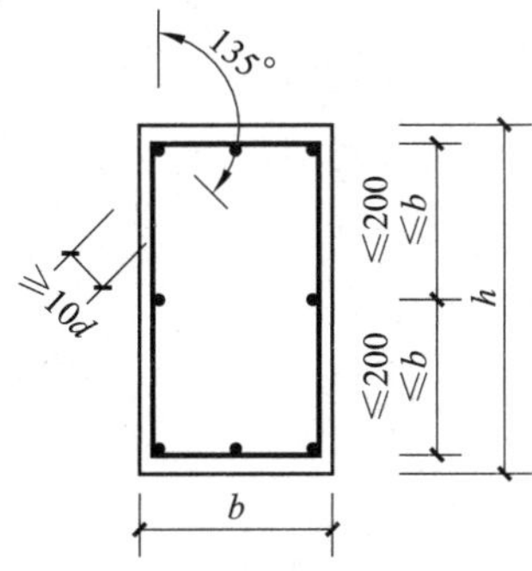

图 4-47　受扭钢筋的布置

受扭箍筋必须做成封闭式，且应沿截面周边布置。为了能将箍筋的端部锚固在截面的核心部分，当钢筋骨架采用绑扎骨架时，应将箍筋末端弯折，弯钩端头平直段长度不应小于 $10d$ (d 为箍筋直径)，受扭箍筋的间距 s 和直径 d 均应满足受弯构件的最大箍筋间距 s_{max} 及最小箍筋直径的要求。

2. 混凝土

受扭构件采用的混凝土应符合钢筋混凝土结构对混凝土的要求。

4.3.2　受扭构件试验研究

如图 4-48 所示，以纯扭矩作用下的钢筋混凝土矩形截面构件为例，说明纯扭构件的受力状态和破坏特征。

1. 纯扭构件的受力状态

当构件扭矩较小时，截面内的应力也很小，其应力-应变关系处于弹性阶段。由材料力学知识可知，在纯扭构件[见图 4-48(a)]的正截面上仅有剪应力 τ 作用，截面上剪应力流的分布如图 4-48(b)所示，截面形心处的剪应力值等于零，截面边缘处的剪应力值较大，其中，截面长边中点处的剪应力值最大。截面在剪应力 τ 作用下，相应产生的主拉应力 σ_{tp}、主压应力 σ_{cp}

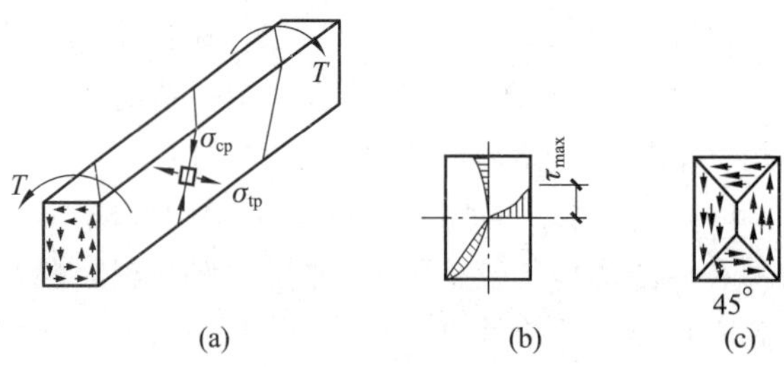

图 4-48　矩形截面纯扭构件横截面上的剪应力分布

和最大剪应力 τ_{max}的关系为 $\sigma_{tp}=-\sigma_{cp}=\tau_{max}=\tau$(其中,$\sigma_{tp}$与构件纵轴线成 45°,与 σ_{cp}互成 90°)。因混凝土的抗拉强度 f_t低于受剪强度 f_τ,一般 $f_\tau=(1\sim2)f_t$;混凝土的受剪强度又低于抗压强度 f_c,故$\frac{\tau}{f_t}>\frac{\tau}{f_\tau}>\frac{\tau}{f_c}$(该式为应力与材料强度比,其比值可定义单位强度中的应力)。这说明混凝土的开裂是拉应力达到混凝土抗拉强度引起的。当截面主拉应力达到混凝土抗拉强度后[见图 4-48(c)],混凝土进入塑形状态,构件在垂直于 σ_{tp}作用的平面内产生与纵轴成 45°的斜裂缝[见图 4-48(a)]。

试验研究表明:无筋矩形截面混凝土构件在扭矩作用下,首先截面长边中点附近最薄弱处产生一条成 45°角方向的斜裂缝,然后迅速地以螺旋状向相邻两个面延伸,最后形成一个三面开裂一面受压的空间扭曲破坏面,使结构立即破坏。该破坏带有突然性,具有典型的脆性破坏性质。

在混凝土受扭构件中,若沿 45°角主拉应力方向配置螺旋钢筋,并将螺旋钢筋配置在构件截面的边缘处,但这样不便于施工。通常在构件中配置纵向钢筋和箍筋,来承受主拉应力和扭矩作用效应。

总体上看,钢筋混凝土受扭构件在扭矩作用下,在混凝土开裂以前,钢筋应力是很小的;当裂缝出现后,开裂的混凝土退出工作,斜截面上的拉应力主要由钢筋来承受。

2. 纯扭构件的破坏特征

上述试验研究表明,钢筋混凝土纯扭构件的破坏主要与配筋的数量有关。根据受扭配筋率的不同,其破坏形态大致可以归纳为四种类型。

1)少筋破坏

在扭矩作用下,构件的混凝土开裂并退出工作,混凝土承受的拉力转移给钢筋,若构件配置的纵向钢筋和箍筋的数量均很少,则钢筋应力将立即达到或超过屈服点,构件立即破坏。这种破坏形态及性质与无筋混凝土受扭构件一样,类似于受弯构件的少筋破坏,属于脆性破坏。

2)适筋破坏

当构件配置适量的纵向钢筋和箍筋时,在扭矩的作用下,即使混凝土开裂退出工作,构件中钢筋应力的增加也不会达到屈服点。随着扭矩荷载的不断增加,构件的纵向钢筋和箍筋会相继达到屈服点,进而混凝土裂缝不断开展,最后由于受压区混凝土达到抗压强度而破坏,构件破坏时其变形及混凝土裂缝宽度均较大。这种情况下的破坏类似于受弯构件的适筋破坏,属于延性破坏。

3)超筋破坏

超筋破坏,亦称完全超筋破坏。当受扭构件配置的纵向钢筋和箍筋数量过大或混凝土强度等级过低时，构件破坏时纵向钢筋和箍筋均未达到屈服点，受压区混凝土首先达到抗压强度而破坏，构件破坏时其变形及混凝土裂缝宽度均较小。这种情况下的破坏类似于受弯构件的超筋破坏，属于脆性破坏。

4）部分超筋破坏

部分超筋破坏的情况主要发生在受扭构件的纵向钢筋和箍筋比例失调，即一种钢筋配置数量较多，另一种钢筋配置数量较少。随着扭矩的不断增加，配置数量较少的钢筋达到屈服点，最后受压区混凝土达到抗压强度而破坏；但是结构破坏时配置数量较多的钢筋并没有达到屈服点。这种破坏的构件具有一定的延性性质。

工程实践表明，对少筋类、超筋类和部分超筋类的受扭构件，在工程结构设计中要避免采用，应采用适筋破坏的受扭构件。

4.3.3　受扭构件扭曲面的承载力计算

1. 纯扭构件

受扭构件扭曲面的承载力计算是以适筋破坏为依据的。上述试验研究表明，矩形扭曲面的抗扭能力是由混凝土和受扭钢筋两部分承担的，即

$$T_R = T_c + T_s \tag{4-36}$$

式中：T_R——钢筋混凝土纯扭构件的受扭承载力；

T_c——钢筋混凝土纯扭构件中混凝土的受扭承载力；

T_s——钢筋混凝土纯扭构件中钢筋（受扭箍筋和受扭纵向钢筋）的受扭承载力。

1）混凝土的受扭承载力

试验研究表明，决定混凝土抗扭能力 T_c 的因素，主要是混凝土的开裂扭矩。T_c 的取值大小，在理论上，通常采用弹性分析法和塑性分析法计算。但按照弹性分析法确定的构件开裂扭矩，比实测值小很多，按照塑性分析法确定的构件开裂扭矩又比实测值略大。

假定矩形受扭构件的混凝土是理想的塑性材料，当界面上各点的剪应力全部达到材料的强度极限时，构件才丧失承载力而破坏。这种状态下截面上的剪应力分布如图 4-49(a)所示。将该截面分为 8 块，如图 4-49(b)所示，分块计算各部分剪应力的合力和相应力偶，并对截面扭转中心取矩，可以得到该截面的塑形受扭承载力公式(4-37)。

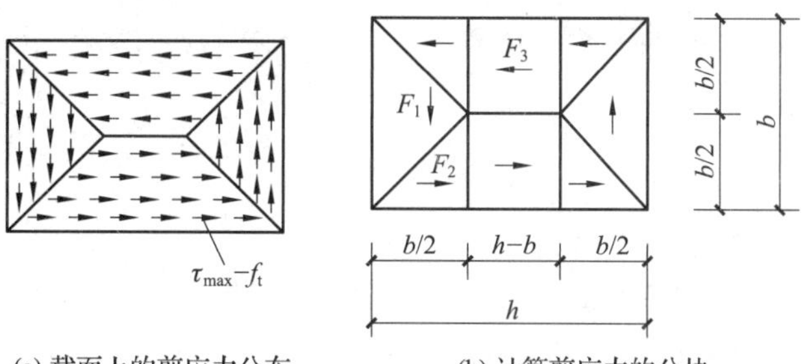

(a) 截面上的剪应力分布　　(b) 计算剪应力的分块

图 4-49　矩形截面纯扭构件在塑性阶段的剪应力

$$T_c = \tau_{max}\left[\frac{b^2}{6}(3h-b)\right] = f_t W_t \tag{4-37}$$

式中：T_c——构件的开裂扭矩；

τ_{max}——截面上的最大剪应力；

b、h——分别为矩形截面的短边、长边；

W_t——截面受扭塑性抵抗矩，对于矩形 $W_t=\frac{b^2}{6}(3h-b)$。

混凝土并非理想的塑性材料，考虑混凝土材料的非均匀性及较大的脆性，开裂扭矩值要适当降低。比较接近实际的办法就是塑性分析的结果乘一个小于 1 的降低系数。试验结果表明，偏于安全，可取该系数为 0.7，则式(4－37)变为

$$T_c = 0.7 f_t W_t \tag{4-38}$$

2)受扭箍筋和受扭纵向钢筋的受扭承载力

通过试验分析表明，受扭钢筋承受的扭矩 T_s 值，与受扭构件纵向钢筋和箍筋的配筋强度比值 ζ 及截面核心面积 A_{cor} 等因素有关。T_s 可按式(4－39)计算。

$$T_s = \alpha_2 \sqrt{\zeta} \frac{f_{yv} A_{st1} A_{cor}}{s} \tag{4-39}$$

式中：α_2——待定系数；

s——抗扭箍筋的间距；

f_{yv}——抗扭箍筋的抗拉强度设计值；

A_{st1}——抗扭箍筋的单肢截面面积；

A_{cor}——截面核心部分面积，对于矩形，$A_{cor}=b_{cor}\times h_{cor}$($b_{cor}$、$h_{cor}$ 分别为箍筋内表面计算的截面核心部分的短边和长边尺寸)；

ζ——抗扭纵向钢筋与抗扭箍筋的配筋强度比值，可按式(4－40)计算。

$$\zeta = \frac{f_y A_{stl} s}{f_{yv} A_{st1} u_{cor}} \tag{4-40}$$

式中：A_{stl}——受扭计算中对称布置在截面周边的全部抗扭纵向钢筋的截面面积；

f_y——抗扭纵向钢筋的抗拉强度设计值；

u_{cor}——截面核心周长，对于矩形，$u_{cor}=2(b_{cor}+h_{cor})$。

由此，式(4－36)可以写为

$$T_R = \alpha_1 f_t W_t + \alpha_2 \sqrt{\zeta} \frac{f_{yv} A_{st1} A_{cor}}{s} \tag{4-41}$$

通过大量试验数据分析，得到修正系数 $\alpha_1=0.35$，$\alpha_2=1.2$。于是，可以得到钢筋混凝土纯扭构件的受扭承载力公式为

$$T \leqslant T_R = 0.35 f_t W_t + 1.2\sqrt{\zeta} \frac{f_{yv} A_{st1} A_{cor}}{s} \tag{4-42}$$

式中：T——构件截面上的扭矩作用。

《混凝土结构设计规范》(GB 50010—2010)(2015 版)规定：$0.6\leqslant\zeta<1.7$，当 $\zeta\geqslant1.7$ 时，取 $\zeta=1.7$；在设计时，ζ 最佳取值为 $1\leqslant\zeta\leqslant1.2$。

2. 弯剪扭构件

在弯矩、剪力和扭矩的共同作用下，钢筋混凝土结构构件的受力状态及破坏形态十分复杂，其破坏形态及其承载力的大小，不但与构件的截面形状、尺寸、配筋形式、数量和材料强度等因素有关，还与结构弯矩、剪力与扭矩的比值，即与扭弯比和扭剪比关系密切。

为了考虑扭矩对混凝土受剪承载力和剪力对混凝土受扭承载力的相互影响，在剪扭计算

中采用一个降低系数 β_t 来处理。该系数 β_t 的计算公式为

对于一般剪扭构件：

$$\beta_t = \frac{1.5}{1 + 0.5\dfrac{VW_t}{Tbh_0}} \tag{4-43}$$

对于矩形截面独立梁，当集中荷载在支座截面中产生的剪力占该截面总剪力 75%以上时，式(4-43)可以改为：

$$\beta_t = \frac{1.5}{1 + 0.2(\lambda + 1)\dfrac{VW_t}{Tbh_0}} \tag{4-44}$$

式中：β_t——剪扭构件混凝土受扭承载力降低系数，其取值范围为 $0.5 \leqslant \beta_t \leqslant 1.0$（当 $\beta_t < 0.5$ 时，取 $\beta_t = 0.5$；当 $\beta_t > 1.0$ 时，取 $\beta_t = 1.0$）；

λ——剪跨比，其计算方法与取值规定同受弯构件斜截面的要求；

其他符号含义同前。

下面依据受弯构件承载力理论和纯扭计算理论，介绍《混凝土结构设计规范》(GB 50010—2010)(2015 版)给出的弯剪扭构件承载力的实用计算法，即叠加法。

1）受扭构件中的箍筋计算——按剪扭构件进行设计

(1)根据受弯斜截面计算方法，按式(4-45)求出受剪箍筋 $\left[\dfrac{A_{sv1}}{s}\right]_v$。

$$\frac{V - \alpha_{cv} f_t bh_0 (1.5 - \beta_t)}{nf_{yv}h_0} = \left[\frac{A_{sv1}}{s}\right]_v \tag{4-45}$$

(2)根据纯扭构件计算方法，按式(4-46)求出 $\left[\dfrac{A_{st1}}{s}\right]_t$。

$$\left[\frac{A_{st1}}{s}\right]_t = \frac{T - 0.35\beta_t f_t W_t}{1.2\sqrt{\zeta} f_{yv} A_{cor}} \tag{4-46}$$

(3)将按受剪计算和受扭计算的箍筋截面面积叠加，即可得到受扭构件的全部箍筋截面面积，即

$$\frac{A_{sv1}}{s} = \left[\frac{A_{sv1}}{s}\right]_v + \left[\frac{A_{st1}}{s}\right]_t \tag{4-47}$$

2）受扭构件中的纵向钢筋计算——按弯扭构件进行设计

(1)按照纯扭构件的计算方法，可由式(4-40)求出构件所需要的抗扭纵向钢筋 A_{stl}，即

$$\frac{\zeta f_{yv} A_{st1} u_{cor}}{f_y s} = A_{stl} \tag{4-48}$$

值得注意的是，式(4-48)中的 $\dfrac{A_{st1}}{s}$ 是式(4-47)中的 $\left[\dfrac{A_{st1}}{s}\right]_t$，而不是 $\dfrac{A_{sv1}}{s}$。

(2)按照受弯构件矩形正截面计算方法，求得构件在拉区和压区的纵向钢筋截面面积 A_s、A'_s。

(3)按受弯和受扭计算的纵向钢筋截面面积相叠加，可得到受扭构件的全部纵向钢筋，并依据构造要求进行合理的纵向钢筋布置。

按照弯扭构件和剪扭构件的公式进行计算，然后再进行叠加，可得到弯剪扭构件的抗扭钢筋，如图 4-50 所示。

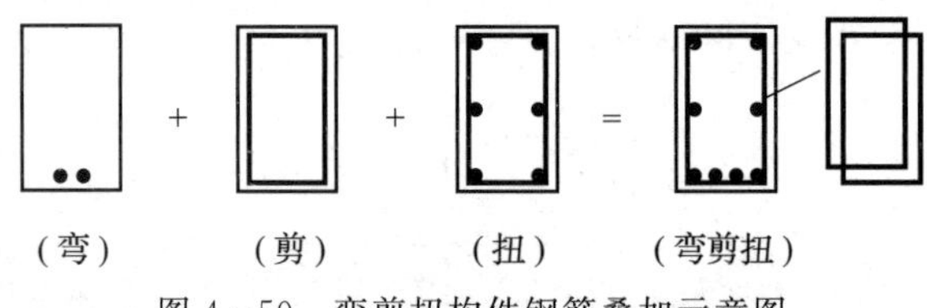

图 4-50 弯剪扭构件钢筋叠加示意图

4.3.4 受扭构件计算公式的适用条件

1. 上限值——受扭配筋的最小截面尺寸

为确保超筋破坏不会发生,受扭构件的最小截面尺寸应满足以下要求:

(1)当$\frac{h_w}{b}\leqslant 4$时。

$$\frac{V}{bh_0}+\frac{T}{0.8W_t}\leqslant 0.25\beta_c f_c \tag{4-49}$$

(2)当$\frac{h_w}{b}=6$时。

$$\frac{V}{bh_0}+\frac{T}{0.8W_t}\leqslant 0.20\beta_c f_c \tag{4-50}$$

(3)当$4<\frac{h_w}{b}<6$时,按线性内插法计算。

在设计中,如果不满足上述公式要求,应加大截面尺寸,或提高混凝土强度等级,直到满足为止。

2. 下限值——受扭钢筋的最小配筋控制

为了防止少筋破坏的发生,受扭构件的钢筋配置应满以下要求:

1)纵向钢筋的配筋率

弯剪扭构件的纵向配筋率,不应小于受弯构件纵向受力钢筋最小配筋百分率和受扭构件纵向受力钢筋最小配筋百分率之和。受扭构件纵向受力钢筋最小配筋率可按式(4-51)计算。

$$\rho_{tl}=\frac{A_{stl}}{bh}\geqslant \rho_{tl,\min}=0.6\sqrt{\frac{T}{Vb}}\frac{f_t}{f_y} \tag{4-51}$$

式中:当$\frac{T}{Vb}>2.0$时,取$\frac{T}{Vb}=2.0$。

2)箍筋的配筋率,可按式(4-52)计算。

$$\rho_{sv}=\frac{A_{sv}}{bs}=\frac{nA_{sv1}}{bs}\geqslant \rho_{sv,\min}=0.28\frac{f_t}{f_{yv}} \tag{4-52}$$

在工程设计中,如不能满足上述要求,则应按照$\rho_{sv,\min}$配箍筋,并满足构造要求。

【案例 4-6】 某矩形截面纯扭构件,截面尺寸$b\times h=250\ \text{mm}\times 500\ \text{mm}$,扭矩设计值$T=15\ \text{kN}\cdot\text{m}$,采用C20级混凝土($f_c=9.6\ \text{N/mm}^2$,$f_t=1.10\ \text{N/mm}^2$),纵向钢筋采用HRB335级钢筋($f_y=300\ \text{N/mm}^2$),箍筋采用HPB300级钢筋($f_{yv}=270\ \text{N/mm}^2$)。试求该构件所需纵向钢筋和箍筋。

案例分析:该矩形截面构件为纯扭构件,不考虑弯矩和剪力;$T=15\ \text{kN}\cdot\text{m}$,$\beta_c=1.0$。

(1)验算截面尺寸。

$$W_t=\frac{b^2}{6}(3h-b)=\frac{250^2}{6}\times(3\times500-250)=13\times10^6(\text{mm}^3)$$

由式(4－49)可知

$$\frac{T}{0.8W_t}=\frac{15\times10^6}{0.8\times13\times10^6}=1.442(\text{N/mm}^2)<0.25\beta_c f_c=2.4(\text{N/mm}^2)$$

构件截面尺寸满足要求，不会发生超筋破坏。

(2)构件配筋计算。

根据式(4－38)可知素混凝土的抗扭能力为

$$T_c=0.7f_tW_t=0.7\times1.10\times13\times10^6=10.01\ \text{kN}\cdot\text{m}<T=15\ (\text{kN}\cdot\text{m})$$

故需要配置抗扭钢筋。

(3)抗扭箍筋的计算。

$$A_{cor}=450\times200=9\times10^4(\text{mm}^2)$$

取 $\zeta=1.0$，则由式(4－42)可得

$$\frac{A_{st1}}{s}=\frac{T-0.35f_tW_t}{1.2\sqrt{\zeta}f_{yv}A_{cor}}=\frac{15\times10^6-0.35\times1.10\times13\times10^6}{1.2\times\sqrt{1.0}\times270\times9\times10^4}=0.343(\text{mm}^2/\text{mm})$$

若选用ϕ 8 的箍筋($A_{sv1}=50.3\ \text{mm}^2$)，则

$$s=\frac{50.3}{0.343}=146.6(\text{mm})$$

可取 $s=140$ mm。

验算抗扭箍筋的配筋率：

$$\rho_{sv}=\frac{2A_{sv1}}{bs}=\frac{2\times50.3}{250\times140}\times100\%=0.287\%$$

$$\rho_{sv,\min}=0.28\frac{f_t}{f_{yv}}=0.28\times\frac{1.10}{270}\times100\%=0.114\%<\rho_{sv}$$

满足要求。

(4)抗扭纵向钢筋计算。

$$u_{cor}=2\times(450+200)=1\ 300(\text{mm})$$

$$A_{stl}=\frac{\zeta f_{yv}A_{st1}u_{cor}}{f_y s}=\frac{1.0\times270\times50.3\times1\ 300}{300\times140}=420.4(\text{mm}^2)$$

根据抗扭纵向钢筋的构造要求，选用 6 Φ 12($A_s=678\ \text{mm}^2$)即可。

验算抗扭纵向钢筋的最小配筋百分率：

$$\rho_{tl}=\frac{A_{stl}}{bh}=\frac{678}{250\times500}\times100\%=0.542\%\geqslant\rho_{tl,\min}=0.31\%$$

满足要求。

该构件的配筋如图 4－51 所示。

【案例 4－7】 某矩形截面纯扭构件，截面尺寸 $b\times h=200\ \text{mm}\times500\ \text{mm}$，采用 C20 级混凝土($f_c=9.6\ \text{N/mm}^2$，$f_t=1.10\ \text{N/mm}^2$)，纵筋采用 HRB335 级钢筋($f_y=300\ \text{N/mm}^2$)，6 Φ 12($A_s=678\ \text{mm}^2$)，箍筋采用 HPB300 级钢筋($f_{yv}=270\ \text{N/mm}^2$)，ϕ 8@100($A_{sv1}=50.3\ \text{mm}^2$)。试求此构件所能承受的极限扭矩 T_s值。

案例分析：本题为截面复核，其计算过程为截面设计的逆过程。

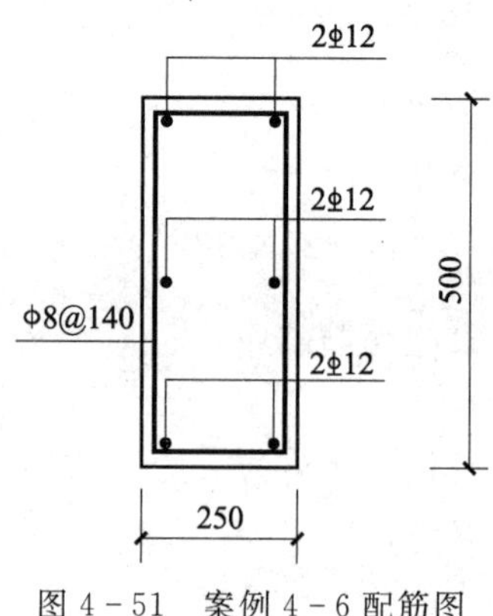

图 4-51　案例 4-6 配筋图

(1)验算配筋率。

箍筋配筋率为

$$\rho_{sv}=\frac{2A_{sv1}}{bs}=\frac{2\times 50.3}{200\times 100}\times 100\%=0.503\%>\rho_{sv,min}=0.28\frac{f_t}{f_{yv}}=0.114\%$$

纵向钢筋配筋率为

$$\rho_{tl}=\frac{A_{stl}}{bh}=\frac{678}{200\times 500}\times 100\%=0.678\%\geqslant\rho_{tl,min}=0.31\%$$

均符合要求。

(2)计算配筋强度值。$b_{cor}=150$ mm,$h_{cor}=450$ mm,$u_{cor}=1\ 200$ mm,则

$$\zeta=\frac{f_y A_{stl} s}{f_{yv} A_{st1} u_{cor}}=\frac{300\times 678\times 100}{270\times 50.3\times 1\ 200}=1.248<1.7$$

(3)计算极限扭矩 T。

$$W_t=\frac{b^2}{6}(3h-b)=\frac{200^2}{6}\times(3\times 500-200)=8.67\times 10^6(\text{mm}^3)$$

由式(4-42)可得

$$\begin{aligned}T_R&=0.35f_tW_t+1.2\sqrt{\zeta}\frac{f_{yv}A_{st1}A_{cor}}{s}\\&=0.35\times 1.10\times 8.67\times 10^6+1.2\times\sqrt{1.248}\times\frac{270\times 50.3\times 150\times 450}{100}\\&=15.63\times 10^6(\text{N}\cdot\text{mm})=15.63(\text{kN}\cdot\text{m})\end{aligned}$$

(4)验算截面尺寸。

由式(4-49)可得

$$\frac{T}{0.8W_t}=\frac{15.63\times 10^6}{0.8\times 8.67\times 10^6}=2.253(\text{N/mm}^2)<0.25\beta_c f_c=2.4(\text{N/mm}^2)$$

构件截面尺寸满足要求,则该构件的极限扭矩为 15.63 kN·m。

4.4　轴向受力构件的承载力设计

钢筋混凝土轴向受力构件是指在构件截面中主要承受轴向作用 N 的构件,可分为受压构件和受拉构件两大类。在建筑工程中,受拉构件使用较少,受压构件使用较为普遍,如框架结构房屋的柱、单层厂房柱及屋架的受压腹杆等。

本节着重介绍受压构件的设计方法及其构造要求。

4.4.1　受压构件的承载力设计

受压构件主要传递轴向压力，如图 4－52 所示。按照构件的截面形状，受压构件可分为矩形受压构件、圆形受压构件、I 形受压构件和不规则形受压构件；按照轴向压力在构件截面上的作用位置，受压构件可以分为轴心受压构件和偏心受压构件，偏心受压构件包括单向偏心受压构件和双向偏心受压构件。

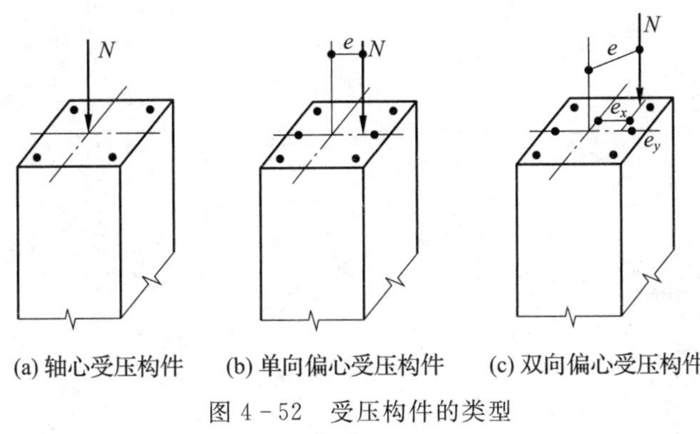

(a) 轴心受压构件　(b) 单向偏心受压构件　(c) 双向偏心受压构件

图 4－52　受压构件的类型

在实际工程中，由于混凝土材料的非匀质性，荷载作用位置的不准确及施工时不可避免的尺寸误差等原因，受压构件多为偏心的，真正的轴心受压构件几乎不存在，但在以承受恒荷载为主的多层房屋的内柱及桁架的受压腹杆等构件时，可近似地按轴心受压构件计算。另外，为了施工的方便性，偏心受压构件的配筋多采用对称布置的形式。

《混凝土结构设计规范》(GB 50010—2010)(2015 版)给出了矩形、圆形、I 形受压构件承载力的计算公式及方法。本文主要介绍矩形受压构件和圆形受压构件的承载力计算公式及方法。

1. 受压构件的一般构造要求

1)截面形式与尺寸

为了保证构件的承载力和稳定性，受压构件的截面形状宜对称，尺寸不宜过小。通常情况下，钢筋混凝土受压构件大多采用矩形截面或方形截面。如图 4－53 所示，一般轴心受压构件的截面以方形为主，也可采用圆形、环形、正多边形等；偏心受压构件的截面以矩形为主，还可用 I 形、T 形等；在装配式结构体系中，尺寸较大的柱常常采用 I 形截面；拱结构的肋则多做成 T 形截面；采用离心法制造的柱、桩、电杆、烟囱及水塔支筒等常采用环形截面；桥墩、桩及公共建筑中的柱主要采用圆形截面；等等。

一般情况下，方形截面或矩形截面的尺寸不宜小于 250 mm×250 mm，长细比应控制在 $l_0/h \leqslant 25$ 及 $l_0/b \leqslant 30$(l_0 为柱的计算长度，b、h 分别为截面的长边边长和短边边长)；I 形截面，翼缘厚度不宜小于 120 mm，腹板厚度不宜小于 100 mm；在抗震区使用的 I 形截面柱，其腹板宜再加厚些。为了便于模板尺寸模数化，柱截面边长在 800 mm 及其以下者，宜取 50 mm 的倍数；柱截面边长在 800 mm 以上者，取 100 mm 的倍数。

2)混凝土

受压构件的承载能力主要取决于混凝土的强度，采用较高强度的混凝土是较经济的，但应

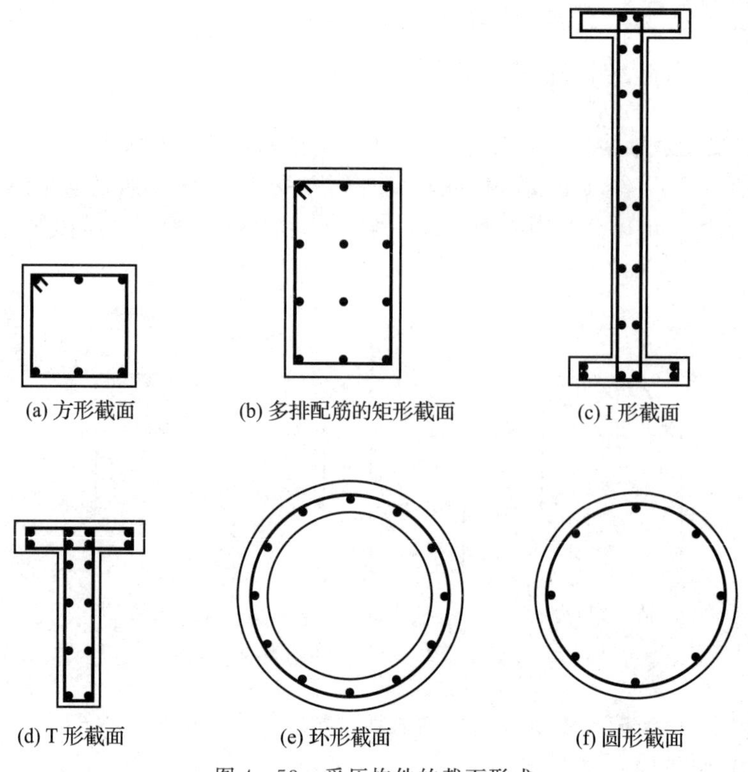

(a) 方形截面　(b) 多排配筋的矩形截面　(c) I 形截面

(d) T 形截面　(e) 环形截面　(f) 圆形截面

图 4－53　受压构件的截面形式

采取合理措施保证延性的要求。在结构设计中，宜采用 C25～C40 或强度等级更高的混凝土。混凝土保护层的厚度按照表 3－11 执行。

3)纵向受力钢筋

纵向受力钢筋的作用是协助混凝土承受压力和弯矩，以及混凝土收缩和温度变形引起的拉应力，以减小构件尺寸，防止构件脆性破坏的发生。在结构设计中，通常采用强度设计值不超过 400 MPa 的钢筋作为纵向受力钢筋。

另外，柱中纵向受力钢筋的配置尚应符合下列规定：

(1)纵向受力钢筋宜采用根数较少，直径较粗的纵向钢筋，以保证骨架的刚度。一般要求纵向受力钢筋的直径不宜小于 12 mm，全部纵向钢筋的配筋率不宜大于 5%，纵向受力钢筋的配筋率需满足最小配筋百分率的要求(见表 4－15)。为了施工方便和经济，受压钢筋的配筋率通常在 0.5%～2%。

(2)矩形或方形截面受压构件中，纵向受力钢筋根数不得少于 4 根，以便与箍筋形成钢筋骨架。轴心受压构件中，纵向受力钢筋应沿构件截面四周均匀对称布置，如图 4－54(a)所示。偏心受压构件中的纵向受力钢筋应布置在弯矩作用方向的两对边上，如图 4－54(b)所示；圆形截面柱中的纵向受力钢筋宜沿圆周边均匀布置，根数不宜少于 8 根且不应少于 6 根。

(3)柱内纵向钢筋的净距不应小于 50 mm 且不宜大于 300 mm，在偏心受压柱中垂直于弯矩作用平面的侧面上的纵向受力钢筋及轴心受压柱中各边的纵向受力钢筋，其间距不宜大于 300 mm，如图 4－54 所示。对于水平浇筑的预制柱，其纵向钢筋的最小净距可按梁的有关规定采用，纵向钢筋的最小净距可减小，但不应小于 30 mm 及 1.5d(d 为纵向钢筋的最大直径)。

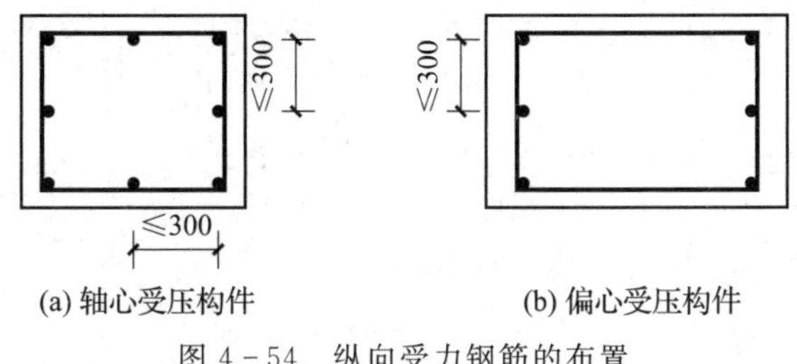

图 4 - 54　纵向受力钢筋的布置

(4)当偏心受压柱的截面高度 $h \geqslant 600$mm 时，为防止构件因混凝土收缩及温度变化产生裂缝，应沿长边设置直径 $d \geqslant 10$mm 的纵向构造钢筋，且间距不应超过 500 mm，并相应地配置复合箍筋或拉筋。

4)箍筋

受压构件中，箍筋能够保证纵向钢筋的位置正确，防止纵向钢筋压屈，约束核心混凝土，改善柱的受力性能，增强柱的抗力；通常采用 HPB300、HRB335 级钢筋。箍筋的形式较多，一般有连续螺旋式或焊接环式、方形或矩形，如图 4 - 55 所示。图中 m、n 分别为平行于 h、b 边的箍筋肢数，Y 为圆环形箍筋。

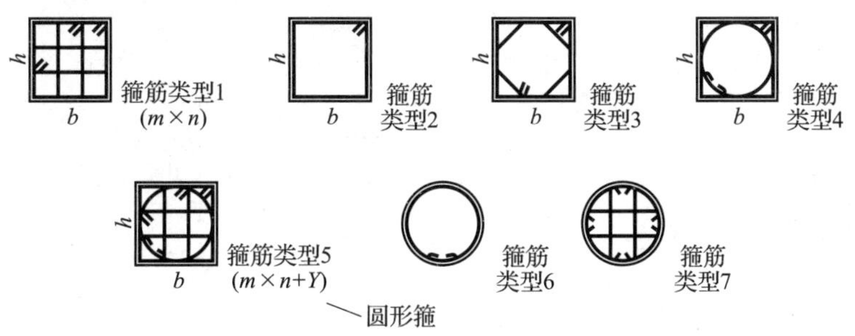

图 4 - 55　受压构件截面的箍筋形式

此外，柱中的箍筋还应符合下列规定：

(1)受压构件中的周边箍筋应做成封闭式。箍筋直径不应小于 $d/4$(d 为纵向钢筋的最大直径)，且不应小于 6 mm。箍筋间距不应大于 400 mm 及构件截面的短边尺寸，且不应大于 $15d$(d 为纵向钢筋的最小直径)。

(2)当柱中全部纵向受力钢筋的配筋率大于 3%时，箍筋直径不应小于 8 mm，间距不应大于 $10d$，且不应大于 200 mm。箍筋末端应做成 135°弯钩，且弯钩末端平直段长度不应小于 $10d$，d 为纵向受力钢筋的最小直径。

(3)当柱截面短边尺寸大于 400 mm 且各边纵向钢筋多于 3 根时，或当柱截面短边尺寸不大于 400 mm 但各边纵向钢筋多于 4 根时，应设置复合箍筋，如图 4 - 56 所示。复合箍筋的直径及间距与前述箍筋相同。

(4)在纵向钢筋搭接长度范围内，箍筋的直径不宜小于搭接钢筋直径的 0.25 倍，箍筋间距应加密。当搭接钢筋为受拉时，其箍筋间距不应大于 5d，且不应大于 100 mm；当搭接钢筋为受压时，其箍筋间距不应大于 $10d$，且不应大于 200 mm(d 为受力钢筋中的最小直径)。当搭接的受压钢筋直径大于 25 mm 时，应在搭接接头两个端面外 50 mm 范围内各设置两根箍筋。

(5)截面形状复杂的构件，不可采用具有内折角的箍筋，避免产生向外的拉力，致使折角处

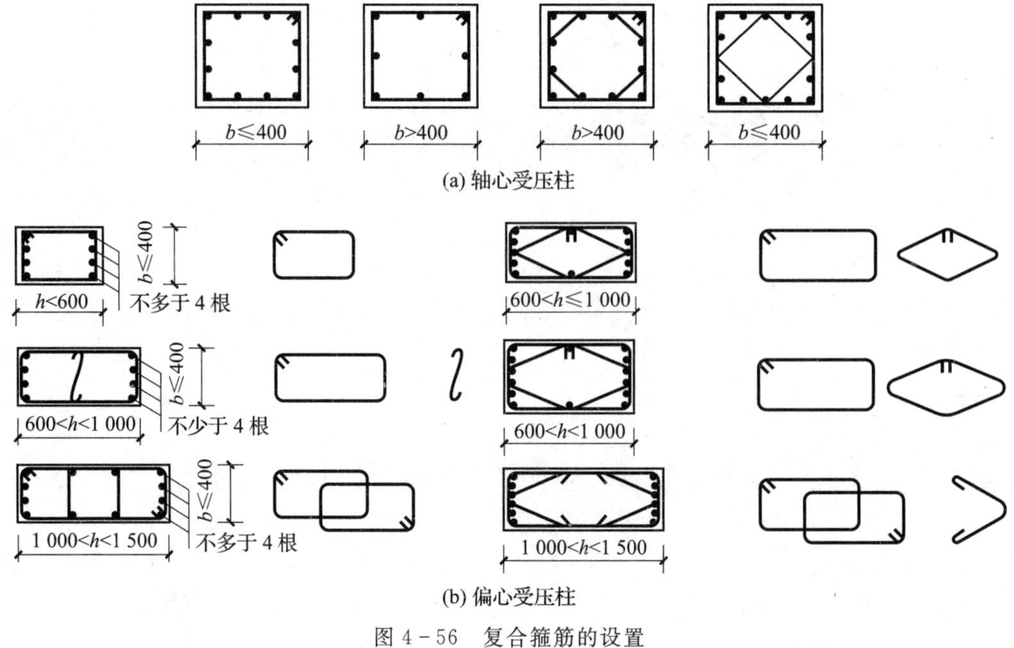

图 4－56　复合箍筋的设置

的混凝土保护层崩裂，如图 4－57 所示。

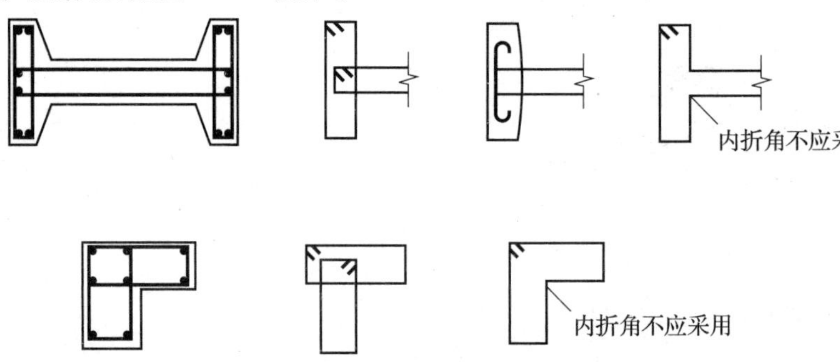

图 4－57　I 形和 L 形截面柱的箍筋形式

（6）在配有螺旋式或焊接环式箍筋的柱中，如果在正截面受压承载力计算中考虑间接钢筋的作用，箍筋的间距不应大于 80 mm 及 $d_{cor}/5$（d_{cor} 为按箍筋内表面确定的核心截面直径），且不宜小于 40 mm。间接钢筋的直径应符合柱中箍筋直径的规定。

2. 轴心受压构件的承载力计算

如图 4－58 所示，轴心受压构件的截面形状有方形截面和圆形截面之别。方形截面配置普通的箍筋；圆形截面配置的箍筋是螺旋式箍筋或焊接环式箍筋，因其可以间接提高受压构件的承载力和变形能力，又称其为间接钢筋。不同箍筋形式将会对轴心受压构件的受力性能及计算方法产生影响。

1）配置普通箍筋的轴心受压构件

按照长细比的大小，轴心受压分为短柱和长柱两类：对于方形柱或矩形柱，当 $l_0/b \leqslant 8$ 时属于短柱，否则属于长柱；对于圆形柱，$l_0/b \leqslant 7$ 时为短柱，否则属于长柱。其中，l_0 为柱的计算长度，b 为矩形截面的短边尺寸。

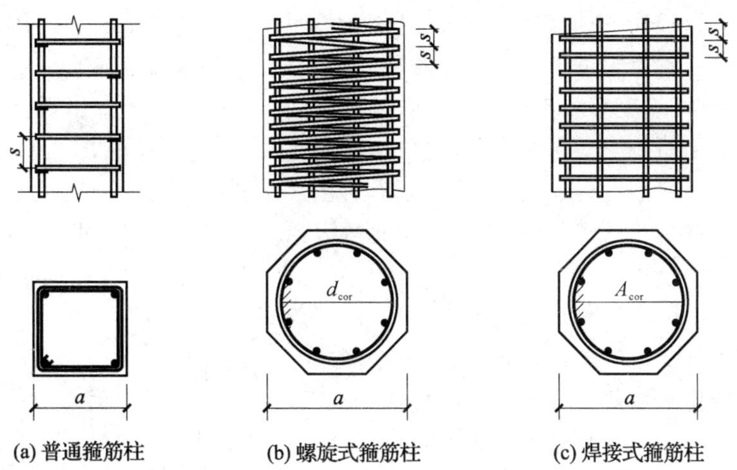

a—构件外缘尺寸；d_{cor}—构件的核心直径，按间接钢筋内表面确定；A_{cor}—构件的核心截面面积。

图 4-58　轴心受压构件的箍筋形式

(1)轴心受压构件的受力分析和破坏特征。试验研究表明，钢筋混凝土轴心受压构件的破坏形态可归纳为两大类：一是材料破坏，二是失稳破坏。短柱的破坏形态属于材料破坏，长柱的破坏形态则有材料破坏和失稳破坏之分。

对于配有普通箍筋的矩形截面短柱，当轴向压力 N 较小时，构件的压缩变形主要为弹性变形，N 在截面上产生的压应力由混凝土和钢筋共同承担，截面应变基本上是均匀分布的，由于钢筋与混凝土之间黏结力的存在，两者的应变基本相同。随着荷载的增大，构件变形迅速增大，混凝土塑性变形增加，弹性模量降低，混凝土应力增长逐渐减慢，而钢筋应力的增长则越来越快，对配置 HPB300、HBR335、HRB400 等中等强度级别钢筋的构件，钢筋应力先达到其屈服强度。此后增加的荷载全部由混凝土承受，然后混凝土达到极限压应变，柱子表面出现明显的纵向裂缝，混凝土保护层开始剥落，最后箍筋之间的纵向钢筋压屈而向外凸出，混凝土被压碎崩裂而破坏，如图 4-59(a)所示。当短柱破坏时，混凝土达到极限压应变 $\varepsilon_0=0.002$，相应的纵向钢筋的应力 $\sigma_s'=E_s\varepsilon_c=400$ MPa。若纵向钢筋采用高强度钢筋，则构件破坏时纵向钢筋可能达不到屈服强度。显然，在受压构件内配置高强度的钢筋不能充分发挥其作用，这是不经济的。

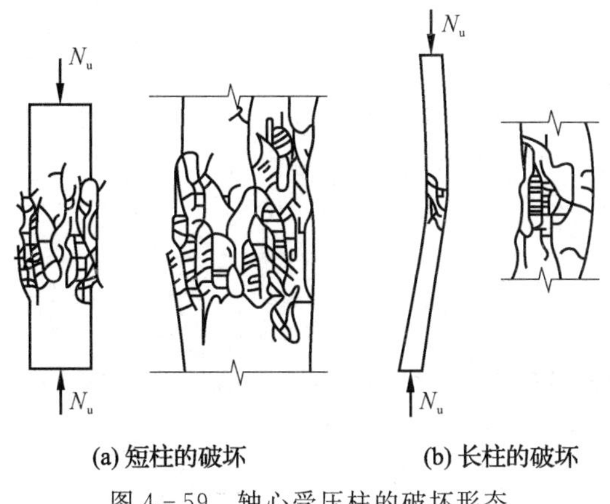

图 4-59　轴心受压柱的破坏形态

对于配有普通箍筋的矩形截面长柱，若长细比较大，则在轴向压力 N 的作用下，初始偏心距将产生附加弯矩，附加弯矩产生的水平挠度又加大了原来的初始偏心距，这样互相影响的结果使构件同时发生压缩变形和弯曲变形。随着 N 的增大，在构件凹边出现纵向裂缝，接着混凝土被压碎，纵向钢筋被压弯向外凸出，侧向挠度急速发展，最终柱子失去平衡并将凸边混凝土拉裂，导致材料强度不足而破坏，如图 4-59(b)所示。若长柱的长细比很大时，在轴向压力 N 作用下，其破坏的突出特点是，构件纵向弯曲过大，导致材料在未达到设计强度之前就已发生了失稳破坏。

试验还表明，由于纵向弯曲的影响，在截面、配筋和材料相同的条件下，长柱的承载力低于短柱的承载力。

(2)轴心受压构件正截面承载力计算公式。基于上述试验分析，影响构件正截面承载力的因素主要是荷载大小及作用位置、材料的强度、截面尺寸和长细比等。根据力的平衡条件(见图 4-60)，可以得到轴心受压构件正截面承载力计算公式(4-53)。

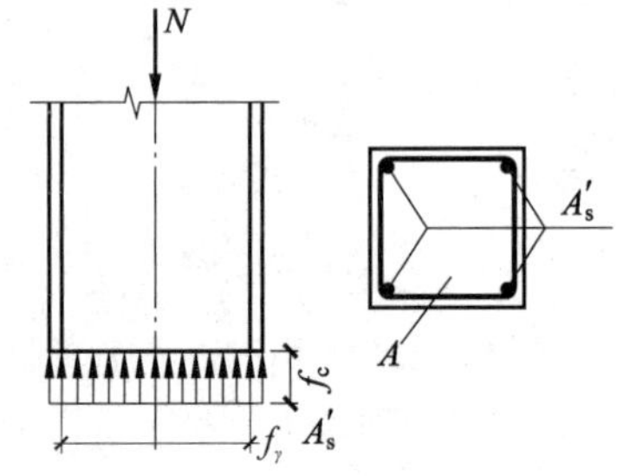

图 4-60　轴心受压构件的计算简图

$$N \leqslant N_R = \alpha\varphi(N_s + N_c) \qquad (4-53)$$

式中：N——轴力压力设计值。

N_R——轴心受压构件的承压设计值。

N_s——轴心受压构件中纵向钢筋的承压设计值，$N_s = f'_y A'_s$(f'_y为纵向钢筋的抗压强度设计值，A'_s为全部纵向钢筋的截面面积)。

N_c——轴心受压构件中混凝土的承受能力，$N_c = f_c A$(f_c为混凝土轴心抗压强度设计值，当现浇钢筋混凝土轴心受压构件的截面长边或直径小于 300 mm 时，其混凝土强度设计值应乘以系数 0.8)；A 为构件截面面积，当纵向钢筋的配筋率大于 3%时，A 应改为 $A-A_s$。

α——可靠度调整系数，取 0.9。

φ——稳定系数，主要与构件的长细比有关，可按表 4-19 取值。

表 4-19　钢筋混凝土轴心受压构件的稳定系数 φ

l_0/b	≤8	10	12	14	16	18	20	22	24	26	28
l_0/d	≤7	8.5	10.5	12	14	15.5	17	19	21	22.5	24
l_0/i	≤28	35	42	48	55	62	69	76	83	90	97
φ	1.00	0.98	0.95	0.92	0.87	0.81	0.75	0.70	0.65	0.60	0.56
l_0/b	30	32	34	36	38	40	42	44	46	48	50
l_0/d	26	28	29.5	31	33	34.5	36.5	38	40	41.5	43
l_0/i	104	111	118	125	132	139	146	153	160	167	174
φ	0.52	0.48	0.44	0.40	0.36	0.32	0.29	0.26	0.23	0.21	0.19

注：l_0为受压构件的计算长度，可按表 4-20 和表 4-21 取值；b 为矩形截面的短边尺寸；d 为圆形截面的直径；i 为截面的最小回转半径。

表 4-20　刚性屋盖单层厂房排架柱、露天吊车柱与栈桥柱的计算长度

柱的类型		l_0		
		排架方向	垂直排架方向	
			有柱间支撑	无柱间支撑
无吊车房屋柱	单跨	$1.5H$	$1.0H$	$1.2H$
	两跨及多跨	$1.25H$	$1.0H$	$1.2H$
有吊车房屋柱	上柱	$2.0H_u$	$1.25H_u$	$1.5H_u$
	下柱	$1.0H_l$	$0.8H_l$	$1.0H_l$
露天吊车柱与栈桥柱		$2.0H_l$	$1.0H_l$	—

注：1. 表中 H 为从基础顶面算起的柱子全高；H_l 为从基础顶面至装配式吊车梁底面或现浇式吊车梁顶面的柱子下部高度；H_u 为从装配式吊车梁底面或现浇式吊车梁顶面算起的柱子上部高度；

2. 表中有吊车房屋排架柱的计算长度，当计算中不考虑吊车荷载时，可按无吊车房屋柱的计算长度采用，但上柱的计算长度仍可按有吊车房屋采用；

3. 表中有吊车房屋排架柱的上柱在排架方向的计算长度，仅适用于 $H_u/H_l \geqslant 3$ 的情况；当 $H_u/H_l < 3$ 时，计算长度宜采用 $2.5H_u$。

表 4-21　框架结构各层柱的计算长度

楼盖类型	柱的类型	l_0
现浇楼盖	底层柱	$1.0H$
	其余各层柱	$1.25H$
装配式楼盖	底层柱	$1.25H$
	其余各层柱	$1.5H$

注：表中 H 为底层柱从基础顶面到一层楼盖顶面的高度；对其余各层柱为上下两层楼盖顶面之间的高度。

(3)轴心受压柱的截面设计与复核。轴心受压构件的设计问题可分为截面设计和截面复核两类。对于截面设计，是已知构件截面尺寸 $b\times h$、轴向力设计值 N、构件的计算长度 l_0，材料强度等级 f_c，求取纵向钢筋截面面积 A'_s。对于截面复核，是已知柱截面尺寸 $b\times h$、构件的计算长度 l_0、纵向钢筋的数量和级别、混凝土强度等级，求取柱的受压承载力 N_R；与已知轴向力设计值 N 相比较，判断截面是否安全。

【案例 4-8】 某多层现浇钢筋混凝土框架结构，其首层中柱按轴心受压构件计算。该柱的安全等级为二级，计算长度 $l_0=4.5$ m，承受轴向压力设计值 $N=1400$ kN，采用 C30 级混凝土，HRB400 级钢筋。环境类别为一类。试求该柱截面尺寸 $b\times h$ 及纵向钢筋截面面积 A'_s。

案例分析：基于已知条件，可以得到相关参数：$f_c=14.3\ \text{N/mm}^2$，$f'_y=360\ \text{N/mm}^2$。

①确定柱截面尺寸。通常情况下，若构件截面尺寸 $b\times h$ 为未知，可先根据构造要求并参照同类工程经验，初步假定柱截面尺寸，然后进行下一步计算。纵向钢筋配筋率宜在 0.5%～2.0%中选取，若计算结果验证配筋率过大或过小，则可调整 $b\times h$，重新计算；也可以先假定构件为短柱，即 $\varphi=1.0$，柱的配筋率 $\rho'=1.0\%$，再根据式(4-53)计算出截面面积 A，进而求得 $b\times h$，这样，可以再按照式(4-53)，求得实际的纵向钢筋截面面积。当然，最后还应检查是否满足最小配筋百分率的要求。

这里假定 $\rho'=1.0\%$，$\varphi=1.0$，则

$$A=\frac{N}{0.9(f_c+f'_y\rho')}=\frac{1\ 400\times10^3}{0.9\times(14.3+360\times1.0\%)}=86\ 902.55(\text{mm}^2)$$

轴心受压柱一般选取方形截面，则 $b=h=\sqrt{A}=294.80$ mm，可取 $b=h=300$ mm。

②计算稳定系数 φ。由柱的长细比可知，$l_0/b=4\ 500\div300=15$，查表 4-19，用内插法求得 $\varphi=0.895$。

③计算纵向钢筋截面面积 A'_s。由式(4-53)可以得到

$$A'_s=\frac{\frac{N}{0.9\varphi}-f_cA}{f'_y}=\frac{\frac{1\ 400\times10^3}{0.9\times0.895}-14.3\times86\ 902.55}{360}=1376(\text{mm}^2)$$

④验算截面配筋率 ρ'。

$$\rho'=\frac{A'_s}{A}=\frac{1376}{300\times300}=1.53\%$$

$$\text{且}\ \rho'_{\min}=0.6\%<\rho'<3\%$$

满足截面配筋率要求，证明上前述假定合理。

⑤配筋方案的选择。同受弯构件的设计一样，截面配筋方案可以选择多种。再根据构造、施工和经济等要求，从多种方案中选取一种较为合理的方案。

本题选取纵向受力钢筋为 4 Φ 22 钢筋($A'_s=1520$ mm²)，箍筋为Φ 8@300。截面配筋如图 4-61 所示。

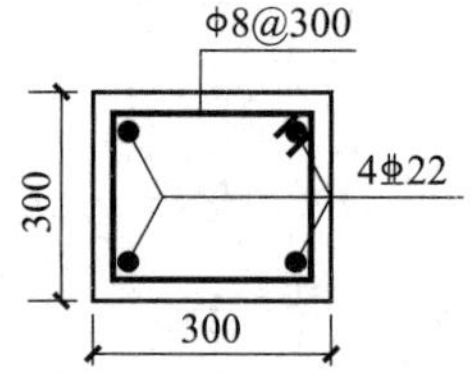

图 4-61 案例 4-8 截面配筋

2)配置螺旋式箍筋的轴心受压构件

螺旋式箍筋的轴心受压构件，其截面形状一般为圆形或正八边形。试验表明，螺旋式箍筋既是箍筋又是受力筋，其能够约束构件核心混凝土，使混凝土处于三向受压状态，从而间接地提高混凝土的纵向抗压强度。对于螺旋式箍筋柱，一般仅用于轴力很大，截面尺寸受到限制，采用普通箍筋柱会使纵向钢筋配筋率过高，而混凝土强度等级又不宜再提高的情况。

(1)承载力公式。在轴向压力 N 的作用下，假设柱内有径向压应力 σ_2 从周围作用于混凝土上，核心混凝土的抗压强度从单向受压的 f_c 提高到 f_{c1}，基于混凝土三轴受压试验的结果可得

$$f_{c1}=f_c+4\sigma_2 \tag{4-54}$$

取一螺距(间距)s 的柱体为隔离体，该螺旋式箍筋的受力状态如图 4-62 所示，可以得到平衡方程 $2f_yA_{ss1}=\sigma_2sd_{cor}$，从而可以得出

$$\sigma_2=\frac{2f_yA_{ss1}}{sd_{cor}} \tag{4-55}$$

根据轴心受力平衡条件，可得到该受压柱正截面承载力的计算公式为

$$N\leqslant N_R=f_{c1}A_{cor}+f'_yA'_s \tag{4-56}$$

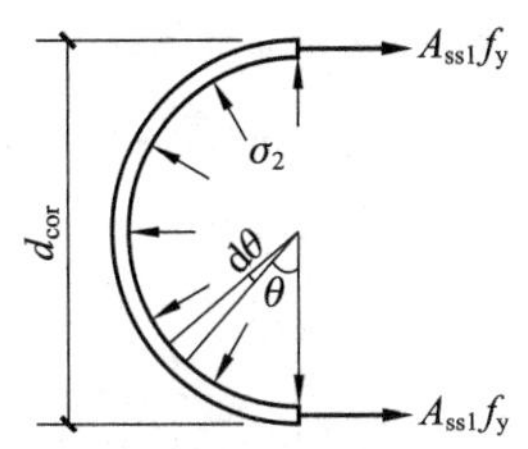

图 4-62　螺旋式箍筋的受力状态

考虑到可靠度的调整系数为 0.9，由式(4-54)、式(4-55)和式(4-56)可得

$$N \leqslant N_R = 0.9(f_c A_{cor} + f'_y A'_s + 2\alpha f_{yv} A_{sso}) \tag{4-57}$$

式中：f_{yv}——间接钢筋的抗拉强度设计值；

A_{cor}——构件的核心截面面积，取间接钢筋内表面范围内的混凝土截面面积，$A_{cor}=\pi d_{cor}^2/4$（其中，d_{cor}为构件核心截面直径，取间接钢筋内表面之间的距离）；

A_{sso}——间接钢筋的换算面积，按 $A_{sso}=\pi d_{cor} A_{ss1}/s$ 计算，A_{ss1}为单根间接钢筋的截面面积，s 为间接钢筋的间距；

α——间接钢筋对混凝土约束的折减系数（当混凝土强度≤C50 时，取 $\alpha=1.0$；当混凝土强度为 C80 时，取 $\alpha=0.85$；其间按线性内插法确定）。

(2)承载力公式适用条件。除了满足轴心受压构件的基本要求外，式(4-57)还应同时符合以下条件：

①$l_0/d \leqslant 12$；

②按式(4-57)算得的承载力应大于等于按式(4-53)算得的承载力，但不应超过其 1.5 倍；

③间接钢筋的换算面积 A_{sso}应大于等于纵向钢筋全部截面面积的 25%。

【案例 4-9】 某办公楼门厅钢筋混凝土柱，其截面为圆形，直径 $d=450$ mm。拟配置螺旋式箍筋，柱的计算长度 $l_0=4600$ mm，承受轴向压力设计值 $N=3000$ kN，混凝强度等级为 C30（$f_c=14.3\ \text{N/mm}^2$），采用 HRB335 级纵向受力钢筋（$f_y=300\ \text{N/mm}^2$），箍筋采用 HPB300 级钢筋（$f_{yv}=270\ \text{N/mm}^2$）。安全等级为二级，环境类别为二 a 类。试计算柱的配筋。

案例分析：基于已知条件，可以得到相关参数：$f_c=14.3\ \text{N/mm}^2$，$f'_y=300\ \text{N/mm}^2$，$f_{yv}=270\ \text{N/mm}^2$，$d=450$ mm，$l_0=4\ 600$ mm，$N=3000$ kN。

(1)选用纵向钢筋。若选取纵向钢筋的配筋率为 1.5%，纵向受力钢筋的截面面积为 $A'_s=\rho\pi d^2/4=1.5\%\times 3.14\times 450^2/4=2385\ \text{mm}^2$，则可选取纵向受压钢筋为 8 Φ 20（$A'_s=2\ 512\ \text{mm}^2$）。

(2)长细比验算。

$l_0/d=4\ 600\div 450=10.2<12$，符合要求。由表(4-19)用内插法求得 $\varphi=0.955$。

(3)计算配置普通箍筋柱的承载力。

按式(4-53)，求得普通箍筋柱的承载力设计值为

$$\begin{aligned} N_u &= 0.9\varphi(f'_y A'_s + f_c A) \\ &= 0.9\times 0.955\times(300\times 2512 + 14.3\times 158963) \\ &= 2601.5\times 10^3(\text{N}) = 2602(\text{kN}) < 3000(\text{kN}) \end{aligned}$$

因为 $N=3\ 000\ \text{kN}<1.5N_u=1.5\times2\ 602=3\ 903\ \text{kN}$,故可采用螺旋式箍筋柱。

(4)计算截面核心面积。混凝土保护层厚度取 25 mm,截面核心直径 $d_{cor}=d-2\times25=450-50=400\ \text{mm}$,则

$$A_{cor}=\frac{\pi d_{cor}^2}{4}=\frac{3.14\times400^2}{4}=125\ 600(\text{mm}^2)$$

(5)计算换算钢筋截面面积。取 $\alpha=1.0$,纵向钢筋仍采用 8 Φ 20,按式(4-57)计算得

$$A_{sso}=\frac{\frac{N}{0.9}-f_cA_{cor}-f'_yA'_s}{2\alpha f_{yv}}$$

$$=\frac{\frac{3\ 000\times10^3}{0.9}-14.3\times125\ 600-300\times2\ 512}{2\times1.0\times270}$$

$$=1451(\text{mm}^2)>0.25A'_s=628\ (\text{mm}^2)$$

满足构造要求。

(6)计算间接钢筋的间距。取间接钢筋的直径 $d=10$ mm,$A_{ss1}=78.5\ \text{mm}^2$,则

$$s=\frac{\pi d_{cor}A_{ss1}}{A_{sso}}=\frac{3.14\times400\times78.5}{1451}=68(\text{mm})$$

取 $s=60$ mm,且 40 mm$<s<d_{cor}/5=400\div5=80$ mm,满足构造要求。

该圆柱截面的配筋如图 4-63 所示。

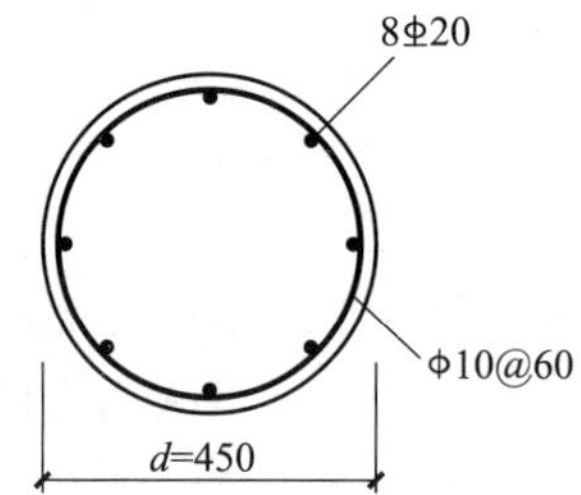

图 4-63　案例 4-9 柱截面配筋图

3. 偏心受压构件正截面承载力计算

1)偏心受压构件的受力分析及破坏特征

偏心受压构件,在轴向压力 N 和弯矩 M 的同时作用时,等效于承受一个偏心距为 $e_0=M/N$ 的偏心压力 N 的作用。当弯矩 M 相对较小时,e_0很小,构件接近于轴心受压;当 M 相对较大时,e_0很大,构件接近于受弯。因此,随着 e_0的改变,偏心受压构件的受力性能和破坏形态介于轴心受压与受弯之间。

按照轴向压力的偏心距和配筋情况的不同,偏心受压构件正截面的破坏类型大致可分为两类,即受拉破坏(亦称大偏心受压破坏)和受压破坏(亦称小偏心受压破坏),如图 4-64 所示。

(1)大偏心受压破坏。对于发生大偏心破坏的受压构件,由于偏心距 e_0较大,而且配置了适量的受拉钢筋,因而弯矩 M 的影响较为显著。在偏心距较大的轴向压力 N 作用下,远离纵向偏心力一侧的截面受拉,另一侧截面受压,如图 4-64(a)所示。随着轴向压力 N 的增加,构件受拉区相继出现垂直于构件轴线的裂缝,裂缝截面中的拉力将全部转由受拉钢筋承担。当

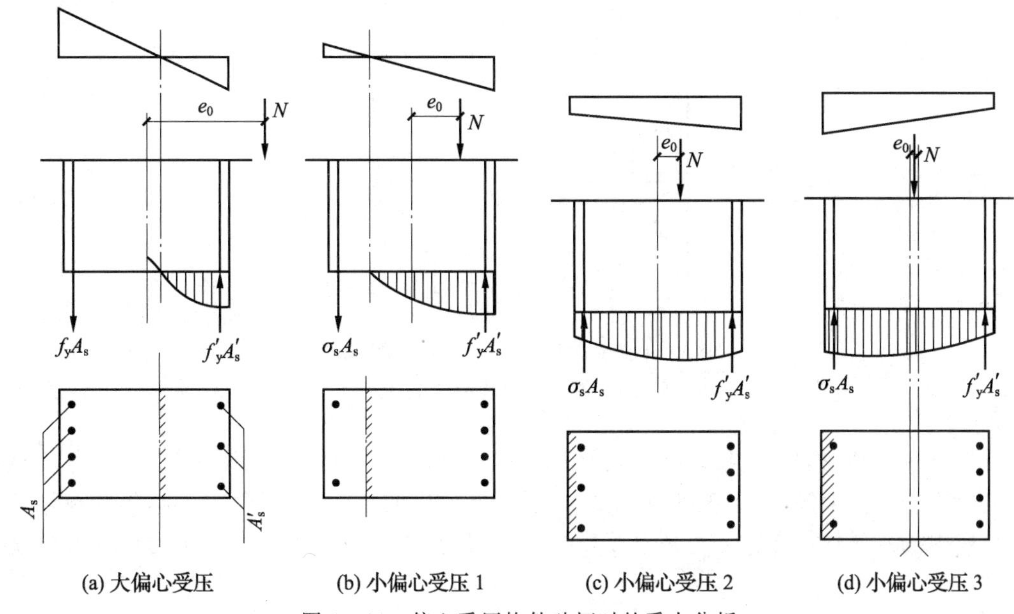

(a) 大偏心受压 (b) 小偏心受压 1 (c) 小偏心受压 2 (d) 小偏心受压 3

图 4 - 64 偏心受压构件破坏时的受力分析

N 增大到一定程度时，受拉钢筋首先达到屈服，随之受压钢筋也达到屈服，最后由于受压区混凝土达到极限压应变而被压碎，导致构件破坏。

(2)小偏心受压破坏。对于发生小偏心破坏的受压构件，其情形较为复杂一些。

①当轴向压力 N 的偏心距 e_0 较小，或者虽然偏心距较大但配置过多的受拉钢筋时，会发生小偏心破坏。在轴向压力 N 的作用下，构件截面处于大部分受压而少部分受拉的状态，如图 4 - 64(b)所示。当 N 增加到一定程度时，受拉边缘混凝土率先达到极限拉应变，在受拉边出现一些垂直于构件轴线的裂缝。当构件破坏时，受压区混凝土被压碎，受压一侧的纵向钢筋的压应力一般能达到屈服，但受拉钢筋的拉应力较小而达不到屈服。在这种情况下，受拉钢筋的应力没有达到屈服强度，拉应力在截面应力分布图中用 σ_s 表示。

②当轴向压力 N 的偏心距 e_0 很小而配筋适量时，也会发生小偏心受压破坏，如图 4 - 64(c)所示。由于偏心距 e_0 很小，构件截面全部受压，只是一侧压应变较大而另一侧压应变相对较小。压应变较小一侧，在整个受力过程中没有出现与构件轴线垂直的裂缝，压应变较大一侧的混凝土渐渐地被压碎。同时，接近纵向偏心力一侧的纵向钢筋压应力一般均能达到屈服强度，受压较小一侧的钢筋压应力没有达到屈服强度。

③当轴向压力 N 的偏心距 e_0 很小，远离纵向偏心压力一侧的钢筋配置得过少，靠近纵向偏心压力一侧的钢筋配置较多时，也会发生小偏心破坏，如图 4 - 64(d)所示。截面的实际重心与构件的几何形心不重合，重心轴线向纵向偏心压力方向偏移，且渐渐越过纵向压力作用线。在 N 增大的过程中，远离纵向偏心压力一侧的混凝土的压应力反而大，该侧边缘混凝土的应变率先达到极限压应变，混凝土被压碎，导致构件破坏。这种破坏现象也称反向破坏。

综上所述：对于大偏心受压构件，在破坏前有明显的预兆，具有塑性破坏的性质；对于小偏心受压构件，发生破坏时缺乏明显预兆，具有脆性破坏的性质。如图 4 - 65(a)、(b)所示。

2)两类偏心受压破坏的界限

由受拉破坏与受压破坏的破坏特征可知，这两类破坏均属于材料破坏，本质区别是破坏时

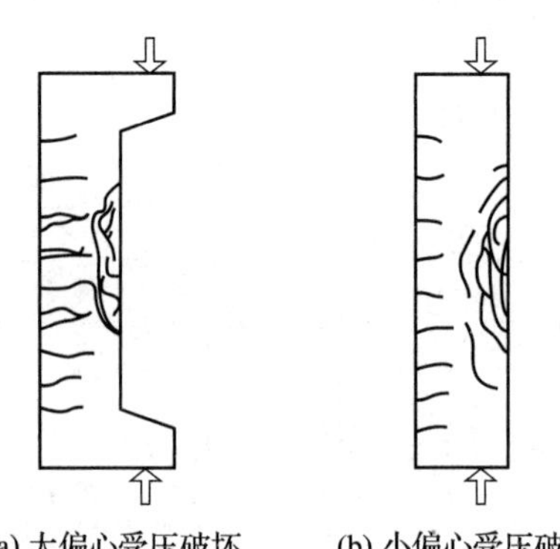

图 4-65　偏心受压构件的破坏特征

受拉钢筋能否达到屈服。受拉破坏时，受拉钢筋先屈服，然后受压区混凝土被压碎，其承载能力主要取决于受拉钢筋；受压破坏时，受压区混凝土的应变达到了极限压应变，但受拉钢筋或远离作用力的一侧钢筋无论受拉还是受压均未屈服，其承载能力主要取决于受压区混凝土及受压钢筋。

工程实践与试验研究表明，这两种破坏之间的界限是，在受拉钢筋达到屈服强度的同时，受压区混凝土达到极限压应变。这种界限的破坏特征，完全相同于受弯构件中适筋破坏与超筋破坏的界限特征。因此，可采用相对界限受压区高度 ξ_b 作为大偏心受压破坏和小偏心受压破坏的判断标准，即：

①当 $\xi \leqslant \xi_b$ 时，属于大偏心受压破坏；

②当 $\xi > \xi_b$ 时，属于小偏心受压破坏。

相对界限受压区高度 ξ_b 的计算公式与式(4-13)和式(4-14)相同，当采用热轧钢筋配筋时，其值见表(4-14)。

3)附加偏心距与初始偏心距

如图 4-66 所示，已知偏心受压构件截面上的弯矩 M 和轴向力 N，便可求出轴向力对截面重心的荷载偏心距 e_0(亦称理论偏心距)，即

$$e_0 = \frac{M}{N} \tag{4-58}$$

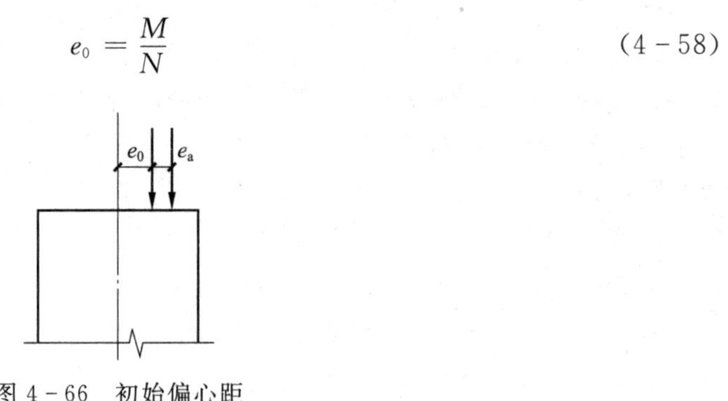

图 4-66　初始偏心距

附加偏心距(e_a)，是指在实际工程中，考虑实际作用的位置和大小的不确定性、施工的误差、混凝土质量的不均匀性等原因，需要轴向压力在偏心方向附加的一个偏心距。其大小取 20 mm 和在偏心方向截面最大尺寸的 1/30 两者中的较大值，即 $e_a = \max\{20\ \text{mm}, h/30\}$。

基于上述考虑，将理论偏心距和附加偏心距进行叠加，即可得到计算偏心受压构件正截面

承载力时的初始偏心距 e_i，即 $e_i=e_0+e_a$。

4)偏心受压构件的 P-δ 效应

在偏心压力 N 的作用下，钢筋混凝土受压构件将产生纵向弯曲变形，从而导致截面的初始偏心距增大，如图 4-67 所示。在 1/2 柱高(l_0)处的初始偏心距将由 e_i 增大为(e_i+f)，同时，该截面的最大弯矩也将由 Ne_i 增大为 $N(e_i+f)$。这种偏心受压构件，其截面内弯矩的大小随着侧向挠度变化而变化。通常情况下，Ne_i 称为一阶弯矩，Nf 称为二阶弯矩或附加弯矩，把由轴向压力在产生了挠曲变形的杆件内引起的曲率和弯矩增量(附加内力和附加变形)，称为 $P-\delta$ 效应，也称为二阶效应。

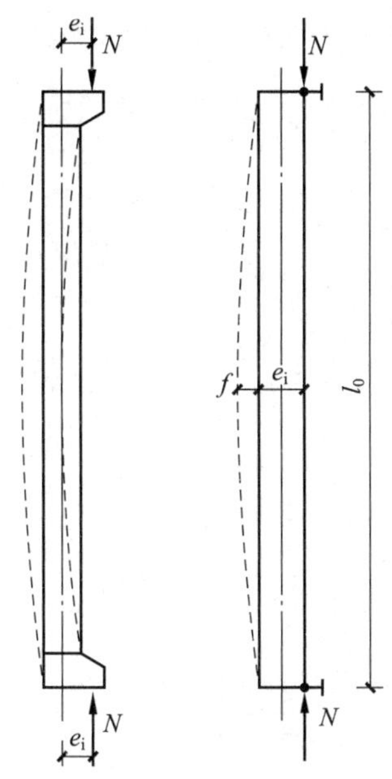

图 4-67　偏心受压柱的侧向挠曲

工程实践及试验证明，影响二阶效应大小的主要因素，除了受压构件的长细比外，还有构件两端弯矩的大小和方向，构件的轴压比(组合的轴向压力设计值与构件的截面面积和混凝土轴心抗压强度设计值乘积之比值)等。由于二阶效应的影响，偏心受压柱的承载力明显降低。为此，计算内力时对于已考虑侧移影响和无侧移结构的偏心受压构件，若杆件的长细比较大时，在轴向压力的作用下，还应考虑由于杆件自身挠曲对截面弯矩产生的不利影响。

如何较为客观合理地解决该问题，根据大量试验分析结果及参考国外相关规范，《混凝土结构设计规范》(GB 50010—2010)(2015 版)给出了规定：弯矩作用平面内截面对称的偏心受压构件，当同一主轴方向的杆端弯矩比(M_1/M_2)和轴压比(N/f_cA)均不大于 0.9 时，若构件的长细比满足式(4-59)的要求，可不考虑轴向压力在该方向挠曲杆件中产生的附加弯矩影响；否则应按截面的两个主轴方向分别考虑轴向压力在挠曲杆件中产生的附加弯矩影响。

$$\frac{l_0}{i}\leqslant 34-12\left(\frac{M_1}{M_2}\right) \tag{4-59}$$

式中：M_1、M_2——分别为已考虑侧移影响的偏心受压构件两端截面按结构弹性分析确定的对同一主轴的组合弯矩设计值，绝对值较大端为 M_2，绝对值较小端为 M_1，当构件按单曲率弯曲时，M_1/M_2 取正值，否则取负值；

l_0——构件的计算长度，可近似取偏心受压构件相应主轴方向上下支撑点之间的距离；

i——偏心方向的截面回转半径。

5)控制截面弯矩设计值 M 的确定

控制截面是指偏心受压构件中弯矩最大的截面。在偏心力 N 的作用下，偏心受压构件两端的弯矩存在着相等和不等的情况。由力学分析可知，当杆件两端弯矩 $M_1=M_2$ 时，杆件的控制截面在杆件中点，其大小 $M=\eta M_1=\eta M_2$（其中，η 为偏心距增大系数）；当 $M_1\neq M_2$ 时，杆件的控制截面将偏离杆件中点，如何确定 M 值。针对这个问题，《混凝土结构设计规范》(GB 50010—2010)(2015 版)中运用了 $C_m\eta_{ns}$ 计算方法来解决。该方法采用了等代柱法原理，先利用一个杆件端部截面偏心距调节系数 C_m，然后计算出弯矩增大系数 η_{ns}，最后求出控制截面上的弯矩设计值 M。除排架结构柱外，其他偏心受压构件考虑轴向压力在挠曲杆件中产生的二阶效应后控制截面的弯矩设计值，可按式(4－60)计算。

$$M = C_m \eta_{ns} M_2 \tag{4-60}$$

$$C_m = 0.7 + 0.3\frac{M_1}{M_2} \tag{4-61}$$

$$\eta_{ns} = 1 + \frac{1}{\frac{1\,300}{h_0}\left(\frac{M_2}{N}+e_a\right)}\left(\frac{l_c}{h}\right)^2\zeta_c \tag{4-62}$$

$$\zeta_c = \frac{0.5 f_c A}{N} \tag{4-63}$$

式中：C_m——构件端截面偏心距调节系数，按式(4－61)计算，当小于 0.7 时，取 0.7；

η_{ns}——弯矩增大系数；

N——弯矩设计值 M_2 相应的轴向压力设计值；

ζ_c——截面曲率修正系数，按式(4－63)计算，当计算值大于 1.0 时，取 1.0；

h——截面高度(对环形截面，取外直径；对圆形截面，取直径)；

h_0——截面有效高度(对环形截面，取 $h_0=r_2+r_s$；对圆形截面，取 $h_0=r+r_s$(r 为圆形截面的半径，r_2 为环形截面的外半径，r_s 为纵向钢筋重心所在圆周的半径))；

A——构件截面面积；

其他符号含义同前。

应注意的是，当 $C_m\eta_{ns}<1.0$ 时，取 $C_m\eta_{ns}=1.0$；对剪力墙及核心筒墙，可取 $C_m\eta_{ns}=1.0$。

6)计算公式

偏心受压构件正截面承载力计算与轴心受压构件正截面承载力计算采用相同的假定，用等效矩形应力图代替混凝土受压区的实际应力图。

(1)大偏心受压($\xi\leqslant\xi_b$)。如图 4－68 所示，由静力平衡条件，可得大偏心受压构件正截面承载力的基本公式为

$$\sum X = 0 \quad N \leqslant \alpha_1 f_c bx + f'_y A'_s - f_y A_s \tag{4-64}$$

$$\sum M = 0 \quad Ne \leqslant \alpha_1 f_c bx\left(h_0 - \frac{x}{2}\right) + f'_y A'_s (h_0 - a'_s) \tag{4-65}$$

式中：N——轴向压力设计值；

e——轴向压力作用点至纵向受拉钢筋合力点之间的距离，其值为 $e=e_i+0.5h-a_s$。

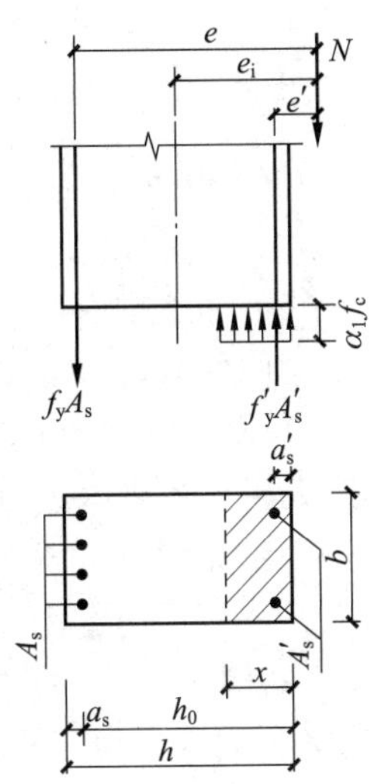

图 4-68　大偏心受压构件的计算简图

式(4-64)和式(4-65)的适用条件为：

①为防止截面破坏，受拉钢筋应力达到抗拉强度设计值 f_y，应满足 $\xi \leqslant \xi_b$ 或 $x \leqslant \xi_b h_0$。

②为了保证构件破坏，受压钢筋应力能达到抗压强度设计值 f'_y，必须满足 $x \geqslant 2a'_s$；在设计中，若 $x < 2a'_s$，可近似取 $x = 2a'_s$，则依据图 4-68 得到

$$Ne' \leqslant f_y A_s (h_0 - a'_s) \tag{4-66}$$

式中：e'——轴向压力作用点至纵向受压钢筋合力点之间的距离，其值为 $e' = e_i - 0.5h + a'_s$。

(2)小偏心受压($\xi > \xi_b$)。矩形截面小偏心受压的基本公式可按大偏心受压的方法建立。由于小偏心受压构件在破坏时，远离轴向力一侧的钢筋应力无论受压还是受拉均未达到强度设计值，因而其应力用 σ_s 来表示。根据图 4-69 所示，由静力平衡条件可得出小偏心受压构件正截面承载力的计算公式为

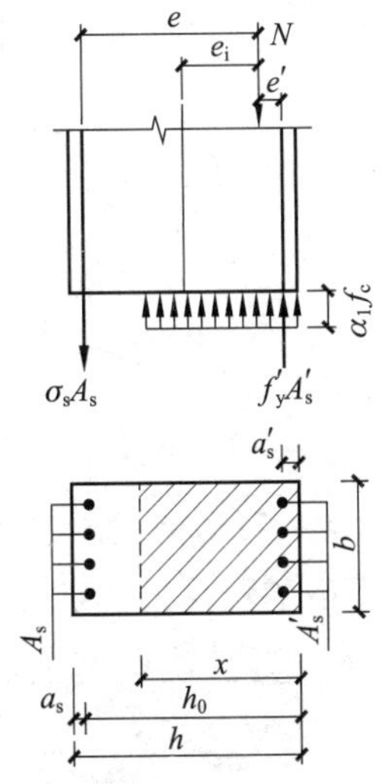

图 4-69　小偏心受压构件的计算简图

$$\sum X=0 \quad N\leqslant \alpha_1 f_c bx+f'_y A'_s-\sigma_s A_s \tag{4-67}$$

$$\sum M=0 \quad Ne\leqslant \alpha_1 f_c bx\left(h_0-\frac{x}{2}\right)+f'_y A'_s(h_0-a'_s) \tag{4-68}$$

$$\sigma_s=\frac{\xi-\beta_1}{\xi_b-\beta_1}f_y \tag{4-69}$$

式中：σ_s——距轴向力较远一侧钢筋的应力，可按式(4－69)计算，计算值是正值，表示拉应力，计算值是负值，表示压应力，其取值范围$-f'_y\leqslant\sigma_s\leqslant f_y$；

β_1——等效应力应变图形系数，按表4－13取值。

式(4－67)和式(4－68)的适用条件为：

①$\xi>\xi_b$或$x>\xi_b h_0$；

②$x\leqslant h$或$\xi\leqslant h/h_0$，如果计算值$x>h$，取$x=h$进行计算。

需要注意的是，上述小偏心受压计算公式仅适用于轴向压力近侧先压坏的一般情况。对于采用非对称配筋的小偏心受压构件，为了避免发生反向破坏，还应按式(4－70)进行验算。

$$Ne'\leqslant \alpha_1 f_c bh(h'_0-0.5h)+f'_y A_s(h'_0-a_s) \tag{4-70}$$

式中：e'——轴向压力作用点至轴向力近侧钢筋合力点之间的距离，其值为$e'=0.5h-a'_s-(e_0-e_a)$；

h'_0——纵向受压钢筋A'_s合力点至离轴向压力较远一侧边缘的距离，即$h'_0=h-a'_s$。

7)受压构件对称配筋的计算方法

通常情况下，偏心受压构件的纵向钢筋的配置方式有两种：一种是非对称配筋，在柱弯矩作用方向的两对边上配置不同的纵向受力钢筋，上述介绍的公式就是这种情况；另一种是对称配筋，在柱弯矩作用方向的两对边上对称配置相同的纵向受力钢筋，即$A_s=A'_s$，$f_y=f'_y$，$a_s=a'_s$。第二种配筋方式构造简单，施工方便，不宜出错，实际工程中广泛采用，但用钢量较大。

在适用条件、适用范围等不变的前提下，采用对称配筋，对上述大、小偏心的矩形正截面承载力计算公式可改写为

(1)大偏心构件。

$$\sum X=0 \quad N\leqslant \alpha_1 f_c bx \tag{4-71}$$

$$\sum M=0 \quad Ne\leqslant \alpha_1 f_c bx\left(h_0-\frac{x}{2}\right)+f'_y A'_s(h_0-a'_s) \tag{4-72}$$

(2)小偏心构件。

$$\sum X=0 \quad N\leqslant \alpha_1 f_c bx+f'_y A_s\left(1-\frac{\xi-\beta_1}{\xi_b-\beta_1}\right) \tag{4-73}$$

$$\sum M=0 \quad Ne\leqslant \alpha_1 f_c bx\left(h_0-\frac{x}{2}\right)+f'_y A'(h_0-a'_s) \tag{4-74}$$

但是，对采用对称配筋的小偏心构件，仍然存在计算烦琐的问题。《混凝土结构设计规范》(GB 50010—2010)(2015版)给出了近似的计算方法，即

$$A'_s=\frac{Ne-\xi(1-0.5\xi)\alpha_1 f_c bh_0^2}{f'_y(h_0-a'_s)} \tag{4-75}$$

$$\xi=\xi_b+\frac{N-\xi_b\alpha_1 f_c bh_0}{\dfrac{Ne-0.43\alpha_1 f_c bh_0^2}{(\beta_1-\xi_b)(h_0-a'_s)}+\alpha_1 f_c bh_0} \tag{4-76}$$

8)偏心受压构件对称配筋的截面设计与截面复核

偏心受压构件截面承载力计算包括截面设计和截面复核两方面。这里仅介绍对称配筋的截面设计方法,并且通过案例加以说明。

【案例 4－10】 某钢筋混凝土结构柱,截面尺寸 $b\times h=400\ \text{mm}\times 450\ \text{mm}$,计算长度 $l_0=5\ \text{m}$,承受轴向压力设计值 $N=480\ \text{kN}$,柱端弯矩设计值 $M_1=M_2=350\ \text{kN}\cdot\text{m}$。混凝土强度等级为 C30,钢筋采用 HRB400 级钢筋。构件的环境类别为一类,设计使用年限 50 年。按照对称配筋设计,试求该柱的纵向受力钢筋面积。

案例分析:基于已知条件,可以得到相关参数:$b\times h=400\ \text{mm}\times 450\ \text{mm}$,$f_c=14.3\ \text{N/mm}^2$,$f_y=f'_y=360\ \text{N/mm}^2$,$l_0=5\ \text{m}$,$N=480\ \text{kN}$,$M_1=M_2=350\ \text{kN}\cdot\text{m}$,$a_s=a'_s=40\ \text{mm}$,$\xi_b=0.518$。

(1)判断二阶效应的影响。

$$h_0=450-40=410(\text{mm})$$

$$A=b\times h=400\times 450=180\ 000(\text{mm}^2)$$

$$I=\frac{bh^3}{12}=\frac{400\times 450^3}{12}=3\ 037.5\times 10^6\ (\text{mm}^4)$$

$$i=\sqrt{\frac{I}{A}}=\sqrt{\frac{3\ 037.5\times 10^6}{180\ 000}}=129.90(\text{mm})$$

由式(4－59)可知,$\frac{l_0}{i}=\frac{5\ 000}{129.90}=38.49>34-12\left(\frac{M_1}{M_2}\right)=22$

需要考虑二阶效应的影响。

(2)计算控制截面的弯矩设计值。依据式(4－60)至式(4－63),可以得到

$$C_m=0.7+0.3\frac{M_1}{M_2}=1.0$$

$$e_a=\max\{20\ \text{mm},h/30\}=20(\text{mm})$$

$$\zeta_c=\frac{0.5f_cA}{N}=\frac{0.5\times 14.3\times 180\ 000}{480\ 000}=2.6811.0\ \text{,取}\ \zeta_c=1.0$$

$$\eta_{ns}=1+\frac{1}{\frac{1\ 300}{h_0}\left(\frac{M_2}{N}+e_a\right)}\left(\frac{l_0}{h}\right)^2\zeta_c$$

$$=1+\frac{1}{\frac{1\ 300}{410}\times\left(\frac{350\times 10^6}{480\times 10^3}+20\right)}\times\left(\frac{5\ 000}{450}\right)^2\times 1.0$$

$$=1.052$$

$$M=\eta_{ns}C_mM_2=1.052\times 1.0\times 350=368.2(\text{kN}\cdot\text{m})$$

(3)大小偏心的类型判断。理论上,判断大小偏心可以用 ξ,但是 ξ 无法直接求出。通常情况下,采用非对称配筋方案,可以先用 $\eta_{ns}e_i$ 与 $0.3h_0$ 的关系进行初步判定,即 $\eta_{ns}e_i\geqslant 0.3h_0$ 为大偏心,$\eta_{ns}e_i<0.3h_0$ 为小偏心;然后根据相应计算公式求出 ξ,对初步判定进行校正。若采用对称配筋方案,则可以直接用式(4－71)求出 x,进行判断。

为此,$x=\frac{N}{\alpha_1f_cb}=\frac{480\times 10^3}{1.0\times 14.3\times 400}=83.92(\text{mm})\leqslant\xi_bh_0=212.38(\text{mm})$

故本题为大偏心受压构件,且 $x=83.92\ \text{mm}>2a'_s=80\text{mm}$。

(4)按照大偏心公式计算纵向钢筋。

$$e_0 = \frac{M}{N} = \frac{368.2 \times 10^3}{480} = 767.1(\text{mm})$$

$$e_i = e_0 + e_a = 767.1 + 20 = 787.1(\text{mm})$$

$$e = e_i + 0.5h - a_s = 787.1 + 0.5 \times 450 - 40 = 972.1(\text{mm})$$

则由式(4-72)得到

$$A'_s = A_s = \frac{Ne - \alpha_1 f_c bx\left(h_0 - \frac{x}{2}\right)}{f'_y(h_0 - a'_s)}$$

$$= \frac{480 \times 10^3 \times 972.1 - 1.0 \times 14.3 \times 400 \times 83.92 \times (410 - 0.5 \times 83.92)}{360 \times (410 - 40)}$$

$$= 2\ 177(\text{mm}^2)$$

(5)方案选择。选择多种方案,可取截面每侧各配置 2 ф 22+3 ф 25($A'_s = A_s = 2\ 233\ \text{mm}^2$)钢筋。全部纵向钢筋的配筋率为

$$\rho = \frac{A'_s + A_s}{bh} = \frac{2 \times 2\ 233}{400 \times 450} \times 100\% = 2.48\% > \rho_{\min} = 0.55\%$$

满足构造要求。

【案例 4-11】 某钢筋混凝土结构柱,截面尺寸 $b \times h = 400\ \text{mm} \times 600\ \text{mm}$,计算长度 $l_0 = 6\ \text{m}$,承受轴向压力设计值 $N = 2\ 900\ \text{kN}$,柱端弯矩设计值 $M_1 = 50\ \text{kN·m}$,$M_2 = 80\ \text{kN·m}$,混凝土强度等级为 C25,采用 HRB335 钢筋。构件的环境类别为一类,设计使用年限 50 年。按照对称配筋设计,试求该柱的纵向受力钢筋面积。

案例分析:基于已知条件,可以得到相关参数:$b \times h = 400\ \text{mm} \times 600\ \text{mm}$,$f_c = 11.9\ \text{N/mm}^2$,$f_y = f'_y = 300\ \text{N/mm}^2$,$l_0 = 6\ \text{m}$,$N = 2\ 900\ \text{kN}$,$M_1 = 50\ \text{kN·m}$,$M_2 = 80\ \text{kN·m}$,$a_s = a'_s = 40\ \text{mm}$,$\xi_b = 0.550$,$\beta_1 = 0.8$。

(1)判断二阶效应的影响。

$$h_0 = 600 - 40 = 560(\text{mm})$$

$$A = b \times h = 240\ 000(\text{mm}^2)$$

$$I = \frac{bh^3}{12} = \frac{400 \times 600^3}{12} = 7\ 200 \times 10^6(\text{mm}^4)$$

$$i = \sqrt{\frac{I}{A}} = \sqrt{\frac{7\ 200 \times 10^6}{240\ 000}} = 173.21(\text{mm})$$

由式(4-59)可得 $\frac{l_0}{i} = \frac{6\ 000}{173.21} = 34.6 > 34 - 12\frac{M_1}{M_2} = 34 - 12 \times \frac{50}{80} = 26.5$

需要考虑二阶效应的影响。

(2)计算控制截面的弯矩设计值。

$$C_m = 0.7 + 0.3\frac{M_1}{M_2} = 0.888$$

$$e_a = \max\{20\ \text{mm}, h/30\} = 20(\text{mm})$$

$$\zeta_c = \frac{0.5 f_c A}{N} = \frac{0.5 \times 11.9 \times 240\ 000}{2\ 900 \times 10^3} = 0.492$$

$$\eta_{ns}=1+\frac{1}{\frac{1\,300}{h_0}\left(\frac{M_2}{N}+e_a\right)}\left(\frac{l_0}{h}\right)^2\zeta_c$$

$$=1+\frac{1}{\frac{1300}{560}\times\left(\frac{80\times10^3}{2900}+20\right)}\left(\frac{6000}{600}\right)^2\times0.492$$

$$=1.445$$

则

$$M=\eta_{ns}C_mM_2=1.445\times0.888\times80=102.65(\text{kN}\cdot\text{m}$$

(3)大小偏心的类型判断。直接用式(4－71)求出 x，进行判断。

$$x=\frac{N}{\alpha_1f_cb}=\frac{2900\times10^3}{1.0\times11.9\times400}=609.2(\text{mm})>\xi_bh_0=308(\text{mm})$$

本题为小偏心受压构件。

(4)按照小偏心公式计算纵向钢筋。

$$e_0=\frac{M}{N}=\frac{102.65\times10^3}{2900}=35.4(\text{mm})$$

$$e_i=e_0+e_a=35.4+20=55.4(\text{mm})$$

$$e=e_i+0.5h-a_s=55.4+0.5\times600-40=315.4(\text{mm})$$

由式(4－76)得到

$$\xi=\xi_b+\frac{N-\xi_b\alpha_1f_cbh_0}{\frac{Ne-0.43\alpha_1f_cbh_0^2}{(\beta_1-\xi_b)(h_0-a_s')}+\alpha_1f_cbh_0}$$

$$=0.550+\frac{2900\times10^3-0.550\times1.0\times11.9\times400\times560}{\frac{2900\times10^3\times315.4-0.43\times1.0\times11.9\times400\times560^2}{(0.8-0.550)\times(560-40)}+1.0\times11.9\times400\times560}$$

$$=0.851$$

再由式(4－75)得到

$$A_s'=\frac{Ne-\xi(1-0.5\xi)\alpha_1f_cbh_0^2}{f_y'(h_0-a_s')}$$

$$=\frac{2900\times10^3\times315.4-0.851\times(1-0.5\times0.851)\times1.0\times11.9\times400\times560^2}{300\times(560-40)}$$

$$=1185(\text{mm}^2)$$

(5)配筋方案选择。选择多种方案，可取截面每侧各配置 4 Φ 20($A_s'=A_s=1256\ \text{mm}^2$)钢筋。全部纵向钢筋的配筋率为

$$\rho=\frac{A_s'+A_s}{bh}=\frac{2\times1256}{400\times600}\times100\%=1.047\%>\rho_{min}=0.60\%$$

满足构造要求。

(6)轴心受压方向的验算

$l_0/\text{b}=6000\div400=15$，由表(4－19)用内插法求得 $\varphi=0.895$，则

$$N_u=0.9\varphi(f_y'A_s'+f_cA)$$

$$=0.9\times0.895\times(300\times2\times1256+11.9\times400\times600)$$

$$=2907.5\times10^3(\text{N})=2908(\text{kN})>2900(\text{kN})$$

且 $A_s'+A_s=2\times1256=2512\ \text{mm}^2<3\%bh=7200\text{mm}^2$

平面外承载力满足要求。

4. 偏心受压构件斜截面承载力计算

一般情况下，偏心受压构件的剪力值相对较小，可不进行斜截面承载力的验算。但对于有较大水平力作用的框架柱、有横向力作用的桁架上弦压杆等，剪力的影响还是较大的，需要进行斜截面受剪承载力计算。

试验研究表明，轴向压力对构件抗剪起有利作用，可以阻止斜裂缝的出现和扩大，增加混凝土剪压区的高度，提高剪压区混凝土的抗剪能力。但是，这种有利作用也是有限度的。在轴压比$\left(\dfrac{N}{f_cbh}\right)$较小时，构件的受剪承载力随轴压比的增大而提高，当轴压比在0.3～0.5范围内时，受剪承载力将达到最大值，若再增大轴向压力将导致受剪承载力的降低，并转变为带有斜裂缝的正截面小偏心受压破坏。

为了确保偏心受压构件的安全性能，《混凝土结构设计规范》(GB 50010—2010)(2015版)规定：矩形、T形和I形截面的钢筋混凝土偏心受压构件的受剪承载力可按式(4-77)计算。

$$V\leqslant\frac{1.75}{\lambda+1}f_tbh_0+f_{yv}\frac{A_{sv}}{s}h_0+0.07N \tag{4-77}$$

式中：N——与剪力设计值V相应的轴向压力设计值，当$N>0.3f_cA$时，取$N=0.3f_cA$(A为构件的截面面积)；

λ——偏心受压构件计算截面的剪跨比，取$\lambda=\dfrac{M}{Vh_0}$。

计算截面的剪跨比λ应按以下规定取用：

(1)对框架结构中的框架柱，当其反弯点在层高范围内时，可取为$\dfrac{H_n}{2h_0}$(H_n为柱净高)。当$\lambda<1$时，取1；当$\lambda>3$时，取3。

(2)其他偏心受压构件，当承受均布荷载时，取1.5；当承受集中荷载时(包括作用有多种荷载，其集中荷载对支座截面或节点边缘所产生的剪力值占总剪力值的75%以上的情况)，取为a/h_0，且当$\lambda<1.5$时取1.5，当$\lambda>3$时取3，a为集中荷载到支座或节点边缘的距离。

矩形、T形和I形截面的钢筋混凝土偏心受压构件，当满足式(4-78)的要求时，可不进行斜截面受剪承载力计算，仅需按构造要求配置箍筋。

$$V\leqslant\frac{1.75}{\lambda+1}f_tbh_0+0.07N \tag{4-78}$$

4.4.2　受拉构件的承载力设计

由于混凝土的抗拉能力较弱，在实际工程中，通常不用钢筋混凝土作受拉构件；但有时也会遇到，如钢筋混凝土桁架或拱拉杆、圆形或矩形水池的池壁、受地震作用的框架边柱及双肢柱的受拉肢等，如图4-70所示。

与受压构件相似，钢筋混凝土受拉构件也分为轴心受拉与偏心受拉两种类型。

1. 受拉构件的构造要求

(1)受拉构件的截面可采用矩形、圆形；偏心受拉构件的截面宜为矩形。

(2)混凝土强度等级应满足结构对受力构件的基本要求。

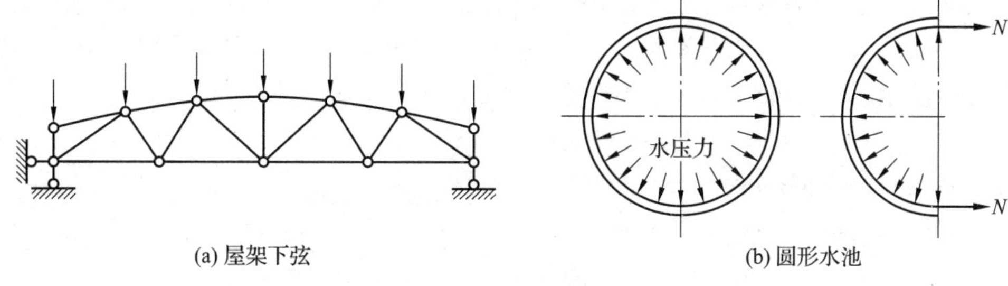

图 4-70　受拉构件

(3)钢筋级别宜采用 HPB300、HRB335、HRB400 等，纵向钢筋在截面中应对称布置或沿周边均匀布置，偏心受拉构件的纵向钢筋也宜布置在短边上，且均应满足最小配筋百分率的要求。

(4)箍筋间距一般不宜大于 200 mm，直径为 4～6 mm。

2. 轴心受拉构件

1)轴心受拉构件的受力分析

轴心受拉构件如图 4-71 所示。该杆件加载试验表明，轴心受拉构件的破坏过程与适筋受弯构件相似，大致可以分为三个阶段。

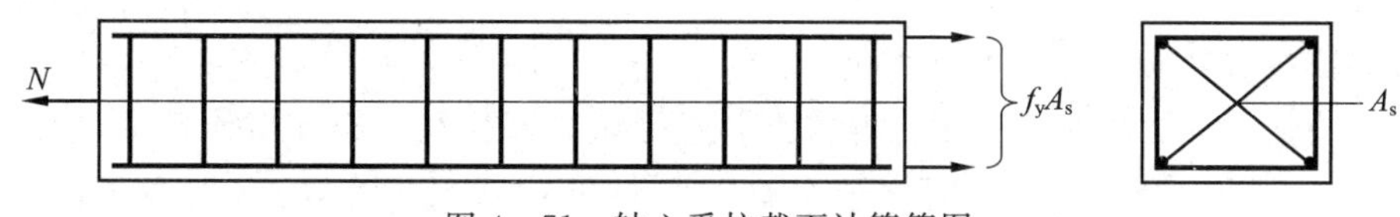

图 4-71　轴心受拉截面计算简图

第一阶段为整体工作阶段，此时应力和应变都很小，混凝土与钢筋共同工作，应力-应变曲线接近于直线；在第一工作阶段末，混凝土拉应变达到极限拉应变，裂缝即将产生，此阶段可作为轴心受拉构件不允许开裂的抗裂验算的依据。

第二阶段为带裂缝工作阶段，当荷载增加到某一数值时，在构件较薄弱的部位会首先出现法向裂缝，构件裂缝截面处的混凝土随即退出工作，但裂缝间的混凝土仍能协同钢筋承担一部分拉力，此时构件受到的使用荷载为破坏荷载的 50%～70%，此阶段可作为构件正常使用时进行裂缝宽度和变形验算的依据。

第三阶段为破坏阶段，随着荷载继续增加，某一裂缝截面处的个别薄弱钢筋首先达到屈服，而后整个截面上的钢筋全部达到屈服，此时应变突增，整个构件达到极限承载能力。此阶段是轴心受拉构件正截面承载力计算的依据。

2)轴心受拉构件正截面承载力的计算公式

试验研究表明，轴心受拉构件达到极限承载能力时混凝土不承受拉力，全部拉力由受拉钢筋承担。由图 4-71 可知，在静力平衡条件下，可以得到轴心受拉构件正截面承载力的计算公式为

$$N \leqslant N_R = f_y A_s \tag{4-79}$$

式中：N——轴向拉力的组合设计值；

f_y——钢筋抗拉强度设计值，一般 $f_y \leqslant 300\ \text{N/mm}^2$；

A_s——纵向钢筋截面面积。

【案例 4-12】 某钢筋混凝土屋架下弦，截面尺寸 $b\times h=200\ \text{mm}\times 200\ \text{mm}$，承受轴向拉力设计值 $N=300$ kN，采用 C25 混凝土，纵向钢筋为 HBR335 级。构件的环境类别为一类，设计使用年限 50 年。试求该构件截面纵向钢筋截面面积 A_s。

案例分析：基于已知条件，可以得到相关参数：$b\times h=200\ \text{mm}\times 200\ \text{mm}$，$f_t=1.27\ \text{N/mm}^2$，$f_y=300\ \text{N/mm}^2$，$N=300$ kN。

(1)计算钢筋面积。由式(4-79)可得

$$A_s=\frac{N}{f_y}=\frac{300\times 10^3}{300}=1\,000(\text{mm}^2)$$

(2)配筋方案的选择。根据受力性能、经济合理性和施工方便性等条件，选择多种方案，并确定较为合理的配筋方案，这里选用 4 Φ 18($A_s=1\,017\ \text{mm}^2$)。

(3)配筋验算。根据《混凝土结构设计规范》(GB 50010—2010)(2015 版)的要求，轴心受拉构件一侧的配筋率应不小于 0.2%和 $0.45f_t/f_y$的较大值。

$$\rho=\frac{0.5A_s}{A}=\frac{0.5\times 1017}{200\times 200}\times 100\%=1.27\%$$

$$\rho_{\min}=\left[0.2\%,\frac{0.45f_t}{f_y}\right]_{\max}=0.2\%<\rho=1.27\%$$

满足要求。

3. 偏心受拉构件

偏心受拉构件分为小偏心受拉构件和大偏心受拉构件。在偏心受压构件中，判断大偏心与小偏心的条件是相对受压区高度 ξ；但在偏心受拉构件中，判断大偏心与小偏心的标准是偏心距 e_0(纵向拉力作用点至构件轴线的距离)，如图 4-72 所示。当纵向拉力 N 的作用点在截面两侧钢筋之内($e_0\leqslant h/2-a_s$)时，属于小偏心受拉；当纵向拉力 N 的作用点在截面两侧钢筋之外($e_0>h/2-a_s$)时，属于大偏心受拉。

1)偏心受拉构件的受力分析

试验表明，当纵向拉力 N 作用在两侧钢筋以内时，接近纵向拉力一侧的截面受拉，远离纵向拉力一侧的截面可能受拉也可能受压。当偏心距较小时，全截面受拉，只是接近纵向力一侧的应力较大，远离纵向力一侧的应力较小；当偏心距较大时，接近纵向力一侧的截面受拉，远离纵向力一侧的截面受压。随着纵向拉力 N 的增大，截面应力也逐渐增大，当拉应力较大一侧的边缘混凝土达到其抗拉极限拉应变时，截面开裂。当偏心距较小时，截面开裂后，裂缝将迅速贯通；当偏心距较大时，由于拉区裂缝处的混凝土退出工作，压区的压应力转换成拉应力，随即裂缝贯通。一旦贯通裂缝形成后，全截面混凝土退出工作，拉力全部由钢筋承担。当钢筋应力达到其屈服时，构件达到正截面极限承载能力而破坏。具有这一类破坏特点的构件可以归为小偏心受拉构件，如图 4-72(a)所示。

当纵向拉力 N 作用在两侧钢筋以外时，接近纵向拉力一侧的截面受拉，远离纵向拉力一侧的截面受压。随着 N 的增大，受拉一侧混凝土的拉应力逐渐增大，应变达到其极限拉应变而开裂。截面虽开裂，但始终有受压区，截面没有出现通裂。当受拉一侧的钢筋配置适中时，随着纵向拉力 N 的增大，受拉钢筋首先屈服，裂缝进一步开展，受压区减小，压应力增大，直至受压边缘混凝土达到极限压应变，最终受压钢筋屈服，混凝土压碎。这类破坏特征与大偏心受压特征类似。但是若受拉一侧的钢筋配置过多，则受压一侧的混凝土先被压碎，受拉侧的钢筋

始终没有屈服，这类破坏特征与受弯构件超筋梁的破坏特征类似。具备这些破坏特点的受拉构件称之为大偏心受拉构件，如图 4－72(b)所示。

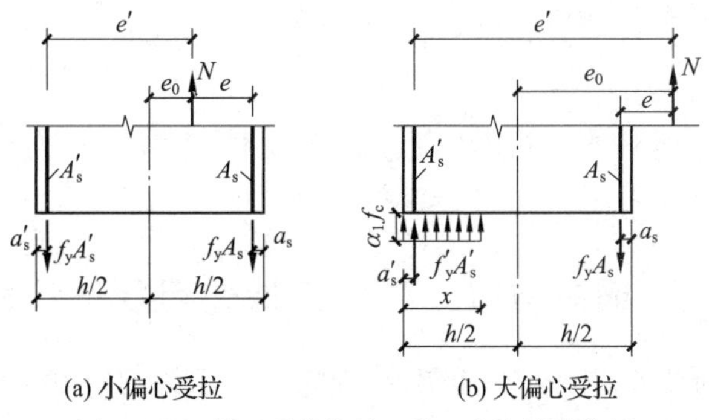

图 4－72　偏心受拉构件正截面应力计算简图

2)偏心受拉构件正截面承载力的计算公式

(1)小偏心受拉构件。如图 4－72(a)所示，根据截面平衡条件，可得到小偏心受拉构件正截面承载力的基本计算公式为

$$Ne \leqslant f_y A'_s (h - a_s - a'_s) \tag{4-80}$$

$$Ne' \leqslant f_y A_s (h - a_s - a'_s) \tag{4-81}$$

式中：e——轴向拉力 N 作用点至钢筋 A_s 合力作用点距离，$e=0.5h-a_s+e_0$（e_0 为偏心距，$e_0=M/N$）；

e'——轴向拉力 N 作用点至钢筋 A'_s 合力作用点的距离，$e'=0.5h-a'_s+e_0$。

(2)大偏心受拉构件。如图 4－72(b)所示，根据截面平衡条件，可得到大偏心受拉构件正截面承载力的基本计算公式为

$$N \leqslant f_y A_s - \alpha_1 f_c bx - f'_y A'_s \tag{4-82}$$

$$Ne \leqslant \alpha_1 f_c bx \left(h_0 - \frac{x}{2}\right) + f'_y A'_s (h_0 - a'_s) \tag{4-83}$$

式中：e——轴向拉力 N 作用点至钢筋 A_s 合力作用点距离，$e=e_0-0.5h+a_s$。

上述公式的适用条件为

①防止构件不发生超筋破坏，应满足 $x \leqslant \xi_b h_0$。

②保证构件破坏时纵向受压钢筋 A'_s 达到屈服强度，应满足 $x \geqslant 2a'_s$；若 $x < 2a'_s$，则截面破坏时受压钢筋不能屈服，应取 $x=2a'_s$ 进行计算，即假定受压区混凝土应力的合力与受压钢筋承担的压力的合力作用点重合，对受压钢筋 A'_s 合力点取矩，可得

$$Ne' = f_y A_s (h_0 - a'_s) \tag{4-84}$$

③防止构件不发生少筋破坏，应满足构件一侧的配筋率不小于最小配筋百分率，即 $\rho \geqslant \rho_{min} = \left[0.2\%, \frac{0.45 f_t}{f_y}\right]_{max}$，配筋率应按全截面面积计算，即 $\rho = \frac{A_s}{b \times h}$。

3)偏心受拉构件斜截面承载力的计算公式

试验研究表明，轴向拉力的存在可以使构件的抗剪能力明显降低，而且降低的幅度随轴向拉力的增加而增大；但是，构件内箍筋的抗剪能力基本上不受轴向拉力的影响。

《混凝土结构设计规范》(GB 50010—2010)(2015 版)规定：对于矩形、T 形和 I 形截面的钢筋混凝土偏心受拉构件，其斜截面受剪承载力的计算公式为

$$V \leqslant \frac{1.75}{\lambda+1} f_t b h_0 + f_{yv} \frac{A_{sv}}{s} h_0 - 0.2N \tag{4-85}$$

式中：N——与剪力设计值 V 相应的轴向拉力设计值；

其他符号含义同前。

另外，当式(4－85)右边的计算值小于 $f_{yv}\frac{A_{sv}}{s}h_0$ 时，应取等于 $f_{yv}\frac{A_{sv}}{s}h_0$，且 $f_{yv}\frac{A_{sv}}{s}h_0 \geqslant 0.36 f_t b h_0$。

4.5 钢筋混凝土构件正常使用状态验算

根据结构可靠性的要求，对于使用上需要控制变形和裂缝的结构构件，除了需要承载能力极限状态的定性分析和定量计算外，还应进行正常使用极限状态下的验算。如楼盖挠度过大将造成楼层地面不平，吊车梁挠度过大会影响吊车的正常运行等。这些现象的发生和发展，不断影响着结构构件的正常使用，降低结构的耐久性，甚至会威胁到结构的安全性能。

目前，钢筋混凝土结构构件正常使用极限状态下的验算主要涉及裂缝和挠度两个方面。为此，本节基于《混凝土结构设计规范》(GB 50010—2010)(2015 版)中给出的基本计算方法和有关规定，对钢筋混凝土构件的裂缝和挠度问题进行说明。

4.5.1 正常使用状态验算的基本要求

1. 正常使用状态的荷载组合

根据第 3 章讨论的内容可知，在正常使用极限状态下，荷载组合的效应设计值 S_d 是分别按荷载效应的标准组合、频遇组合和准永久组合进行计算的。各组合值采用的是荷载的标准值，不是设计值。这也说明，一方面钢筋混凝土结构构件在正常使用极限状态下的验算主要是针对荷载作用下的现象进行的，另一方面钢筋混凝土结构构件在满足正常使用要求的情况下，其安全性能是不会受到影响的。

2. 正常使用状态的验算依据

如前所述，结构构件在荷载作用下从开始受力到破坏大致经历了三个阶段。其中，第Ⅰ阶段是结构构件抗裂验算的依据，第Ⅲ阶段是截面承载力计算的依据，第Ⅱ阶段是正常使用状态下的验算依据。由于混凝土是非均质材料，在进行其构件的裂缝和挠度计算时，应满足三个基本假设条件：

(1)物理条件，钢筋混凝土构件的应力-应变关系满足虎克定律；

(2)几何条件，构件截面在变形前后应符合平面假定；

(3)静力平衡条件。

3. 正常使用状态的控制标准

根据式(3－13)可知，若结构构件满足正常使用，则必须使其产生的变形值控制在一定的范围内。因此，可以将式(3－13)转化为裂缝和挠度的验算表达式，即

$$w_{max} \leqslant w_{lim} \tag{4-86}$$

$$f_{max} \leqslant f_{lim} \tag{4-87}$$

式中：w_{max}——按荷载的标准组合或准永久组合并考虑荷载长期作用影响计算的最大裂缝宽度；

f_{lim}——受弯构件的挠度限值，可按表 4－22 采用；

w_{lim}——最大裂缝宽度限值，可按表 4-23 采用；

f_{max}——受弯构件的最大挠度，钢筋混凝土构件应按荷载效应的准永久组合计算，预应力混凝土构件应按荷载效应的标准组合计算，并均应考虑荷载长期作用的影响。

表 4-22　受弯构件的挠度限值

构件类型		挠度限值
吊车梁	手动吊车	$l_0/500$
	电动吊车	$l_0/600$
屋盖楼盖及楼梯构件	当 $l_0<7$ m 时	$l_0/200(l_0/250)$
	当 7 m $\leqslant l_0 \leqslant$ 9 m 时	$l_0/250(l_0/300)$
	当 $l_0>9$ m 时	$l_0/300(l_0/400)$

注：1. 表中 l_0 为构件的计算跨度；计算悬臂构件的挠度限值时，其计算长度 l_0 按实际悬臂长度的 2 倍取用。

2. 表中括号内的数值适用于使用上对挠度有较高要求的构件。

3. 如果构件制作时预先起拱，且使用上也允许，则在验算挠度时，可将计算所得的挠度值减去起拱值，对预应力混凝土构件，尚可减去预加力所产生的反拱值。

4. 构件制作时的起拱值和预加力所产生的反拱值，不宜超过构件在相应荷载组合作用下的计算挠度值。

表 4-23　结构构件的裂缝控制等级及最大裂缝宽度的限值　　单位：mm

环境类别	钢筋混凝土结构		预应力混凝土结构	
	裂缝控制等级	w_{lim}	裂缝控制等级	w_{lim}
一	三级	0.30(0.40)	三级	0.20
二 a		0.20		0.10
二 b			二级	—
三 a、三 b			一级	—

注：1. 对处于年平均相对湿度小于 60%地区一类环境下的受弯构件，其最大裂缝宽度限值可采用括号内的数值。

2. 在一类环境下，对钢筋混凝土屋架、托架及需做疲劳验算的吊车梁，其最大裂缝宽度限值应取 0.20 mm；对钢筋混凝土屋面梁和托架，其最大裂缝宽度限值应取 0.30 mm。

3. 在一类环境下，对预应力混凝土屋架、托架及双向板体系，应按二级裂缝控制等级进行验算；对一类环境下的预应力混凝土屋面梁、托梁、单向板，应按表中二 a 类环境的要求进行验算；在一类和二 a 类环境下需做疲劳验算的预应力混凝土吊车梁，应按裂缝控制等级不低于二级的构件进行验算。

4. 表中规定的预应力混凝土构件的裂缝宽度控制等级和最大裂缝宽度限值仅适用于正截面的验算，预应力混凝土构件的斜截面裂缝控制验算应符合有关规定。

5. 表中的最大裂缝宽度限值为用于验算荷载作用引起的最大裂缝宽度。

4.5.2　混凝土构件裂缝宽度的计算

1. 裂缝的产生及其等级划分

实际工程中，混凝土构件裂缝形成的原因不仅仅是荷载，还有非荷载，如混凝土的收缩、温度变化、地基不均匀沉降等，通常情况下，混凝土构件的裂缝多是各种原因综合作用的结果。

对于非荷载原因引起的裂缝，可以采取控制混凝土浇筑质量、改善水泥性能、选择集料成分、改进结构形式、设置伸缩缝等措施解决，这些裂缝对构件正常使用的影响不大，不需要进行裂缝宽度验算。对于荷载引起的裂缝，必须进行裂缝宽度的验算。

1)荷载作用下裂缝的开展机理

试验研究表明，混凝土构件在荷载 N 的持续递增作用下，截面受拉区外边缘混凝土的拉应力 σ_c 很快达到其抗拉强度 f_{tk}，随后于某一薄弱环节在垂直于拉应力方向形成第一批(一条或若干条)裂缝；这些裂缝和非荷载作用下形成的裂缝一起，渐渐地由不连续到连续，形成主裂缝。在裂缝出现的瞬间，裂缝截面处的混凝土退出工作，应力降低为零，原来的拉应力全部由钢筋承担，钢筋应力突然增大。虽然混凝土与钢筋之间具有黏结作用，加之钢筋的约束作用可以延缓裂缝的进展速度，但当荷载不断增加，混凝土应力逐渐增加至其抗拉强度 f_{tk} 时，裂缝之间的距离近到不足以使黏结力传递至混凝土，则在主裂缝附近不断出现新的裂缝或类似的主裂缝，裂缝的宽度 w_n 也由小到大，最终完成裂缝出现的全部过程，如图 4-73 所示。

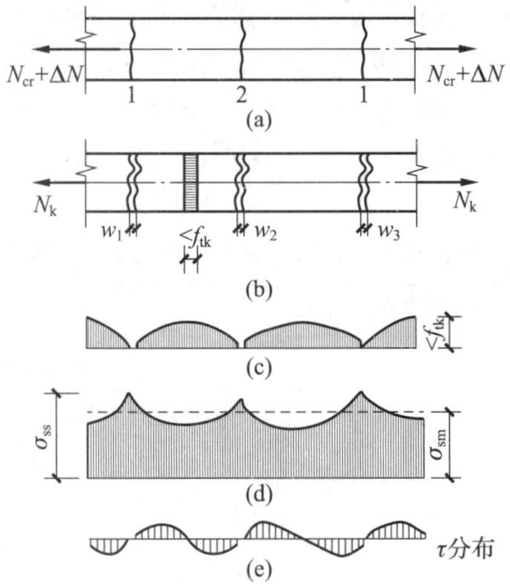

N_{cr}—受拉构件边缘混凝土达到极限拉应变时的拉力；ΔN—拉力增量值；

N_k—荷载效应的标准组合值；f_{tk}—混凝土的抗拉强度标准值；

$\bar{\omega}_i(i=1,2,\cdots i\cdots,n)$—混凝土构件的地 i 条裂缝；

σ_{sm}、σ_{ss}—混凝土完全退出工作状态时的平均拉应力值与最大拉应力值；

τ—混凝土的剪应力。

图 4-73　混凝土裂缝的形成

由于混凝土具有离散性，因而裂缝发生的部位也是随机的，沿裂缝深度方向，其宽度也是不相同的。钢筋表面处的裂缝宽度只有构件混凝土表面裂缝宽度的 1/5～1/3，而通常所要验算的裂缝宽度是指受拉钢筋重心水平处构件侧表面上混凝土的裂缝宽度。

2)裂缝等级的划分

裂缝等级是对构件裂缝宽度阈值的界定。由试验分析可知，混凝土构件裂缝形成的内部原因主要是混凝土的抗拉强度很低。据此，《混凝土结构设计规范》(GB 50010—2010)(2015 版)综合考虑了结构的功能要求和环境条件对钢筋的腐蚀影响、钢筋种类对腐蚀的敏感性、荷载作用的时间等因素，将混凝土结构构件的正截面裂缝控制等级划分为以下三级。

(1)一级——严格要求不出现裂缝的构件。按荷载标准组合计算时，构件受拉边缘混凝土不应产生拉应力。

(2)二级——一般要求不出现裂缝的构件。按荷载标准组合计算时，构件受拉边缘混凝土拉应力不应大于混凝土抗拉强度的标准值。

(3)三级——允许出现裂缝的构件：对钢筋混凝土构件，按荷载准永久组合并考虑长期作用影响计算时，构件的最大裂缝宽度不应超过规定的最大裂缝宽度限值(见表 4-23)；对预应力混凝土构件，按荷载标准组合并考虑长期作用的影响计算时，构件的最大裂缝宽度不应超过规定的最大裂缝宽度限值(见表 4-23)；对二 a 类环境的预应力混凝土构件，尚应按荷载准永久组合计算，且构件受拉边缘混凝土的拉应力不应大于混凝土的抗拉强度标准值。

2. 裂缝宽度的基本计算公式

目前，关于裂缝开展的研究理论主要有两种：一种是黏结-滑移理论，另一种是无滑移理论。前者认为，混凝土裂缝的开展是钢筋与混凝土之间的黏结滑移、混凝土收缩造成的，裂缝宽度等于裂缝间距范围内钢筋与混凝土的变形差；后者认为，裂缝出现时钢筋与混凝土的黏结强度并未完全破坏，可以假定混凝土与钢筋之间无滑移存在，构件表面的裂缝宽度主要是由钢筋周围的混凝土回缩形成的；由于钢筋对混凝土回缩的约束，钢筋处的裂缝宽度为构件表面裂缝宽度的 1/7～1/3。

《混凝土结构设计规范》(GB 50010—2010)(2015 版)在黏结-滑移理论和无滑移理论的基础上，结合大量试验结果总结出半理论半经验公式，即混凝土构件的最大裂缝宽度 $w_{\max}$ 为

$$w_{\max} = \alpha_{cr}\Psi\frac{\sigma_s}{E_s}\left(1.9c_s + 0.08\frac{d_{eq}}{\rho_{te}}\right) \tag{4-88}$$

$$\Psi = 1.1 - \frac{0.65f_{tk}}{\rho_{te}\sigma_s} \tag{4-89}$$

$$d_{eq} = \frac{\sum n_i d_i^2}{\sum n_i \upsilon_i d_i} \tag{4-90}$$

$$\rho_{te} = \frac{A_s + A_p}{A_{te}} \tag{4-91}$$

式中：α_{cr}——构件受力特征系数，可按表 4-24 采用；

Ψ——裂缝间纵向受拉钢筋应变不均匀系数(当 $\psi<0.2$ 时，取 $\psi=0.2$；当 $\psi>1.0$ 时，取 $\psi=1.0$；对直接承受重复荷载的构件，取 $\psi=1.0$)；

σ_s——按荷载准永久组合计算的钢筋混凝土构件纵向受拉普通钢筋应力或按标准组合计算的预应力混凝土构件纵向受拉钢筋等效应力；

E_s——钢筋的弹性模量；

c_s——最外层纵向受拉钢筋外边缘至受拉区底边的距离(当 $c_s<20$ 时，取 $c_s=20$；当 $c_s>65$ 时，取 $c_s=65$)；

ρ_{te}——按有效受拉混凝土截面面积计算的纵向受拉钢筋配筋率(对无黏结后张构件，仅取纵向受拉普通钢筋计算配筋率，在最大裂缝宽度计算中，当 $\rho_{te}<0.01$ 时，取 $\rho_{te}=0.01$)；

A_{te}——有效受拉混凝土截面面积(见图 4-74)，对轴心受拉构件，取构件截面面积，即 $A_{te}=bh$，对受弯、偏心受压和偏心受拉构件，取 $A_{te}=0.5bh+(b_f-b)h_f$，此处，b_f、h_f 分别为受拉翼缘的宽度、高度；

A_s——受拉区纵向普通钢筋截面面积；

d_{eq}——受拉区纵向钢筋的等效直径，对无黏结后张构件，仅为受拉区纵向受拉普通钢筋的等效直径；

d_i——受拉区第 i 种纵向钢筋的公称直径；

n_i——受拉区第 i 种纵向钢筋的根数，对于有黏结预应力钢绞线，取为钢绞线束数；

υ_i——受拉区第 i 种纵向钢筋的相对黏结特征系数(对光面钢筋取 0.7；对带肋钢筋取 1.0)。

表 4-24　构件受力特征系数

类　　型	α_{cr}	
	钢筋混凝土构件	预应力混凝土构件
受弯、偏心受压	1.9	1.5
偏心受拉	2.4	—
轴心受拉	2.7	2.2

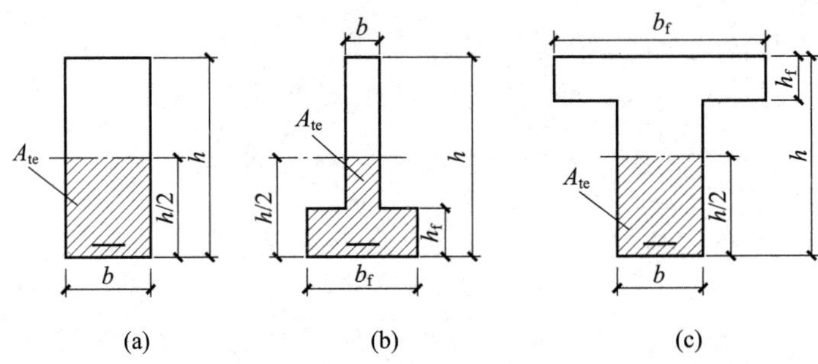

图 4-74　有效受拉混凝土截面面积(阴影部分)

钢筋混凝土构件受拉区纵向普通钢筋的应力计算式为

(1)轴心受拉构件。

$$\sigma_s = \frac{N_k}{A_s} \tag{4-92}$$

(2)偏心受拉构件。

$$\sigma_s = \frac{N_k e'}{A_s(h_0 - a_s')} \tag{4-93}$$

(3)受弯构件。

$$\sigma_s = \frac{M_k}{0.87h_0 A_s} \tag{4-94}$$

(4)偏心受压构件。

$$\sigma_s = \frac{N_k(e-z)}{A_s z} \tag{4-95}$$

$$z = \left[0.87 - 0.12(1-\gamma_f')(\frac{h_0}{e})^2\right]h_0 \tag{4-96}$$

$$e = \eta_s e_0 + y_s \tag{4-97}$$

$$\gamma'_f = \frac{(b'_f - b)h'_f}{bh_0} \tag{4-98}$$

$$\eta_s = 1 + \frac{1}{4000e_0/h_0}\left(\frac{l_0}{h}\right)^2 \tag{4-99}$$

【案例 4-13】 某办公楼钢筋混凝土矩形截面简支梁，截面尺寸 $b \times h = 200\ \text{mm} \times 500\ \text{mm}$，计算跨度 $l_0 = 6\ \text{m}$，承受恒荷载标准值 $g_k = 8\ \text{kN/m}$（含自重），活荷载标准值 $q_k = 10\ \text{kN/m}$，准永久值系数 $\Psi_q = 0.4$，纵向受拉钢筋为 HRB335 级钢筋，钢筋配置为 3 Φ 20（$A_s = 941\ \text{mm}^2$），混凝土强度等级为 C20，最大裂缝宽度限值 $w_{lim} = 0.3\ \text{mm}$。环境类别为一类，设计使用年限 50 年。试验算该梁的裂缝宽度是否符合要求。

案例分析：混凝土构件的裂缝验算，其基本步骤类似于混凝土构件的复核，基于既有的参数，计算出式（4-88）中所需要的相关参数，求出 w_{max}，然后按照式（4-86）进行比较，做出判断。

（1）基于已知条件，获得相关参数：$l_0 = 6\ \text{m}$，$b \times h = 200\ \text{mm} \times 500\ \text{mm}$，$g_k = 8\ \text{kN/m}$（含自重），$q_k = 10\ \text{kN/m}$，$\Psi_q = 0.4$，$f_{tk} = 1.54\ \text{N/mm}^2$，$A_s = 941\ \text{mm}^2$，$\alpha_{cr} = 1.9$，$c_s = 25\ \text{mm}$，$w_{lim} = 0.3\ \text{mm}$，$h_0 = h - a_s = 500 - 35 = 465\ \text{mm}$，$E_s = 2.0 \times 10^5\ \text{N/mm}^2$。

（2）求梁内最大弯矩值。

按荷载标准值组合计算的弯矩值为

$$M_k = \frac{1}{8}(g_k + q_k)l_0^2 = \frac{1}{8} \times (8 + 10) \times 6^2 = 81(\text{kN} \cdot \text{m})$$

按荷载准永久值组合计算的弯矩值为

$$M_q = \frac{1}{8}(g_k + \psi_q q_k)l_0^2 = \frac{1}{8} \times (8 + 0.4 \times 10) \times 6^2 = 54(\text{kN} \cdot \text{m})$$

（3）计算式（4-88）中所需要的相关参数。

$$\sigma_s = \frac{M_k}{0.87h_0A_s} = \frac{81 \times 10^6}{0.87 \times 465 \times 941} = 212.6(\text{N/mm}^2)$$

$$\rho_{te} = \frac{A_s}{A_{te}} = \frac{A_s}{0.5bh} = \frac{941}{0.5 \times 200 \times 500} = 0.019 > 0.01$$

$$\Psi = 1.1 - \frac{0.65f_{tk}}{\rho_{te}\sigma_s} = 1.1 - \frac{0.65 \times 1.54}{0.019 \times 212.8} = 0.852 > 0.2\ \text{且} < 1.0$$

$$d_{eq} = \frac{\sum n_i d_i^2}{\sum n_i v_i d_i} = 20(\text{mm})$$

（4）计算梁的最大裂缝宽度。

$$\begin{aligned} w_{max} &= \alpha_{cr}\Psi\frac{\sigma_s}{E_s}\left(1.9c_s + 0.08\frac{d_{eq}}{\rho_{te}}\right) \\ &= 1.9 \times 0.852 \times \frac{212.8}{2.0 \times 10^5}\left(1.9 \times 25 + 0.08 \times \frac{20}{0.019}\right) \\ &= 0.227(\text{mm}) \end{aligned}$$

（5）状态判断。按照式（4-86）进行比较，即

$$w_{lim} = 0.3(\text{mm}) > w_{max} = 0.227(\text{mm})$$

满足要求，故裂缝的宽度不影响该梁的正常使用。

4.5.3 混凝土构件的挠度计算

1. 混凝土构件挠度计算的特点

挠度计算主要是针对钢筋混凝土受弯构件而言的。由材料力学知识可知，简支梁的跨中挠度 α_f 的计算公式为

$$\alpha_f = \alpha \frac{Ml_0^2}{EI} \tag{4-100}$$

式中：α——与荷载形式及支承条件有关的荷载效应系数，在均布荷载 q 的作用下，取 $\alpha=\frac{5}{48}$，

在集中荷载 P 的作用下，取 $\alpha=\frac{1}{12}$；

EI——梁的截面抗弯刚度；

M——按照荷载标准组合计算的跨中最大弯矩；

l_0——计算跨度。

当梁的材料、截面和跨度一定时，EI 为一个常量，梁的挠度与弯矩呈线性关系，如图 4－75(a)所示。然而，试验表明，钢筋混凝土梁的挠度与弯矩的关系是非线性的，梁的截面刚度不仅随着弯矩的改变而变化，而且随着荷载持续作用时间的增长而变化，如图 4－75(b)所示。因此，钢筋混凝土受弯构件的挠度计算不能直接应用式(4－100)。

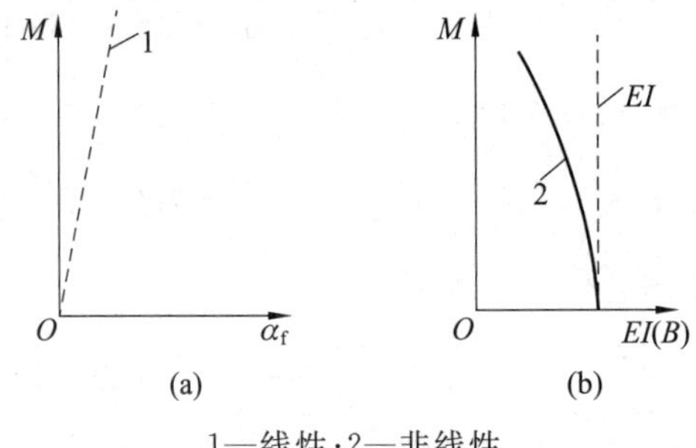

1—线性；2—非线性

图 4－75　$M-\alpha_f$ 关系曲线和 $M-EI(B)$ 关系曲线

为了解决这个问题，用一个变量刚度参数来替代 EI。通常，用 B_s 表示钢筋混凝土梁在荷载短期效应组合作用下的截面抗弯刚度，称之为短期刚度；用 B 表示在荷载作用下并考虑其长期效应组合影响下的截面抗弯刚度，称之为长期刚度。这样，式(4－100)就变为

$$\alpha_f = \alpha \frac{M_k l_0^2}{B} \tag{4-101}$$

显然，钢筋混凝土受弯构件的挠度计算问题，就变成如何确定其截面抗弯刚度的问题。

2. 截面刚度的计算

1)短期刚度

根据截面变形的几何关系、材料的物理关系和截面受力的平衡关系，在试验研究的基础上，《混凝土结构设计规范》(GB 50010—2010)(2015 版)给出了在荷载效应的标准组合作用下，矩形、T 形、倒 T 形、I 形截面钢筋混凝土受弯构件的短期刚度计算公式，为

$$B_s=\frac{E_sA_sh_0^2}{1.15\Psi+0.2+\frac{6\alpha_E\rho}{1+3.5\gamma_f'}} \tag{4-102}$$

$$\gamma_f'=\frac{(b_f'-b)h_f'}{bh_0} \tag{4-103}$$

式中：α_E——钢筋弹性模量 E_s 与混凝土弹性模量 E_c 的比值；

γ_f'——受压翼缘截面面积与腹板有效截面面积的比值（当 $h_f'>0.2h_0$ 时，取 $h_f'=0.2h_0$；当截面受压区为矩形时，取 $\gamma_f'=0$）；

其他符号含义同前。

2）长期刚度

在载荷长期作用下，构件截面弯曲刚度 B 可按照下式计算，即

$$B=\frac{M_k}{M_q(\theta-1)+M_k}B_s \tag{4-104}$$

式中：M_k——按荷载的标准组合计算的弯矩，取计算区段内的最大弯矩值；

M_q——按荷载的准永久组合计算的弯矩，取计算区段内的最大弯矩值；

θ——考虑荷载长期作用对挠度增大的影响系数，对钢筋混凝土受弯构件，当 $\rho'=0$ 时，取 $\theta=2.0$；当 $\rho'=\rho$ 时，取 $\theta=1.6$，当 ρ' 为中间数值时，θ 按线性内插法取用，即

$$\theta=2.0-\frac{0.4\rho'}{\rho} \tag{4-105}$$

式中：ρ'、ρ 分别为纵向受压及受拉钢筋的配筋率，即 $\rho'=\frac{A_s'}{bh_0}$、$\rho=\frac{A_s}{bh_0}$；对于翼缘位于受拉区的倒 T 形截面，θ 值应增大 20%。

3）计算公式

（1）对于一端固定的悬臂梁端部作用集中力 P。

$$f=\frac{Pl_0^3}{3B}$$

（2）对于一端固定的悬臂梁均布端部作用 q。

$$f=\frac{ql_0^4}{8B}$$

（3）简支梁跨中作用集中荷载 p。

$$f=\frac{pl_0^3}{48B}$$

（4）简支梁跨中作用均布集中荷载 q。

$$f=\frac{5ql_0^4}{384B}$$

【案例 4－14】 某办公楼钢筋混凝土矩形截面简支梁，其基本条件同案例 4－13，挠度限值为 $l_0/200$。试验算该梁的挠度是否符合要求。

案例分析：已知条件有 $l_0=6$ m，$b\times h=200$ mm$\times500$ mm，$g_k=8$ kN/m（含自重），$q_k=10$ kN/m，$\Psi_q=0.4$，$f_{tk}=1.54$ N/mm^2，$A_s=941$ mm^2，$c_s=25$ mm，$h_0=h-a_s=500-35=465$ mm，$E_s=2.0\times10^5$ N/mm^2，$E_c=2.55\times10^4$ N/mm^2。

（1）由案例 4－13 可知，$M_k=81$ kN·m，$M_q=54$ kN·m，$\sigma_s=212.8$ N/mm^2，$\rho_{te}=0.019$，

$\Psi=0.852$，$d_{eq}=20$ mm。

(2)计算短期刚度 B_s。该梁为矩形截面，$\gamma_f'=0$。

$$\alpha_E=\frac{E_s}{E_c}=\frac{2.0\times10^5}{2.55\times10^4}=7.84$$

$$\rho=\frac{A_s}{bh_0}=\frac{941}{200\times465}\times100\%=1.01\%$$

则由式(4－102)得

$$\begin{aligned}B_s&=\frac{E_sA_sh_0^2}{1.15\Psi+0.2+\dfrac{6\alpha_E\rho}{1+3.5\gamma_f'}}\\&=\frac{2.0\times10^5\times941\times465^2}{1.15\times0.852+0.2+6\times7.84\times0.0101}\\&=2.46\times10^{13}(\mathrm{N/mm^2})\end{aligned}$$

(3)计算长期刚度 B。由于 $\rho'=\dfrac{A_s'}{bh_0}=0$，故取 $\theta=2.0$，则由式(4－104)得

$$\begin{aligned}B&=\frac{M_k}{M_q(\theta-1)+M_k}B_s=\frac{81\times10^6}{54\times10^6\times(2.0-1)+81\times10^6}\times2.46\times10^{13}\\&=1.48\times10^{13}(\mathrm{N/mm^2})\end{aligned}$$

(4)状态判断。依据式(4－87)进行判断

$$f_{max}=\frac{5}{48}\frac{M_kl_0^2}{B}=\frac{5}{48}\times\frac{81\times10^6\times(6000)^2}{1.48\times10^{13}}=20.52(\mathrm{mm})$$

$$f_{lim}=\frac{l_0}{200}=30(\mathrm{mm})$$

$$f_{max}<f_{lim}$$

满足要求，该梁的挠度变形不会影响正常使用。

4.6 预应力混凝土构件设计

预应力，是指构件在受荷前预先给使用阶段的受拉区施加的预压应力。预压应力可以提高构件的刚度和变形性能，延缓正常使用极限状态的出现。例如，用一片片竹板围成的竹桶，用铁箍箍紧，铁箍给竹桶施加一定大小的预压应力；盛水后，水对竹桶内壁产生环向拉应力，当拉应力小于预压应力时，竹板的挠度及竹板间的裂缝没有达到正常使用的极限状态，水桶不会漏水，如图 4－76 所示。

利用这一原理，在钢筋混凝土构件的受拉区施加预压应力，也是一种改善钢筋混凝土构件抗裂性能的有效途径。根据钢筋混凝土构件的材料及其受力性能，钢筋与混凝土分工合作，充分发挥各自的优点，但由于混凝土的极限拉应变很小，导致构件抗拉能力差且容易开裂，这在很大程度上限制了钢筋混凝土构件的应用与和发展。为了解决这个问题，可以采取多种措施，如增大截面尺寸、增加钢筋用量、配置高强钢筋、采用高强混凝土等。但试验研究和工程实践证明，这些方法既不经济也不合理。

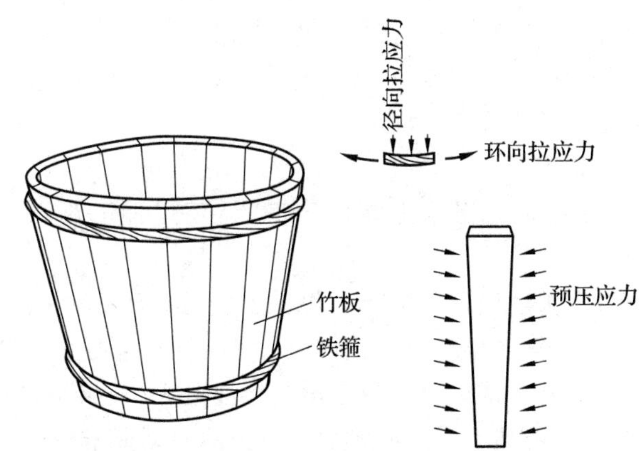

图 4 - 76　日常生活中应用预应力的例子

4.6.1　预应力混凝土的基础知识

1. 预应力混凝土的概念及其受力特征

预应力混凝土，是根据需要人为地引入某一数值与分布的内应力（压应力），用以全部或部分抵消外荷载效应（拉应力）的一种加筋混凝土。为了区别于普通混凝土构件，通常把这种具有预应力的混凝土构件称为预应力构件。

如图 4 - 77 所示，某钢筋混凝土简支梁，预先施加一偏心压力 N，使得梁的下边缘产生预压应力 σ_1（见图 4 - 77(a)）；然后施加外荷载，在外荷载作用下，该梁的下边缘产生拉应力 σ_3（见图 4 - 77(b)）；在预应力和外荷载的共同作用下，梁中截面的应力分布是两者的叠加（见图 4 - 77(c)）。若 $\sigma_1 - \sigma_3 < 0$，则梁的下边缘受拉；若 $\sigma_1 - \sigma_3 > 0$，则说明梁的下边缘受压，梁下边缘的混凝土不易开裂。这样，通过对 σ_1 大小的调整，可以确定梁下边缘的应力性质，从而满足不同的裂缝控制要求。

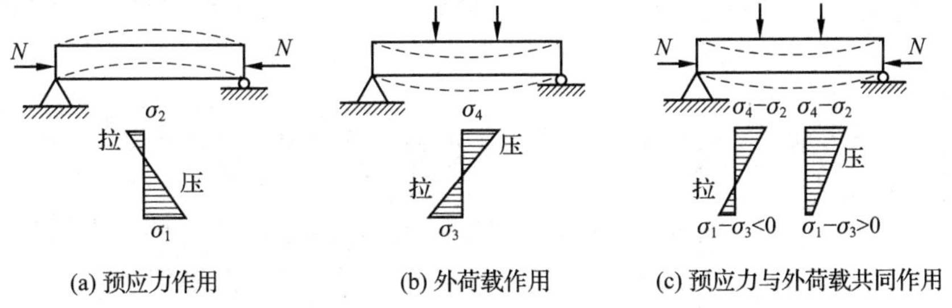

(a) 预应力作用　　(b) 外荷载作用　　(c) 预应力与外荷载共同作用

图 4 - 77　预应力混凝土简支梁的受力情况

显然，相对于普通混凝土构件而言，预应力混凝土构件具有如下主要优点：

(1)裂缝控制性能好。利用高强预应力在混凝土中引起的预压应力，可以成功地抵消混凝土构件因各种作用引起的拉应力，从而大大提高结构的裂缝控制性能和刚度。

(2)具有较好的韧性和恢复性能。在偶然的冲击作用下，预应力构件不会脆断，并且即使在非设计工况形成较大变形（挠度）和裂缝的情况下，只要这种作用不再重现，那么已形成的挠度就可以恢复，裂缝也可以闭合。这对于长期为裂缝问题困扰的混凝土结构，无疑具有重要的现实意义。

(3)拓宽了混凝土结构的应用范围。高强的钢丝、钢绞线等高效结构材料已被大量用于实际工程中,其应用范围已扩大到抗震结构;各种预应力构件和结构,包括先张法、后张法或黏结、无黏结的预应力,也得到了快速的发展和运用。

2. 预应力混凝土的分类

根据制作、设计和施工的特点,预应力混凝土可以有不同的分类。

1)按照施加方法分类

预应力混凝土可分为先张法预应力混凝土和后张法预应力混凝土。

先张法预应力混凝土,是指在台座上张拉预应力筋后浇筑混凝土,并通过放张预应力筋由黏结传递而建立预应力的混凝土结构。后张法预应力混凝土,是指浇筑混凝土并达到规定强度后,通过张拉预应力筋并在结构上锚固而建立预应力的混凝土结构。

2)按照预加应力大小分类

预应力混凝土可分为全预应力混凝土和部分预应力混凝土。

全预应力混凝土,是指在使用荷载作用下,构件截面内的混凝土全部受压,不会出现拉应力的混凝土结构。部分预应力混凝土,是指在使用荷载作用下,构件截面内的混凝土允许出现拉应力或开裂,只有部分截面受压的混凝土结构。部分预应力混凝土又可分为Ⅰ、Ⅱ两类:Ⅰ类是指在使用荷载作用下,构件预压区混凝土正截面的拉应力不超过规定的容许值;Ⅱ类是指在使用荷载作用下,构件预压区混凝土正截面的拉应力允许超过规定的限值,但当裂缝出现时,其宽度不超过容许值。

3)按照施工工艺分类

预应力混凝土分为有黏结预应力混凝土和无黏结预应力混凝土。

有黏结预应力混凝土,是指通过灌浆或与混凝土直接接触使预应力筋与混凝土之间相互黏结而建立预应力的混凝土,如先张预应力结构和预留孔道穿筋压浆的后张预应力结构。无黏结预应力混凝土,是指配置与混凝土之间可保持相对滑动的无黏结预应力筋的后张法预应力混凝土结构,这种结构的预应力筋表面涂有防锈材料,外套防老化的塑料管,防止与混凝土黏结。

3. 施加预应力的方法

根据张拉预应力筋和浇捣混凝土的先后顺序,施加预应力的方法分为先张法和后张法。

1)先张法

通常通过机械张拉钢筋给混凝土施加预应力,可采用台座长线张拉或钢模短线张拉,如图4-78所示。其基本工序为:钢筋就位→张拉预应力筋→临时锚固钢筋→浇筑混凝土→切断预应力筋。此时混凝土受压,混凝土强度约为设计强度的75%以上。

采用先张法施加预应力,构件中混凝土预应力的建立主要依靠钢筋与混凝土之间的黏结力。该方法工艺简单、成本低、质量比较容易保证,所以适于在预制场大批制作小型构件,如预应力混凝土楼空心板、屋面板、梁等。该方法是目前我国生产预应力混凝土构件的主要方法之一。

2)后张法

如图4-79所示,后张法的基本工序是:制作构件、预留孔道(可用塑料管或铁管等)→穿筋→张拉预应力筋→锚固钢筋、孔道灌浆。

采用后张法时,混凝土预应力的建立主要依靠构件两端的锚固装置。该法适于制作钢筋

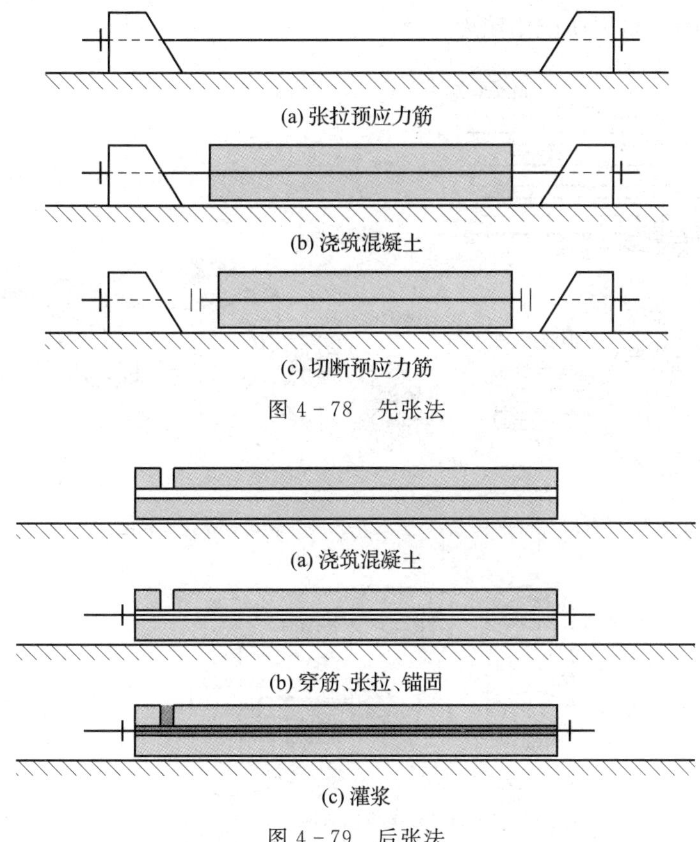

图 4-78　先张法

图 4-79　后张法

或钢铰线配筋的大型预应力构件，如屋架、吊车梁、屋面梁等。后张法的缺点是工序多，预留孔道占截面面积大，施工复杂，压力灌浆费时且造价高。

4. 预应力混凝土构件的锚具

锚具是用于固定钢筋的工具。在先张法构件中，锚具可以重复使用，又称为夹具或工作锚；在后张法构件中，锚具是预应力混凝土构件锚固预应力筋的装置，并由其传递预应力，是构件的组成部分，不能重复使用。

在预应力施加过程中，对锚具的要求是：安全可靠、使用有效、节约钢材及制作简单。

目前，锚具的种类繁多，按其构造形式及锚固原理，大致可分为三种基本类型，即夹片式锚具、螺杆螺帽型锚具和镦头型锚具。

1）夹片式锚具

夹片式锚具由锚块和锚塞两部分组成，其中，锚块的形式有锚板、锚圈和锚筒等；根据所锚钢筋的根数，锚塞也可分成若干片。锚块内的孔洞和锚塞做成楔形或锥形，预应力筋回缩时受到挤压而被锚住。这种锚具通常用于预应力筋的张拉端，但也可用于固定端。锚块置于台座、钢模上（先张法）或构件上（后张法），当用于固定端时，在张拉过程中锚塞即就位挤紧；当用于张拉端时，钢筋张拉完毕才将锚塞挤紧。

目前，国内常用的夹片式锚具有 QM、XM、JM12 等型号。如图 4-80(a)所示的 JM12 型锚具有多种规格，其适用于 3～6 根直径为 12 mm 的热处理钢筋和 5～6 根 7 股 4 mm 钢丝的钢绞线（直径为 12 mm）所组成的钢绞线束，通常用于后张法构件。由于该类型锚具性能稳定、应力均匀、安全可靠，因而应用较为广泛。

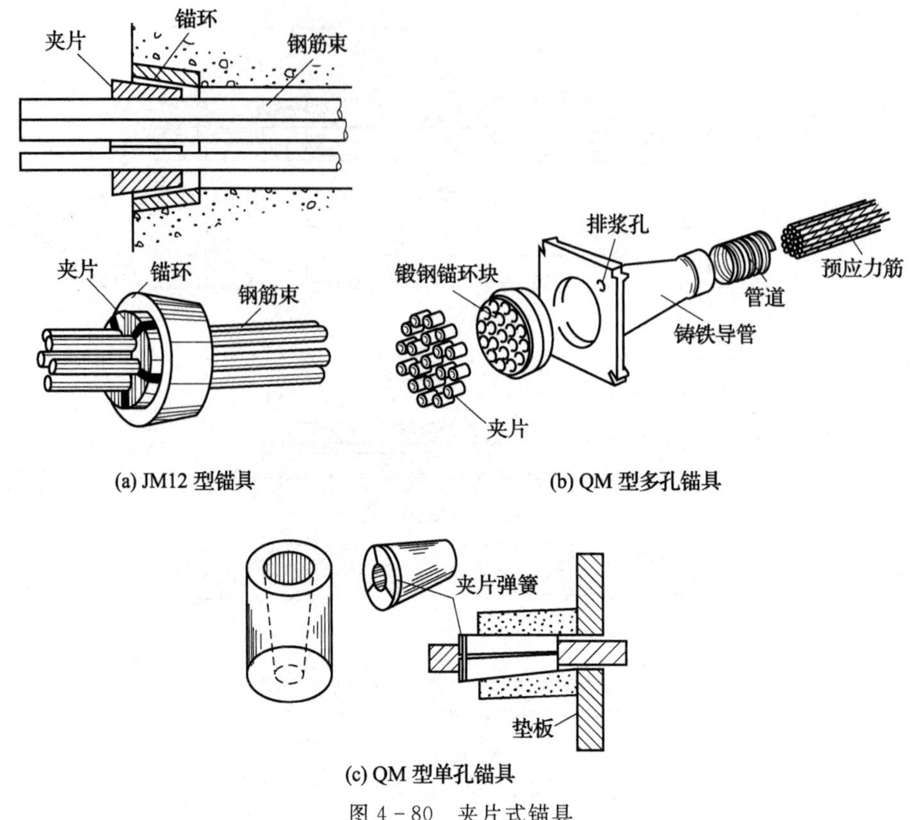

图 4－80　夹片式锚具

2)螺杆螺帽型锚具

图 4－81 所示为两种常用的螺杆螺帽型锚具，图 4－81(a)所示的螺杆螺帽型锚具用于粗

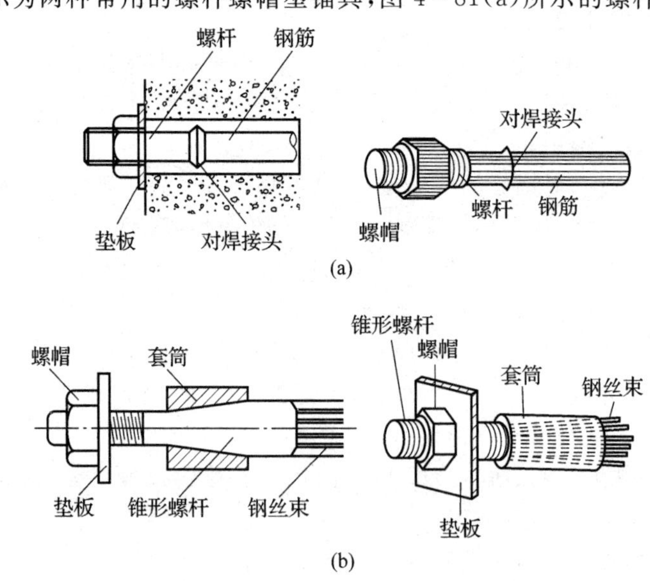

图 4－81　两种常用的螺杆螺帽型锚具

钢筋，图 4－81(b)所示的螺杆螺帽型锚具用于钢丝束。前者由螺杆、螺帽和垫板等组成，螺杆焊于预应力筋的端部；后者由锥形螺杆、套筒、螺帽和垫板等组成，通过套筒紧紧地将钢丝束和锥形螺杆挤压成一体。预应力筋或钢丝束张拉完毕时，旋紧螺帽使其锚固。有时因螺杆中的螺纹长度不够或预应力筋伸长过大，需要在螺帽下放置垫板，以便能旋紧螺帽。通常，该类锚具用于后张法构件的张拉端，也可应用于先张法构件或后张法构件的固定端。

螺杆螺帽型锚具构造简单、操作方便、安全可靠，主要适用于小型预应力混凝土构件。

3)镦头型锚具

图 4－82 所示为几种镦头型锚具，其中图 4－82(a)所示的镦头型锚具可用于预应力筋的张拉端，图 4－82(b)、(c)所示的镦头型锚具用于预应力筋的固定端，通常为后张法构件的钢丝束所采用。先张法构件的单根预应力钢丝，在固定端有时也采用，即将钢丝的一端镦粗，将钢丝穿过台座或钢模上的锚孔，在另一端进行张拉。该锚具操作方便，安全可靠，不会产生预应力筋滑移，但是对钢筋下料长度的准确性要求较高。

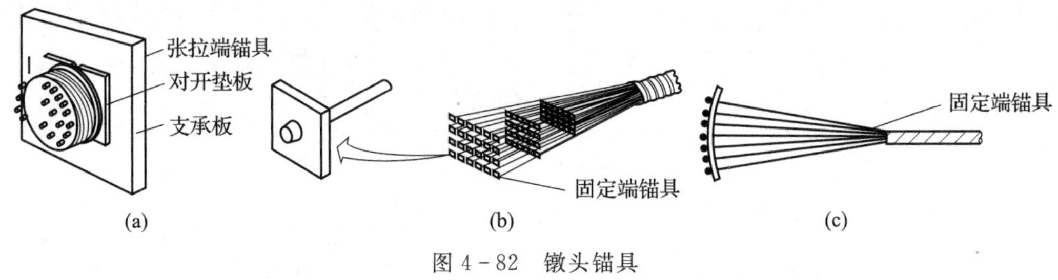

图 4－82　镦头锚具

5. 预应力混凝土的孔道成型及灌浆材料

目前，预应力筋的孔道成型方法主要有抽拔型和预埋型两类。

①抽拔型是在浇筑混凝土前预埋钢管或充水(充压)的橡胶管，在浇筑混凝土后、达到一定强度时再拔抽出预埋管，便形成了预留在混凝土中的孔道。这种方法主要适用于直线形孔道。

②预埋型是在浇筑混凝土前预埋金属波纹管或塑料波纹管(见图 4－83)，待浇筑混凝土后不再拔出而永久留在混凝土中，便形成了预留在混凝土中的孔道。这种方法主要适用于各种曲线形孔道。

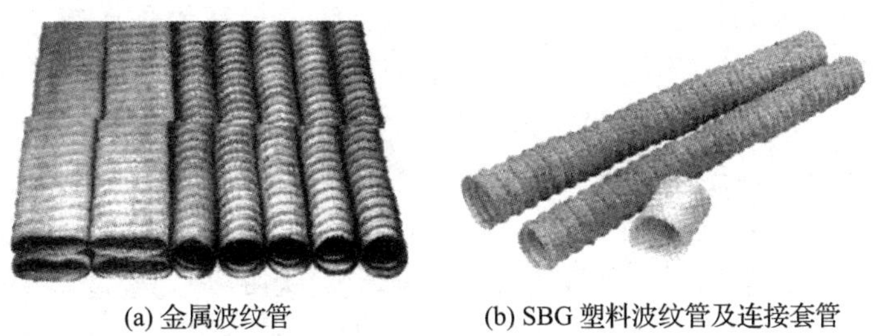

图 4－83　孔道成型材料

预留孔道的灌浆材料应符合具有流动性、密实性和微膨胀性的要求。一般情况下，采用不小于 32.5MPa 的普通硅酸盐水泥，水灰比为 0.40～0.45，宜掺入 0.015%水泥用量的铝粉作膨胀剂。当预留孔的直径大于 150 mm 时，可在水泥浆中掺入不超过水泥用量 30%的细砂或研磨很细的石灰石。

4.6.2 预应力混凝土构件设计的基本要求

1. 预应力混凝土构件的截面形式和尺寸

预应力混凝土轴心受拉构件的截面通常采用正方形或矩形，受弯构件通常采用矩形、T形、I形及箱形等截面形式。由于预应力混凝土构件的抗裂度和刚度较大，因而其所采用的截面尺寸可以比普通混凝土构件的小一些。一般情况下，受弯构件的截面高度 $h=(1/25\sim1/15)l_0$，腹板宽度 $b=(1/15\sim1/8)h$，翼缘宽度 $b_f=(1/3\sim1/2)h$，翼缘厚度 $h_f=(1/10\sim1/6)h$。此处，l_0 为构件的计算跨度。

2. 预应力混凝土的材料

1)混凝土

预应力混凝土结构构件要求选用高强度混凝土。高强度混凝土与高强度钢筋配合使用，可以减小构件的截面尺寸，减轻结构自重。对于先张法构件，可以增大混凝土的黏结强度；对于后张法构件，可以减少收缩、徐变引起的预应力损失，加快施工进度。

《混凝土结构设计规范》(GB 50010—2010)(2015 版)规定：预应力混凝土构件的混凝土强度等级不应低于 C30；采用钢丝、钢铰线、热处理钢筋作预应力筋时，混凝土强度等级不宜低于 C40。

2)钢筋

预应力筋应具有很高的强度，以保证在钢筋中能建立较高的张拉应力，提高预应力混凝土构件的抗裂能力。此外，预应力筋还应具有一定的塑性、良好的可焊性和镦头加工性能等。对于先张法构件的预应力筋，要求与混凝土之间具有良好的黏结性能。

常用的预应力筋主要有钢绞线、钢丝和热处理钢筋。普通钢筋宜采用 HRB400 级和 HRB335 级钢筋，也可采用 HPB300 级钢筋。

3. 张拉控制应力与预应力损失

张拉控制应力，是指在张拉预应力筋时所控制达到的最大应力值。其值为张拉设备(如千斤顶油压表)所指示的总张拉力除以预应力筋截面面积所得到的应力值，以 σ_{con} 表示。

为了充分发挥预应力混凝土的优点，在确定 σ_{con} 时，应考虑以下几个问题：

(1)张拉控制应力 σ_{con} 应高低适宜。为使混凝土获得较高的预压应力，提高构件的抗裂性，σ_{con} 宜定得尽可能高一些，但张拉控制应力也不能定得过高，否则构件在施工阶段，其受拉区就可能因为拉应力过大而直接开裂，或者由于开裂荷载接近其破坏荷载，导致构件在破坏前无明显的预兆，后张法构件还可能在构件端部出现混凝土局部受压破坏。

(2)为减少预应力损失，构件在必要时应进行超张拉。钢筋的实际屈服强度具有一定的离散性，如将张拉控制应力定得过高，也可能使个别预应力筋的应力超过其屈服强度，产生较大的塑性变形，从而达不到预期的预应力效果，对于高强钢丝，甚至会发生脆断。

(3)张拉控制应力 σ_{con} 的取值应结合材质和张拉方法的特点。冷拉钢筋属于软钢，以屈服强度作为强度标准值，张拉控制应力 σ_{con} 可定得高一些。钢丝和钢绞线属于硬钢，塑性差，且以极限抗拉强度作为强度标准值，张拉控制应力 σ_{con} 可定得低一些。先张法需要考虑混凝土弹性压缩引起的应力降低，后张法可不必再考虑混凝土弹性压缩而引起的应力降低，所以后张法构件的张拉控制应力 σ_{con} 可以比先张法构件定得低一些。

《混凝土结构设计规范》(GB 50010—2010)(2015 版)规定，预应力筋的张拉控制应力 σ_{con}

不宜超过表 4－25 中的限值。同时，当符合下列情况之一时，表中的张拉控制应力限值可相应提高$0.05f_{ptk}$：

①要求提高构件在施工阶段的抗裂性能而在使用阶段受压区内设置的预应力筋；

②要求部分抵消由于应力松弛、摩擦、钢筋分批张拉以及预应力筋与张拉台座之间的温差等因素产生的预应力损失。

表 4－25　张拉控制应力限值

钢筋种类	张拉控制应力 σ_{con}	
	最大值	最小值
消除应力钢丝、钢绞线	$0.75f_{ptk}$	$0.4f_{ptk}$
热处理钢筋	$0.70f_{ptk}$	$0.4f_{ptk}$
预应力螺纹钢筋	$0.85f_{ptk}$	$0.5f_{ptk}$

注：f_{ptk}为预应力筋的强度标准值。

4. 预应力损失及其组合

预应力筋张拉后，由于各种原因其张拉应力会下降，这一现象称为预应力损失。预应力损失会降低预应力的效果，因此，尽可能地减少预应力损失并对其进行正确的估算。

1)预应力损失的原因

在施工和使用过程中，引起预应力损失的因素很多，各种因素之间又是互相影响的。《混凝土结构设计规范》(GB 50010—2010)(2015 版)列出了引起预应力损失的六大类原因，并根据不同的施工特点进行组合，并对其组合值给出了相应的限定。

(1)张拉端锚具变形和预应力筋内缩引起的预应力损失 σ_{l1}。

(2)预应力筋与孔道壁之间的摩擦引起的预应力损失 σ_{l2}。

(3)混凝土加热养护时，预应力筋与承受拉力的设备之间温差引起的预应力损失 σ_{l3}。

(4)预应力筋的应力松弛引起的损失 σ_{l4}。

(5)混凝土收缩、徐变引起受拉区和受压区纵向预应力筋的预应力损失 σ_{l5}、σ'_{l5}。

(6)混凝土的局部挤压引起的预应力损失 σ_{l6}。

2)预应力损失值的组合

工程实践表明，采用不同的施加预应力方法，产生的预应力损失不相同。一般情况下，先张法构件的预应力损失有 σ_{l1}、σ_{l3}、σ_{l4}和 σ_{l5}，后张法构件的预应力损失有 σ_{l1}、σ_{l2}、σ_{l4}和 σ_{l5}(当为环形构件时，还有 σ_{l6})。然而，各项预应力损失是先后发生的，为了获得预应力筋的有效预应力 σ_{pe}，应先将预应力损失按各受力阶段进行组合，计算出不同阶段预应力筋的有效预拉应力值，然后计算出在混凝土中建立的有效预应力 σ_{pe}。有效预应力 σ_{pe}是指张拉控制应力 σ_{con}扣除相应应力损失 σ_l，并考虑混凝土弹性压缩引起的预应力筋应力降低后，在预应力筋内存在的预拉应力。

在实际计算中，一般以预压为界把预应力损失分成两批。预压，对先张法，是指放松预应力筋(简称放张)，开始给混凝土施加预应力的时刻；对后张法，因为是在混凝土构件上张拉预应力筋，混凝土从张拉钢筋开始就受到预压，故这里的预压特指张拉预应力筋至 σ_{con}并加以锚固的时刻。

预应力混凝土构件在各阶段的预应力损失值宜按表 4－26 的规定进行组合。

表 4-26 各阶段预应力损失值的组合

预应力损失值的组合	先张法构件	后张法构件
混凝土预压前(第一批)的损失	$\sigma_{l1}+\sigma_{l2}+\sigma_{l3}+\sigma_{l4}$	$\sigma_{l1}+\sigma_{l2}$
混凝土预压后(第二批)的损失	σ_{l5}	$\sigma_{l4}+\sigma_{l5}+\sigma_{l6}$

考虑到预应力损失计算值与实际值的差异,并为了保证预应力混凝土构件具有足够的抗裂度,现行《混凝土结构设计规范》(GB 50010—2010)(2015 版)规定了预应力总损失值的最低限值,当计算求得的预应力总损失值 σ_l 小于以下数值时,应按照下列数值取用:

先张法构件,$\sigma_{minl}=100\ N/mm^2$;后张法构件:$\sigma_{minl}=80\ N/mm^2$。

4.6.3 预应力混凝土构件的计算

预应力混凝土构件,除应根据设计状况进行承载力及正常使用极限状态验算外,还应对其施工阶段进行验算。一般按照施工阶段和使用阶段分别进行验算。

1. 施工阶段验算

施工阶段验算的主要内容包括两部分:一是预应力混凝土构件在制作、运输和安装等施工过程中的承载力大小的计算;二是预应力混凝土构件在制作、运输和安装等施工过程中抗裂性性能的验算。

2. 使用阶段计算

预应力混凝土构件使用阶段的计算包括承载力极限状态的计算和正常使用极限状态下的验算。

(1)承载力计算。对预应力轴心受拉构件,应进行正截面受拉承载力计算;对预应力受弯构件,应进行正截面受弯承载力和斜截面受剪承载力计算。

(2)裂缝控制与变形验算。对正常使用阶段不允许开裂的构件,应进行抗裂验算,即符合裂缝控制等级为一级或二级的条件;对允许开裂的构件,应进行裂缝宽度验算;对预应力受弯构件,还应进行挠度验算。

《混凝土结构设计规范》(GB 50010—2010)(2015 版)规定如下:

(1)预应力混凝土结构设计应计入预应力作用效应;对超静定结构,相应的次弯矩、次剪力及次轴力等应参与组合计算。对承载能力极限状态,当预应力作用效应对结构有利时,预应力作用分项系数 γ_p应取 1.0,不利时 γ_p应取 1.2;对正常使用极限状态,预应力作用分项系数 γ_p应取 1.0。

(2)对参与组合的预应力作用效应项,当预应力作用效应对承载有利时,结构重要性系数 γ_0应取 1.0;当预应力作用效应对承载力不利时,结构重要性系数 γ_0应按照第 3 章式(3-7)的说明确定。

【拓展与应用】

中国古代木构架体系建筑的构件——斗拱

斗拱,是由斗和拱组成的一种木结构构件,宋《营造法式》中称为铺作,清工部《工程做法》中称为斗科。斗是斗形的垫块,拱是弓形的短木,斗拱架在斗上,向外挑出,拱端之上再安斗,这样逐层纵横交错叠加,形成上大下小的托架,起到将房檐的重量传递到立柱的作用。

斗拱的传力本质是通过过渡,将面荷载可靠的"收缩"为集中荷载,传到梁或者柱子上来。

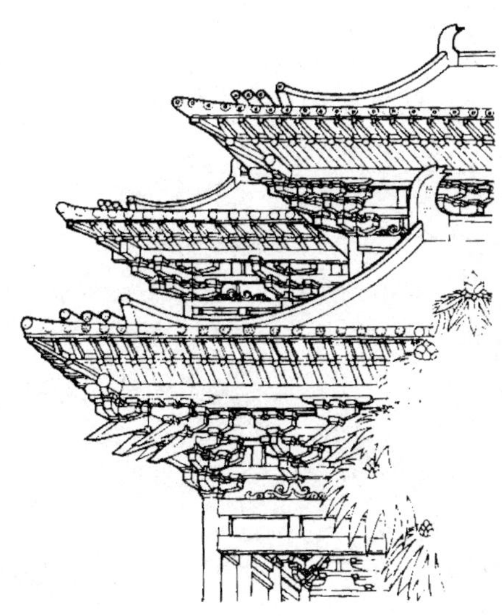

这种所谓的"收缩"看似是一个不稳定的平衡，上大下小，但是通过榫卯连接，纵横的相互咬合，相互限制，实际上可以将斗与拱紧紧的固定成一个整体。

房檐及其上的作用是变化的，木材的承载能力是一定的。在力学上，斗拱的构造将单点支撑变成了多点支撑，将受力分解到各个支点，保证了结构上的安全。

思考练习题

1. 混凝土的强度等级是如何确定的？混凝土的基本强度指标有哪些？其相互关系是什么？
2. 我国建筑结构用钢筋有哪些种类？钢筋混凝土结构对钢筋的性能有哪些要求？
3. 钢筋与混凝土的黏结强度是由哪些部分组成的？影响钢筋与混凝土之间黏结强度的主要因素有哪些？
4. 收缩与徐变对普通混凝土结构和预应力混凝土结构有何影响？
5. 受弯构件中适筋梁从加载到破坏经历哪几个阶段？各阶段的主要特征是什么？每个阶段是哪种极限状态的计算依据？
6. 什么叫配筋率？少筋梁、适筋梁和超筋梁的破坏特征有何区别？
7. 什么叫截面相对界限受压区高度 ξ_b？它在承载力计算中的作用是什么？
8. 在双筋矩形截面承载力计算中，为什么必须同时满足 $\xi \leqslant \xi_b$ 与 $x \geqslant 2a'_s$ 的条件？
9. 矩形截面梁内已配有受压钢筋 A'_s，若计算时 $\xi < \xi_b$，则在计算受拉钢筋 A_s 时是否要考虑 A'_s？
10. 当验算 T 形截面梁的最小配筋百分率 ρ_{min} 时，计算配筋率 ρ 为什么要用腹板宽度 b 而不用翼缘宽度 b'_f？
11. 试编写单、双筋矩形梁和 T 形截面梁正截面承载力计算程序。
12. 什么是剪跨比？它对梁的斜截面抗剪有什么影响？
13. 梁斜截面破坏的主要形态有哪几种？它们分别在什么情况下发生？破坏性质如何？
14. 有腹筋梁斜截面受剪承载力计算公式有什么限制条件？其意义如何？
15. 在进行斜截面抗剪计算时，什么情况下需要考虑集中荷载的影响？
16. 什么叫受弯承载力图(或材料图)？如何绘制？它与设计弯矩图有什么关系？

17. 纯扭适筋、少筋、超筋构件的破坏特征是什么？
18. 在受扭构件设计中，ξ、W_t、β_t的意义是什么？
19. 在弯、剪、扭联合作用下构件的受弯配筋是怎样考虑的？受剪配筋是怎样考虑的？
20. 偏心受压构件设计中，为什么要考虑附加偏心距？
21. 试从破坏原因、破坏性质及影响承载力的主要因素来分析偏心受压构件的两种破坏特征。当构件的截面、配筋及材料强度给定时，形成两种破坏特征的条件是什么？
22. 在截面设计中，为什么要以界限偏心距来判断大偏心或小偏心受压情况？而在对称配筋情况为什么不能单凭它来判断？
23. 偏心受压构件斜截面抗剪承载力的计算公式是根据什么破坏特征建立的？怎样防止出现其他破坏情况？
24. 为什么要对混凝土结构构件的变形和裂缝进行验算？
25. 试说明受弯构件刚度 B 的意义。
26. 扼要说明《混凝土结构设计规范》(GB 50010—2010)(2015 版)的最大裂缝计算公式是怎样建立的。
27. 试说明减少受弯构件挠度和裂缝宽度的有效措施。
28. 如何提高混凝土结构的耐久性？
29. 何谓预应力混凝土？与普通钢筋混凝土构件相比，预应力混凝土构件有何优缺点。
30. 施加预应力的方法有哪几种？先张法和后张法的区别是什么？试简述它们的优缺点及应用范围。
31. 什么是张拉控制应力？为什么张拉控制应力取值不能过高也不能过低？
32. 预应力损失有哪几种？各种损失产生的原因是什么？计算方法及减小措施如何？先张法、后张法各有哪几种损失？哪些属于第一批？哪些属于第二批？
33. 预应力混凝土构件中的非预应力筋有何作用？
34. 某办公楼面梁的计算跨度为 6.2 m，设计使用年限为 50 年，环境类别为一类，弯矩设计值 $M=130\ \text{kN}\cdot\text{m}$。试计算表 4-27 中五种情况的 A_s，并进行讨论：

(1)提高混凝土的强度等级对配筋梁的影响。

(2)提高钢筋级别对配筋梁的影响。

(3)加大截面高度对配筋梁的影响。

(4)加大截面宽度对配筋梁的影响。

(5)提高混凝土强度等级或钢筋级别对受弯构件的破坏弯矩有什么影响？从中可得出什么结论？该结论在工程实践上及理论上有哪些意义？

表 4-27　题 4-34 附表

序号	梁高/mm	梁宽/mm	混凝土强度等级	钢筋级别	钢筋面积 A_s/mm^2
1	550	220	C20	HPB300	
2	550	220	C25	HPB300	
3	550	220	C30	HRB335	
4	550	220	C40	HRB400	
5	550	220	C50	HRB500	

35. 某钢筋混凝土矩形梁，设计使用年限为 50 年，环境类别为一类，承受弯矩设计值 $M=160\ \text{kN}\cdot\text{m}$，混凝土强度等级为 C30，HRB400 级钢筋。试按正截面承受力要求确定其截面尺寸及配筋。

36. 已知一矩形梁的截面尺寸 $b\times h=200\ \text{mm}\times 500\ \text{mm}$，设计使用年限为 50 年，环境类别为二 a 类，弯矩设计值 $M=216\ \text{kN}\cdot\text{m}$，混凝土强度等级为 C30，HRB335 级钢筋。试对该梁进行截面配筋设计。

37. 已知一矩形梁的截面尺寸 $b\times h=200\ \text{mm}\times 500\ \text{mm}$，设计使用年限为 50 年，环境类别为一类，承受弯矩设计值 $M=200\ \text{kN}\cdot\text{m}$，混凝土强度等级为 C25，已配 HRB335 级受拉钢筋 6 Φ 20。试复核该梁是否安全；若不安全，则重新设计，但不得改变截面尺寸和混凝土强度等级。

38. 某大楼中间走廊单跨简支板，计算跨度 $l_0=2.18$ m，承受均布荷载设计值 $g+q=6\ \text{kN/m}^2$（包括自重），混凝土强度等级为 C20，HPB300 级钢筋。设计使用年限为 50 年，环境类别为一类。试确定现浇板的厚度 h 及所需受拉钢筋的截面面积 A_s，并画钢筋配置图。

39. 某 T 形截面梁的翼缘计算宽度 $b_f'=500$ mm，$b=250$ mm，$h=600$ mm，$h_f'=100$ mm，设计使用年限为 50 年，环境类别为一类，混凝土强度等级为 C30，HRB400 级钢筋，承受弯矩设计值 $M=260\ \text{kN}\cdot\text{m}$。试对该梁截面进行配筋设计。

40. 某 T 形截面梁的翼缘计算宽度 $b_f'=1\ 200$ mm，$b=200$ mm，$h=600$ mm，$h_f'=80$ mm，设计使用年限为 50 年，环境类别为一类，混凝土强度等级为 C25，配有 4 Φ 20 受拉钢筋（HRB335 级），承受弯矩设计值 $M=146\ \text{kN}\cdot\text{m}$。试复核该梁截面是否安全。

41. 某钢筋混凝土矩形截面简支梁，设计使用年限为 50 年，环境类别为二 a 类，截面尺寸 $b\times h=200\ \text{mm}\times 500\ \text{mm}$，采用 C30 混凝土，纵向受力钢筋为 HRB335 级钢筋，箍筋为 HPB300 级钢筋。该梁仅承受集中荷载作用，若集中荷载至支座距离 $a=1130$ mm，在支座边产生的剪力设计值 $V=176$ kN，并已配置Φ 8@200 双肢箍，且按正截面受弯承载力计算配置了足够的纵向受力钢筋。计算时取 $a_s=35$ mm，梁自重不考虑。试计算：

(1)仅配置箍筋是否满足抗剪要求？

(2)当不满足时，要求利用一部分纵向钢筋弯起，试求弯起钢筋的截面面积。

42. 如图 4-84 所示的钢筋混凝土矩形截面简支梁，其截面尺寸 $b\times h=250\ \text{mm}\times 600\ \text{mm}$，设计使用年限为 50 年，环境类别为一类，采用 C35 混凝土，纵向受力钢筋为 HRB335 级钢筋，箍筋为 HPB300 级钢筋。试对该梁截面进行配筋设计。

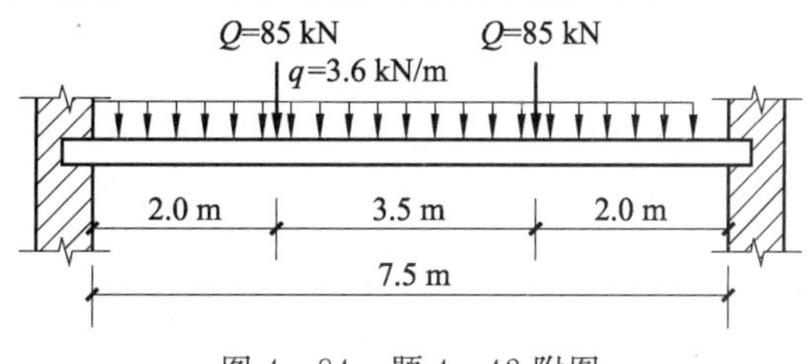

图 4-84　题 4-42 附图

43. 在均布荷载作用下，某钢筋混凝土构件的截面尺寸为 $b\times h=200\ \text{mm}\times 400\ \text{mm}$，同时承受的弯矩设计值 $M=50\ \text{kN}\cdot\text{m}$，剪力设计值 $V=52$ kN，扭矩设计值 $T=12\ \text{kN}\cdot\text{m}$。若采用 HPB300 级钢筋，混凝土强度等级为 C25，环境类别为一类，设计使用年限为 50 年。试对

该构件进行配筋设计。

44. 某轴心受压柱，承受轴力设计值 $N=2400$ kN，计算长度为 $l_0=6.2$ m。若采用 C25 混凝土，纵向钢筋为 HRB400 级，设计使用年限为 50 年，环境类别为一类。是设计该柱的截面尺寸，并配置受力钢筋。

45. 某多层框架柱（框架按无侧移结构考虑），底层门厅柱为圆形截面，直径 $d=500$mm，要求按轴心受压柱设计。该柱计算长度 $l_0=6$ m，承受轴力设计值 $N=3900$ kN。若采用混凝土强度等级 C30，纵向钢筋为 HRB400 级，螺旋箍筋为 HRB335，设计使用年限为 50 年，环境类别为一类。试对该圆柱进行配筋设计。

46. 某矩形截面柱，$b\times h=400$ mm$\times 600$ mm，计算长度 $l_0=6$ m，柱上作用轴向力设计值 $N=2600$ kN，弯矩设计值 $M_1=M_2=180$ kN。若采用混凝土强度等级 C30，纵向钢筋为 HRB400 级，设计使用年限为 50 年，环境类别为一类。试求该柱纵向钢筋 A_s 及 A_s'，并验算垂直弯矩作用平面的抗压承载力。

47. 某偏心受压柱 $h=600$ mm，$b=300$ mm，计算长度 $l_0=4$m，受压区已配有 2 Φ 16 的钢筋，柱上作用轴向力设计值 $N=780$ kN，弯矩设计值 $M_1=-125$ kN·m，$M_2=390$ kN·m，混凝强度等级为 C30，钢筋为 HRB400 级，设计使用年限为 50 年，环境类别为二 b。试对该柱进行配筋设计。

48. 已知矩形截面偏心受压柱 $h=600$ mm，$b=400$ mm，计算长度 $l_0=4.5$ m，受压区已配有 4 Φ 25 的钢筋，柱上作用轴向力设计值 $N=468$ kN，弯矩设计值 $M_1=M_2=234$ kN·m，混凝土强度等级为 C30，钢筋为 HRB400 级，设计使用年限为 50 年，环境类别为二 a。试按对称配筋进行设计。

49. 某门厅入口悬挑板，计算跨度 $l_0=3$ m，板厚 $h=300$ mm，配置Φ 16@200 的 HRB335 级受力钢筋，混凝土强度等级为 C30，板上均布荷载标准值：永久荷载 $g_k=8$ kN/m^2，可变荷载 $q_k=0.5$ kN/m^2（准永久值系数为 1.0）。环境类别为一类，设计使用年限为 50 年，试验算该板的最大挠度是否满足要求。

50. 计算题 4－49 中悬挑板的最大裂缝宽度验算。

第 5 章　钢筋混凝土结构单元设计

【教学目标】

本章主要讲述钢筋混凝土楼盖、楼梯与雨篷的设计方法及构造要求。本章学习目标如下：

(1)掌握现浇式肋梁楼盖板设计一般要求与设计方法；

(2)掌握钢筋混凝土楼梯设计原理与方法；

(3)掌握悬挑构件雨篷设计原理与方法。

【教学要求】

知识要点	能力要求	相关知识
(1)现浇式肋梁楼盖板设计一般要求 (2)现浇式肋梁楼盖板布置原则与计算方法	(1)掌握现浇式肋梁楼盖板设计一般要求 (2)掌握现浇式肋梁楼盖板布置原则 (3)掌握现浇式肋梁楼盖板设计计算方法	(1)混凝土结构施工图平面整体表示方法制图规则和构造详图 (2)混凝土结构设计规范与规程
(1)钢筋混凝土楼梯设计原理与方法	(1)了解楼梯各种形式与特点 (2)熟悉钢筋混凝土楼梯设计原理与方法	钢结构、砌体结构、木结构设计规范与规程
(1)悬挑构件雨篷设计原理与方法	(1)了解悬挑构件各种形式与特点 (2)熟悉钢筋混凝土雨篷设计原理与方法	木结构、空间结构设计规范与规程

5.1　概述

钢筋混凝土楼盖设计包括屋盖和楼层两部分，其中，屋盖也称屋顶，一般由防水层、钢筋混凝土结构层和保温层组成。钢筋混凝土楼层，一般由面层、钢筋混凝土结构层和顶棚组成。其中，由梁、板构件组成的钢筋混凝土结构层，在建筑结构中起着承受、传递及分配竖向荷载与水平力的作用。楼盖的结构形式很多(见图 5-1)，按施工方法，楼盖的结构层可分为现浇式、装配式和装配整体式三种。由于现浇式楼盖具有整体性好、刚度大、防水性好、抗震性强、适应于房间的平面形状等优点。近年来，商品混凝土、泵送混凝土及工具模板的广泛采用，现浇式楼盖的应用最为普遍。

楼梯是多层及高层建筑竖向交通的主要构件，又是多、高层建筑遭遇火灾及其他灾害时的主要疏散通道。楼梯一般由梯段、休息平台、栏杆或栏板几部分组成。按施工方法的不同，楼梯可分为现浇式楼梯和装配式楼梯；按梯段结构形式的不同，楼梯可分为板式楼梯、梁式楼梯、

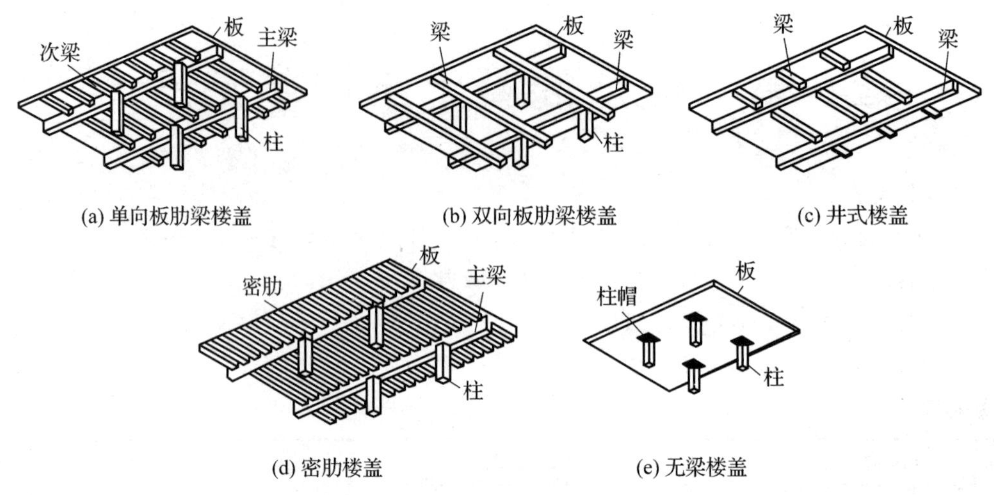

图 5-1 楼盖的形式

剪刀式楼梯和螺旋式楼梯等(见图 5-2),其中,板式楼梯和梁式楼梯为平面受力体系,剪刀式楼梯和螺旋式楼梯为空间受力体系。目前,常见的楼梯主要是钢筋混凝土现浇楼梯。

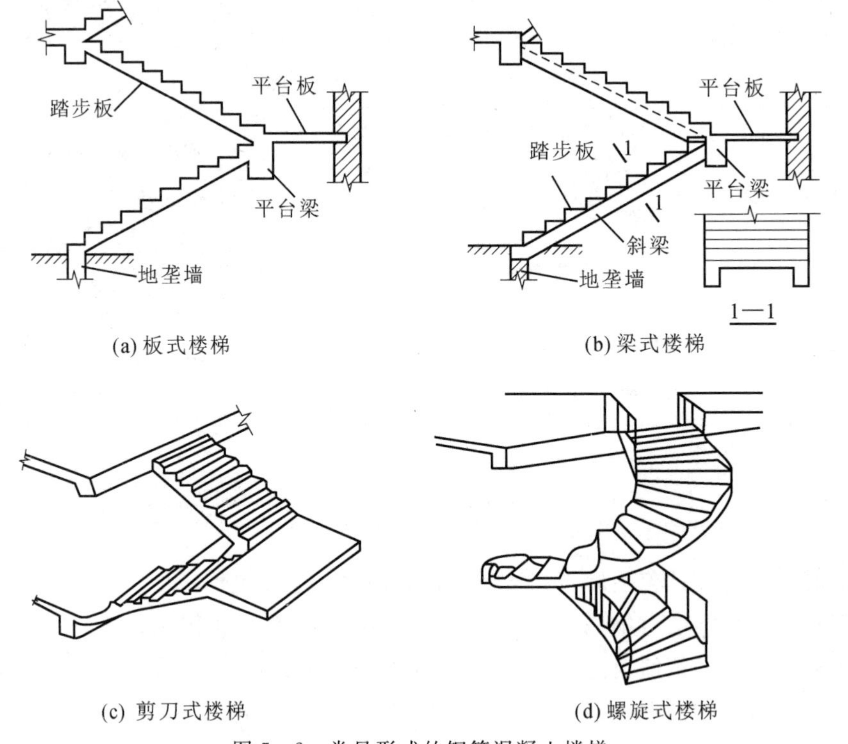

图 5-2 常见形式的钢筋混凝土楼梯

雨篷、阳台等既是房屋建筑中常见的悬挑构件(见图 5-3),也是建筑结构设计的基本内容之一。这些悬挑构件的建筑形式虽然多样,但通常都是由梁、板构件组成的。按照施工方法的不同,悬挑构件分为现浇式和装配式。由于悬挑构件是一边支承的,因而在设计悬挑构件时,既要按照一般梁、板构件的承载力要求进行设计,又要考虑抗倾覆验算。

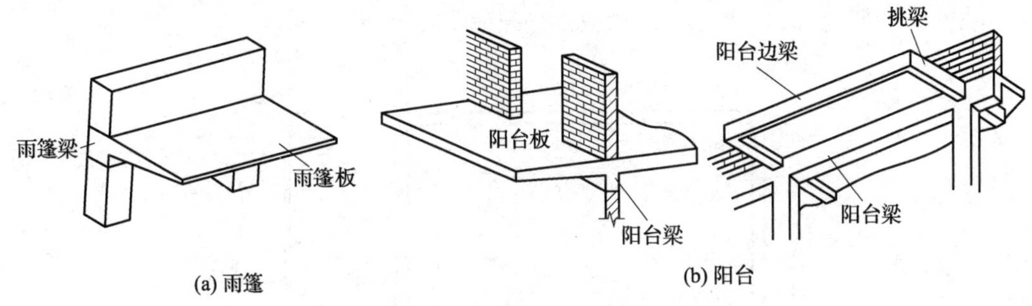

图 5-3　常见的悬挑构件

5.2　现浇式板肋梁楼盖设计

现浇式板肋梁楼盖设计，主要包括单向板肋梁楼盖设计与双向板肋梁楼盖设计。

5.2.1　现浇式板肋梁楼盖设计的一般要求

1. 单向板和双向板的划分

现浇式板肋梁楼盖，是最常见的楼盖结构，由板和支承构件(梁、柱、墙)组成，其传力路径为：板→梁(或次梁→主梁)→柱(墙)→基础。理论上，支承构件对板的支承有多种方式(见图 5-4)，对于悬臂板和对边支承的板，板上荷载的传力路径十分明显；但对于相邻边支承、三边支承和四边支承，板上荷载的传力路径就没有那么直观明显了。这是制约着楼盖设计的首要问题。

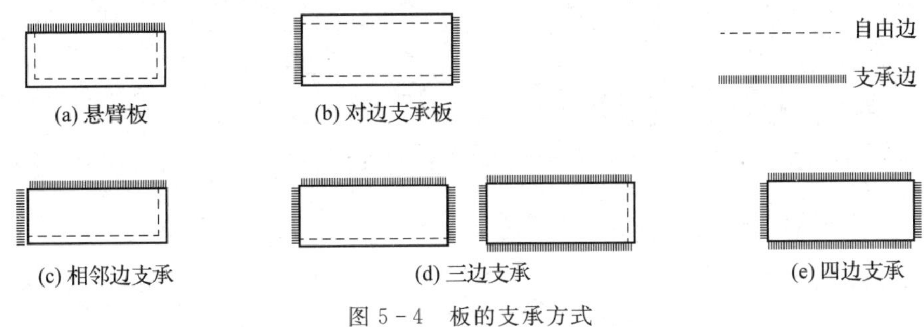

图 5-4　板的支承方式

通常情况下，现浇式板肋梁楼盖的梁呈双向正交布置，将板划分为矩形区格，形成四边支承的连续板或单块板。受垂直荷载作用的四边支承，在两个方向均可能发生弯曲变形，同时可能将板上荷载传递给四边的支承梁。

这里以四边简支的矩形板为例，分析其受力特点，如图 5-5 所示。该板承受垂直均布荷载 p 的作用，设板的长边为 l_{01}，短边为 l_{02}，沿板跨中的两个方向分别切出单位宽度的板带，得到两根简支梁。根据板跨中的变形协调条件有

$$f_{\mathrm{A}}=\alpha_1\frac{p_1 l_{01}^4}{EI_1}=\alpha_2\frac{p_2 l_{02}^4}{EI_2} \tag{5-1}$$

式中：α_1、α_2——挠度系数，当两端简支时，$\alpha_1=\alpha_2=\frac{5}{384}$；

I_1、I_2——分别为对应 l_{01}、l_{02}方向板带的换算截面惯性矩；

p_1、p_2——分别为 p 在 l_{01}、l_{02} 方向上的分配值，即 $p=p_1+p_2$。

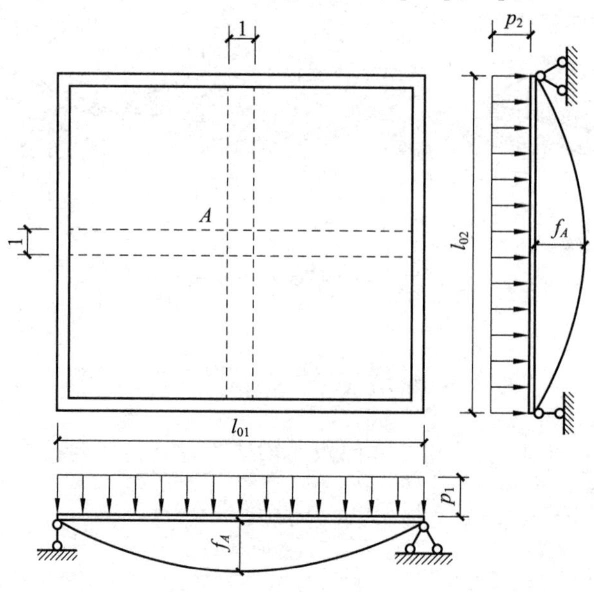

图 5-5　四边支承的板上荷载传递

如果忽略两个方向配筋差异的影响，取 $I_1=I_2$，就可以得到

$$p_1=\frac{l_{02}^4}{l_{01}^4+l_{02}^4}p \tag{5-2}$$

$$p_2=\frac{l_{01}^4}{l_{01}^4+l_{02}^4}p \tag{5-3}$$

通过式(5-2)和式(5-3)可以看出：

当 $l_{01}/l_{02}=2$ 时，

$$p_1=\frac{l_{02}^4}{l_{01}^4+l_{02}^4}p=0.059p,\ p_2=\frac{l_{01}^4}{l_{01}^4+l_{02}^4}p=0.941p$$

当 $l_{01}/l_{02}=3$ 时，

$$p_1=\frac{l_{02}^4}{l_{01}^4+l_{02}^4}p=0.0122p,\ p_2=\frac{l_{01}^4}{l_{01}^4+l_{02}^4}p=0.9878p$$

该分析结果表明，对于四边支承的矩形板，当其长边与短边的比值较大时，板上荷载主要沿短边方向传递，沿长边方向传递得很少。为了简化计算，对长、短边比值较大的板，忽略荷载沿长边方向的传递，称其为单向板；对长、短边比值较小的板，称其为双向板。

《混凝土结构设计规范》(GB 50010—2010)(2015 版)规定，混凝土板应按下列原则进行计算。

(1)两对边支承的板应按单向板计算。

(2)四边支承的板：当 $l_{01}/l_{02}\leqslant 2$ 时，应按双向板计算；当 $2<l_{01}/l_{02}<3$ 时，宜按双向板计算；当 $l_{01}/l_{02}\geqslant 3$ 时，宜按沿短边方向受力的单向板计算，并应沿长边方向布置构造钢筋。

2. 楼盖结构布置的要求

楼盖结构布置时，应对影响布置的各种因素进行分析比较和优化。通常是针对具体的建筑设计来布置结构的，这就需要从建筑效果、使用功能和结构的要求上考虑。

(1)在建筑效果和使用功能方面,应主要考虑以下要求:

①根据房屋的平面尺寸和功能要求,合理布置柱网和梁;

②楼层的净高度要求;

③楼层顶棚的使用要求;

④有利于建筑的立面设计及门窗要求;

⑤提供改变使用功能的可能性和灵活性;

⑥考虑到其他专业工种的要求。

(2)在结构方面,应主要考虑以下要求:

①构件的形状和布置尽量规则和均匀;

②受力明确,传力直接;

③有利于整体结构的刚度均衡、稳定和构件受力协调;

④荷载应分布均衡,宜分散而不宜集中;

⑤结构自重要小;

⑥保证计算时楼面在自身平面内无限刚性假设的成立。

3. 楼盖结构的计算模型

基于力学原理、结构布置和结构用材等条件,将实体建筑结构抽象为可以进行分析计算的力学模型,是结构设计的重要任务。好的力学计算模型应该是在反映实际结构的主要受力特点的前提下,尽可能地简单。在楼盖设计中,要正确处理板与次梁、板与墙体、次梁与主梁、次梁与墙体、主梁与柱、主梁与墙体的关系。楼盖结构的计算模型确定后,应注意在后续的设计中,特别是在具体的构造处理方面,具体实现计算模型中各构件的相互受力关系。

4. 梁、板构件的截面尺寸

梁的高度应满足一定的高跨比要求,梁的宽度与高度应成一定比例,确保构件截面稳定性的要求。板的尺寸应满足《混凝土结构设计规范》(GB 50010—2010)(2015版)规定的最小厚度要求,同时也应符合一定的高跨比要求。梁、板的最小厚度及高跨比要求可按照表4-9和表5-1取用。

表5-1　钢筋混凝土梁、板的截面尺寸

<table>
<tr><th>构件种类</th><th>截面高度 h 与跨度 l 的比值</th><th>说　明</th></tr>
<tr><td>简支单向板</td><td>$h/l \geq 1/35$</td><td rowspan="2">单向板 h 不小于下列值。
屋面板:60 mm
民用建筑楼板:60 mm
工业建筑楼板:70 mm</td></tr>
<tr><td>两端连续单向板</td><td>$h/l \geq 1/40$</td></tr>
<tr><td>四边简支双向板</td><td>$h/l_1 \geq 1/45$</td><td rowspan="2">双向板 h:
160 mm $\geq h \geq$ 80 mm
l_1 为双向板的短边跨度</td></tr>
<tr><td>四边连续双向板</td><td>$h/l_1 \geq 1/50$</td></tr>
<tr><td>多跨连续次梁</td><td>$h/l=1/18 \sim 1/12$</td><td rowspan="3">梁的高宽比 h/b 一般为1.5～3.0,并以50 mm为模数</td></tr>
<tr><td>多跨连续主梁</td><td rowspan="2">$h/l=1/14 \sim 1/8$</td></tr>
<tr><td>单跨简支梁</td></tr>
</table>

5.2.2 现浇式板肋梁楼盖设计的计算方法

楼盖设计的计算方法，实质上是梁(次梁或主梁)、板的内力分析和计算的方法。目前，理论上有弹性理论分析法和塑性理论分析法两种。理论分析、试验验证和工程实践证明，板与次梁适宜采用塑性理论分析法，主梁宜采用弹性理论分析法。

楼盖结构的设计步骤，一般包括结构平面布置、确定计算简图、荷载分析计算、结构及构件的内力计算、构件的截面计算与构造要求等。

本节仅介绍单向板的设计方法。

1. 单向板肋梁楼盖的结构平面布置

单向板肋梁楼盖结构平面布置的主要任务是合理确定柱网和梁格。它通常是在建筑设计初步方案提出的柱网或承重墙布置的基础上进行。

1)柱网的布置要求

柱网和承重墙的间距决定了主梁的跨度，主梁的间距决定了次梁的跨度，次梁的间距又决定了板跨度。因此，在进行柱网布置时应与梁格布置统一考虑。柱网尺寸过大，将使梁的截面过大而增加用料量和提高工程造价；柱网尺寸过小，又会使柱和基础的数量增多，也会提高工程造价，影响房屋的使用。通常情况下，次梁的跨度宜取 4～6 m，主梁的跨度宜取 5～8 m。

2)梁格的布置要求

布置梁格主要解决的问题是，在与柱网布置协调的基础上，合理确定主梁、次梁的方向及次梁的间距。

对于主梁，可以采取沿房屋横向布置或纵向布置两种方式：前者与柱构成横向刚度较强的框架体系，但因次梁平行于侧窗，会造成顶上出现次梁的阴影；后者便于管道通过，因次梁垂直于侧窗而使顶棚敞亮，但其横向刚度较差。因此，在布置主梁时应根据工程的具体情况选用。

对于次梁，由于次梁的布置方向一定，主要是确定次梁的间距，即板的跨度。当次梁的间距较大时，次梁的数量将减少，这样会增大板厚，进而增加楼盖的混凝土用量。在确定次梁的间距时，应使板厚较小为宜。常用的次梁间距宜为 1.7～2.7 m，一般不宜超过 3 m。

从结构受力角度看，在主梁跨度内布置 2 根及 2 根以上的次梁为宜，以使其弯矩的变化较为平缓，也有利于主梁的受力。若楼板上开有较大洞口，必要时应沿洞口周围布置小梁。主、次梁应尽可能布置在承重的窗间墙上，避免搁置在门窗洞口上，否则洞口过梁应重新设计。

从施工角度看，柱网和梁格的布置应力求简单、规整、统一，减少构件的类型，节约材料，降低造价，方便施工。工程中，常用的布置方案有三种，如图 5-6 所示。

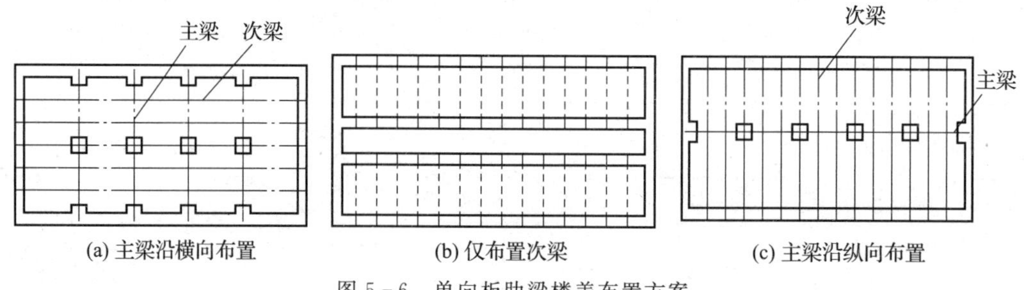

图 5-6 单向板肋梁楼盖布置方案

2. 单向板肋梁的计算简图

单向板肋梁楼盖的板、次梁、主梁和柱是整浇在一起的，形成了一个复杂的体系，但由于板的刚度很小，次梁的刚度又比主梁的刚度小很多，因而，可以将板看作被简单支承在次梁上的结构部分，将次梁看作被简单支承在主梁上的结构部分，则整个楼盖体系就可以分解为板、次梁和主梁几类构件，进行单独计算。根据单向板肋梁楼盖的传力路线，板、次梁、主梁可视为多跨连续的，它们的计算简图应表示出支座的特点、梁（或板）的跨数与计算跨度，以及荷载的形式、位置及大小等。

1）支座的特点

板的支座是次梁或墙体，次梁的支座是主梁或墙体，主梁的支座是柱。在工程设计中，为了便于结构受力分析，对板、梁、墙体之间的连接进行了以下简化。

（1）当板、梁支承在砖墙（或砖柱）上时，由于其嵌固作用较小，可假定为铰支座，其嵌固的影响应在构造设计中加以考虑。

（2）当板的支座是次梁，次梁的支座是主梁时，次梁对板、主梁对次梁也有一定的嵌固作用，为简化计算，通常将其假定为铰支座，由此引起的误差应在内力计算时加以调整。

（3）当主梁的支座是柱，其计算简图应根据梁柱的抗弯刚度比而定。如果梁的抗弯刚度比柱的抗弯刚度大很多时（通常认为主梁与柱的线刚度比大于 4），可以将主梁视为铰支于柱上的连续梁进行计算，否则应按刚接的框架梁设计。

2）梁、板的跨数

连续梁上任何一个截面的内力值与其跨数、各跨跨度、刚度及荷载等因素有关，但对某一跨来说，相隔两跨以上的上述因素对该跨内力的影响很小。因此，为简化计算，对跨数多于五跨的等跨度（或跨度相差不超过 10％）、等刚度、等荷载的连续梁、板，可近似地按五跨计算。如图 5－7 所示，实际结构的 1、2、3 跨的内力按五跨连续梁、板计算简图采用，其余中间各跨（第 4 跨）内力均按五跨连续梁、板的第 3 跨采用。这种简化方法，因其精度高而在工程中广泛应用。

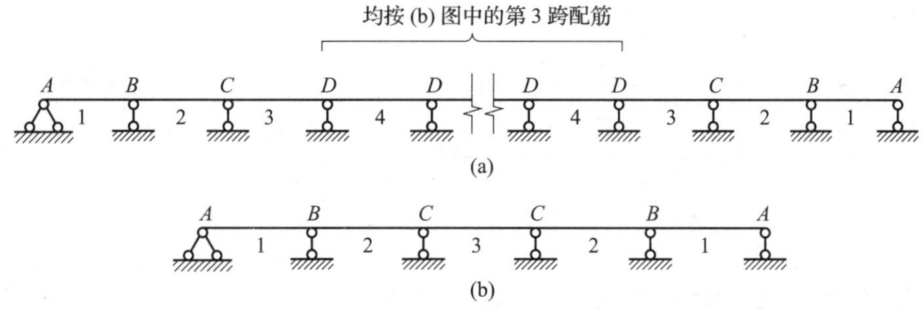

图 5－7　连续梁、板跨数的简化计算

3）梁、板的计算跨度

梁、板的计算跨度，是指在内力计算时所应采用的跨间长度，其值与构件本身的刚度及支承条件有关。在结构设计中，梁、板的计算跨度可按表 5－2 中的规定取用。

3. 荷载分析计算

楼盖上的荷载有恒荷载和活荷载两种。恒荷载一般为均布荷载，它主要包括结构自重、各构造层自重和永久设备自重等。活荷载的分布通常是不规则的，一般均折合成等效均布荷载。

表 5-2　梁、板的计算跨度 l_0

<table>
<tr><td rowspan="2">跨数</td><td colspan="2" rowspan="2">支座情况</td><td colspan="2">计算跨度</td></tr>
<tr><td>板</td><td>梁</td></tr>
<tr><td rowspan="3">单跨</td><td colspan="2">两端简支</td><td>$l_0=l_n+h$</td><td rowspan="3">$l_0=l_n+a\leqslant 1.05l_n$</td></tr>
<tr><td colspan="2">一端简支，另一端与梁整体连接</td><td>$l_0=l_n+0.5h$</td></tr>
<tr><td colspan="2">两端与梁整体连接</td><td>$l_0=l_n$</td></tr>
<tr><td rowspan="6">多跨</td><td colspan="2" rowspan="2">两端简支</td><td>当 $a\leqslant 0.1l_c$ 时，$l_0=l_c$</td><td>当 $a\leqslant 0.05l_c$ 时，$l_0=l_c$</td></tr>
<tr><td>当 $a>0.1l_c$ 时，$l_0=1.1l_n$</td><td>当 $a>0.05l_c$ 时，$l_0=1.05l_n$</td></tr>
<tr><td rowspan="2">一端简支，另一端与梁整体连接</td><td>按塑性计算</td><td>$l_0=l_n+0.5h$</td><td>$l_0=l_n+0.5a\leqslant 1.025l_n$</td></tr>
<tr><td>按弹性计算</td><td>$l_0=l_n+0.5(h+b)$</td><td>$l_0=l_c\leqslant 1.025l_n+0.5a$</td></tr>
<tr><td rowspan="2">两端与梁整体连接</td><td>按塑性计算</td><td>$l_0=l_n$</td><td>$l_0=l_n$</td></tr>
<tr><td>按弹性计算</td><td>$l_0=l_c$</td><td>$l_0=l_c$</td></tr>
</table>

注：l_0—计算跨度；l_n—支座间净距；l_c—支座中心间的距离；h—板的厚度；a—边支座宽度；b—中间支座宽度。

活荷载主要包括楼面活荷载（如使用人群、家具及一般设备的重力）、屋面活荷载和雪荷载等。楼盖的恒荷载标准值和活荷载标准值的计算方法可参看第 2 章的内容。

当楼面板承受均布荷载时，可取宽度为 1 m 的板带进行计算，如图 5-8(a)所示。在确定

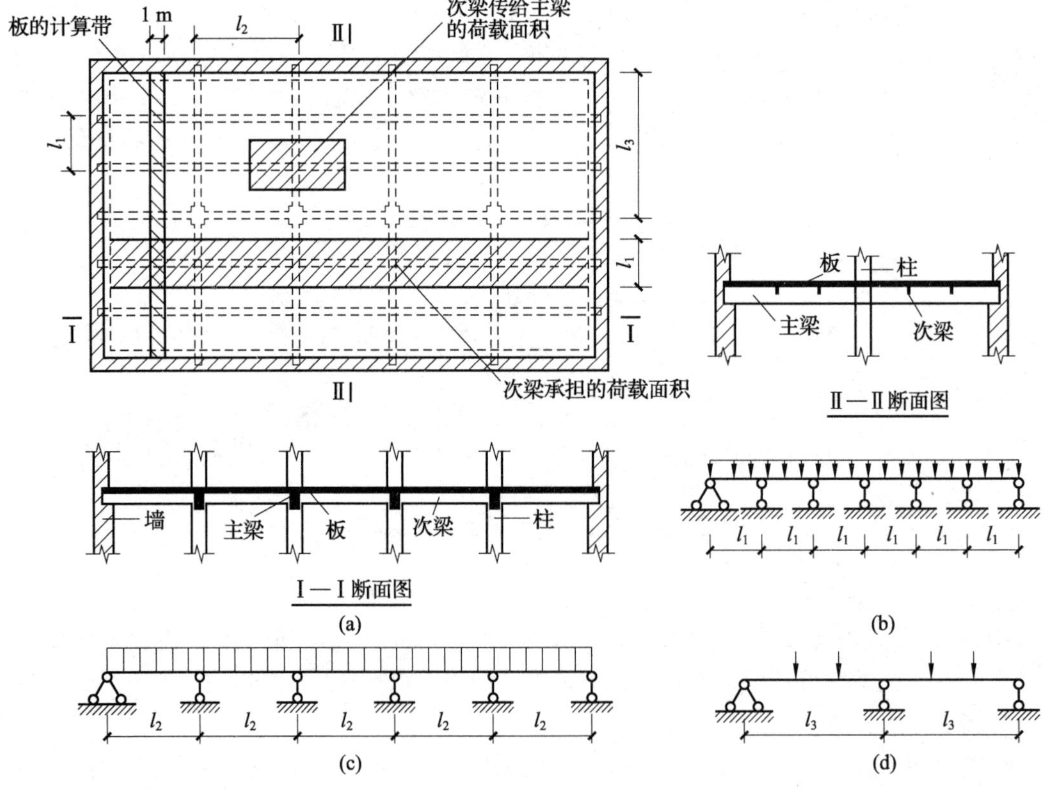

图 5-8　单向肋梁楼盖计算简图

板传递给次梁的荷载、次梁传递给主梁的荷载时，一般均可忽略结构的连续性而按简单支承进行计算。对于次梁，取相邻板跨中线所分割出来的面积作为其受荷面积，主要承受自重与受荷面积上板传来的荷载；主梁主要承受自重和由次梁传来的集中荷载，由于主梁自重与由次梁传来的荷载相比较小，为了简化计算，通常将主梁的均布自重荷载折算为若干集中荷载。次梁、主梁、板的计算简图如图 5-8(b)、(c)和(d)所示。

图 5-8 所示的计算简图，假定梁、板的支座为简支，忽略了次梁对板、主梁对次梁转动的约束作用，即忽略了支座抗扭刚度对梁、板内力的影响。对于等跨连续梁、板而言，当活荷载沿各跨均为满布时，按照简支计算的结果与实际情况相差甚微；但当活荷载没有满布时情况就不同了。

试验证明：在恒荷载 g 的作用下，各跨荷载基本相等，支座的转角 $\theta\approx0$，支座抗扭刚度的影响较小；在活荷载 q 的作用下，若求某跨跨中最大弯矩，在某跨邻跨布置 q，如图 5-9(a)所示，当按铰支座计算时，板绕支座的转角 θ 较大，由于支座约束，而实际转角 θ' 小于 θ(见图 5-9(b))，由此计算出来的结果显示，计算的跨中弯矩大于实际的跨中弯矩。

为了调整实际上与理论上的差异，目前设计中常采用增大恒荷载和减小活荷载的办法来解决，即以折算荷载(g'、q')代替实际荷载(g、q)，如图 5-9(c)所示。

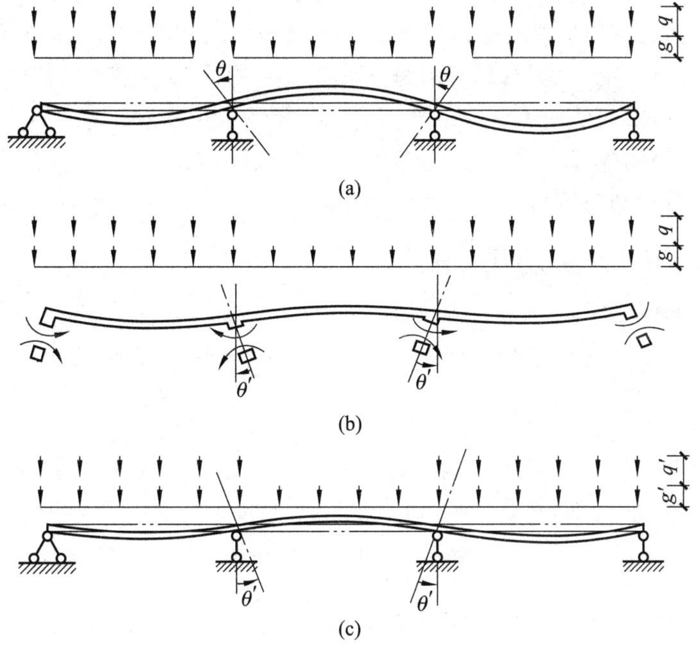

图 5-9　连续梁(板)的折算荷载

对于板：

$$\begin{cases} g' = g + \dfrac{q}{2} \\ q' = \dfrac{q}{2} \end{cases} \tag{5-4}$$

对于次梁：

$$
\begin{cases} g' = g + \dfrac{q}{4} \\ q' = \dfrac{3q}{4} \end{cases} \tag{5-5}
$$

式中：g、q——分别为实际的恒荷载、活荷载设计值；

g'、q'——分别为折算的恒荷载、活荷载设计值。

对于主梁，因转动影响较小，一般不予考虑。

当板或梁搁置在砖墙或钢梁上时，荷载也不需要调整。

4.结构构件的内力计算

1)弹性理论方法的内力计算

按弹性理论方法计算内力，是假定钢筋混凝土连续梁、板为理想弹性体系，因而可按结构力学中的方法进行计算。

钢筋混凝土连续梁、板上承受的恒荷载是保持不变的，活荷载在各跨的分布却是变化的。在结构设计时，必须保证构件在各种可能的荷载布置下安全可靠，所以在计算内力时，应分析如何布置活荷载，才能使梁、板内各截面可能产生的内力绝对值最大，这需要考虑活荷载的最不利布置，并相应地绘出结构构件的内力包络图。

(1)活荷载的最不利布置。对于单跨梁、板，全部恒荷载和活荷载是同时作用的，其最大内力值及其截面位置也是很明显的；对于多跨连续梁、板的某一指定截面，往往并不是所有荷载同时布满在各跨时所引起的内力最大。如图5-10所示，某五跨连续梁在不同跨间活荷载作用下的弯矩图。从该图中可以看出，其弯矩图的变化规律为：当活荷载作用在某跨时，该跨跨中为正弯矩，邻跨跨中则为负弯矩，正、负弯矩相间。

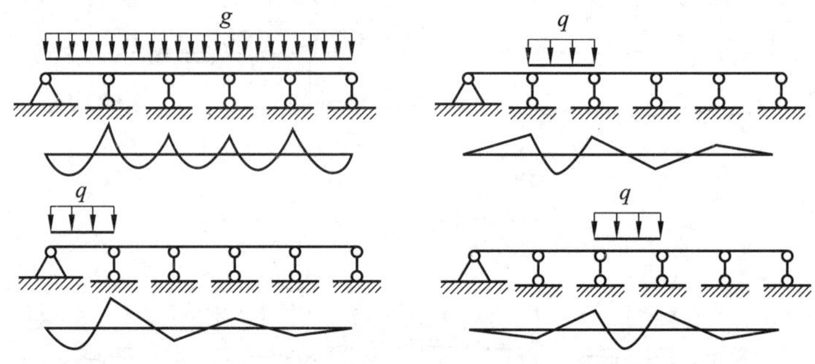

图5-10　五跨连续梁在不同跨间活荷载作用下的内力图

依据对多跨连续梁、板内力图的变化规律及其不同组合后的结果研究表明，确定截面活荷载最不利布置的原则有应遵循以下几点：

①求某跨跨内的最大正弯矩时，除恒载作用外，应在该跨布置活荷载，然后向两侧隔跨布置活荷载。如求第1跨跨中弯矩，活荷载如图5-11(a)所示。

②求某跨跨内的最大负弯矩时，除恒载作用外，该跨不布置活荷载，而在其左右邻跨布置活荷载，然后向两侧隔跨布置。如求第3跨跨中最大负弯矩，活荷载布置如图5-11(b)所示。

③求某支座截面的最大负弯矩时，除恒载作用外，应在该支座相邻两跨布置活荷载，然后向两侧隔跨布置活荷载。如求B支座最大负弯矩，活荷载布置如图5-11(c)所示。

④求某边支座截面的最大剪力时，除恒载作用外，其活荷载布置与求该跨跨中截面最大正

弯矩时的活荷载布置相同。如求 A 支座最大剪力，活荷载布置如图 5 - 11(a)所示。

⑤求某中间跨支座截面的最大剪力时，除恒载作用外，其活荷载布置与求该支座截面最大正负弯矩时的活荷载布置相同。如求 B 或 C 支座最大剪力，活荷载布置如图 5 - 11(c)或图 5 - 11(d)所示。

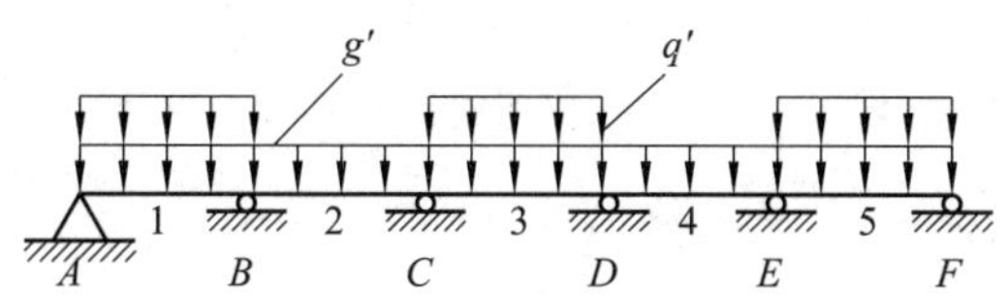

(a) 恒 + 活 1+ 活 3+ 活 5(产生 M_{1max}、M_{3max}、M_{5max}、M_{2min}、M_{4min})

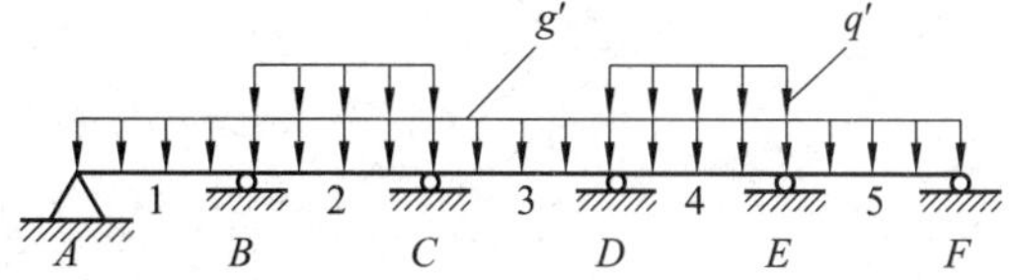

(b) 恒 + 活 2+ 活 4(产生 M_{1min}、M_{3min}、M_{5min}、M_{2max}、M_{4max})

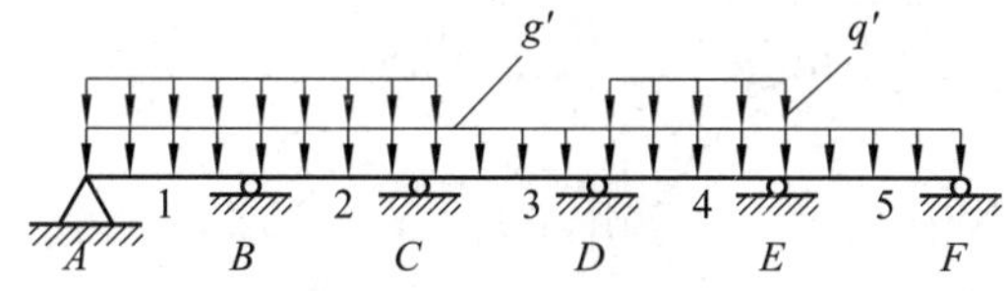

(c) 恒 + 活 1+ 活 2+ 活 4(产生 M_{Bmax}、$V_{B左max}$、$V_{B右max}$)

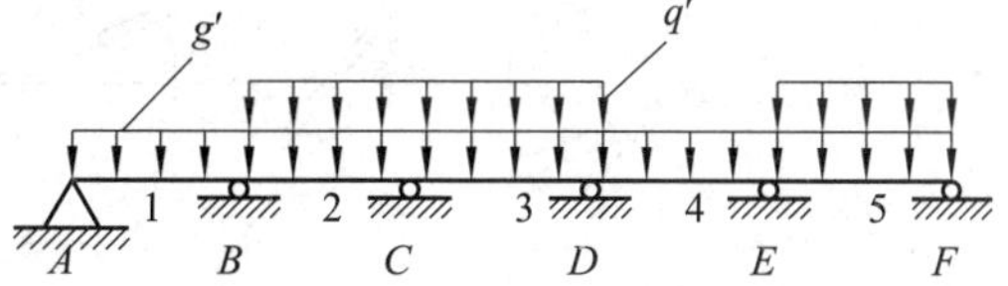

(d) 恒 + 活 2+ 活 3+ 活 5(产生 M_{Cmax}、$V_{C左max}$、$V_{C右max}$)

图 5 - 11　五跨连续梁的最不利荷载组合

(2)不同组合的内力计算。确定活荷载的不利布置后，可按结构力学中的方法求出构件各截面的弯矩和剪力。为了方便计算，已将等跨连续梁、板在各种不同布置荷载作用下的内力系数，制成计算表格，详见书后附录表。设计时可直接从表中查得内力系数，然后按照式(5 - 6)与式(5 - 7)计算，得到多跨连续梁、板各截面的内力值(弯矩值与剪力值)。

$$\text{在均布荷载作用下：}\left.\begin{aligned} M &= \text{表中系数} \times ql^2 \\ V &= \text{表中系数} \times ql \end{aligned}\right\} \tag{5 - 6}$$

$$\text{在集中荷载作用下：}\left.\begin{aligned} M &= \text{表中系数} \times pl \\ V &= \text{表中系数} \times p \end{aligned}\right\} \tag{5 - 7}$$

式中：q——均布荷载设计值，kN/m；

P——集中荷载设计值，kN。

需要注意：当连续梁、板的各跨跨度不相等但相差不超 10%时，仍可近似地按等跨内力系数表进行计算；求支座负弯矩时，计算跨度可取相邻两跨的平均值(或取其中较大值)；求跨中弯矩时，可取相应跨的计算跨度；若各跨板的厚度和梁的截面尺寸不同，其惯性矩之比不大于 1.5，可不考虑构件刚度的变化对内力的影响，仍可用上述内力系数表计算内力。

(3)内力包络图。按一般结构力学方法或利用内力系数表进行计算，求出各种最不利荷载组合作用下的内力图(弯矩图和剪力图)，并将它们叠画在同一坐标图上，其外包线所形成的图形即为内力包络图，如图 5 - 12 所示。内力包络图表示连续梁、板在各种荷载最不利布置下各截面可能产生的最大内力值，它也是布置连续梁中的纵筋、弯起钢筋、箍筋和绘制配筋图的依据。

(4)支座界面的内力计算。按弹性理论方法计算连续梁的内力时，计算跨度取的是支座中心线间的距离，由此按计算简图求得的支座截面内力是支座中心线处的最大内力。若梁与支座非整体连接或支承宽度很小时，计算简图与实际情况基本相符，然而对于整体连接的支座，中心处梁的截面高度将会由支承梁或柱的存在而明显增大。实践证明，该截面内力虽为最大，

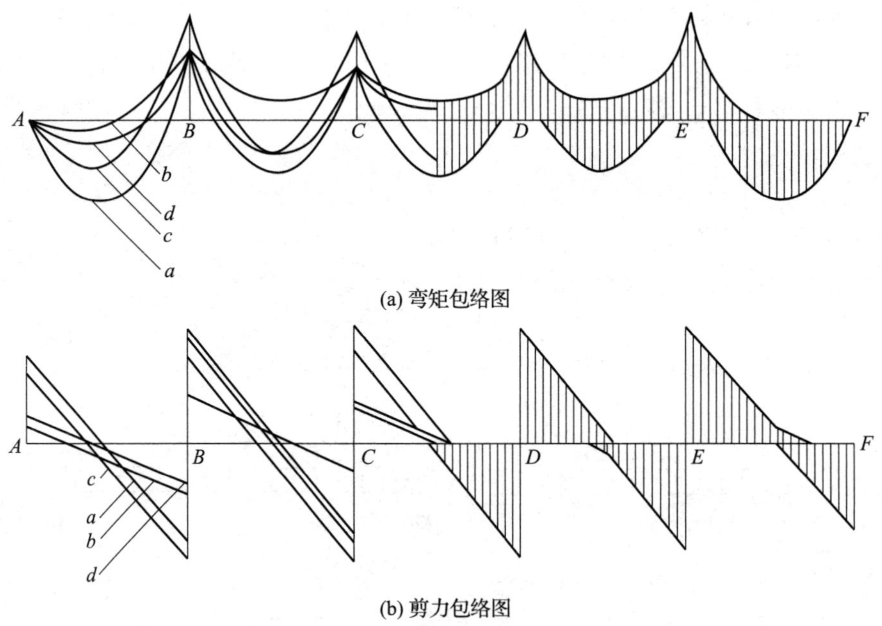

图 5-12 五跨连续梁均布荷载内力包络图

但并非最危险截面，首先出现破坏的截面在梁与柱的交界面，如图 5-13 所示。因此，在计算支座截面内力时，应取支座边缘截面作为控制截面，该控制截面的弯矩 M_b 和剪力值 V_b 可近似按式(5-8)计算求得。

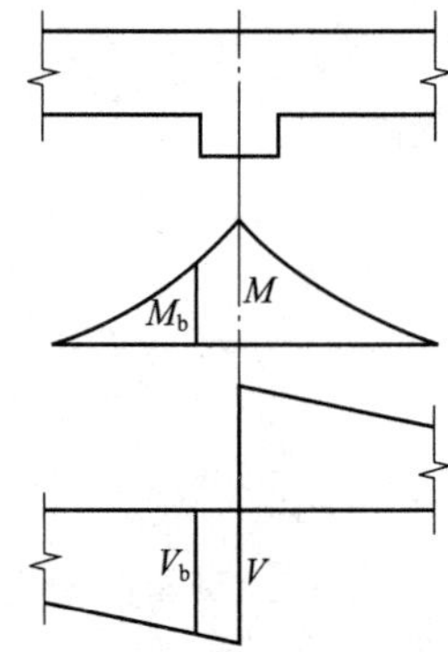

图 5-13 支座处边缘的弯矩和剪力

$$\left.\begin{aligned} M_b &= M - V_0 \frac{b}{2} \\ V_b &= V - (g+q)\frac{b}{2} \\ \text{或 } V_b &= V(\text{集中荷载下}) \end{aligned}\right\} \tag{5-8}$$

式中：M、V——分别为支座中心线处截面的弯矩设计值和剪力设计值；

V_0——按简支梁计算的支座中心线处的剪力设计值，其中 $V_0=0.5(g+q)l_0$；

g、q——分别为均布恒荷载、均布活荷载的设计值；

b——支座宽度。

2)塑性理论方法的内力计算

根据第 4 章讨论的内容可知,钢筋混凝土梁正截面受弯经历了弹性阶段、带裂缝工作阶段、破坏阶段三个阶段。构件承载力的设计是以破坏阶段为依据的,该阶段中材料表现出了明显的塑性性能。但是按弹性理论计算连续梁、板时,却忽视了钢筋混凝土材料的这种非弹性性质,假定结构的刚度不随荷载的大小而改变,从而造成内力、变形与按不变刚度的弹性体系分析的结果不一致。

试验研究证明,对静定结构而言,按弹性理论的活荷载最不利布置所求得的内力包络图来选择截面及配筋,认为构件任意一截面上的内力达到极限承载力时,整个构件即达到承载力极限状态,这是基本符合的。但对于具有一定塑性性能的超静定结构来说,构件的任意一截面达到极限承载力时并不会导致整个结构的破坏。导致这一现象发生的原因,是结构中某截面发生塑性变形后,结构体系中的内力将会重新分布,在钢筋混凝土连续梁内出现了塑性铰。随着荷载的增加,在一个截面出现塑性铰后,其他塑性铰陆续出现(每出现一个塑性铰,相当于超静定结构减少一次约束),直到最后一个塑性铰出现,整个结构变成几何可变体系,结构达到极限承载能力。这个过程也称之为塑性内力重分布。

因此,按照弹性理论方法计算的内力不能正确地反映结构的实际破坏内力。解决这一问题,需要采用塑性内力重分布的计算方法。

(1)塑性铰。塑性铰是实现内力重分布的主要原因。那么什么是塑性铰呢?如图 5-14 所示,受弯构件在集中荷载 p 的作用下,当受拉钢筋达到屈服后,在构件的受拉区将形成一段长度的塑性变形集中区域,在承受的弯矩基本不变的情况下,构件可以在钢筋屈服的截面上沿弯矩方向绕中性轴单向转动。当然,这种转动是有限度的,即从钢筋屈服到混凝土压碎。为了明确这种受弯屈服现象,人们将塑性变形集中区域称之为塑性铰。

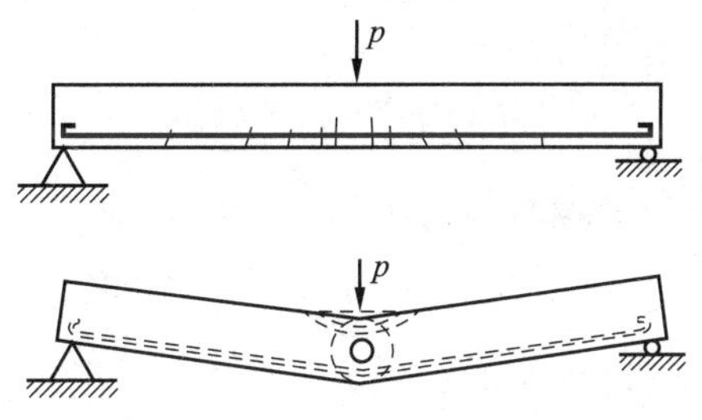

图 5-14　混凝土受弯构件的塑性铰

由此可知,塑性铰与力学中的普通铰相比,具有以下特点:

①塑性铰能承受基本不变的弯矩,其值为 M_u,普通铰不能承受任何弯矩;

②塑性铰只能沿弯矩作用方向进行有限的单向转动,所以也称为单向铰;普通铰可以自由转动;

③塑性铰有一定的长度区域,即塑性铰区,普通铰则集中于一点。

(2)塑性内力重分布的计算方法。工程中,对钢筋混凝土连续梁、板进行塑性内力重分布计算时,多采用弯矩调幅法,即在弹性理论的弯矩包络图基础上,对构件中选定的某些支座截面较大的弯矩值,按内力重分布的原理加以调整,然后按调整后的内力进行配筋计算。

在进行弯矩调整时,能否使塑性铰具有足够的转动能力、连续梁板具有足够的斜截面承载能力及满足正常使用条件,让塑性内力重分布的实际效果与理论计算基本吻合,根据试验结果及其理论分析，需要遵循以下原则：

①支座和跨中截面的配筋率应满足 $A_s \leqslant 0.35\frac{\alpha_1 f_c b h_0}{f_y}$ 或 $\xi \leqslant 0.35$。通过截面配筋率的控制，可以控制连续梁中塑性铰出现的顺序和位置，弯矩调幅的大小和方向，保证塑性铰具有足够的转动能力，避免受压区混凝土"过早"被压坏，实现完全的内力重分布。同时，钢筋宜采用塑性较好的 HPB300、HRB335、HRB400 级钢筋，混凝土强度等级宜为 C20～C45。

②弯矩调幅不宜过大，应控制在弹性理论计算弯矩的 30％以内。一般情况下，梁的调幅不宜超过 25％，板的调幅不宜超过 20％。

③为了尽可能地节省钢材，应使调整后的跨中截面弯矩尽量接近原包络图的弯矩值，以及使调幅后仍能满足平衡条件，则梁、板的跨中截面弯矩值应取按弹性理论方法计算的弯矩包络图所示的弯矩值和按式(5-9)计算得到的值中的较大者(见图 5-15)。

$$M = 1.02M_0 - 0.5(M^l + M^r) \tag{5-9}$$

式中：M_0——按简支梁计算的跨中弯矩设计值；

M^l、M^r——别为连续梁(板)的左、右支座截面调幅后的弯矩设计值。

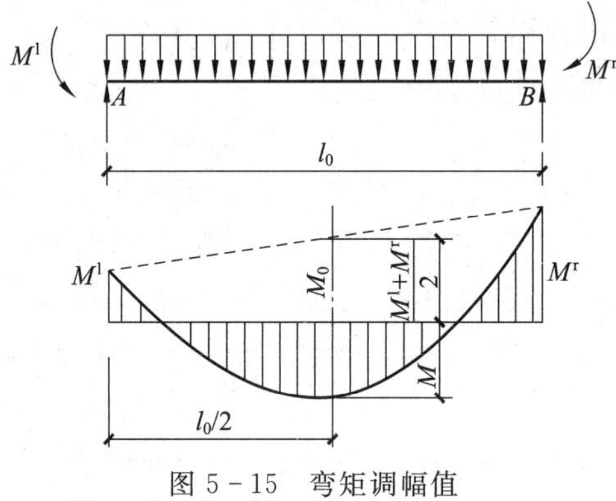

图 5-15　弯矩调幅值

④调幅后，支座及跨中控制截面的弯矩值均不宜小于 $M_0/3$。与弹性理论计算方法一样，为了计算方便，对均布荷载作用下的等跨连续梁、板，在考虑塑性内力重分布时的弯矩和剪力可按式(5-10)和式(5-11)计算。

板与次梁的跨中及支座弯矩为

$$M = \alpha(g + q)l_0{}^2 \tag{5-10}$$

次梁支座的剪力为

$$V = \beta(g + q)l_n \tag{5-11}$$

式中：g、q——分别为作用在梁、板上的均布恒荷载和活荷载的设计值；

l_0——梁、板的计算跨度；

l_n——梁、板的净跨度；

α——考虑塑性内力重分布的弯矩计算系数，按表 5-3 选用；

β——考虑塑性内力重分布的剪力计算系数，按表 5-4 选用。

表 5-3　弯矩计算系数 α

<table>
<tr><th colspan="2" rowspan="3">支承情况</th><th colspan="6">截面位置</th></tr>
<tr><th>端支座</th><th>边跨
跨中</th><th>离端第二支座</th><th>离端第二跨
跨中</th><th>中间
支座</th><th>中间跨
越中</th></tr>
<tr><th>A</th><th>Ⅰ</th><th>B</th><th>Ⅱ</th><th>C</th><th>Ⅲ</th></tr>
<tr><td colspan="2">梁板搁在墙上</td><td>0</td><td>1/11</td><td rowspan="4">−1/10(两跨连续)
−1/11(三跨及以上连续)</td><td rowspan="4">1/16</td><td rowspan="4">−1/14</td><td rowspan="4">1/16</td></tr>
<tr><td>板</td><td rowspan="2">与梁整体连接</td><td>−1/16</td><td rowspan="2">1/14</td></tr>
<tr><td>梁</td><td>−1/24</td></tr>
<tr><td colspan="2">梁与柱整体现浇</td><td>−1/16</td><td>1/14</td></tr>
</table>

注：上述弯矩系数是在 $q/g=3$、跨数为 5 的条件下，考虑支承结构抗扭刚度对荷载进行调整后求得的，对 q/g 在 1/3～5 的情况也适用；当超过此值时，需要按其原理自行计算。

表 5-4　剪力计算系数 β

<table>
<tr><th rowspan="3">支承情况</th><th colspan="5">截面位置</th></tr>
<tr><th rowspan="2">端支座内侧</th><th colspan="2">离端第二支座</th><th colspan="2">中间支座</th></tr>
<tr><th>外侧</th><th>内侧</th><th>外侧</th><th>内侧</th></tr>
<tr><td>搁在墙上</td><td>0.45</td><td>0.6</td><td rowspan="2">0.55</td><td rowspan="2">0.55</td><td rowspan="2">0.55</td></tr>
<tr><td>与梁或柱整体连接</td><td>0.5</td><td>0.55</td></tr>
</table>

需要说明的是，按塑性内力重分布理论计算超静定结构，虽然可以节约钢材，但在使用阶段钢筋的应力较高，易使构件的裂缝和挠度变大。一般情况下，对在使用阶段不允许开裂的结构、处于重要部位而又要求可靠度较高的结构（如肋梁楼盖中的主梁）、受动力和疲劳荷载作用的结构及处于有腐蚀环境中的结构，应按弹性理论方法进行设计，不能采用塑性理论方法进行设计。

5. 结构构件的截面设计与构造要求

1）板

（1）板的截面设计。板的内力计算可按塑性理论方法进行，在求得单向板的内力后，即可按照第 4 章正截面承载力的计算方法确定各跨跨中及各支座截面的配筋。理论与实践证明，一般情况下，板均能满足斜截面受剪承载力要求，设计时可不进行受剪承载力计算。

对于多跨连续板，由于跨中存在正弯矩作用，支座处存在负弯矩作用，在计算内力时，可对周边与梁整体连接的单向板中间跨的跨中截面及中间支座截面的计算弯矩各折减 20%，但对边跨的跨中截面及第二支座截面，由于边梁侧向刚度不大（或无边梁），难以提供足够的水平推力，其计算弯矩不得降低。

（2）板的构造要求。单向板的构造要求主要为板的尺寸、混凝土强度等级及配筋等方面的要求。对于板的尺寸和混凝土强度等级要求，前文已有介绍，这里仅对板的配筋要求加以说明。

①现浇单向板中的受力钢筋。板中的受力钢筋有放置在板面承受负弯矩的受力筋和放置在板底承受正弯矩的受力筋，前者简称为负钢筋，后者简称为正钢筋，它们都是沿板的短跨方向在受拉区布置。通常采用直径为 6～12 mm 的 HRB335、HPB300 级钢筋，间距不宜小于 70 mm（当板厚 $h\leqslant150$ mm 时，间距不应大于 200 mm；当 $h>150$ mm 时，间距不应大于

250 mm，且每米宽度内不得少于 3 根）。从跨中伸入支座的受力钢筋的间距不应大于 400 mm，且截面面积不得小于跨中钢筋截面面积的 1/3。当边支座是简支时，下部纵向受力钢筋伸入支座的长度不应小于 $5d$。

连续板内的受力钢筋的配筋方式有弯起式和分离式两种。弯起式配筋方式如图 5－16 所示，其特点是节省钢材，整体性和锚固性好，但施工复杂。分离式配筋方式是将正弯矩钢筋和负弯矩钢筋分别设置(见图 5－17)，其特点是施工方便，用钢量较大，锚固不如弯起式好。

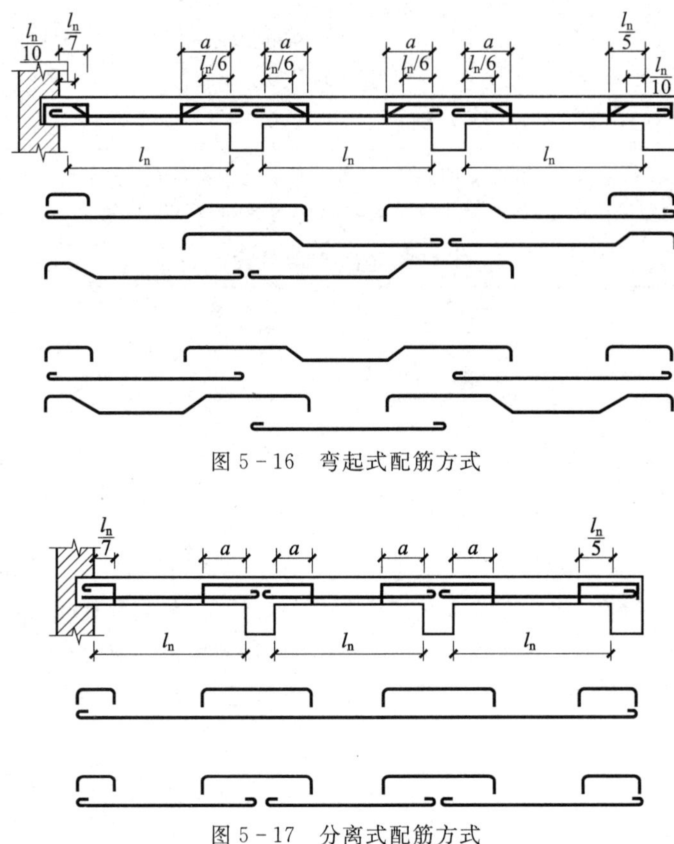

图 5－16　弯起式配筋方式

图 5－17　分离式配筋方式

连续梁、板内受力钢筋的弯起和截断，一般可按图 5－16 确定，图中 a 的取值为：

当 $q/g \leqslant 3$ 时，$a = l_0/4$；

当 $q/g > 3$ 时，$a = l_0/3$。

②现浇单向板中的构造钢筋。单向板中除设置受力钢筋外，通常还设置四种构造钢筋，即分布钢筋、嵌入墙内的板面附加钢筋、嵌入墙内的板角双向附加钢筋、与主梁垂直的板面附加负筋(见图 5－18)。

a. 分布钢筋。单向板的分布钢筋应在垂直于受力钢筋方向布置，并放置在受力钢筋的内侧，其具体要求参见第 4 章的有关内容。布置分布钢筋有助于抵抗混凝土收缩或温度变化产生的内力，有助于将板上作用的集中荷载分布在较大的面积上，让更多的受力钢筋参与工作，还可以承担长跨方向上实际存在的一些弯矩。

b. 嵌入墙内的板面附加钢筋。嵌入墙内的板面附加钢筋，是指沿承重墙边缘在板面配置附加钢筋。对于一边嵌固于承重墙内的单向板，其计算简图与实际情况不完全一致，其计算简

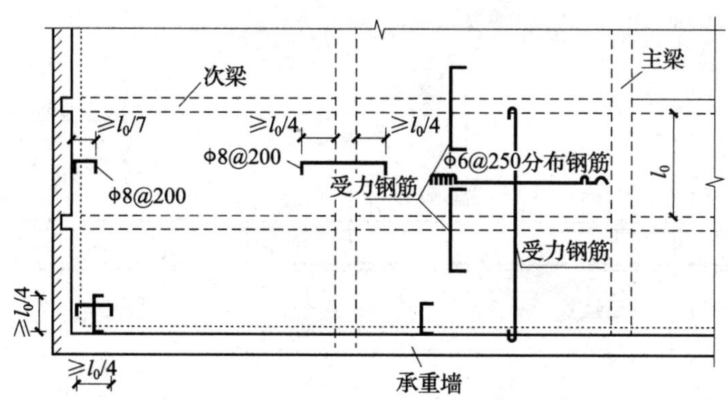

图 5-18 板中的构造钢筋

图按简支考虑,而实际上墙对板有一定的约束作用,板在墙边会产生一定的负弯矩。因此,应在板上部沿边墙配置直径不小于 8 mm,间距不大于 200 mm 的板面附加钢筋(包括弯起钢筋),从墙边算起不宜小于板短边跨度的 1/7。

c. 嵌入墙内的板角双向附加钢筋。该钢筋的主要作用是抵抗温度收缩影响在板角产生的拉应力。为了防止混凝土裂缝的出现,可在角区 $l_0/4$ 范围内双向配置板面附加钢筋。其直径不小于 8 mm,间距不宜大于 200 mm,且伸入板内的长度不宜小于板短边跨度的 1/4。

d. 与主梁垂直的板面附加负筋。由于现浇板与主梁和次梁是整浇在一起的,主梁也对板起到支承作用,同样会产生一定的板顶负弯矩,因此必须在主梁上部的板面配置附加负筋。其具体要求如图 5-19 所示,图中的 l_0 为板的计算跨度。

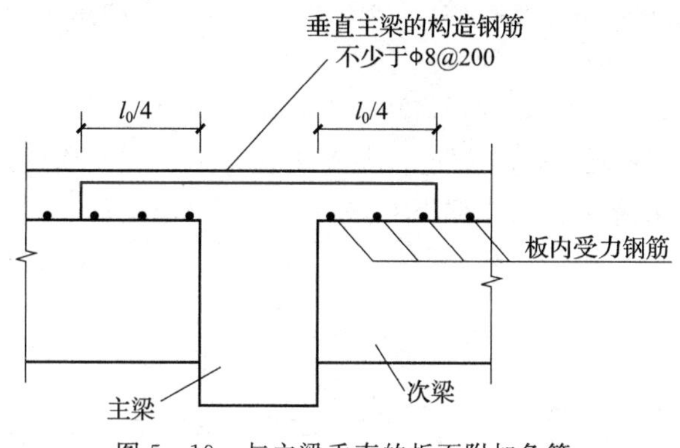

图 5-19 与主梁垂直的板面附加负筋

2)次梁

(1)次梁的截面设计。在截面设计时,次梁的内力一般按塑性方法计算。由于现浇肋梁楼盖的板与次梁为整体连接,板可作为次梁的上翼缘,因此在正截面设计时,跨中在正弯矩作用下按 T 形截面计算,支座处在负弯矩作用下按矩形截面计算;在斜截面计算时,抗剪腹筋一般仅采用箍筋,当荷载、跨度较大时,也可在支座附近设置弯起钢筋,以减少箍筋用量。其具体计算方法,见 4.2 节受弯构件的承载力设计。

(2)次梁的构造要求。次梁的一般构造要求与普通受弯构件相同,次梁伸入墙内的支承长度一般不应小于 240 mm。当次梁的跨中和支座截面按最大弯矩确定配筋后,沿梁长纵向钢筋的弯起及截断,原则上应按内力包络图确定。但对于相邻跨度相差不大于 20%、活荷载与

恒荷载比值 $q/g \leqslant 3$ 的次梁，可按图 5-20 所示布置钢筋。

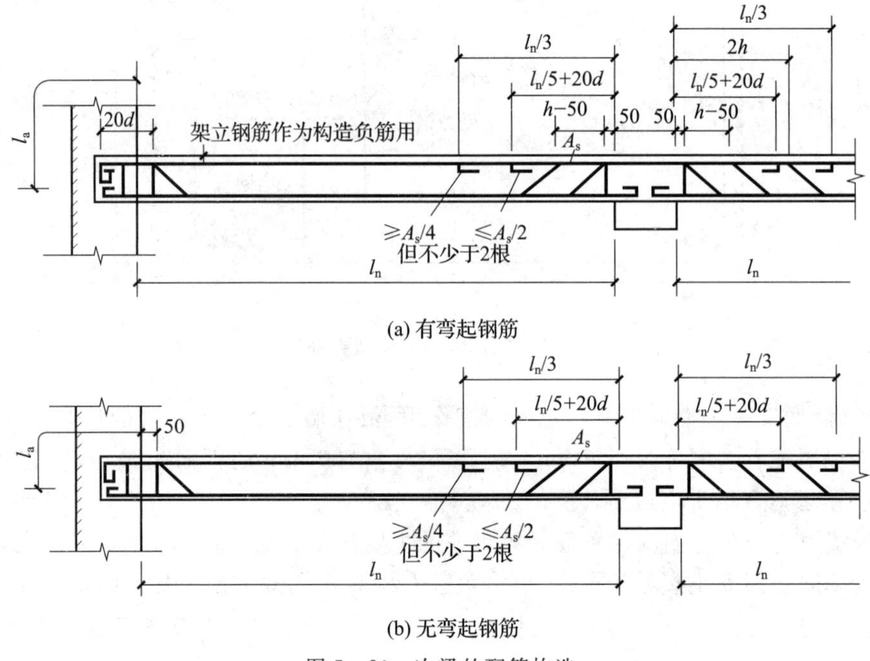

图 5-20　次梁的配筋构造

3）主梁

主梁主要承受自重、直接作用在主梁上的荷载及次梁传来的集中荷载。主梁内力一般按弹性方法计算，其设计方法同次梁。

需要说明的是，在进行主梁设计时，应注意以下两个问题：

(1)合理确定主梁的有效计算高度 h_0。在支座处，主梁、次梁和板的受拉钢筋相互交叉，主梁的受拉纵筋须放在次梁的受拉纵筋下面，主梁的截面有效高度 h_0 会有所减小。通常情况下，主梁支座负弯矩钢筋布置要求：单排时，取 $h_0=h-(50\sim60)$mm；两排时，取 $h_0=h-(70\sim80)$mm。如图 5-21 所示。

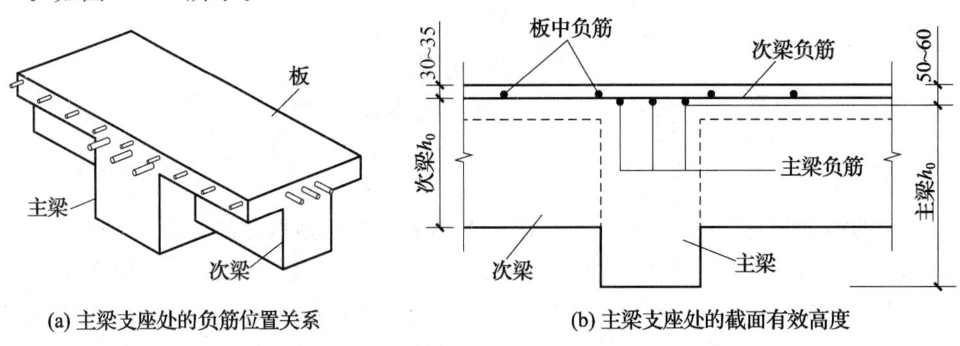

(a) 主梁支座处的负筋位置关系　　(b) 主梁支座处的截面有效高度

图 5-21　主梁支座处的构造

(2)梁与次梁交接处应设置附加横向钢筋，以承受集中力的作用。附加横向钢筋有附加箍筋和附加吊筋两类，宜优先选用附加箍筋。

如图 5-22(a)所示，在次梁与主梁相交处，主梁是次梁的支承点，在主梁高度范围内受到次梁传来的集中荷载作用，此集中荷载并非作用在主梁的顶面，是经过次梁的剪压区传递到主梁的腹部，在主梁局部长度上引起主拉应力，特别是当集中荷载作用在主梁的受拉区时，会在梁的腹部产生斜裂缝，引起局部破坏。通常处理的方法是在主梁方向上设置附加横向钢筋，把集中荷载传递到主梁顶部受压区。附加横向钢筋可采用附加箍筋(宜优先采用)和吊筋，其长度应在公式 $s=2h_1+3b$ 的计算值内布置，第一道附加箍筋离次梁边 50mm，如图 5－22(b)所示。

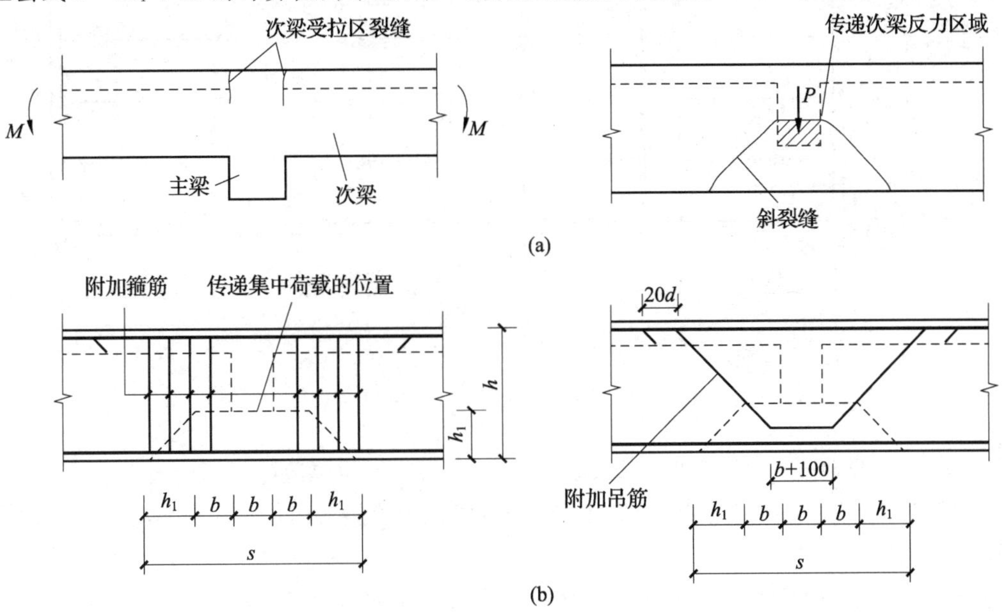

图 5－22　附加横向钢筋的布置

附加箍筋和吊筋的总截面积按式(5－12)计算。

$$p \leqslant 2f_y A_{sb} \sin\alpha + mnf_{yv} A_{sv1} \tag{5-12}$$

式中：p——由次梁传递的集中力设计值；

f_y——吊筋的抗拉强度设计值；

f_{yv}——附加箍筋的抗拉强度设计值；

A_{sb}——一根吊筋的截面面积；

A_{sv1}——单肢箍筋的截面面积；

M——附加箍筋的排数；

n——在同一截面内附加箍筋的肢数；

α——吊筋与梁轴线间的夹角。

5.2.3　现浇式板肋梁楼盖设计实例

1. 设计实例概况

某轻工业厂房，为多层内框架砖混结构，外墙的厚度为 370 mm，钢筋混凝土柱截面尺寸为 300 mm×300 mm，采用现浇钢筋混凝土板肋梁楼盖，其平面布置如图 5－23 所示。图示范围内不考虑楼梯间，其他有关设计资料及设计要求如下。

(1)楼面做法：20 mm 厚水泥砂浆面层，15 mm 厚石灰砂浆板底抹灰。

(2)楼面荷载：恒荷载包括梁、楼板及粉刷层自重；钢筋混凝土的容重为 25 kN/m^3，水泥砂

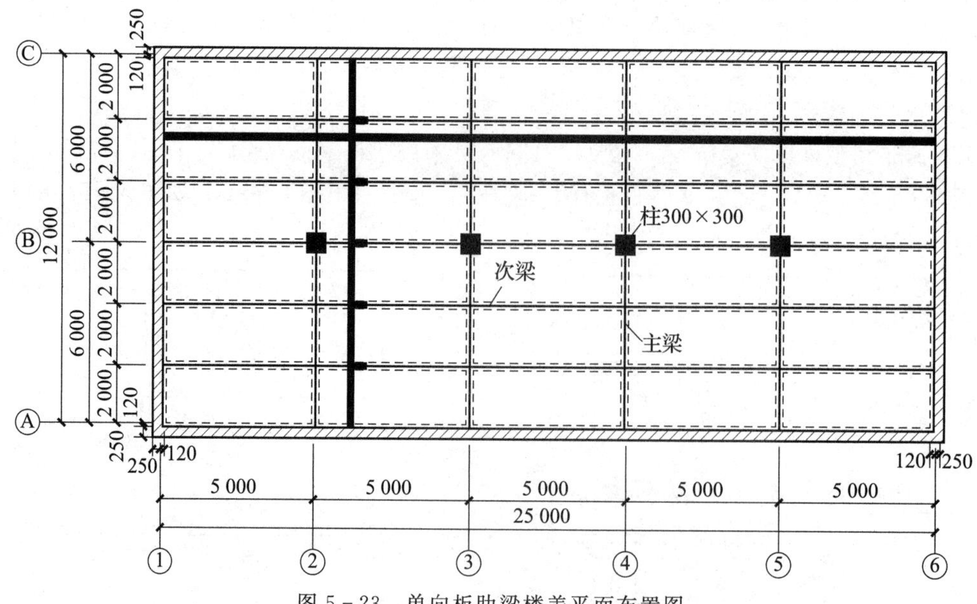

图 5-23 单向板肋梁楼盖平面布置图

浆的容重为 20 kN/m^3,石灰砂浆的容重为 17 kN/m^3;楼面均布活荷载标准值为 8 kN/m^2。

(3)材料选用:混凝土强度等级采用 C20,梁中受力主筋采用 HRB335 级钢筋,其余均采用 HPB300 级钢筋。

(4)本厂房位于非抗震区,环境类别为一类,结构设计年限为 50 年。

(5)其他未尽事宜可参考现行相关设计规范要求执行。

试对该厂房楼盖进行设计,并绘制结构施工图。

2. 结构设计分析

该轻工业厂房楼盖采用钢筋混凝土现浇板肋梁式,可以拟定单向板肋梁楼盖和双向板肋梁楼盖两种结构设计方案。基于该项目的建筑平面布置尺寸为 25 m×12 m、支承条件、楼盖荷载要求等基本条件,本题选择单向板肋梁楼盖结构设计方案。其具体设计步骤如下。

1)楼盖结构布置及构件截面尺寸的确定

依据单向板肋梁楼盖设计的一般原则和构造要求,可以初步拟定如下内容(见图 5-23)。

(1)梁格布置。主梁的跨度为 6 m,主梁每跨内布置 2 根次梁,次梁的跨度为 5 m,板的跨度为 2 m。

(2)截面尺寸。板厚 $h \geqslant l_0/40 = 2000 \div 40 = 50$ mm,考虑到工业建筑楼板的最小板厚为 70 mm,故取板厚为 80 mm。

次梁的截面高度应满足 $h=(1/18\sim1/12)l_0=(1/18\sim1/12)\times 5\,000=278\sim417$(mm),取 $h=400$mm,截面宽度 $b=(1/3\sim1/2)h=(1/3\sim1/2)\times400=133\sim200$(mm),取 $b=200$ mm,则次梁的截面尺寸为 $b\times h=200$ mm×400 mm。

主梁的截面高度应满足 $h=(1/14\sim1/8)l_0=(1/14\sim1/8)\times6000=429\sim750$(mm),取 $h=650$ mm,截面宽度 $b=(1/3\sim1/2)h=(1/3\sim1/2)\times650=217\sim325$(mm),取 $b=250$ mm,则主梁的截面尺寸为 $b\times h=250$ mm×650 mm。

柱的截面尺寸是 $b\times h=300$ mm×300 mm;板伸入墙内 120 mm,次梁伸入墙内 240 mm,

主梁伸入墙内 370 mm。

2)连续板的设计

按照塑性理论方法进行内力计算。

(1)荷载计算。连续板的荷载计算结果,如表 5-5 所示。

表 5-5　板的荷载计算

荷载种类		荷载标准值 /(kN·m^{-2})	荷载分项系数	荷载设计值 /(kN·m^{-2})
恒荷载	20 mm 厚水泥砂浆面层	0.4	—	—
	80 mm 厚钢筋混凝土板	2.0	—	—
	15 mm 厚石灰砂浆抹灰	0.26	—	—
	小计	2.66	1.3	3.46
活荷载		8	1.3	10.4
全部计算荷载		—	—	13.86

取 1 m 宽板带作为计算单元,则每米板宽的线荷载为 13.86×1=13.86(kN/m)。

(2)计算简图。次梁的截面尺寸 $b\times h=200\ \text{mm}\times 400\ \text{mm}$,连续板的边跨一端与梁整体连接,另一端支在墙上,中间跨均与梁固结。根据图 5-24(a)计算连续板的净跨 l_n,可得各跨的计算跨度 l_0 值。

边跨:$l_{01}=l_n+\dfrac{h}{2}=2\ 000-\dfrac{200}{2}-120+\dfrac{80}{2}=1820\ \text{mm}$

中间跨:$l_{02}=l_{03}=l_n=2\ 000-200=1800\ \text{mm}$

边跨与中间跨的跨度差 $\Delta_{01}=\dfrac{1\ 820-1\ 800}{1\ 800}\times 100\%=1.1\%<10\%$,且跨数大于五跨,可近似按照五跨的等跨连续板进行内力计算,板的计算简图如图 5-24(b)所示。

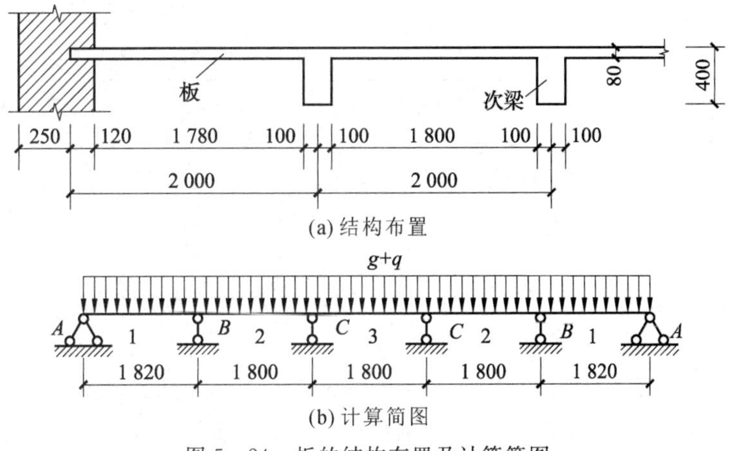

(a) 结构布置

(b) 计算简图

图 5-24　板的结构布置及计算简图

(3)连续板的内力计算与截面承载力设计。连续板各控制截面的弯矩设计值的计算结果,如表 5-6 所示。

表 5-6 连续板各控制截面的弯矩设计值 单位:kN·m

截面	1(边跨中)	B(支座)	2、3(中间跨中)	C(中间支座)
弯矩系数 α	1/11	−1/11	1/16	−1/14
$M=\alpha(g+q)l^2$	$\frac{1}{11}\times 13.86\times 1.82^2=4.17$	−4.17	$\frac{1}{16}\times 13.86\times 1.8^2=2.81$	−3.21

考虑到②～⑤轴间的中间板带四周与梁整体浇筑,基于弯矩调幅法的要求,将板的中间跨及中间支座的计算弯矩折减 20%(即乘以 0.8),其他不变。

取 1 m 宽板带作为计算单元,$h_0=80-a_s=80-25=55$ mm;钢筋为 HPB300 级($f_y=270$ N/mm^2,$\xi_{lim}=0.35$);混凝土采用 C20 级($\alpha_1=1.0$,$f_c=9.6$ N/mm^2,$f_t=1.1$ N/mm^2)。板的配筋计算过程及其结果,见表 5-7。

表 5-7 板的配筋计算过程及其结果

截面	1	B	2、3		C	
			①～②、⑤～⑥轴间	②～⑤轴间	①～②、⑤～⑥轴间	②～⑤轴间
弯矩 $M/(\mathrm{kN\cdot m})$	4.17	−4.17	2.81	0.8×2.81	−3.21	−0.8×3.21
$a_s=\frac{M}{\alpha_1 f_c b h_0^2}$	0.144	0.144	0.097	0.077	0.111	0.088
$x=h_0-\sqrt{h_0^2-\frac{2M}{\alpha_1 f_c b}}$	8.56	8.56	5.61	4.44	6.46	5.1
$\xi=x/h_0$	0.156<0.35	0.156	0.102	0.081	0.117	0.093
$A_s=\frac{\alpha_1 f_c b x}{f_y}$	304.4	304.4	199.5	157.9	229.1	181.3
实配钢筋/mm^2	Φ 8@130 $A_s=387$	Φ 8@130 $A_s=387$	Φ 6/8@130 $A_s=302$	Φ 6@130 $A_s=218$	Φ 6/8@130 $A_s=302$	Φ 6/8@130 $A_s=302$

(4)板的配筋(见图 5-25)。在板的配筋图中,除按结构计算配置受力钢筋外,还应设置分布钢筋、板边构造钢筋、板角构造钢筋(在板的四角双向布置)和板面构造钢筋等构造钢筋。按照规范要求,它们分别选用Φ 6@250、Φ 8@200、Φ 8@200、Φ 8@200。

3)次梁的设计

次梁设计按照塑性理论方法进行内力计算,并考虑塑性内力重分布问题。

(1)荷载计算。次梁的荷载计算结果,见表 5-8。

(2)计算简图。主梁的截面尺寸 $b\times h=250$ mm×650 mm,连续梁的边跨一端与梁整体连接,另一端搁置在墙上,中间跨两端均与主梁固结。根据图 5-26(a)计算连续梁的净跨 l_n,可得各跨的计算跨度 l_0。

$$边跨:l_{01}=l_n+\frac{a}{2}=5000-\frac{250}{2}-120+\frac{240}{2}=4875\ \mathrm{mm}$$

$$l_{01}=1.025l_n=1.025\times 4755=4874\ \mathrm{mm}$$

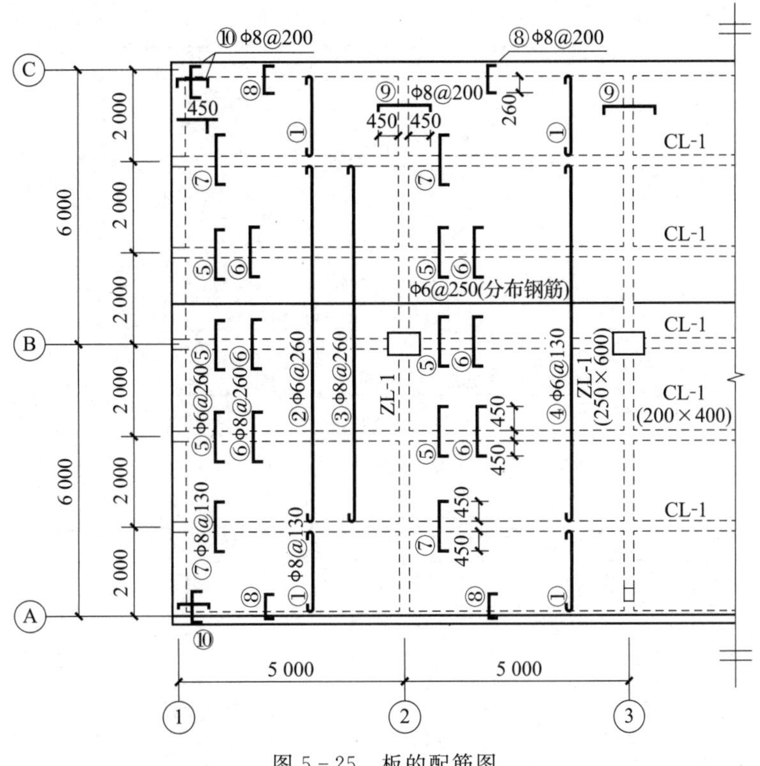

图 5-25　板的配筋图

表 5-8　次梁的荷载计算

荷载种类		荷载标准值 /(kN·m^{-1})	荷载分项系数	荷载设计值 /(kN·m^{-1})
恒荷载	板传来的恒荷载	5.32	—	—
	次梁自重	1.60	—	—
	梁侧抹灰	0.16	—	—
	小计	7.08	1.3	9.20
活荷载		8×2=16	1.3	20.80
全部计算荷载		—	—	30

取两者较小值，$l_{01}=4874$ mm。

中间跨：$l_{02}=l_{03}=l_n=5000-250=4750$ mm

边跨与中间跨的跨度差 $\Delta_{01}=\dfrac{4874-4750}{4750}\times 100\%=2.61\%<10\%$，且跨数大于五跨，可近似按照五跨的等跨连续梁进行内力计算。次梁的计算简图如图 5-26(b)所示。

(3)构件内力计算与截面承载力设计。连续梁各控制截面的弯矩设计值和剪力设计值的计算结果，如表 5-9 所示。

基于已知条件，次梁的截面尺寸 $b\times h=200\ \text{mm}\times 400\ \text{mm}$，$h_0=400-a_s=400-40=360$ mm，钢筋为HRB335级($f_y=300\text{N/mm}^2$，$\xi_{\text{lim}}=0.35$)；箍筋采用HPB300级钢筋($f_{yv}=$

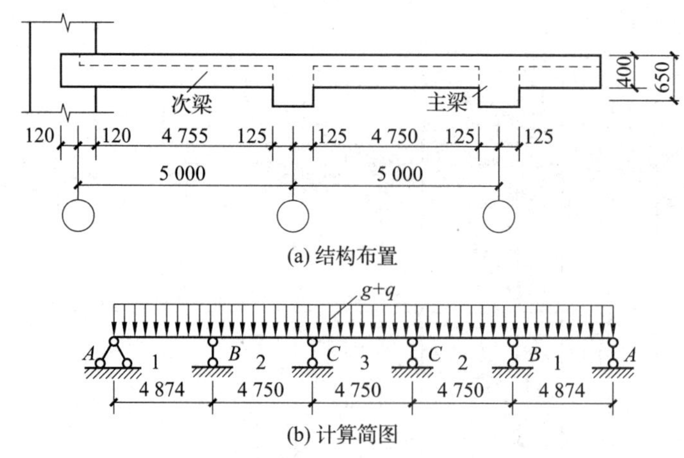

图 5-26　次梁的结构布置及计算简图

表 5-9　连续梁各控制截面的弯矩设计值和剪力设计值的计算结果

截　面	1(边跨中)	B(支座)	2、3(中间跨中)	C(中间支座)
弯矩系数 α	1/11	−1/11	1/16	−1/14
$M=\alpha(g+q)l^2$ /(kN·m)	$\frac{1}{11}\times 30\times 4.87^2=64.68$	$-\frac{1}{11}\times 30\times 4.87^2=-64.68$	$\frac{1}{16}\times 30\times 4.75^2=42.31$	$-\frac{1}{14}\times 30\times 4.75^2=-48.35$
截　面	A 支座	B 支座(左)	B 支座(右)	C 支座
剪力系数 β	0.45	0.60	0.55	0.55
$V=\beta(g+q)l_n$ /kN	$0.45\times 30\times 4.755=64.20$	$0.60\times 30\times 4.755=85.59$	$0.55\times 30\times 4.75=78.38$	$0.55\times 30\times 4.75=78.38$

270 N/mm^2)，混凝土强度等级采用 C20($\alpha_1=1.0$，$\beta_c=1.0$，$f_c=9.6$ N/mm^2，$f_t=1.1$ N/mm^2)；次梁支座截面可按矩形截面计算，次梁跨中需要按 T 形截面进行正截面受弯承载力计算。按照表 4-16 的要求，经计算可知，翼缘的计算宽度可取为：边跨 $b'_f=1623$ mm，中间跨 $b'_f=1583$ mm。同时取板的厚度为翼缘高度，即 $h'_f=80$ mm。

根据 T 形截面类型的判断方法可知，次梁的跨中截面属于第一类 T 形截面，即

$$\alpha_1 f_c b'_f h'_f\left(h_0-\frac{h'_f}{2}\right)=1.0\times 9.6\times 1583\times 80\times\left(360-\frac{80}{2}\right)$$

$$=389.04\ (\text{kN}\cdot\text{m})>64.68\ (\text{kN}\cdot\text{m})>41.31\ (\text{kN}\cdot\text{m})$$

初步拟定受拉区纵筋按一排布置，斜截面设计时仅配置箍筋而不设弯起钢筋。次梁正截面与斜截面的配筋计算结果，分别见表 5-10 和表 5-11。

表 5-10　次梁的正截面配筋计算

截　面	1(T 形)	B(矩形)	2、3(T 形)	C(矩形)
M/(kN·m)	64.68	−64.68	42.31	−48.35
b 或 b'_f/mm	1 623	200	1 583	200

续表

截　面	1(T 形)	B(矩形)	2、3(T 形)	C(矩形)
$a_s=\dfrac{M}{\alpha_1 f_c b_f' h_0^2}$	0.032	0.260	0.021	0.194
$x=h_0-\sqrt{h_0^2-\dfrac{2M}{\alpha_1 f_c b'}}$	11.72	110.55	7.82	78.51
$\xi=x/h_0$	0.033	0.307<0.35	0.0217	0.218
$A_s=\dfrac{\alpha_1 f_c b_f' x}{f_y}$	608.7	707.5	396.2	502.5
实配钢筋/mm²	4 Φ 14 $A_s=615$	4 Φ 16 $A_s=804$	3 Φ 14 $A_s=461$	3 Φ 16 $A_s=603$

表 5-11　次梁的斜截面配筋计算

截　面	1(T 形)	B(矩形)	2、3(T 形)	C(矩形)
V/kN	64.2	85.59	78.38	78.38
$0.25\beta_c f_c bh_0$/kN	172.8>V	172.8>V	172.8>V	172.8>V
$V_c=0.7f_t bh_0$/kN	55.4<V	55.4<V	55.4<V	55.4<V
选用箍筋	2 Φ 6	2 Φ 6	2 Φ 6	2 Φ 6
$A_{sv}=nA_{sv1}$/ mm²	56.6	56.6	56.6	56.6
$s=\dfrac{f_{yv}A_{sv}h_0}{V-0.7f_t bh_0}$	按构造配置	182.5	239.9	239.8
实配箍筋间距/mm	180	180	180	180
$V_{cs}=0.7f_t bh_0+\dfrac{f_{yv}A_{sv}h_0}{s}$ /kN	86>V	86>V	86>V	86>V
配箍率 $\rho_{sv}=\dfrac{A_{sv}}{bs}$ $\rho_{sv,\min}=\dfrac{0.24f_t}{f_{yv}}=0.1\%$	0.16%>0.1%	0.16%>0.1%	0.16%>0.1%	0.16%>0.1%

(4)次梁的配筋(见图 5-27)。

4)主梁的设计

主梁的内力按弹性理论方法计算。

(1)荷载计算。为简化计算,主梁自重按集中荷载考虑。

次梁传来的集中恒荷载:7.08×5—35.4 kN。

主梁自重(折算为集中荷载):0.25×(0.65—0.08)×25×2.0=7.13 kN。

梁侧抹灰(折算为集中荷载):0.015×(0.65—0.08)×17×2×2=0.58 kN。

恒荷载标准值:$G_k=43.11$ kN。

活荷载标准值:$Q_k=16\times5=80$ kN。

恒荷载设计值:$G=43.11\times1.3=56.05$ kN。

活荷载设计值:$Q=80\times1.3=104$ kN。

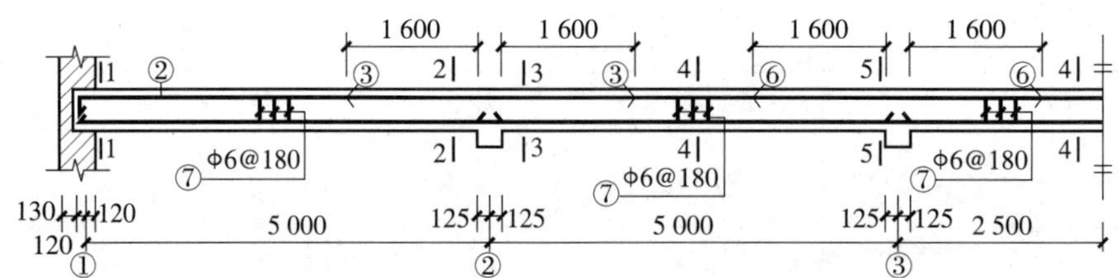

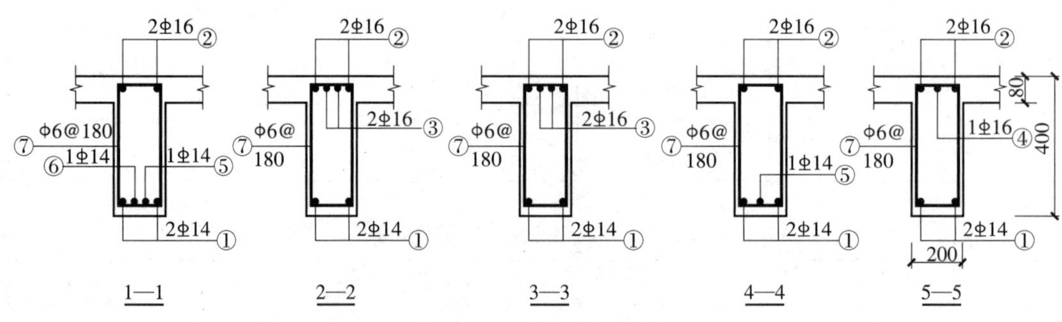

图 5 - 27　次梁的配筋图

总荷载设计值:$Q+G=160.05$ kN。

(2)计算简图。柱的截面尺寸 $b\times h=300$ mm×300 mm;连续梁的边跨,一端与柱整体连接,另一端搁置在墙上。根据图 5 - 28(a)计算连续梁的净跨 l_n,可得计算跨度 l_0:

$$l_0=l_n+\frac{a}{2}+\frac{b}{2}=6000-120-\frac{300}{2}+\frac{370}{2}+\frac{300}{2}=6065\ (\text{mm})$$

$$l_0=1.025l_n+b/2=1.025\times5730+300\div2=6023\ (\text{mm})$$

取两者较小值,$l_0=6023$ mm。

主梁的计算简图如图 5 - 28(b)所示。

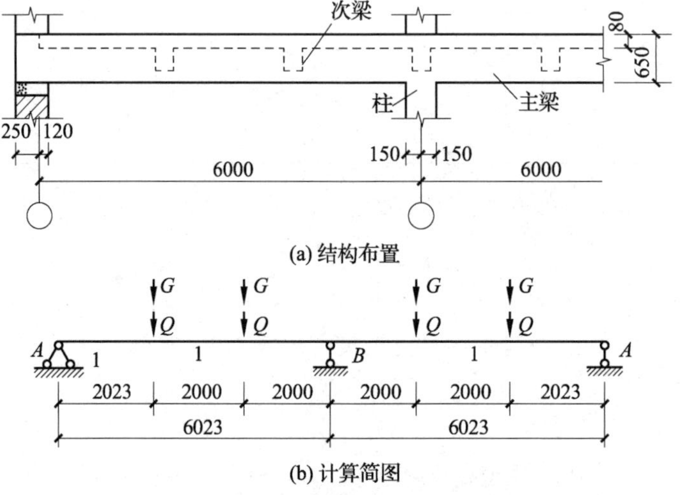

图 5 - 28　主梁的结构布置及计算简图

(3)主梁内力计算与截面承载力设计。按照弹性计算法,主梁的跨中、支座截面的最大弯矩及剪力按式(5 - 13)计算:

$$\begin{cases} M = K_1 G l_0 + K_2 Q l_0 \\ V = K_3 G + K_4 Q \end{cases} \tag{5-13}$$

式中：K——等跨连续梁的内力计算系数，可由书后附录查得。主梁的内力计算结果，见表 5-12。

表 5-12　主梁弯矩、剪力及内力组合

项　次	荷载简图	弯矩值/(kN·m)		剪力值/kN	
		$\frac{K}{M_1}$	$\frac{K}{M_B}$	$\frac{K}{V_A}$	$\frac{K}{V_{BE}}$
①	G G G G	$\frac{0.222}{74.94}$	$\frac{-0.333}{-112.42}$	$\frac{0.667}{37.39}$	$\frac{-1.334}{-74.77}$
②	Q Q Q Q	$\frac{0.222}{139.06}$	$\frac{-0.333}{-208.59}$	$\frac{0.667}{69.37}$	$\frac{-1.334}{-138.74}$
③	Q Q	$\frac{0.278}{174.14}$	$\frac{-0.167}{104.61}$	$\frac{0.833}{86.63}$	$\frac{-1.167}{-121.37}$
最不利内力组合	①+②	214	−321.01	106.76	−213.51
	①+③	249.08	−217.03	124.02	−196.14

将上述荷载情况进行最不利内力组合，即可得到主梁的弯矩包络图和剪力包络图，如图 5-29所示。

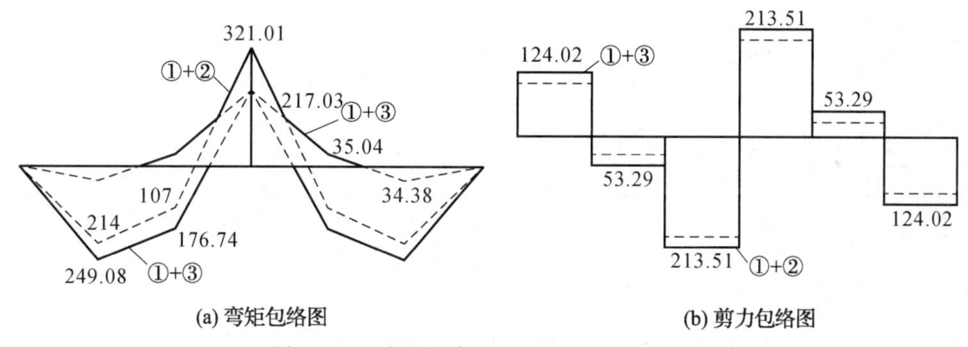

(a) 弯矩包络图　(b) 剪力包络图

图 5-29　主梁的弯矩包络图和剪力包络图

依据主梁控制截面的内力，即可进行各截面的配筋计算。主梁配筋计算的方法与次梁一样，这里不再详细介绍。主梁的正截面与斜截面的配筋计算结果，见表 5-13 和表 5-14。

表 5-13　主梁正截面的配筋计算

截　面	跨中(T 形)	支座(矩形)
$M/(\mathrm{kN \cdot m})$	249.08	−297
b 或 b'_f/mm	2 007	250
h_0/mm	610	570
$a_s = \frac{M}{\alpha_1 f_c b'_f h_0^2}$ 或 $a_s = \frac{M}{\alpha_1 f_c b h_0^2}$	0.035	0.381

续表

截　面	跨中(T形)	支座(矩形)
$x = h_0 - \sqrt{h_0^2 - \frac{2M}{\alpha_1 f_c b'_f}}$	21.57	291.8
$\xi = x/h_0$	0.035	$0.512 < \xi_b = 0.550$
$A_s = \frac{\alpha_1 f_c bx}{f_y}$ /mm²	1385.3	2334.4
实配钢筋/mm²	3 Φ 25 $A_s=1473$	5 Φ 25 $A_s=2454$

注:1. 主梁跨中,按T形截面梁计算,取 $b'_f=2\ 007$ mm,$h'_f=80$ mm。

2. 主梁跨中的截面有效计算高度 $h_0=h-a_s=650-40=610$ mm;考虑到主梁支座处的负弯矩较大,上部纵向钢筋按两排布置,其有效计算高度取 $h_0=h-a_s=650-80=570$ mm。

3. B 支座截面的计算弯矩 $M'_B = M_B - V_0 b/2 = 321.01 - 160.05 \times 0.3 \div 2 = 297$ kN·m。

表 5-14　主梁斜截面的配筋计算

截　面	边支座 A	支座 B
V/kN	124.02	213.51
$0.25\beta_c f_c bh_c$	$342>V$	$342>V$
$V_c = 0.7 f_t bh_0/(kN)$	$117.43<V$	$109.7<V$
选用箍筋	2 Φ 10	2 Φ 10
$A_{sv} = nA_{sv1}$ /mm²	2×78.5=157	157
$s = \frac{f_{yv}A_{sv}h_0}{V-0.7f_t bh_0}$ /mm	按构造配置	按构造配置
实配箍筋间距 s/mm	200	200
$V_R = V_c + \frac{f_{yv}A_{sv}h_0}{s}$ /kN	$246.72>V$	$230.51>V$

注:斜截面设计中,仅采用箍筋配置方案。

(4)附加横向钢筋的计算。次梁传递给主梁的全部集中荷载(不包括主梁自重及粉刷)设计值为

$$F = 1.3 \times 35.4 + 1.3 \times 80 = 150.2(\text{kN})$$

若在主梁内支承次梁处需要设置附加吊筋,弯起角度为45°,则附加吊筋的截面面积为

$$A_{sb} = \frac{F}{2f_y \sin 45} = \frac{150.2 \times 10^3}{2 \times 300 \times 0.707} = 353.65(\text{mm}^2)$$

选用附加吊筋 2 Φ 16($A_s=402\ \text{mm}^2>353.65\ \text{mm}^2$),可满足要求。

若设置附加箍筋,双肢箍Φ 10($f_{yv}=270\ \text{N/mm}^2$,$A_{sv1}=78.5\ \text{mm}^2$),则

$$m \geqslant \frac{F}{2f_{yv}A_{sv1}} = \frac{150.2 \times 10^3}{2 \times 270 \times 78.5} = 3.5$$

取 $m=6$(个);在 $s=2h_1+3b=2\times250+3\times200=1100$(mm)范围内,次梁两侧各配置3个即可。

(5)主梁的纵向构造筋(腰筋)设置。规范规定:当 $h_w \geqslant 450$ mm 时应设置腰筋并用拉筋固

定；每侧腰筋截面面积不应小于 0.1%bh_w，且其间距不宜大于 200 mm。0.1%bh_w=0.1%×250×(610－80)=132.5(mm^2)，每侧配置 2 Φ 12(A_s=226 mm^2)即可。

(6)主梁纵筋的截断。主梁中纵向受力钢筋的截断位置应根据弯矩包络图及抵抗弯矩图来确定。主梁的配筋图如图 5－30 所示。

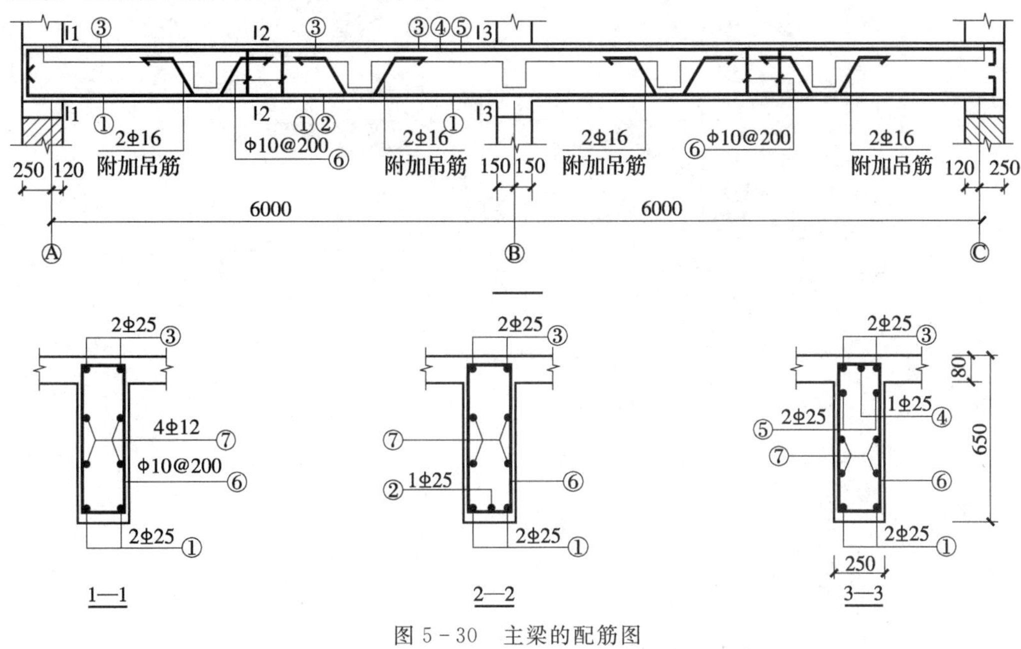

图 5－30　主梁的配筋图

5.3　楼梯的设计

多层及高层房屋建筑中，钢筋混凝土板式楼梯与梁式楼梯是经常采用的两种楼梯形式。通常情况下，当楼梯段的跨度不大(一般在 3 m 以内)、活荷载较小时，多采用板式楼梯；当梯段板水平方向的宽度不小于 3.0～3.3 m、活荷载较大时，采用梁式楼梯较为合理。

楼梯设计主要包括建筑设计和结构设计。建筑设计的主要内容是确定楼梯的平面布置、踏步尺寸和栏杆形式等，结构设计是在建筑设计给定条件的基础上，对楼梯的结构布置、构件截面内力、配筋计算及构造要求进行设计。

5.3.1　钢筋混凝土板式楼梯

1. 结构布置

如图 5－31 所示，现浇板式楼梯由梯段板 TB_1(踏步板)、平台板 TB_2(亦称休息平台板)、平台梁 TL_1 与 TL_3 组成。梯段板 TB_1 是一块斜放的齿形板，板端支承在上、下平台梁 TL_2 和 TL_1 上，底层梯段板的下端可支承在地垄墙上，平台板 TB_2 支承于平台梁 TL 或墙体上，上、下平台梁 TL_2、TL_1 支承于楼层梁和墙体上。

2. 梯段板的设计

1)计算模型

梯段板由斜板和踏步组成，其所承受的荷载包括恒荷载和活荷载。前者主要包括水泥砂

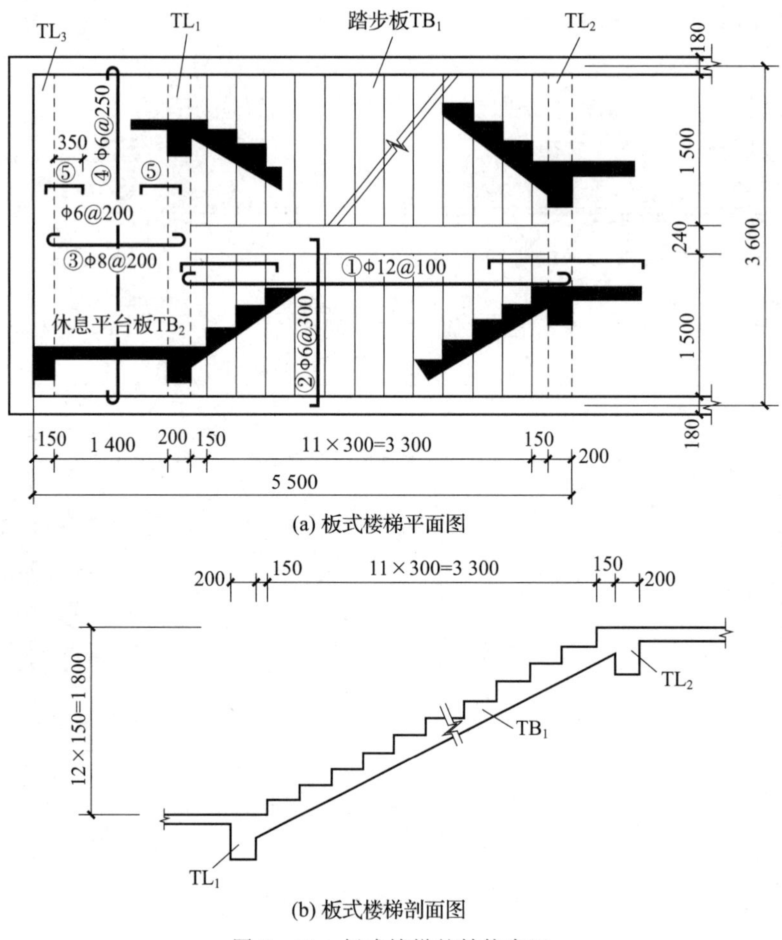

图 5－31　板式楼梯的结构布置

浆面层、踏步、斜板及板底抹灰等重量，沿梯段板的倾斜方向分布；后者可根据建筑物的使用功能由《建筑结构荷载规范》(GB 50009—2012)确定，沿水平方向分布且竖直向下作用。

为了计算方便，一般先将梯段板沿斜向分布的恒荷载换算成沿水平方向分布的均布荷载，然后再与活荷载叠加计算。

梯段板内力计算时，可以从楼段板中取 1 m 宽板带或以整个梯段板作为计算单元，将其简化为两端支承在平台梁上的简支板，按简支板计算，其计算简图如图 5－32 所示。

2)内力计算

根据结构力学知识可知，在荷载相同、水平跨度相同的情况下，简支斜梁或板在竖向均布荷载的作用下，其跨中最大弯矩与相应的简支水平梁或板的跨中最大弯矩是相等的。因此，斜板的跨中弯矩为

$$M_{\max}=\frac{1}{8}(g+q)l_0^2 \tag{5-14}$$

考虑到斜板与平台梁是整浇在一起的，并非铰接，平台梁对斜板的转动变形有一定的约束作用，斜板在支座处会产生一定大小的负弯矩，也就是说斜板的跨中弯矩小于按照简支板计算出来的最大弯矩 $M_{\max}$。在斜板正截面受弯承载力计算时，其跨中最大弯矩可近似取

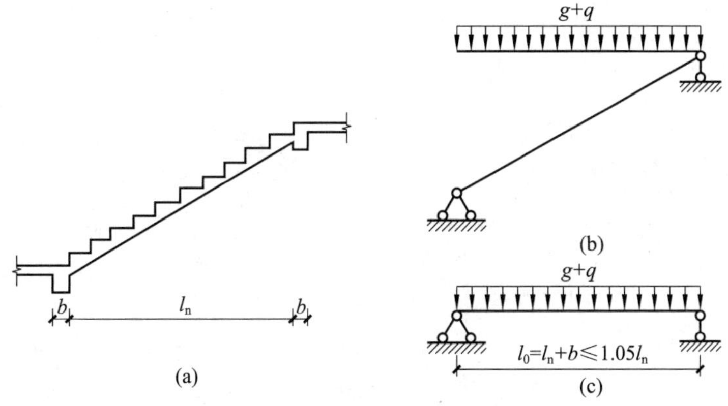

图 5-32　板式楼梯梯段板的计算简图

$$M_{max}=\frac{1}{10}(g+q)l_0^2 \tag{5-15}$$

同样,简支斜梁或板在竖向荷载作用下的最大剪力为

$$V_{max}=\frac{1}{2}(g+q)l_n\cos\alpha \tag{5-16}$$

式中:g、q——作用于梯段板上单位水平长度上分布的恒荷载和活荷载设计值;

l_0、l_n——梯段板的计算跨度及净跨的水平投影长度,$l_0=l_n+b$,其中 b 为平台梁的宽度;

α——梯段板的倾角。

3)截面配筋计算

梯段板的截面配筋的计算方法同钢筋混凝土受弯构件,这里从略。

4)构造要求

梯段板是受力构件,其构造要求除应符合受弯构件构造要求外,还应满足以下要求:

(1)斜板的厚度 h 应按垂直于斜面量取,取其齿形最薄处,一般 h 取(1/30～1/25)l_0,且不应小于 30～40 mm。斜板的常用厚度为 100～120 mm。

(2)斜板的配筋方式同普通板,可采用分离式或弯起式,如图 5-33 所示。板内分布钢筋可采用Φ 6 或Φ 8,须放置在受力钢筋的内侧,每级踏步应不少于一根。

(3)避免斜板在支座处因负弯矩的作用产生裂缝,梯段斜板支座处的负筋配筋率不应小于跨中配筋率,且不小于Φ 8@200,长度为 $l_n/4$。基于梯段斜板中的受力钢筋按跨中最大弯矩进行计算,通常支座截面负钢筋的用量可不计算,直接取与跨中截面相同的配筋。

3. 平台板的设计

平台板一般设计成单向板,可取 1 m 宽板带进行计算。其配筋设计及其构造要求与一般简支板相同。

在内力分析时,当平台板的一端与平台梁整体连接而另一端支承在砖墙上时,其跨中弯矩可按式(5-14)计算;当平台板的两边均与梁整浇时,其跨中弯矩可按式(5-15)计算。另外,考虑到板支座的转动会受到一定的约束,一般应将板下部钢筋在支座附近弯起一半或在板面支座处另配短钢筋,其伸出支承边缘的长度为 $l_n/4$,如图 5-34 所示。

4. 平台梁的设计

平台梁承受平台板传来的均布荷载、斜板传来的均布荷载及其自重,其截面计算和构造要

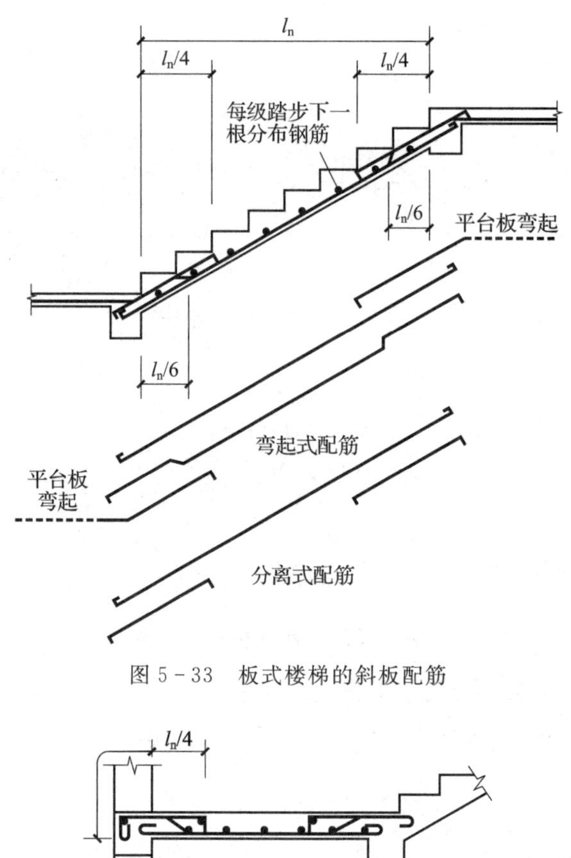

图 5-33　板式楼梯的斜板配筋

图 5-34　平台板配筋

求按一般受弯构件处理。平台梁是倒 L 形截面，其截面高度可取 $h \geq l_0/12$（l_0为平台梁的计算跨度），且应满足梯段斜板的搁置要求。

5.3.2　钢筋混凝土梁式楼梯

梁式楼梯由踏步板 TB_1、斜梁 TL_1、休息平台板 TB_2、休息平台梁 TL_4 与楼层平台梁 TL_3 组成。梁式楼梯的踏步板 TB_1 支承在斜梁 TL_1 上，斜梁支承于休息平台梁 TL_2 与楼层平台梁 TL_3 上，休息平台支承于休息平台梁 TL_2 与休息平台梁 TL_4 上，平台梁支承于楼层梁、墙体上，如图 5-35 所示。

梁式楼梯的计算内容包括踏步板、斜梁、平台板和平台梁。

1. 踏步板

1）计算模型

踏步板的两端支承在斜梁上，可以按两端简支的单向板计算。一般可取一个踏步作为计算单元，如图 5-36(a)所示。踏步板由斜板和踏步组成，其截面为梯形，按照截面面积相等的原则，将梯形断面折算为等宽度的矩形断面。矩形断面的高度 h 可按式(5-17)计算，计算跨度 l_0可以取 $l_0=\min\{(l_n+b), 1.05l_n\}$，其中，$l_n$为净跨，$b$ 为梯段斜梁的宽度。

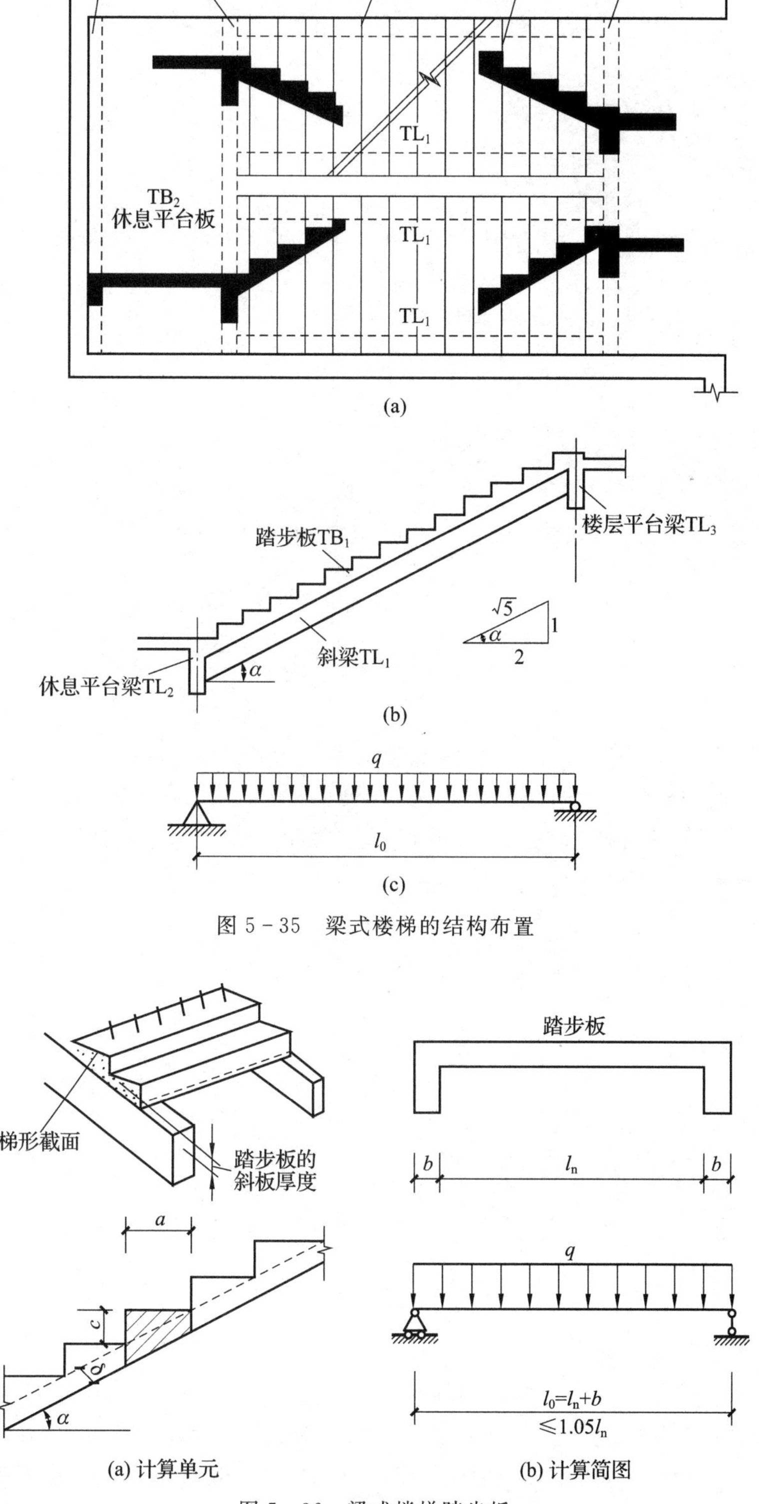

图 5－35　梁式楼梯的结构布置

图 5－36　梁式楼梯踏步板

$$h=\frac{c}{2}+\frac{\delta}{\cos\alpha} \tag{5-17}$$

式中：c——踏步的高度；

δ——踏步底板的厚度，一般取 30～50 mm；

α——踏步底板的倾角。

梁式楼梯踏步板的计算简图，如图 5-36(b)所示。

2)内力分析与配筋计算

梁式楼梯踏步板的荷载和内力计算方法及要求同板式楼梯。其正截面设计可按照受弯构件正截面承载力的计算进行，踏步板的设计与一般板一样，可不进行斜截面抗剪承载力设计。梁式楼梯踏步板的配筋，如图 5-37 所示。

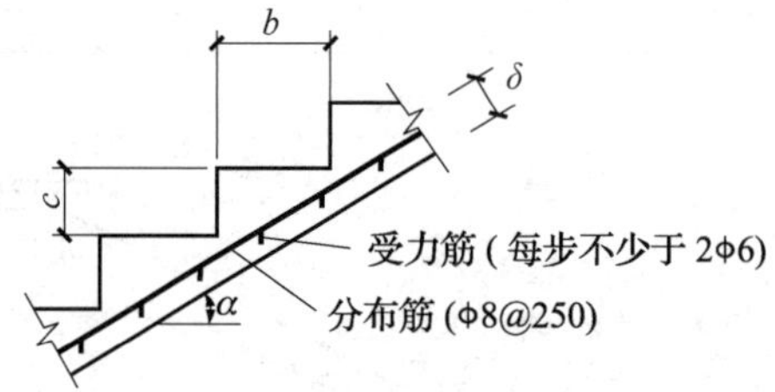

图 5-37　梁式楼梯踏步板的配筋

2. 梯段斜梁

1)计算模型

梯段斜梁简支于平台梁和楼层梁上，承受由踏步板传来的均布荷载，可按照简支斜梁计算，其计算原理及方法与梯段斜板相同，计算跨度取 $l_0'=\min\{(l_n'+b),1.05l_n'\}$，此处，$b$ 为平台梁的宽度，l_n'为梯段斜梁的净跨。确定梯段斜梁的计算跨度后，其高度一般取 $h=l_0'/20$，计算简图如图 5-38 所示。

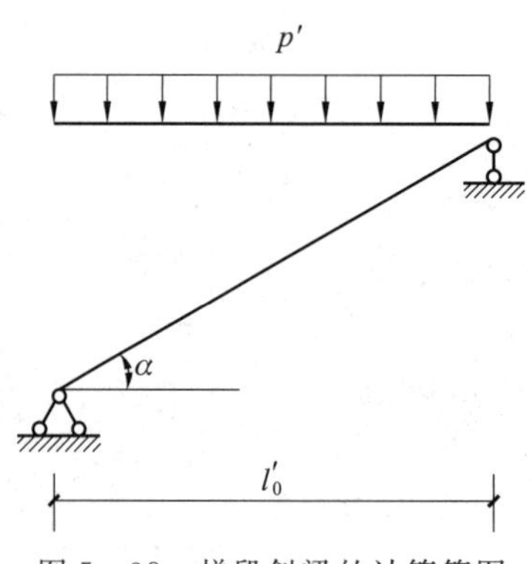

图 5-38　梯段斜梁的计算简图

2)内力分析与配筋计算

梯段斜梁承受由踏步板传来的均布荷载和梯段斜梁自重(包括粉刷)，其内力计算方法与板式楼梯的梯段斜板相同。梯段斜梁的配筋也和一般梁一样，需要进行正截面和斜截面的承载力计算。在截面设计时，梯段斜梁按倒 L 形截面梁计算，踏步板下斜板为其受压翼缘，翼缘的计算宽度一般取 $b_f'=b+5\delta$(b 为斜梁的宽度，δ 为踏步底板的厚度)。

3. 平台板

梁式楼梯的平台板设计与板式楼梯的完全相同。

4. 平台梁

1)计算模型

平台梁承受平台板传来的均布荷载、斜梁传来的集中荷载及自重，可以按照支承于两端墙体的简支梁进行内力计算和配筋设计。

一般情况下，平台梁的截面宽度取 $b \geqslant 200$ mm，高度取 $h \geqslant c+h'/\cos\alpha$（$c$ 为踏步高度，α 为踏步底板倾角，h' 为斜梁高度)，且应满足梯段斜板的搁置要求。

2)内力分析与配筋计算

平台梁的内力计算方法同一般简支梁。平台梁承受斜梁传来的集中荷载，其内力需要按照先均布荷载和集中荷载分别计算，之后进行叠加，得到其最大弯矩值和最大剪力值。

平台梁的配筋计算也与普通梁相同，需要进行正截面和斜截面的承载力计算。在截面设计时，平台梁按倒L形截面梁计算，平台板为其受压翼缘，翼缘的计算宽度一般取 $b'_f=b+5h$（b 为平台梁的宽度，h 为平台板的厚度)。

平台梁与斜梁一样，其截面高度应满足不需要进行变形验算的简支梁所允许的高跨比要求，同时配筋构造应符合现浇肋形梁楼盖的构造要求。

5.4　悬挑构件的设计

钢筋混凝土悬挑构件，是指悬挑出建筑物外墙的水平部件，如阳台、雨篷、屋顶挑檐等。这些部件或可遮阳挡雨，或可增大室内使用面积，给人们的工作、生活和学习活动提供方便。

一般情况下，常见的阳台、雨篷和挑檐等水平部件，按照建筑物外墙对其支承方式的不同，可分为凸出式和凹入式两大类。从结构角度上看，两者的受力特点存在着很大的差异，如凸出式阳台和凹入式阳台，前者为一边支承，需要解决支承梁的扭转和挑出构件的抗倾覆问题；而后者多为三面支承，则不需要考虑。

本文以雨篷为例，讨论现浇悬挑部件的破坏形式和结构设计。

5.4.1　雨篷的受力特点及破坏形式

根据悬挑长度的大小，钢筋混凝土雨篷可分为板式结构和梁板式结构。一般情况下，悬挑长度大于1.5 m的，可采用梁板式结构；悬挑长度小于1.5 m的多采用板式结构。梁板式结构的雨篷，通常有梁或柱支承雨篷板，雨篷板不是悬挑构件。悬臂板式雨篷由雨篷梁和雨篷板组成，雨篷梁既要支承雨篷板又要兼作过梁使用，属于弯剪扭构件，雨篷板属于悬挑构件，尚需要进行抗倾覆能力验算。

试验研究和工程实践证明，在荷载作用下，雨篷的破坏形式有以下三种(见图5-39)。

(1)雨篷板在支承端部断裂。这主要是因为板面负筋数量不够或施工时板面负筋被踩下，造成雨篷板因抗弯强度不足引起的。

(2)雨篷梁的弯扭破坏。雨篷梁上的墙体及可能传来的楼盖荷载使雨篷梁受弯、受剪，雨篷板传来的荷载使雨篷梁受扭。当雨篷梁在弯剪扭复合作用下，若承载力不足时就会发生破坏。

(3)雨篷的整体倾覆。这主要是因为雨篷板挑出过大，雨篷梁的上部荷载压重不足而产生的整体倾覆破坏。

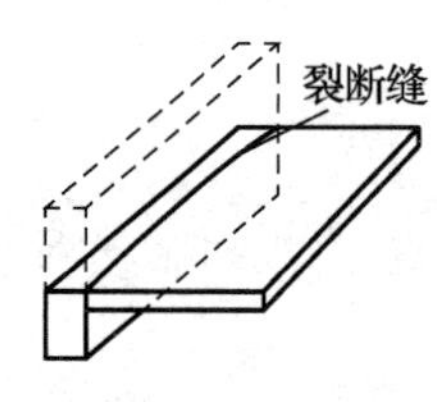

(a) 雨篷板在支撑端部断裂

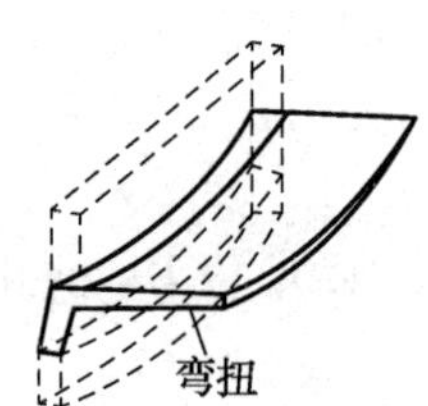

(b) 雨篷梁的弯扭破坏

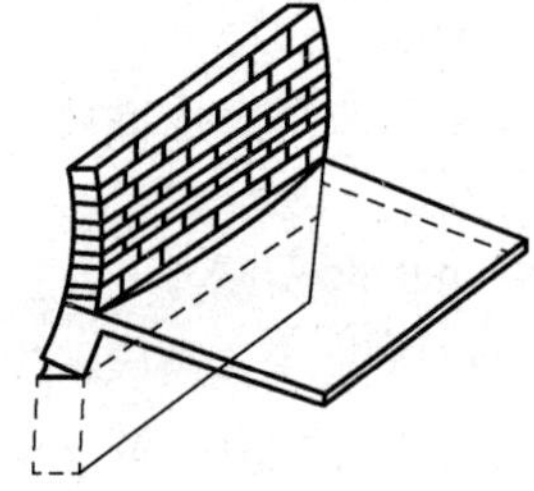
(c) 雨篷的整体倾覆

图 5－39　雨篷的破坏形式

5.4.2　雨篷的结构设计

雨篷的结构设计包括三个方面的内容：雨篷板的正截面承载力计算；雨篷梁、悬挑边梁在弯剪扭复合作用下的承载力计算；雨篷的抗倾覆验算。

1. 雨篷板的结构设计

钢筋混凝土雨篷板是悬臂板，可按受弯构件进行设计。确定雨篷板的截面尺寸，应符合受弯构件的构造要求。若板的断面采取变截面形式，其根部厚度 h_1 可取(1/12～1/10)l_n(l_n为板的净挑长度)，且不小于 70 mm(当 $l_n<1.0$ m 时)或 80 mm(当 $l_n\geqslant1.0$ m 时)；其端部厚度可取 $h_2\geqslant60$ mm。

雨篷板上的荷载有恒荷载(包括自重、粉刷等)、雪荷载、均布活荷载及施工或检修时的集中荷载。在进行截面承载力计算时，雨篷板上的荷载可按两种情况考虑：

①恒荷载＋均布活荷载(0.5 kN/mm^2)或雪荷载(两者不同时考虑，取较大者)；

②恒荷载＋施工或检修集中荷载(沿板宽每隔 1 m 考虑一个 1 kN 的集中荷载，并作用于板端)，选取较大组合值。

取 1 m 宽板带作为计算单元。板式结构雨篷板的计算简图如图 5－40 所示。雨篷板的内力值可根据普通板的方法求出，弯矩最大值和剪力最大值均在雨篷根部截面(亦称内力计算控制截面)。雨篷板的配筋计算与普通板相同。

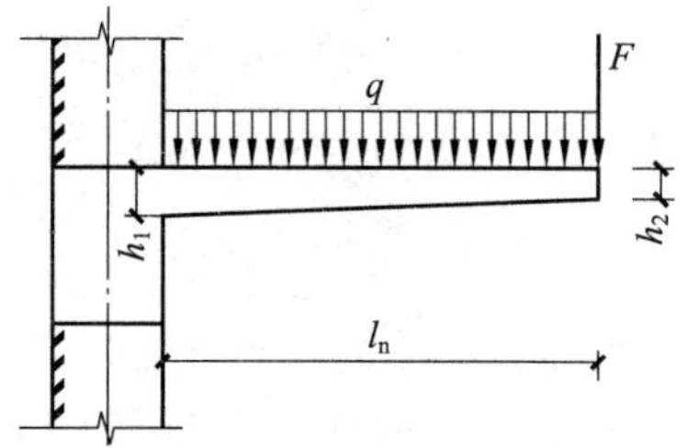

图 5－40　板式结构雨篷板的计算简图

对于梁式结构的雨篷板，因其不是悬挑板，也不采取变截面形式，应按普通板结构计算其内力，其配筋方式也同普通板。

2. 雨篷梁的结构设计

作用在雨篷梁上的荷载主要有：雨篷梁自重(包括粉刷等)、均布恒荷载、雨篷板传来的荷载(包括板上均布荷载及施工检修集中荷载)、雨篷梁上的墙体重量(按砌体结构中过梁荷载的规定计算)、应计入的楼面梁板荷载(按过梁荷载的有关规定确定)。若采用梁板式雨篷，雨篷梁上的荷载还应包括边梁和挑梁传来的荷载。

雨篷梁的宽度一般与墙厚相同，梁高可按普通梁的高跨比确定。为防止板上的雨水沿墙缝渗入墙内，往往在梁顶设置高过板顶 60 mm 的凸块。

雨篷梁可以按弯、剪、扭复合受力构件进行设计，梁中的纵向受力钢筋与箍筋应按弯、剪、扭构件的抗力进行计算，并按构造要求配置。

对于梁板式雨篷，其边梁的计算方法和配筋要求同一般简支梁；挑梁的计算方法同雨篷板，配筋的要求同一般简支梁，只是内力计算截面应采用变截面的矩形（当雨篷板位于梁上部时）或倒 L 形（当雨篷板下翻至梁底部时）。

3. 雨篷的抗倾覆验算

为了防止雨篷发生倾覆破坏，应对其进行整体抗倾覆验算。如图 5－41 所示，一方面，雨篷板上的荷载有可能使整个雨篷绕梁底的旋转点 O 转动而发生倾覆破坏；另一方面，压在雨篷梁上的墙体和其他梁板的压重又阻止雨篷倾覆，雨篷是否会发生整体倾覆，取决于这两方面的作用关系。设雨篷板上的荷载对 O 点的力矩为倾覆力矩 $M_{倾}$，雨篷梁自重、梁上墙重以及梁板传来的荷载的合力 G_r 对 O 点的力矩是抗倾覆力矩 $M_{抗}$，则进行抗倾覆验算应满足的条件为

$$M_{倾} \leqslant M_{抗} \tag{5-18}$$

$$M_{抗} = 0.8G_r(l_2 - x_0) \tag{5-19}$$

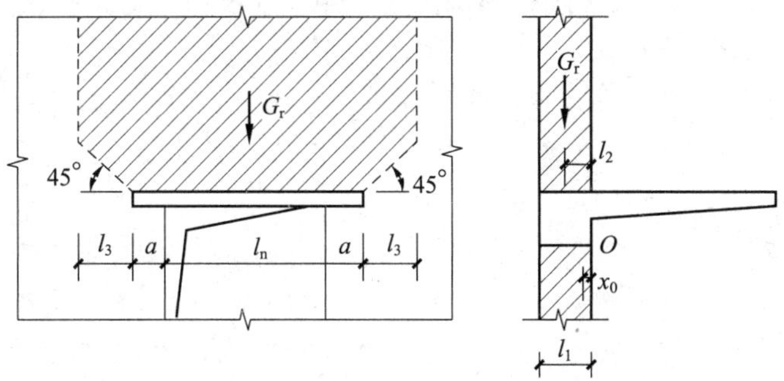

图 5－41　板式雨篷的抗倾覆模型

式中：$M_{抗}$——雨篷抗倾覆力矩设计值；

G_r——雨篷的抗倾覆荷载，可取雨篷梁尾端上部 45°扩散角范围（其水平长度为 l_3）内的墙体与楼面恒荷载标准值之和，$l_3 = l_n/2$；

l_2——G_r 距墙外边缘的距离，$l_2 = l_1/2$（l_1 为雨篷梁上墙体的厚度）；

x_0——计算倾覆点至墙外边缘的距离，一般取 $x_0 = 0.13l_1$；

0.8——抗倾覆验算时的恒荷载分项系数。

如果抗倾覆不满足要求，可适当增加雨篷梁两端的支承长度 a，以增大压在梁上的恒荷载，或采取其他拉结措施。板式雨篷的配筋形式，如图 5－42 所示。l_a 为受力筋伸入雨篷梁内的锚固长度。

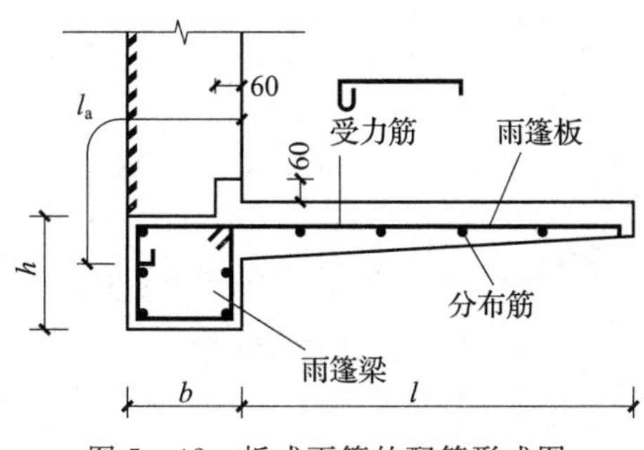

图 5－42　板式雨篷的配筋形式图

【拓展与应用】

中国古建筑屋顶结构形式设计

中国古建筑屋顶形式很多，大致可分为庑殿顶、歇山顶、悬山顶、硬山顶、攒尖顶、盝顶等。其中庑殿顶、歇山顶、攒尖顶又分为单檐(一个屋檐)和重檐(两个或两个以上屋檐)两种；歇山顶、悬山顶、硬山顶又衍生出卷棚顶。此外，除上述几种屋顶外，还有扇面顶、万字顶、盔顶、勾连搭顶、十字顶、穹窿顶、圆券顶、平顶、单坡顶、灰背顶等特殊形式。

庑殿顶，又称四阿顶，有五脊四坡，又叫五脊顶。前后两坡相交处为正脊，左右两坡有四条垂脊。重檐庑殿顶，是古建筑屋顶的最高等级，庄重雄伟，多用于皇宫或寺观的主殿，如故宫太和殿、泰安岱庙天贶殿、曲阜孔庙大成殿等。单檐庑殿顶，庄严肃穆，多用于礼仪盛典及宗教建筑的偏殿或门堂等处，如北京天坛中的祈年门、皇乾殿及斋宫、华严寺大熊宝殿等。

歇山顶，又称九脊顶，有一条正脊、四条垂脊、四条戗脊。前后两坡为正坡，左右两坡为半坡，半坡以上的三角形区域为山花。重檐歇山顶等级仅次于重檐庑殿顶，多用于规格很高的殿堂中，如故宫的保和殿、太和门、天安门、钟楼、鼓楼等。一般的歇山顶应用非常广泛，如宫中其他诸建筑，以及祠庙坛社、寺观衙署等官家、公众殿堂等。

悬山顶，又称挑山顶，有五脊二坡。屋顶伸出山墙之外，并由下面伸出的桁(檩)承托。因其桁(檩)挑出山墙之外，“挑山”之名由此而来。悬山顶四面出檐，也是两面坡屋顶的早期做法，但在中国重要的古建筑中不被应用。

硬山顶，有五脊二坡，屋顶与山墙齐平。其出现较晚，在宋代《营造法式》中并未有记载，只在明清以后出现在我国南北方住宅建筑中。因其等级低，只能使用青板瓦，不能使用筒瓦、琉璃瓦。在皇家建筑及大型寺庙建筑中，没有硬山顶的存在，多用于附属建筑及民间建筑。

攒尖顶，无正脊，只有垂脊，只应用于面积不大的楼、阁、楼、塔等。其平面多为正多边形及圆形，顶部有宝顶。依据脊数多少，可分三角攒尖顶、四角攒尖顶、六角攒尖顶、八角攒尖顶等。此外，还有圆角攒尖顶，也就是无垂脊。攒尖顶有单檐、重檐之分，多作为景点或景观建筑，如颐和园的郭如亭、丽江黑龙潭公园等。在殿堂等较重要的建筑或等级较高的建筑中，极少使用攒尖顶，而故宫的中和殿、交泰殿和天坛内的祈年殿等却使用的是攒尖顶。

盝(lù)顶，是一种较特别的屋顶，屋顶上部为平顶，下部为四面坡或多面坡，垂脊上端为横坡，横脊数与坡数相同。横脊首尾相连，又称圈脊。在古代大型宫殿建筑中极为少见。

顶卷棚顶，又称元宝脊，屋面双坡相交处无明显正脊，而是做成弧形曲面。多用于园林建筑中，如颐和园中的谐趣园，屋顶的形式全部为卷棚顶。在宫殿建筑中，太监、佣人等居住的边房，多为此顶。

扇面顶，是扇面形状的屋顶形式，其最大特点是前后檐线呈弧形，弧线一般前短后长，即建筑的后檐大于前檐。扇面顶的两端可以做成歇山、悬山、卷棚形式。一般用于形体较小的建筑中，会让建筑看起来更为小巧可爱。

万字顶，“万”即为“卍”，代表万事如意、万寿如疆。因其吉祥意义，常被应用于建筑平面或屋顶。

盔 顶，是屋顶像头盔一样屋顶形式。盔顶的顶与脊，其上面大部分为凸出的弧形，下面的一小部分反向往外翘起，就像头盔下沿，顶部中心有一个宝顶。例如岳阳楼使用的就是盔顶。

思考练习题

1. 钢筋混凝土楼盖有几种类型？并说明它们各自的受力特点和适用范围。
2. 什么是活荷载的最不利布置？活荷载最不利布置的规律是什么？
3. 现浇单向板肋形楼盖中的板、次梁和主梁，当其内力按弹性理论计算时，如何确定计算简图？当其内力按塑性理论计算时，其简图又如何确定？如何绘制主梁的弯矩包络图？
4. 试比较钢筋混凝土塑性铰和结构力学中普通铰的异同。
5. 什么是单向板？什么是双向板？肋形楼盖中的区格板是属于哪一类受力特征？
6. 什么是弯矩调幅？计算钢筋混凝土连续梁的内力时，若考虑塑性内力重分布，为什么要控制弯矩调幅？
7. 现浇单向板肋形楼盖中，板、次梁和主梁的配筋计算及构造有哪些要点？
8. 常用楼梯有哪几种类型？如何确定楼梯各组成构件的计算简图？
9. 简述雨篷的受力特点和设计方法。
10. 某民用建筑的五跨连续板结构布置，如图 5-43 所示。板跨为 2.1 m，恒荷载标准值 $g_k=3.6\ \mathrm{N/m^2}$（不包括结构自重），活荷载标准值 $q_k=3.5\ \mathrm{kN/m^2}$，混凝土强度等级为 C20，钢筋采用 HPB300 级，次梁截面尺寸为 $b\times h=200\ \mathrm{mm}\times 450\ \mathrm{mm}$。环境类别为一类，结构设计使用年限为 50 年。在考虑塑性内力重分布的情况下，试对该钢筋混凝土连续板进行设计，并绘制配筋图。

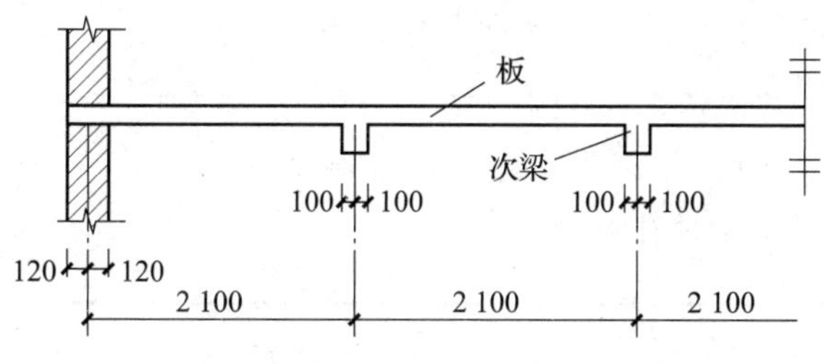

图 5-43　题 5-10 附图

第6章　高层钢筋混凝土结构设计

【教学目标】

本章主要讲述高层钢筋混凝土结构的类型、受力特点与设计基本要求，框架结构的平面布置、结构设计方法与构造要求，剪力墙结构与框架剪力墙的设计要求。本章学习目标如下：

(1)掌握高层钢筋混凝土结构的类型、受力特点与设计基本要求；

(2)熟悉框架结构的平面布置、结构设计方法与构造要求；

(3)了解剪力墙结构与框架剪力墙的设计要求。

【教学要求】

知识要点	能力要求	相关知识
(1)高层钢筋混凝土结构类型、受力特点 (2)高层钢筋混凝土结构设计基本要求	(1)掌握高层钢筋混凝土结构类型、受力特点 (2)掌握高层钢筋混凝土结构设计基本要求	混凝土结构施工图平面整体表示方法制图规则和构造详图
(1)框架结构平面布置、结构设计方法与构造要求	(1)熟悉框架结构的平面布置、结构设计方法与构造要求	混凝土结构施工图平面整体表示方法制图规则和构造详图
(1)剪力墙结构与框架剪力墙设计要求	(1)了解剪力墙结构与框架剪力墙设计要求	混凝土结构施工图平面整体表示方法制图规则和构造详图

工程结构中，按照建筑物的层数或高度，将建筑物分为单层建筑、多层建筑和高层建筑。

什么是高层建筑？目前还没有统一的定义，各国对高层建筑的划分，主要是根据本国的经济条件与消防设备等情况确定。如德国把总高度在22 m以上的建筑物视为高层建筑；美国把总高度在24.6 m以上或7层以上的建筑物视为高层建筑；日本把总高度在31 m以上或11层以上的建筑物视为高层建筑；法国把8层及8层以上的住宅建筑物或总高度在31 m以上的其他建筑物视为高层建筑；英国把总高度在24.3 m以上的建筑物视为高层建筑；比利时把总高度在25 m以上的建筑物视为高层建筑。联合国将高层建筑按高度分为四类：第一类为9～16层(最高50 m)，第二类为17～25层(最高75 m)，第三类为26～40层(最高100 m)，第四类为40层以上(高度在100 m以上时，为超高层建筑)。

目前，我国《高层建筑混凝土结构技术规程》(JGJ 3—2010)及《高层民用建筑钢结构技术规程》(JGJ 99—2015)中规定：高层建筑是指10层及10层以上或房屋高度大于28 m的住宅建筑，以及房屋高度大于24 m的其他高层民用建筑。

6.1　高层建筑的结构类型及受力特点

常用的高层建筑结构体系，主要有框架结构、剪力墙结构、框架-剪力墙结构、筒体结构、板柱-剪力墙结构及混合结构等。

1. 框架结构

框架结构，是指由梁、柱构件及其通过节点连接而构成的结构体系，该结构体系既承受竖向荷载，又承受水平作用(图 6-1)。其主要优点是，平面布置灵活、易于设置较大空间、也可按需要隔成小房间、使用方便且计算理论较为成熟等；但缺点也较为明显，其构件的截面尺寸较小，柱的长细比大，框架的侧向刚度较小，抵抗水平荷载的能力较差，尤其在地震作用下，如果房屋的高宽比较大，其侧移也较大，较易出现整体性倾覆，并导致非结构构件(如填充墙、设备管道等)严重破坏。因此，框架结构多用于多层及小高层建筑，如常用的普通住宅、办公楼等。

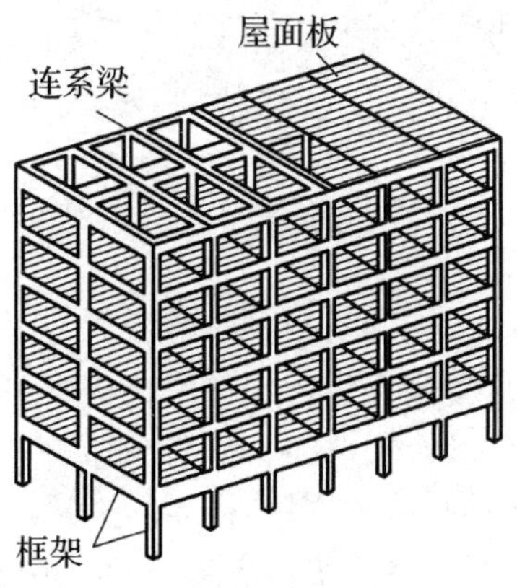

图 6-1　框架结构示意图

2. 剪力墙结构

剪力墙结构，是指利用墙体承受竖向荷载与抵抗水平作用的结构体系(见图 6-2)。在地震区，剪力墙主要承受水平地震作用力，亦称为抗震墙。剪力墙结构的特点是刚度大、整体性强、抗震性能好，但结构自重较大、建筑平面布局局限性较大、较难获得大空间，使用受到限制。因此，剪力墙结构一般用于住宅、旅馆等空间要求较小的建筑。

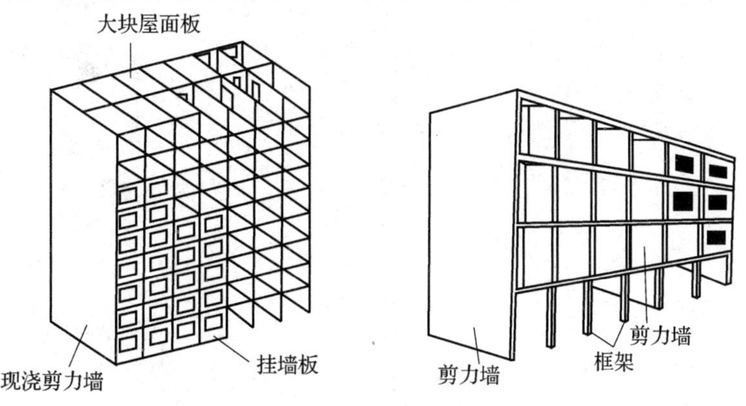

图 6-2　剪力墙结构示意图

3. 框架-剪力墙结构

框架-剪力墙结构，是指由框架与剪力墙共同组合而成的结构体系（见图 6－3）。该结构体系是利用框架承受竖向荷载，利用适量的剪力墙替代部分梁、柱与框架共同抵抗水平作用，其中剪力墙承担整个水平作用的 80%～90%。这种结构体系充分发挥了框架结构的优点，建筑平面布置灵活，又兼得了剪力墙结构的优势，增大了结构体系的抗侧移刚度，抗震性能较好。因此，该结构体系广泛应用于建筑较高的高层建筑物，如办公楼、宾馆等。

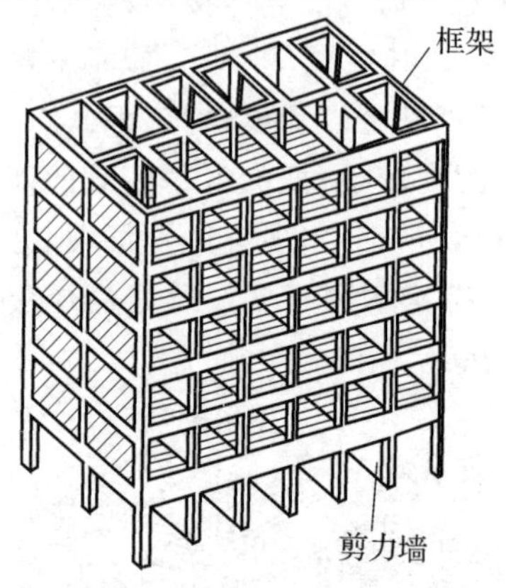

图 6－3　框架-剪力墙结构示意图

4. 筒体结构

筒体结构，是指由一个或多个竖向筒体为主与由密柱框架构成的框筒共同承受竖向作用与水平作用的结构体系。筒体是由若干片剪力墙围合而成的封闭式井筒，根据开孔的多少，筒体可分为空腹筒和实腹筒。空腹筒也称为框筒，由布置在房屋四周的密排立柱与截面高度很大的横梁组成，横梁（亦称窗裙梁）的高度通常为 0.6～1.22 m，立柱的距离通常为 1.22～3.0 m；实腹筒一般由电梯井、楼梯间和管道井等组成，开孔很少，因位于建筑物的中部，也称为核心筒。根据其受力特点，筒体结构可以布置成核心筒、框筒、筒中筒、框架-核心筒、成束筒与多重筒等结构形式（见图 6－4）。

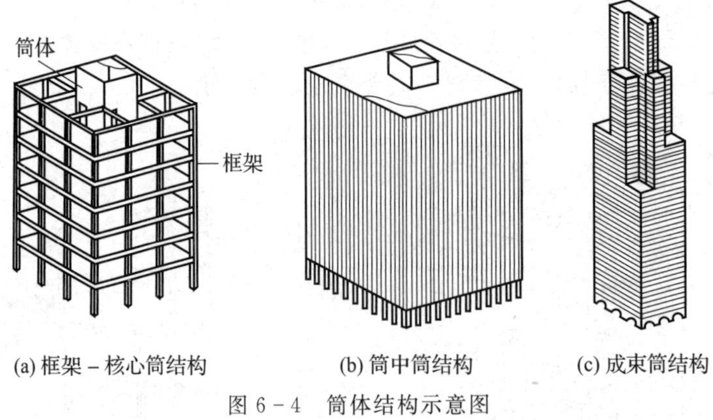

(a) 框架－核心筒结构　(b) 筒中筒结构　(c) 成束筒结构

图 6－4　筒体结构示意图

通常情况下，框筒作为外筒，实腹筒作为内筒。因为筒体结构具有更大的空间刚度，抗侧力强，抗震性能好，所以比较适合于 30 层以上的高层建筑。

此外，板柱-剪力墙结构，是指由无梁楼板、柱组成板柱框架与剪力墙共同承受竖向作用与水平作用的结构体系。混合结构是指由框筒(如钢框架、型钢混凝土框架、钢管混凝土框架等)与钢筋混凝土核心筒所组成的共同承受竖向作用与水平作用的结构体系。

以上各种高层建筑结构体系,在竖向荷载与水平作用的共同影响下,其作用效应的特点迥异于低层建筑结构。水平作用产生的内力与位移效应随着建筑物高度的增加而逐渐增大,在高层建筑中,水平作用成为控制因素,在低层建筑中,水平作用产生的内力与位移效应很小,甚至可以忽略。如图 6-5 所示,随着建筑高度 H 的增加,侧向位移 u 增加最快,弯矩 M 则次之。因此,在高层建筑中,需要将水平作用产生的侧向变形限制在一定范围内,才能够保证结构的安全性。

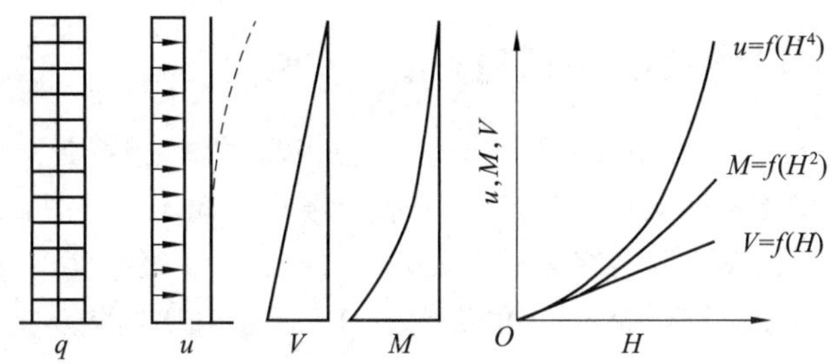

图 6-5　高层建筑结构高度与轴力、弯矩、侧向位移的关系

试验研究与工程实践证明:过大的侧向变形,不仅影响高层建筑的正常使用,使填充墙或建筑装修出现裂缝或损坏、电梯轨道变形,也会使高层建筑的主体结构出现较大裂缝、产生附加内力,造成建筑损坏甚至引起倒塌。因此,在高层建筑结构设计中,不仅需要结构体系具备较大的承载能力,而且还需要具有较大的抗侧移刚度,竖向抗侧力分体系的设计成为了关键。

6.2　高层建筑结构设计的基本要求

6.2.1　结构对材料的要求

高层建筑结构承受的竖向荷载与水平作用较大,宜采用高强、高性能混凝土与高强钢筋,当构件内力较大或对抗震性能有较高要求时,宜采用型钢混凝土和钢管混凝土构件。

1. 混凝土

各类高层建筑结构体系混凝土的强度等级均不应低于 C20,并应符合下列规定:

(1)抗震设计时,一级抗震等级框架梁、柱及其节点的混凝土强度等级不应低于 C30,但框架柱的混凝土强度等级,在 9 度时不宜高于 C60,8 度时不宜高于 C70,剪力墙的混凝土强度等级不宜高于 C60。

(2)筒体结构的混凝土强度等级不宜低于 C30;型钢混凝土梁、柱,以及作为上部结构嵌固部位的地下室楼盖,其混凝土强度等级不宜低于 C30。

(3)转换层楼板、转换梁、转换柱、箱形转换结构及转换厚板的混凝土强度等级均不应低于 C30。

(4)预应力混凝土结构的混凝土强度等级不宜低于 C40 且不应低于 C30,现浇非预应力混凝土楼盖结构的混凝土强度等级不宜高于 C40。

2. 钢筋

高层建筑混凝土结构的受力钢筋及其性能应符合《混凝土结构设计规范》(GB 50010—

2010)(2015 版)的有关规定。对于按一级、二级、三级抗震等级设计的框架和斜撑构件,其纵向受力钢筋尚应符合下列规定:

(1)钢筋的抗拉强度实测值与屈服强度实测值的比值不应小于 1.25。

(2)钢筋的屈服强度实测值与屈服强度标准值的比值不应大于 1.30。

(3)钢筋最大拉力下的总伸长率实测值不应小于 9%。

对于抗震设计时混合结构中的钢材,其屈服强度实测值与抗拉强度实测值的比值不应大于 0.85,而且不但应有良好的焊接性和合格的冲击韧性,还应有明显的屈服台阶,且伸长率不应小于 20%。

6.2.2 高层建筑结构的最大适用高度和高宽比

《高层建筑混凝土结构技术规程》(JGJ 3—2010)将高层建筑结构的最大适用高度区分为 A 级和 B 级。A 级是指常规的高层建筑,B 级是指超限高层建筑。其中,A 级高度钢筋混凝土乙类和丙类高层建筑的最大适用高度应符合表 6-1 的规定,B 级高度钢筋混凝土乙类和丙类高层建筑的最大适用高度应符合表 6-2 的规定。对于平面和竖向均不规则的高层建筑结构,其最大适用高度宜在表 6-1 和表 6-2 的基础上适当降低。

表 6-1 A 级高度钢筋混凝土高层建筑的最大适用高度 单位:m

<table>
<tr><th colspan="2" rowspan="3">结构体系</th><th rowspan="3">非抗震设计</th><th colspan="5">抗震设防烈度</th></tr>
<tr><th rowspan="2">6 度</th><th rowspan="2">7 度</th><th colspan="2">8 度</th><th rowspan="2">9 度</th></tr>
<tr><th>0.20g</th><th>0.30g</th></tr>
<tr><td colspan="2">框架</td><td>70</td><td>60</td><td>50</td><td>40</td><td>35</td><td>—</td></tr>
<tr><td colspan="2">框架-剪力墙</td><td>150</td><td>130</td><td>120</td><td>100</td><td>80</td><td>50</td></tr>
<tr><td rowspan="2">剪力墙</td><td>全部落地剪力墙</td><td>150</td><td>140</td><td>120</td><td>100</td><td>80</td><td>60</td></tr>
<tr><td>部分框支剪力墙</td><td>130</td><td>120</td><td>100</td><td>80</td><td>50</td><td>不应采用</td></tr>
<tr><td rowspan="2">筒体</td><td>框架-核心筒</td><td>160</td><td>150</td><td>130</td><td>100</td><td>90</td><td>70</td></tr>
<tr><td>筒中筒</td><td>200</td><td>180</td><td>150</td><td>120</td><td>100</td><td>80</td></tr>
<tr><td colspan="2">板柱-剪力墙</td><td>110</td><td>80</td><td>70</td><td>35</td><td>40</td><td>不应采用</td></tr>
</table>

注:1. 表中框架不含异形柱框架。

2. 部分框支剪力墙结构指地面以上有部分框支剪力墙的剪力墙结构。

3. 甲类建筑,6、7、8 度时宜按本地区抗震设防烈度提高一度后符合本表的要求,9 度时应专门研究。

4. 框架结构、板柱-剪力墙结构以及 9 度抗震设防的表列其他结构,当房屋高度超过本表数值时,结构设计应有可靠依据,并采取有效的加强措施。

表 6-2 B 级高度钢筋混凝土高层建筑的最大适用高度 单位:m

<table>
<tr><th colspan="2" rowspan="3">结构体系</th><th rowspan="3">非抗震设计</th><th colspan="4">抗震设防烈度</th></tr>
<tr><th rowspan="2">6 度</th><th rowspan="2">7 度</th><th colspan="2">8 度</th></tr>
<tr><th>0.20g</th><th>0.30g</th></tr>
<tr><td colspan="2">框架-剪力墙</td><td>170</td><td>160</td><td>140</td><td>120</td><td>100</td></tr>
<tr><td rowspan="2">剪力墙</td><td>全部落地剪力墙</td><td>180</td><td>170</td><td>150</td><td>130</td><td>110</td></tr>
<tr><td>部分框支剪力墙</td><td>150</td><td>140</td><td>120</td><td>100</td><td>80</td></tr>
</table>

续表

结构体系		非抗震设计	抗震设防烈度			
			6 度	7 度	8 度	
					0.20g	0.30g
筒体	框架-核心筒	220	210	180	140	120
	筒中筒	300	280	230	170	150

注:1. 部分框支剪力墙结构指地面以上有部分框支剪力墙的剪力墙结构。

2. 甲类建筑,6、7 度时宜按本地区设防烈度提高一度后符合本表的要求,8 度时应专门研究。

3. 当房屋高度超过表中数值时,结构设计应有可靠依据,并采取有效的加强措施。

钢筋混凝土高层建筑结构的高宽比不宜超过表 6－3 的规定。

表 6－3　钢筋混凝土高层建筑结构适用的最大高宽比

结构体系	非抗震设计	抗震设防烈度		
		6 度、7 度	8 度	9 度
框架	5	4	3	—
板柱-剪力墙	6	5	4	—
框架-剪力墙、剪力墙	7	6	5	4
框架-核心筒	8	7	6	4
筒中筒	8	8	7	5

6.2.3　高层建筑结构的总体布置

考虑到高层水平作用方向的不确定性,其结构的平面布置和竖向布置除应符合抗震结构设计的要求外(详见本书 3.5 节),还应满足以下要求。

(1)在高层建筑的一个独立结构单元内,结构平面形状宜简单、规则,质量、刚度和承载力分布宜均匀;不应采用严重不规则的平面布置。

(2)高层建筑宜选用风作用效应较小的平面形状,平面长度不宜过长,平面突出部分的长度 l 不宜过大、宽度 b 不宜过小(见图 6－6);且 L/B、l/B_{max}和 l/b 均宜符合表 6－4 的要求。

表 6－4　平面尺寸及突出部位尺寸的比值限值

设防烈度	L/B	l/B_{max}	l/b
6、7 度	≤6.0	≤0.35	≤2.0
8、9 度	≤5.0	≤0.30	≤1.5

(3)设置防震缝时,对于框架结构的房屋,高度不超过 15 m 时不应小于 100 mm;超过 15 m 时,6 度、7 度、8 度、9 度分别每增加高度 5 m、4 m、3 m 和 2 m,宜加宽 20 mm。

对于框架-剪力墙结构房屋应不小于框架结构规定数值的 70%,对于剪力墙结构房屋不应小于框架结构规定数值的 50%,且两者均不宜小于 100 mm。若防震缝两侧的结构体系或房屋高度不同时,其宽度应按不利的结构类型或较低的房屋高度确定。高层建筑结构中伸缩缝、沉降缝的宽度要求同防震缝要求,但设置伸缩缝的最大间距应符合要求:框架结构为 55 m;

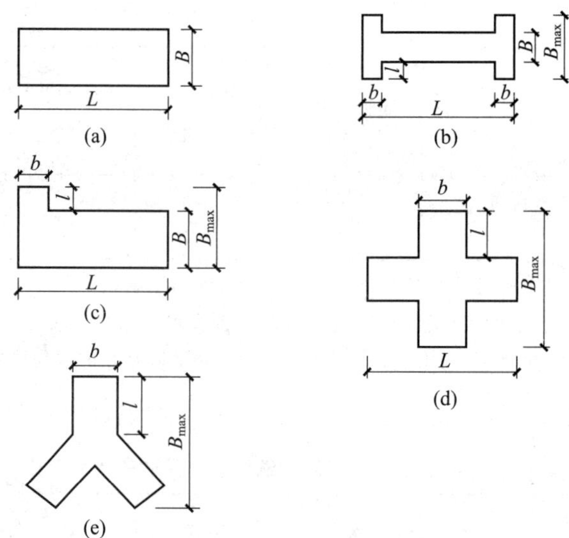

图 6-6 建筑平面示意图

剪力墙结构为 45 m。

(4)高层建筑的竖向体型宜规则、均匀,避免过大的外挑和收进。结构的侧向刚度宜下大上小,逐渐均匀变化。

(5)抗震设计时,高层建筑相邻楼层的侧向刚度变化应符合下列规定:

①对框架结构,楼层与其相邻上层的侧向刚度比 γ_1 可按式(6-1)计算,且本层与相邻上层的比值不宜小于 0.7,与相邻上部三层刚度平均值的比值不宜小于 0.8。

$$\gamma_1 = \frac{V_i \Delta_{i+1}}{V_{i+1} \Delta_i} \tag{6-1}$$

式中:γ_1——楼层侧向刚度比;

V_i、V_{i+1}——第 i 层和第 $i+1$ 层的地震剪力标准值;

Δ_i、Δ_{i+1}——第 i 层和第 $i+1$ 层在地震作用标准值作用下的层间位移。

②对框架-剪力墙、板柱-剪力墙结构、剪力墙结构、框架-核心筒结构、筒中筒结构,楼层与其相邻上层的侧向刚度比 γ_2 可按式(6-2)计算,且本层与相邻上层的比值不宜小于 0.9;当本层层高大于相邻上层层高的 1.5 倍时,该比值不宜小于 1.1;对结构底部嵌固层,该比值不宜小于 1.5。

$$\gamma_2 = \frac{V_i \Delta_{i+1}}{V_{i+1} \Delta_i} \frac{h_i}{h_{i+1}} \tag{6-2}$$

式中:γ_2——考虑层高修正的楼层侧向刚度比。

6.2.4 高层建筑结构的设计要求与计算假定

1. 结构设计要求

在竖向荷载、风荷载的作用下,高层建筑结构应处于弹性阶段或仅有微小的裂缝出现,结构应满足承载能力与限制侧向位移的要求;在地震作用下,应按两阶段设计方法,达到三水准目标的要求:在第一阶段设计中,除要满足承载力及侧向位移限制要求外,还要满足延性要求;在第二阶段设计中,要进行罕遇地震作用下的计算,应满足弹塑性层间变形的限制要求,以防止结构倒塌。

1)承载能力的验算

依据极限状态设计方法的要求，各种构件承载力验算的一般表达式为

(1)不考虑地震作用的组合时：

$$\gamma_0 S \leqslant R \tag{6-3}$$

(2)考虑地震作用的组合时：

$$S \leqslant \frac{R}{\gamma_{RE}} \tag{6-4}$$

式中，γ_0——结构重要性系数，按式 3－7 取值；

S——作用组合的效应设计值；

R——构件承载力设计值；

γ_{RE}——构件承载力抗震调整系数。

2)侧向位移限制和舒适度的要求

在正常使用条件下，高层建筑处于弹性状态，并且应有足够的刚度，避免产生过大的位移影响结构的承载力、稳定性与使用要求。高层建筑侧向位移限制的要求，如表 6－5 和表 6－6 所示。

表 6－5　结构弹性层间位移角限值

结构类型	弹性层间位移角限值
钢筋混凝土框架	1/550
钢筋混凝土框架-抗震墙、板柱-抗震墙、框架-核心筒	1/800
钢筋混凝土框架-抗震墙、筒中筒	1/1000
钢筋混凝土框支层	1/1000
多、高层钢结构	1/250

表 6－6　结构弹塑性层间位移角限值

结构类型	弹塑性层间位移角限值
单层钢筋混凝土柱排架	1/30
钢筋混凝土框架	1/50
底部框架砌体房屋中的框架-抗震墙	1/100
钢筋混凝土框架-抗震墙、板柱-抗震墙、框架-核心筒	1/100
钢筋混凝土抗震墙、筒中筒	1/120
多、高层钢结构	1/50

2. 计算假定

高层建筑是一个复杂的空间结构，在进行内力和位移计算时，需要引入一些计算假定，以此进行计算模型的简化，得到合理的计算图形。

1)弹性工作状态假定

在竖向荷载与风荷载的作用下，高层建筑结构应保持正常的使用状态，即结构处于不裂、

不坏的弹性阶段。当结构基本上处于弹性工作状态时，高层建筑结构的内力和位移按弹性方法进行计算。由于属于弹性计算，计算时可以利用叠加原理，不同荷载作用时，可以进行内力组合。但对于某些局部构件，由于按弹性计算所得的内力过大，将出现截面设计困难、配筋不合理的情况，这时可以考虑局部构件的塑性内力重分布，对内力适当予以调整，如剪力墙结构中的连梁，允许考虑连梁的塑性变形来降低连梁的刚度，但考虑到连梁的塑性变形能力十分有限，连梁刚度的折减系数不宜小于 0.50。

对于罕遇地震的第二阶段设计，绝大多数结构不要求进行内力和位移计算。“大震不倒”是通过构造措施来得到保证的。实际上，高层建筑结构在强震下已进入弹塑性阶段，多处开裂、破坏，构件刚度已难以确切给定，内力计算已无意义。

2)平面抗侧力结构假定和刚性楼板假定

高层建筑结构由竖向抗侧力、竖向承重分体系与楼板水平分体系组成，楼板水平分体系又将竖向抗侧力、竖向承重分体系连为整体。在满足高层建筑结构平面布置的要求下，在水平荷载作用下选取计算简图时，可作以下两个基本假定。

(1)平面抗侧力结构假定。一片框架或一片剪力墙在其自身平面内刚度很大，可以抵抗自身平面内的侧向力；但平面外的刚度很小，可以忽略，即垂直于该平面的方向不能抵抗侧向力。因此，整个结构可以划分成不同方向的平面抗侧力结构，共同抵抗结构承受的侧向水平作用。

(2)刚性楼板假定。水平放置的楼板，在其自身平面内的刚度很大，可以视为刚度无限大的深梁；但楼板平面外的刚度很小，可以忽略。刚性楼板将各平面抗侧力结构连接在一起共同承受侧向水平作用。因此，楼面构造就要保证楼板刚度无限大，如采用现浇楼盖结构即可满足要求；但对于框架-剪力墙结构，当其采用装配式整体楼盖结构时，必须加现浇面层。

基于上述两个基本假定，复杂的高层建筑结构的整体共同工作计算可大为简化。

高层建筑结构的水平作用主要是风荷载和水平地震作用，是作用于楼层的总水平力。因此，在进行高层建筑结构分析时，总水平力在各片平面抗侧力结构间的荷载分配与各片平面抗侧力结构的刚度、变形特点都有联系，不能像低层建筑结构那样按照受荷载面积计算各片平面抗侧力结构的水平荷载，如不考虑扭转影响时，高层框架结构同层的各构件的水平位移相同，框架结构中的各片框架分担的水平力应按其抗侧刚度进行分配。

6.3 框架结构设计

钢筋混凝土框架结构，按施工方法不同可分为现浇整体式、装配式与装配整体式等，目前多采用现浇整体式框架。现浇整体式框架就是梁、板、柱均为现浇钢筋混凝土，一般每层的柱与其上部的楼板同时支模、绑扎钢筋，然后一次浇捣成形，自基础顶面逐层向上施工。现浇整体式框结构整体性好、刚度大、抗震性能良好、建筑布置灵活性大，但是其现场施工工期长、劳动强度大、需要大量的模板。

6.3.1 框架结构的平面布置

1. 柱网尺寸和层高的确定

框架结构的柱网尺寸和层高，一般需根据生产工艺、使用要求、建筑材料、施工条件等各方面的因素进行全面考虑后确定。

民用建筑的柱网尺寸和层高，根据建筑的使用功能确定，一般按照 300 mm 晋级。柱网的布置可分为小柱网与大柱网两类。小柱网的一个开间为一个柱距，柱距一般为 2.1 m、2.4 m、2.7 m、3.0 m、3.3 m、3.6 m、3.9 m 等；大柱网的两个开间为一个柱距，柱距通常为 6.0 m、6.6 m、7.2 m、7.5 m 等，常用的跨度为 4.8 m、5.4 m、6.0 m、6.6 m、7.2 m、7.5 m 等；层高一般为 3.0 m、3.6 m、3.9 m、4.2 m、6.0 m、6.6 m 等。

2. 结构承重布置方案

按承重框架布置方向的不同，框架的布置方案有横向框架承重、纵向框架承重与纵横向框架混合承重等形式。

1)横向框架承重方案

该方案的主要内容是横向布置框架承重梁，楼面竖向荷载由横向梁传至柱，连系梁沿纵向布置(图 6－7(a))。一般房屋长向柱列的柱数较多，无论是强度还是刚度都比宽度方向强一些。这种方案便于施工，节约材料，增大了房屋在横向的抗侧移刚度，故其选用较多。

2)纵向框架承重方案

该方案的主要内容是在房屋纵向布置框架承重梁，连系梁沿横向布置(图 6－7(b))。由于横向连系梁截面高度较小，有利于楼层净高的有效利用以及设备管线的穿行，在房间布置上也比较灵活，但是房屋横向抗侧刚度较差，故民用建筑中较少采用这种结构方案。

3)纵横向框架混合承重方案

该方案的主要内容是框架承重梁沿房屋的横向和纵向布置(图 6－7(c))。房屋在两个方向上均有较大的抗侧移刚度，具有较大的抗水平力能力，整体工作性能较好，对抗震有利。这种方案一般采用现浇整体式框架，楼面为双向板，适用于柱网呈方形或接近方形的大面积房屋中，如仓库、购物中心和厂房等建筑。

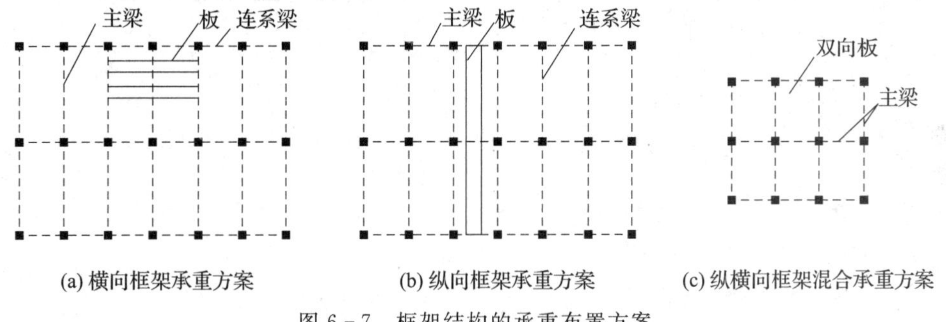

图 6－7　框架结构的承重布置方案

值得注意的是，框架结构中的框架既是竖向承重结构也是竖向抗侧力结构。由于风载或水平地震作用方向的随机性，无论是纵向框架还是横向框架都是竖向抗侧力框架，竖向抗侧力框架必须做成刚接框架。因此，在高层框架结构中，纵、横两个方向都是框架梁，截面都不能做得太小，也不得采用横向为框架梁而纵向为普通连系梁，或纵向为框架梁而横向为普通连系梁的做法。

6.3.2　框架结构内力和侧移的近似计算

1. 框架结构的计算简图

框架结构分析方法一般有两种，即平面结构分析与空间结构分析。在计算机尚未普及时，框架结构一般简化成平面结构，采用力矩分配法、无剪力分配法、迭代法等，进行手算分析，因此，多层框架结构常采用分层法、反弯点法和D值法等近似的计算方法。目前，框架结构内力分析多利用矩阵位移法的基本原理，编制电算程序，按空间结构模型分析，直接求得结构的内力和变形以及各截面的配筋。通常情况下，利用手算来校核和判断电算的合理性。

2. 框架结构计算单元的确定

框架结构是一个空间受力体系。为简化分析，通常忽略结构纵向和横向之间的空间联系及各构件之间的抗扭作用，将纵向框架和横向框架分别按平面框架进行分析计算，如图 6－8(a)、(b)所示。

对于横向框架，通常其间距相同，作用于各横向框架上的荷载相同，框架的抗侧刚度相同，因此，除端部框架外，各榀横向框架都将产生相同的内力和变形，在结构设计时，取中间有代表性的一榀横向框架进行分析即可(见图 6－8(c))。

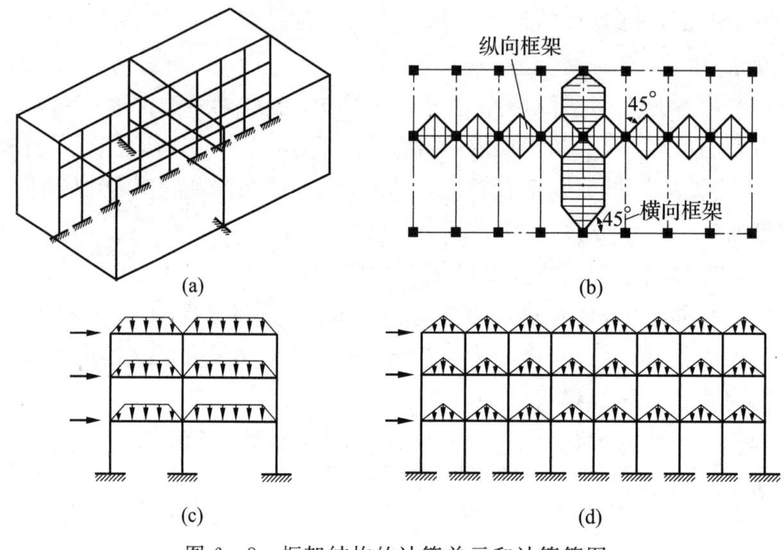

图 6－8　框架结构的计算单元和计算简图

对于纵向框架，作用于其上的荷载各不相同，需要分别进行计算。取出的平面框架所承受的竖向荷载与楼盖结构的布置情况有关：当采用现浇楼盖时，楼面分布荷载一般按角平分线传至相应两侧的梁上，而水平荷载则简化成节点集中力，如图 6－8(d)所示。

在上述结构计算简图中，需要解决以下简化问题。

(1)框架节点可简化为刚接点、铰接点和半铰点，这要根据施工方案与构造措施确定。通常现浇框架结构可简化为刚接点；框架梁支座可分为固定支座和铰支座，对于现浇钢筋混凝土柱，一般设计成固定支座。

(2)框架梁的计算跨度可取柱子轴线之间的距离(见图 6－9 中的 l_1、l_2)，当上下层柱截面尺寸变化时，一般以最小截面的形心线来确定。框架的层高可取相应的建筑层高(见图 6－9 中的 h_1、h_2、h_3、h_4、h_5)，即取本层楼面至上层楼面的高度，底层的层高应取基础顶面到二层楼板顶面之间的距离。

(3)构件截面抗弯刚度的计算。考虑到楼板的影响，假定梁的截面惯性矩 I 沿轴线不变，对现浇楼盖，中框架取 $I=2I_0$，边框架取 $I=1.5I_0$；对装配整体式楼盖，中框架取 $I=1.5I_0$，边框架取 $I=1.2I_0$；对装配式楼盖，取 $I=I_0$。这里 I_0 为矩形截面梁的截面惯性矩。

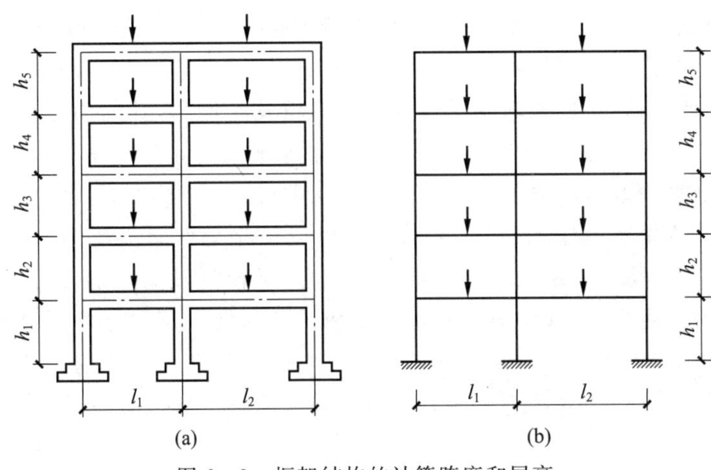

图 6-9　框架结构的计算跨度和层高

3. 竖向荷载作用下的内力近似计算

在竖向荷载作用下，框架结构的侧移很小，可近似认为侧移为零，则框架结构的内力可采用弯矩分配法、分层法等近似方法计算，分层法更为简便些。这里主要介绍分层计算法。

利用分层法进行内力计算时的基本假定。

(1)在竖向荷载作用下，框架的侧移和侧移引起的内力忽略不计。

(2)每层梁上的竖向荷载仅对本层梁及其上、下柱的内力(不包括柱轴力)产生影响，对其他各层梁、柱的影响忽略不计。

分层法计算的基本步骤如下。

(1)内力计算时，可将各层梁及其上、下层柱所组成的框架作为一个独立的计算单元，各层梁的跨度及层高与原结构相同，如图 6-10 所示。

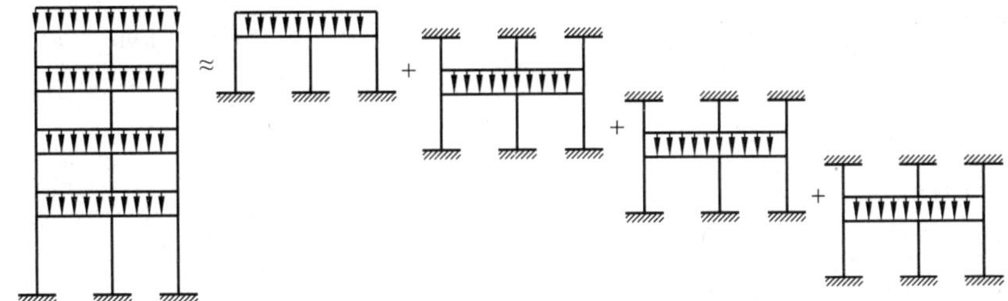

图 6-10　分层法计算示意图

(2)由于假定上、下柱的远端是固定的，而实际上上、下柱的远端是介于铰支与固定之间的弹性约束状态，有转角产生。为了减少这种因假定所带来的误差，可将除底层柱以外其他各层柱的线刚度乘以折减系数 0.9，其相应的弯矩传递系数取 1/3，底层柱和各层梁的弯矩传递系数取 1/2。

(3)用无侧移框架计算方法计算得到的各敞口框架的杆端弯矩，即为其最终弯矩，而每一柱的弯矩由上、下两层计算所得的弯矩值叠加得到。由于分层法是近似计算法，框架节点处的最终弯矩之和常常不等于零，若进一步修正时，可对节点不平衡力矩再一次进行分配(只分不传)。

(4)求出杆端弯矩后，可用静力平衡条件计算梁端剪力和梁跨中弯矩，由逐层叠加柱上的竖向荷载(包括节点集中力、柱自重等)以及与之相连的梁端剪力,可以得到柱的轴力。

4. 水平作用下的内力近似计算

在水平作用(如风荷载、地震作用)下,框架结构将发生侧移,其内力分析常采用的方法有反弯点法和 D 值法。这里主要介绍反弯点法的基本原理及其计算步骤。

1)反弯点法计算的基本原理

对于风荷载或其他水平作用,在框架结构上可以简化为作用于框架节点的水平集中力。在水平集中力作用下,每个节点既产生相对水平位移,又产生转角。越靠近底层框架,框架结构所承受的层间剪力越大,导致各节点的相对水平位移和转角越靠近底层也越大。当柱上下两段的弯曲方向相反时,柱中一般存在一个弯矩为零的点,该点被称为反弯点。因无节间荷载,各杆的弯矩图均是斜直线,如图 6-11 所示。如果能够计算出各柱剪力与反弯点位置,则梁、柱的内力均可以求出。

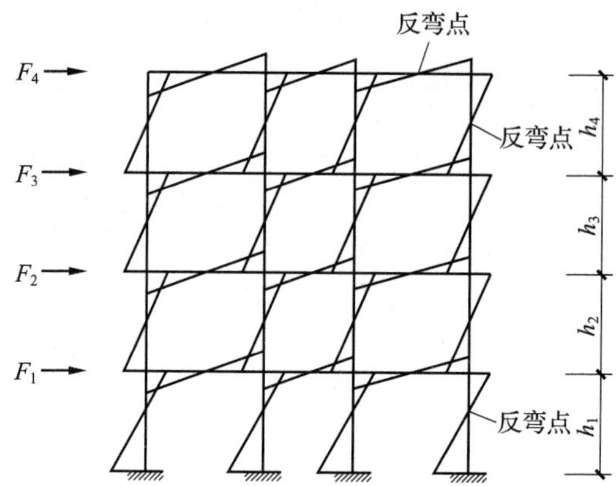

图 6-11　水平荷载作用下框架结构弯矩图与反弯点位置示意图

因此,利用反弯点法计算柱内力的关键,是确定层间剪力在柱间的分配及各柱的反弯点位置。

2)利用反弯点法进行内力计算时的基本假定

(1)在进行各柱间的剪力分配时,认为各柱上、下端都不发生角位移,即梁的线刚度为无限大。

(2)在确定各柱的反弯点位置时,假定除底层柱外的其他各层柱,其受力后上、下两端的转角相等,即底层柱的反弯点位于距基础 2/3 柱高处,其他各层框架柱的反弯点均位于层高的中点。

(3)梁端弯矩,可由节点平衡条件求出不平衡弯矩,然后按节点左右两端的线刚度大小进行分配。

3)反弯点法的具体计算步骤

(1)确定柱的侧移刚度,进行层间剪力分配。

①柱的侧移刚度。对于等截面柱,当柱上、下两端有相对单位位移时,柱顶所需施加的水平力为 D,即柱的侧移刚度(见图 6-12)。两端固定柱的侧移刚度为 $D_z=12i/h^2$,其中 i 为柱的线刚度,$i=EI/h$,h 为层高,EI 为柱的抗弯刚度。

②层间总剪力。设框架共有 n 层,每层层间总剪力为 $V_1,V_2,\cdots,V_i,\cdots,V_n$,每层有 m 个

柱子，在每一层的反弯点处截开（见图 6－13），可得：

$$V_i = V_{i1} + V_{i2} + \cdots + V_{ij} + \cdots + V_{im} = \sum_{k=i}^{n} F_k \tag{6-5}$$

式中：F_k——作用于 k 楼层的水平力；

V_i——框架结构在第 i 层所承受的层间总剪力；

V_{ij}——第 i 层第 j 根柱所承受的剪力。

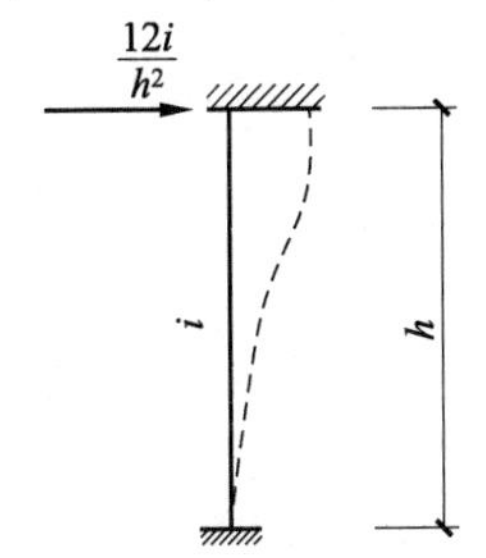

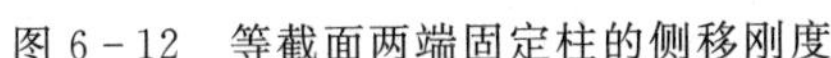

图 6－12　等截面两端固定柱的侧移刚度

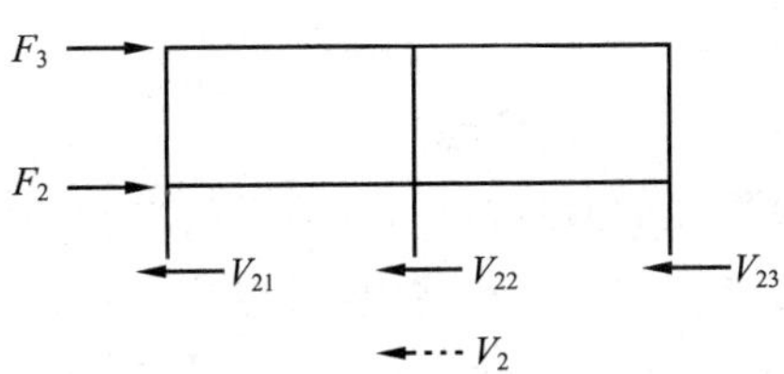

图 6－13　框架的局部分割体

③层间总剪力在同层各柱间的剪力分配。假定第 i 层的层间水平位移为 Δ_i，由于各柱的两端只有水平位移而无转角，则第 i 层的各柱具有相同的侧位移 Δ_i。若第 i 层第 j 根柱的侧移刚度为 $D_{ij}=12i/h_j$，按照侧移刚度的定义，可得

$$V_{ij} = D_{ij}\Delta_i = \frac{12i}{h_j}\Delta_i \tag{6-6}$$

将式（6－6）代入式（6－5），可以求出第 i 层第 j 根柱所承担的层间剪力 V_{ij}，即

$$V_{ij} = \frac{D_{ij}}{\sum_{j=1}^{m} D_{ij}} V_i \tag{6-7}$$

（2）确定各层柱的反弯点高度比，计算柱端弯矩。

反弯点高度比（y）是反弯点高度与柱高的比值。当梁、柱的线刚度之比大于 3 时，柱端的转角很小，反弯点接近中点，因此，按照计算基本假定可知，底层柱 $y=2/3$，其他各层柱 $y=0.5$。

根据各柱分配到的剪力以及反弯点位置，可以计算出各柱端的弯矩值。

底层柱的上端弯矩：

$$M_{cij}^{t} = V_{ij}\frac{h_i}{3} \tag{6-8}$$

底层柱的下端弯矩：

$$M_{cij}^{b} = V_{ij}\frac{2h_i}{3} \tag{6-9}$$

其他各层柱的上、下端弯矩：

$$M_{cij}^{t} = M_{cij}^{b} = V_{ij}\frac{h_i}{2} \tag{6-10}$$

各式：cij——第 i 层第 j 根柱；

t、b——分别表示柱的上端与下端。

（3）计算梁端弯矩。

得到柱端弯矩后，根据节点平衡条件（见图 6－14）计算出梁端弯矩：

$$\begin{cases} M_b^l = (M_c^u + M_c^l)\dfrac{i_b^l}{i_b^l + i_b^r} \\ M_b^r = (M_c^u + M_c^l)\dfrac{i_b^r}{i_b^l + i_b^r} \end{cases} \tag{6-11}$$

式中：M_b^l ——左边梁的右端弯矩；

M_c^u ——下柱的上端弯矩；

M_c^l ——上柱的下端弯矩；

M_b^r ——右边梁的左端弯矩；

i_b^l ——左边梁的线刚度；

i_b^r ——右边梁的线刚度。

再根据梁的两端弯矩，按照梁的平衡条件(见图 6－15)可得梁的剪力。同时，从上至下逐层叠加节点左右的梁端剪力，可得柱内轴力：

$$V_b^l = V_b^r = \frac{(M_b^l + M_b^r)}{L} \tag{6-12}$$

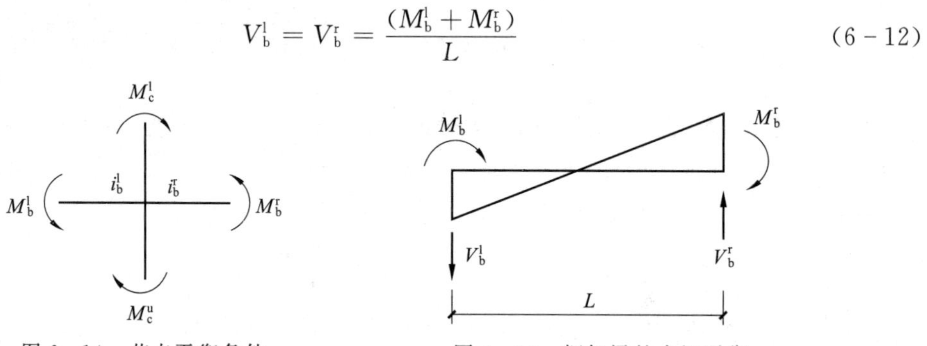

图 6－14　节点平衡条件　　　图 6－15　框架梁的力矩平衡

5. 框架结构侧移验算

进行框架结构设计时，既要保证其承载力，又要控制结构侧移。引起侧移的主要原因是水平作用。在水平作用的影响下，框架的侧移有两种：一种是梁、柱弯曲变形引起的层间相对侧移，其特点是越往下越大，框架侧移曲线与悬臂梁的剪切变形曲线相似，故称为剪切型变形(见图 6－16(a))；另一种是由框架柱的轴力引起的框架变形，其特点是越往上越大，与悬臂梁的弯曲变形类似，故称为弯曲型变形(见图 6－16(b))。

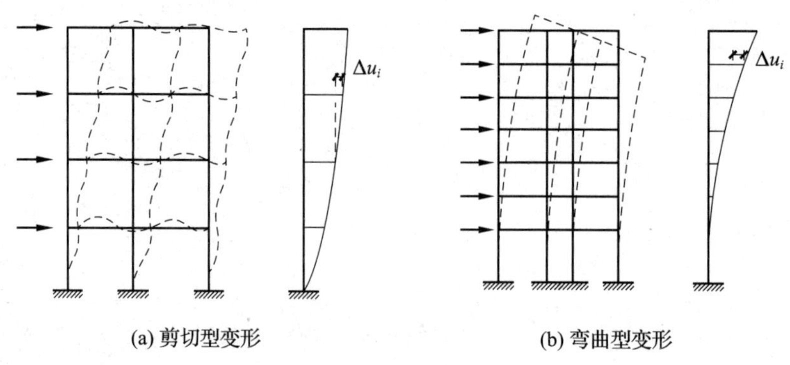

图 6－16　框架的侧移

工程实践表明，框架结构的侧移主要是由梁、柱的弯曲变形引起的，柱的轴向变形引起的侧移值甚微，可忽略不计。

在进行梁、柱弯曲变形所引起的框架结构侧移计算时，一般可采用 D 值法。

基于上述内力计算过程，在得到柱的抗侧移刚度后，可按式(6－13)计算出第 i 层框架层间的水平位移 Δu_i，再按式(6－14)求得框架顶层总侧移值 Δu。

$$\Delta u_i = \frac{V_i}{\sum_{j=1}^{m} D_{ij}} \tag{6-13}$$

$$\Delta u = \sum \Delta u_i \tag{6-14}$$

框架结构的侧向位移角限值详见表 6－5。

6.3.3　框架结构的构件设计

1. 控制截面的确定

框架柱的弯矩最大值在柱的两端，柱的剪力与轴力沿柱高呈线性变化，并且同一层内变化很小，可取各层柱上、下端的截面作为控制截面。对于框架梁，一般取梁端和跨中作为梁承载力设计的控制截面。虽然把梁端作为抵抗负弯矩和剪力的设计控制截面，但在有地震作用组合时，也要组合梁端的正弯矩。

值得注意的是，在内力组合前，对于框架梁，要把轴线处梁的弯矩及剪力计算结果换算成柱边截面的弯矩和剪力；对于框架柱，要把轴线处的计算内力换算成梁上、下边缘的柱截面内力，如图 6－17 所示。

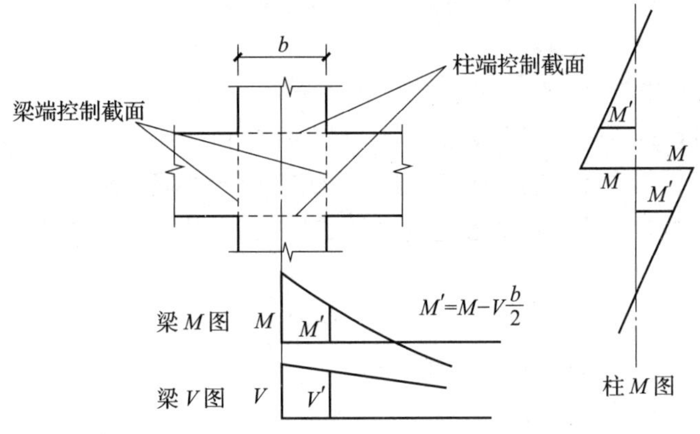

图 6－17　梁、柱端的控制截面及内力

2. 最不利内力组合

在不考虑地震作用时，框架结构的梁、柱最不利内力组合如下。

(1)梁的端截面：$-M_{max}$、V_{max}。

(2)梁的跨内截面：$+M_{max}$；若水平荷载引起的梁端弯矩不大，则可近似取跨中截面。

(3)柱的端截面：$|M|_{max}$ 及相应的 N、V；V_{max}及相应的 M、V；N_{max}及相应的 M、V。

3. 竖向活荷载的最不利布置

作用于框架结构上的竖向荷载有恒荷载与活荷载。恒荷载对结构的影响可以将其全部作用于结构上一次性求出其内力来确定，但活荷载的作用应考虑其最不利布置的影响。通常采用的方法有分跨计算组合法、最不利荷载位置法、分层组合法与满布荷载法等。前三种方法的分析过程比较复杂，在多高层框架结构内力分析中常采用满布荷载法。

当活荷载产生的内力远小于恒荷载及水平力所产生的内力时，可不考虑活荷载的最不利布置，而把活荷载同时作用于所有的框架梁上，这样求得的内力在支座处与按最不利荷载位置法求得的内力极为相近，可直接进行内力组合。为了安全起见，可以把求得的梁的跨中弯矩乘以 1.1～1.2 的放大系数。但是，在书库、贮藏室等其他结构中，各截面的内力组合还需要按照不同的不利荷载位置进行计算。

4. 梁端弯矩调幅

从结构的安全性角度讲，在梁端出现塑性铰是允许的，而装配式或装配整体式框架，其节点并非绝对刚性，梁端的实际弯矩小于其弹性计算值。为了便于浇筑混凝土，节点处梁的上部钢筋可以适当减少，采取的方法是对梁端弯矩进行调幅，即减小梁端的负弯矩值。

设某框架梁 AB 在竖向荷载的作用下，梁端最大负弯矩分别为 M_A、M_B，梁跨中最大正弯矩为 M_C（见图 6－18）。调幅后，梁端弯矩可按 $M_{A0}=\beta M_A$ 与 $M_{B0}=\beta M_B$ 计取（β 为弯矩调幅系数，对于现浇框架，β 取 0.8～0.9；对于装配整体式框架，β 取 0.7～0.8）。

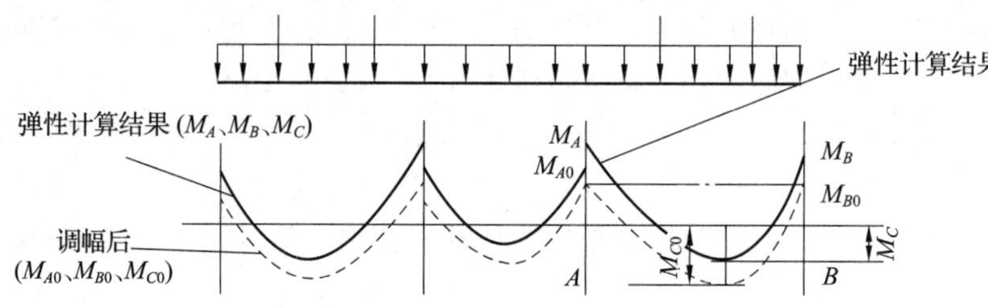

图 6－18　支座弯矩调幅

梁端弯矩调幅后，在相应荷载作用下梁跨中的弯矩将增加，这时$(M_{A0}+M_{B0})/2+M_{C0}\geqslant M_0$，其中，$M_0$ 为按简支梁计算时的跨中弯矩值，M_{C0} 为弯矩调幅后的跨中最大弯矩值。一般情况下，将 M_{C0} 作为梁截面设计时采用的跨中正弯矩值，同时应保证调幅后跨中弯矩值 $M_{C0}\geqslant M_0/2$。

当然，梁端弯矩调幅将增大梁的裂缝宽度及变形，所以对裂缝宽度及变形控制较严格的结构不应进行弯矩调幅。

另外，仅对竖向荷载作用下的内力进行弯矩调幅，对水平荷载作用下产生的内力不进行弯矩调幅，因此，弯矩调幅应在内力组合之前进行。

5. 梁、柱的截面设计及节点设计

对无抗震设防要求的框架，按照上述方法得到控制截面的基本组合内力后，可进行梁、柱截面设计。对于框架梁，与混凝土基本构件截面承载力的设计方法完全相同；对于框架柱，其截面设计需考虑侧向约束条件对计算长度的影响。

梁、柱截面承载力设计完成后，应进行梁、柱的节点设计，以确保结构的整体性及受力性能。

6.3.4　框架结构的构造要求

框架结构设计，除了满足前面所讲的高层建筑结构设计的基本规定外，还应符合以下要求。

1. 框架梁的构造要求

(1)框架结构的主梁截面高度可按计算跨度的 1/18～1/10 确定；梁净跨与截面高度之比不宜小于 4。梁的截面宽度不宜小于梁截面高度的 1/4，也不宜小于 200 mm。

当梁高较小或采用扁梁时，除应验算其承载力与受剪截面要求外，还应满足刚度与裂缝的有关要求。在计算梁的挠度时，可扣除梁的合理起拱值；对现浇梁板结构，宜考虑梁受压翼缘的有利影响。

(2)框架梁设计时，计入受压钢筋作用的梁端截面混凝土受压区高度 x 与有效高度 h_0 的比值，一级抗震等级 $x \leqslant 0.25h_0$，二级、三级抗震等级 $x \leqslant 0.35h_0$。同时，纵向受拉钢筋的最小配筋百分率 ρ_{min}(%)，非抗震设计时，不应小于 0.2 和 $45f_t/f_y$ 两者的较大值，抗震设计时，不应小于表 6－7 规定的数值。

(3)抗震设计时，梁端截面的底面和顶面纵向钢筋截面面积的比值，除按计算确定外，一级抗震等级不应小于 0.5，二级、三级抗震等级不应小于 0.3。

(4)梁的纵向钢筋配置，尚应符合下列规定。

表 6－7　梁纵向受拉钢筋最小配筋百分率 ρ_{min}　　单位：%

抗震等级	位　置	
	支座(取较大值)	跨中(取较大值)
一级	0.40 和 $80f_t/f_y$	0.30 和 $65f_t/f_y$
二级	0.30 和 $65f_t/f_y$	0.25 和 $55f_t/f_y$
三级	0.25 和 $55f_t/f_y$	0.20 和 $45f_t/f_y$

①抗震设计时，梁端纵向受拉钢筋的配筋率不宜大于 2.5%，不应大于 2.75%；当梁端受拉钢筋的配筋率大于 2.5%时，受压钢筋的配筋率不应小于受拉钢筋的一半。

②沿梁全长顶面与底面，应至少各配置两根纵向配筋，一级、二级抗震设计时钢筋直径不应小于 14 mm，且分别不应小于梁两端顶面与底面纵向配筋中较大截面面积的 1/4；三级、四级抗震设计与非抗震设计时钢筋直径不应小于 12 mm。

③一级、二级、三级抗震等级的框架梁内，贯通中柱的每根纵向钢筋的直径，对矩形截面柱，不宜大于柱在该方向截面尺寸的 1/20；对圆形截面柱，不宜大于纵向钢筋所在位置柱截面弦长的 1/20。

(5)抗震设计时，梁端箍筋的加密区长度、箍筋最大间距与最小直径应符合表 6－8 的要求。当梁端纵向钢筋配筋率大于 20%时，表 6－8 中箍筋的最小直径应增大 2 mm。

表 6－8　梁端箍筋加密区的长度、箍筋最大间距和最小直径　　单位：mm

抗震等级	加密区长度(取较大值)	箍筋最大间距(取最小值)	箍筋最小直径
一	$2.0h_b$，500	$h_b/4$，$6d$，100	10
二	$1.5h_b$，500	$h_b/4$，$8d$，100	8
三	$1.5h_b$，500	$h_b/4$，$8d$，150	8
四	$1.5h_b$，500	$h_b/4$，$8d$，150	6

注：1. d 为纵向钢筋直径，h_b 为梁截面高度。

2. 一级、二级抗震等级框架梁，当箍筋直径大于 12 mm、肢数不少于 4 肢且肢距不大于 150 mm 时，箍筋加密区最大间距应允许适当放松，但不应大于 150 mm。

对于非抗震设计时，框架梁箍筋配筋构造应符合下列规定。

①应沿梁全长设置箍筋，第一个箍筋应设置在距支座边缘 50 mm 处。

②截面高度大于 800 mm 的梁，其箍筋直径不宜小于 8 mm；其余截面高度的梁不应小于 6 mm。在受力钢筋搭接长度范围内，箍筋直径不应小于搭接钢筋最大直径的 1/4。

③箍筋间距不应大于表 4 - 12 的规定；在纵向受拉钢筋的搭接长度范围内，箍筋间距尚不应大于搭接钢筋较小直径的 5 倍，且不应大于 100 mm；在纵向受压钢筋的搭接长度范围内，箍筋间距尚不应大于搭接钢筋较小直径的 10 倍，且不应大于 200 mm。

④对于承受弯矩与剪力的梁，当梁的剪力设计值大于 $0.7f_tbh_0$ 时，其箍筋的面积配筋率应符合 $\rho \geqslant 0.24f_t/f_{yv}$；对于承受弯矩、剪力与扭矩的梁，其箍筋面积配筋率和受扭纵向钢筋的面积配筋率应分别符合式(4 - 51)与式(4 - 52)的要求。

(6)当梁中配有计算需要的纵向受压钢筋时，其箍筋配置尚应符合下列规定：

①箍筋直径不应小于纵向受压钢筋最大直径的 1/4。

②箍筋应做成封闭式。

③箍筋间距不应大于 $15d$ 且不应大于 400 mm；当一层内的受压钢筋多于 5 根且直径大于 18 mm 时，箍筋间距不应大于 $10d$（d 为纵向受压钢筋的最小直径）。

④当梁截面宽度大于 400 mm 且一层内的纵向受压钢筋多于 3 根时，或当梁截面宽度不大于 400 mm 但一层内的纵向受压钢筋多于 4 根时，应设置复合箍筋。

(7)抗震设计时，框架梁的箍筋尚应符合下列构造要求。

①沿梁全长箍筋的面积配筋率 ρ_{sv} 应分别符合 $\rho_{sv} \geqslant 0.30f_t/f_{yv}$（一级抗震等级）、$\rho_{sv} \geqslant 0.28f_t/f_{yv}$（二级抗震等级）、$\rho_{sv} \geqslant 0.26f_t/f_{yv}$（三级、四级抗震等级）。

②在箍筋加密区范围内的箍筋肢距：一级不宜大于 200 mm 和 20 倍箍筋直径的较大值，二级、三级不宜大于 250 mm 和 20 倍箍筋直径的较大值，四级不宜大于 300 mm。

③箍筋应有 135°弯钩，弯钩端头直段长度不应小于 10 倍的箍筋直径与 75 mm 的较大值。

④在纵向钢筋搭接长度范围内的箍筋间距，钢筋受拉时不应大于搭接钢筋较小直径的 5 倍，且不应大于 100 mm；钢筋受压时不应大于搭接钢筋较小直径的 10 倍，且不应大于 200 mm。

⑤框架梁非加密区箍筋最大间距不宜大于加密区箍筋间距的 2 倍。

⑥框架梁的纵向钢筋不应与箍筋、拉筋及预埋件等焊接。

(8)当在框架梁上开洞时，洞口位置宜位于梁跨中 1/3 区段，洞口高度不应大于梁高的 40%；开口较大时应进行承载力验算。梁上洞口周边应配置附加纵向钢筋和箍筋（见图 6 - 19），并应符合计算及构造要求。

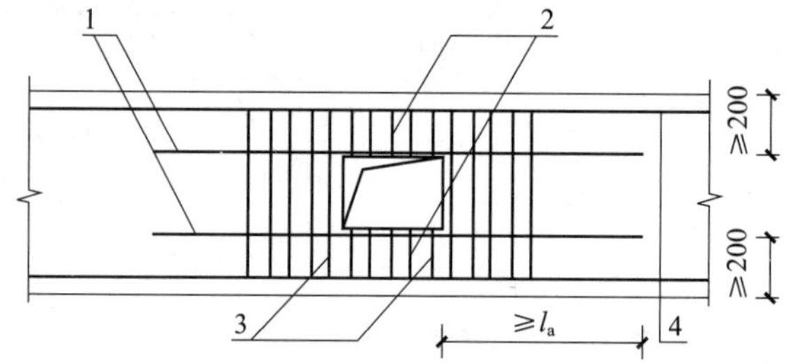

1—洞口上、下附加纵向钢筋；2—洞口上、下附加箍筋；3—洞口两侧附加箍筋；

4—梁纵向钢筋；l_a—受拉钢筋的锚固长度。

图 6 - 19　梁上洞口周边配筋构造示意图

2. 框架柱的构造要求

(1)矩形截面柱的边长:非抗震设计时不宜小于 250 mm;抗震设计时,四级不宜小于 300 mm,一级、二级、三级不宜小于 400 mm。圆柱直径:非抗震和四级抗震设计时不宜小于 350 mm,一级、二级、三级时不宜小于 450 mm。柱截面高宽比不宜大于 3。柱剪跨比宜大于 2。

(2)抗震设计时,轴压比不宜超过表 6-9 的规定;建造于Ⅳ类场地上且较高的高层建筑,其轴压比限值应适当减小。

(3)柱全部纵向钢筋的配筋率不应小于表 6-10 的规定值,且柱截面每一侧纵向钢筋的配筋率不应小于 0.2%;抗震设计时,对Ⅳ类场地上较高的高层建筑,表中数值应增加 0.1。

表 6-9　柱轴压比限值

结构类型	抗震等级			
	一	二	三	四
框架结构	0.65	0.75	0.85	0.90
板柱-剪力墙、框架-剪力墙、框架-核心筒、筒中筒结构	0.75	0.85	0.90	0.95
部分框支剪力墙结构	0.60	0.70	—	

注:1. 轴压比指柱考虑地震作用组合的轴压力设计值与柱全截面面积和混凝土轴心抗压强度设计值乘积的比值。

2. 表内数值适用于混凝土强度等级不高于 C60 的柱。当混凝土强度等级为 C65、C70 时,轴压比限值应比表中数值降低 0.05;当混凝土强度等级为 C75、C80 时,轴压比限值应比表中数值降低 0.10。

3. 表内数值适用于剪跨比大于 2 的柱;剪跨比不大于 2 但不小于 1.5 的柱,其轴压比限值应比表中数值减小 0.05;剪跨比小于 1.5 的柱,其轴压比限值应专门研究并采取特殊构造措施。

4. 当沿柱全高采用井字复合箍,箍筋间距不大于 100 mm、肢距不大于 200 mm、直径不小于 12 mm,或当沿柱全高采用复合螺旋箍,箍筋螺距不大于 100 mm、肢距不大于 200 mm、直径不小于 12 mm,或当沿柱全高采用连续复合螺旋箍,且螺距不大于 80 mm、肢距不大于 200 mm、直径不小于 10 mm 时,轴压比限值可增加 0.10。

5. 当柱截面中部设置由附加纵向钢筋形成的芯柱,且附加纵向钢筋的截面面积不小于柱截面面积的 0.8%时,柱轴压比限值可增加 0.05。当本项措施与注 4 的措施共同采用时,柱轴压比限值可比表中数值增加 0.15,但箍筋的配箍特征值仍可按轴压比增加 0.10 的要求确定。

6. 调整后的柱轴压比限值不应大于 1.05。

表 6-10　柱纵向受力钢筋最小配筋百分率　　单位:%

柱类型	抗震等级				非抗震
	一级	二级	三级	四级	
中柱、边柱	0.9(1.0)	0.7(0.8)	0.6(0.7)	0.5(0.6)	0.5
角柱	1.1	0.9	0.8	0.7	0.5
框支柱	1.1	0.9	0.8	0.7	0.7

注:1. 表中括号内数值适用于框架结构。

2. 采用 335 MPa 级、400 MPa 级纵向受力钢筋时,应分别按表中数值增加 0.1 和 0.05 采用。

3. 当混凝土强度等级高于 C60 时,上述数值应增加 0.1 采用。

(4)抗震设计时，柱箍筋在规定的范围内应加密，加密区的箍筋最大间距与最小直径应按表 6－11 采用。

表 6－11　柱端箍筋加密区的构造要求 单位：mm

抗震等级	箍筋最大间距	箍筋最小直径
一级	$6d$ 和 100 的较小值	10
二级	$8d$ 和 100 的较小值	8
三级	$8d$ 和 150(柱根 100)的较小值	8
四级	$8d$ 和 150(柱根 100)的较小值	6(柱根 8)

注：1. d 为柱纵向钢筋直径(mm)。

2. 柱根指底层柱下端的箍筋加密区范围。

对于当一级抗震的框架柱箍筋直径大于 12 mm 且箍筋肢距不大于 150 mm，以及二级抗震框架柱箍筋直径不小于 10 mm 且肢距不大于 200 mm 时，除柱根外，箍筋的最大间距应允许采用 150 mm；当三级框架柱的截面尺寸不大于 400 mm 时，箍筋最小直径应允许采用 6 mm；当四级框架柱的剪跨比不大于 2 或柱中全部纵向钢筋的配筋率大于 3％时，箍筋直径不应小于 8 mm。

对于剪跨比不大于 2 的柱，其箍筋间距不应大于 100 mm。

(5)抗震设计时，柱的纵向钢筋宜采用对称配筋；对于截面尺寸大于 400 mm 的柱，一级、二级、三级抗震设计时其纵向钢筋间距不宜大于 200 mm；抗震等级为四级与非抗震设计时，柱纵向钢筋间距不宜大于 300 mm；柱纵向钢筋净距均不应小于 50 mm。

全部纵向钢筋的配筋率，非抗震设计时不宜大于 5％、不应大于 6％，抗震设计时不应大于 5％。一级且剪跨比不大于 2 的柱，其单侧纵向受拉钢筋的配筋率不宜大于 1.2％。

对于边柱、角柱及剪力墙端柱考虑地震作用组合产生小偏心受拉时，柱内纵筋总截面面积应比计算值增加 25％。柱的纵筋不应与箍筋、拉筋及预埋件等焊接。

(6)抗震设计时，柱箍筋加密区的范围应符合下列规定。

底层柱的上端和其他各层柱的两端，应取矩形截面柱的长边尺寸(或圆形截面柱的直径)、柱净高的 1/6 和 500 mm 三者的最大值范围；底层柱刚性地面上、下各 500 mm 的范围；底层柱柱根以上 1/3 柱净高的范围。

若柱的剪跨比不大于 2，或因填充墙等形成的柱净高与截面高度之比不大于 4，一级、二级框架角柱以及需要提高变形能力时，可沿柱的全高范围加密。

(7)柱加密区范围内箍筋的体积配箍率应按式(6－15)计算：

$$\rho_v \geqslant \lambda_v \frac{f_c}{f_{yv}} \tag{6-15}$$

式中：ρ_v——柱箍筋的体积配箍率；

f_c——混凝土轴心抗压强度设计值，当柱混凝土强度等级低于 C35 时，应按 C35 计算；

f_{yv}——柱箍筋或拉筋的抗拉强度设计值；

λ_v——柱最小配箍特征值，宜按表 6－12 采用。

对于抗震等级为一级、二级、三级、四级的框架柱，其箍筋加密区范围内箍筋的体积配箍率分别不应小于 0.8％、0.6％、0.4％和 0.4％。

表 6-12　柱端箍筋加密区最小配箍特征值

抗震等级	箍筋形式	柱轴压比								
		≤0.30	0.40	0.50	0.60	0.70	0.80	0.90	1.00	1.05
一	普通箍、复合箍	0.10	0.11	0.13	0.15	0.17	0.20	0.23	—	—
	螺旋箍、复合或连续复合螺旋箍	0.08	0.09	0.11	0.13	0.15	0.18	0.21	—	—
二	普通箍、复合箍	0.08	0.09	0.11	0.13	0.15	0.17	0.19	0.22	0.24
	螺旋箍、复合或连续复合螺旋箍	0.06	0.07	0.09	0.11	0.13	0.15	0.17	0.20	0.22
三	普通箍、复合箍	0.06	0.07	0.09	0.11	0.13	0.15	0.17	0.20	0.22
	螺旋箍、复合或连续复合螺旋箍	0.05	0.06	0.07	0.09	0.11	0.13	0.15	0.18	0.20

注：普通箍——单个矩形箍或单个圆形箍；螺旋箍——单个连续螺旋箍筋；复合箍——由矩形、多边形、圆形箍或拉筋组成的箍筋；复合螺旋箍——由螺旋箍与矩形、多边形、圆形箍或拉筋组成的箍筋；连续复合螺旋箍——全部螺旋箍由同一根钢筋加工而成的箍筋。

对于剪跨比不大于 2 的柱，宜采用复合螺旋箍或井字复合箍，其体积配箍率不应小于 1.2%；设防烈度为 9 度时，不应小于 1.5%。

在计算复合螺旋箍筋的体积配箍率时，其非螺旋箍筋的体积应乘以换算系数 0.8。

(8)抗震设计时，柱箍筋设置应符合下列规定。

①箍筋应为封闭式，其末端应做成 135°弯钩且弯钩末端平直段长度不应小于 10 倍的箍筋直径，且不应小于 75 mm。

②箍筋加密区的箍筋肢距，一级不宜大于 200 mm，二级、三级不宜大于 250 mm 和 20 倍箍筋直径的较大值，四级不宜大于 300 mm。每隔一根纵向钢筋宜在两个方向有箍筋约束；采用拉筋组合箍时，拉筋宜紧靠纵向钢筋并勾住封闭箍筋。

③柱非加密区的箍筋，其体积配箍率不宜小于加密区的一半；其箍筋间距不应大于加密区箍筋间距的 2 倍，且一级、二级不应大于 10 倍纵向钢筋直径，三级、四级不应大于 15 倍纵向钢筋直径。

(9)非抗震设计时，柱中箍筋应符合下列规定。

①周边箍筋应为封闭式。

②箍筋间距不应大于 400 mm，且不应大于构件截面的短边尺寸和最小纵向受力钢筋直径的 15 倍。

③箍筋直径不应小于最大纵向钢筋直径的 1/4，且不应小于 6 mm。

④当柱中全部纵向受力钢筋的配筋率超过 3%时，箍筋直径不应小于 8 mm，箍筋间距不应大于最小纵向钢筋直径的 10 倍，且不应大于 200 mm，箍筋末端应做成 135°弯钩且弯钩末端平直段长度不应小于 10 倍箍筋直径。

⑤当柱每边纵筋多于 3 根时，应设置复合箍筋。

⑥当柱内纵向钢筋采用搭接做法时，搭接长度范围内箍筋直径不应小于搭接钢筋较大直径的 1/4；在纵向受拉钢筋的搭接长度范围内的箍筋间距不应大于搭接钢筋较小直径的 5 倍，

且不应大于 100 mm;在纵向受压钢筋的搭接长度范围内的箍筋间距不应大于搭接钢筋较小直径的 10 倍,且不应大于200 mm。当受压钢筋直径大于 25 mm 时,还应在搭接接头端面外 100 mm 的范围内各设置两道箍筋。

(10)框架节点核心区应设置水平箍筋,且应符合下列规定。

①非抗震设计时,箍筋配置应符合第(9)条的有关规定,但箍筋间距不宜大于 250 mm;对四边有梁与之相连的节点,可仅沿节点周边设置矩形箍筋。

②抗震设计时,箍筋的最大间距和最小直径宜符合第(3)条有关柱箍筋的规定。一级、二级、三级框架节点核心区配箍特征值分别不宜小于 0.12、0.10、0.08,且箍筋体积配箍率分别不宜小于 0.6%、0.5%、0.4%。柱剪跨比不大于 2 的框架节点核心区的体积配箍率不宜小于核心区上、下柱端体积配箍率中的较大值。

3. 框架梁、柱的钢筋连接和锚固

(1)受力钢筋的连接接头应符合下列规定。

受力钢筋的连接接头宜设置在构件受力较小部位;抗震设计时,宜避开梁端、柱端箍筋加密区范围。钢筋连接可采用机械连接、绑扎搭接或焊接。

当纵向受力钢筋采用搭接做法时,在钢筋搭接长度范围内应配置箍筋,其直径不应小于搭接钢筋较大直径的 1/4。当钢筋受拉时,箍筋间距不应大于搭接钢筋较小直径的 5 倍,且不应大于 100 mm;当钢筋受压时,箍筋间距不应大于搭接钢筋较小直径的 10 倍,且不应大于 200 mm。当受压钢筋直径大于 25 mm 时,还应在搭接接头两个端面外 100 mm 范围内各设置两道箍筋。

(2)非抗震设计时,受拉钢筋的最小锚固长度应取 l_a。受拉钢筋绑扎搭接的搭接长度,应根据位于同一连接区段内搭接钢筋截面面积的百分率按式(6-16)计算,且不应小于 300 mm:

$$l_l = \zeta l_a \tag{6-16}$$

式中:l_l——受拉钢筋的搭接长度,mm;

l_a——受拉钢筋的锚固长度,mm;

ζ——受拉钢筋搭接长度修正系数,应按表 6-13 采用。

表 6-13 纵向受拉钢筋搭接长度修正系数

同一连接区段内搭接钢筋面积百分率/%	≤25	50	100
受拉搭接长度修正系数 ζ	1.2	1.4	1.6

注:同一连接区段内搭接钢筋面积百分率取在同一连接区段内有搭接接头的受力钢筋面积与全部受力钢筋面积之比。

(3)抗震设计时,钢筋混凝土结构构件纵向受力钢筋的锚固和连接,应符合下列要求。

①纵向受拉钢筋的最小锚固长度 l_{aE}:一级、二级抗震等级取 $l_{aE}=1.15l_a$;三级抗震等级取 $l_{aE}=1.05l_a$;四级抗震等级取 $l_{aE}=1.00l_a$。

②当采用绑扎搭接接头时,受拉钢筋的搭接长度 $l_{lE} \geqslant \zeta l_{aE}$。

③当受拉钢筋直径大于 25 mm、受压钢筋直径大于 28 mm 时,不宜采用绑扎搭接接头。

④位于同一连接区段内的受拉钢筋接头面积百分率不宜超过 50%。当接头位置无法避开梁端、柱端箍筋加密区时,应采用满足等强度要求的机械连接接头,且钢筋接头面积百分率不宜超过 50%。

(4)非抗震设计时，框架梁、柱的纵向钢筋在框架节点区的锚固与搭接要求，如图 6-20 所示。

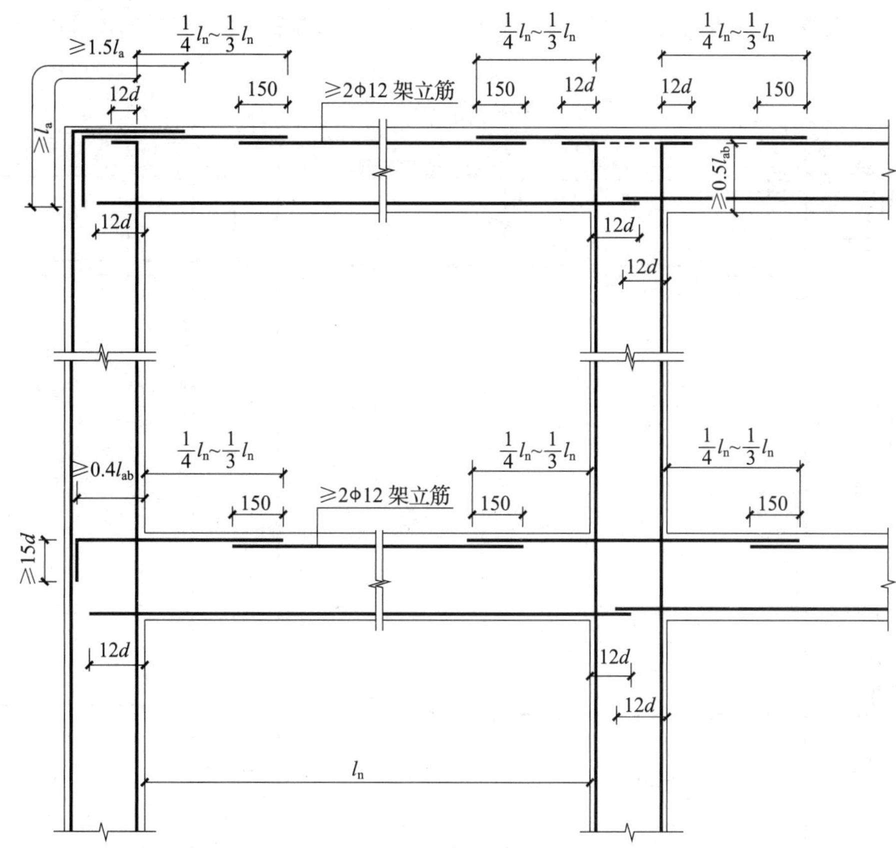

图 6-20　非抗震设计时框架梁、柱纵向钢筋在节点区的锚固示意图

顶层的中节点柱的纵向钢筋和边节点柱内侧纵向钢筋应伸至柱顶；当从梁底边计算的直线锚固长度不小于 l_a时，可不必水平弯折，否则应向柱内或梁、板内水平弯折，当充分利用柱纵向钢筋的抗拉强度时，其锚固段弯折前的竖直投影长度不应小于 0.5l_{ab}，弯折后的水平投影长度不宜小于 12 倍的柱纵向钢筋直径。此处，l_{ab}为钢筋基本锚固长度，按《混凝土结构设计规范》(GB 50010—2010)(2015 版)的规定执行。

顶层端节点处，在梁宽范围以内的柱外侧纵向钢筋可与梁上部纵向钢筋搭接，搭接长度不应小于 1.5l_a；在梁宽范围以外的柱外侧纵向钢筋可伸入现浇板内，其伸入长度与伸入梁内的相同。当柱外侧纵向钢筋的配筋率大于 1.2%时，伸入梁内的柱纵向钢筋宜分两批截断，其截断点之间的距离不宜小于 20 倍的柱纵向钢筋直径。

梁上部纵向钢筋伸入端节点的锚固长度，直线锚固时不应小于 l_a，且伸过柱中心线的长度不宜小于 5 倍的梁纵向钢筋直径；当柱截面尺寸不足时，梁上部纵向钢筋应伸至节点对边并向下弯折，弯折水平段的投影长度不应小于 0.4l_{ab}，弯折后竖直投影长度不应小于 15 倍纵向钢筋直径。

当计算中不利用梁下部纵向钢筋的强度时，其伸入节点内的锚固长度应取不小于 12 倍的梁纵向钢筋直径。当计算中充分利用梁下部钢筋的抗拉强度时，梁下部纵向钢筋可采用直线方式或向上 90°弯折方式锚固于节点内，直线锚固时的锚固长度不应小于 l_a；弯折锚固时，弯折水平段的投影长度不应小于 $0.4l_{ab}$，弯折后竖直投影长度不应小于 15 倍纵向钢筋直径。

(5)抗震设计时，框架梁、柱的纵向钢筋在框架节点区的锚固与搭接要求，如图 6-21 所示。

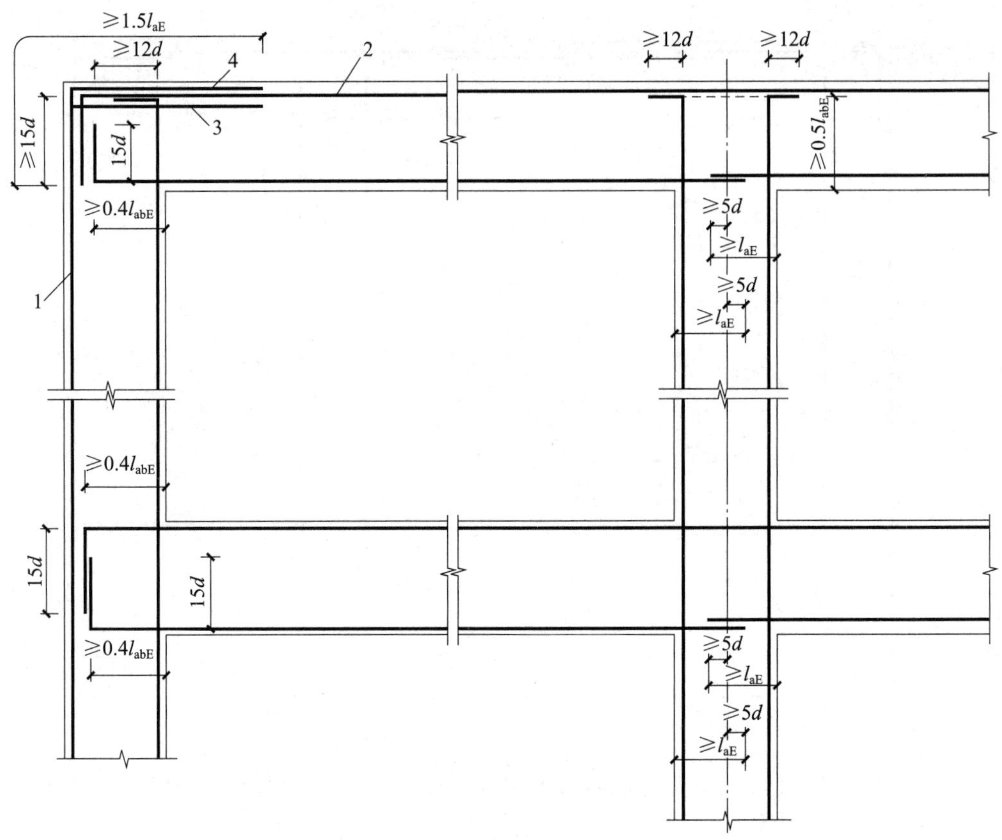

1—柱外侧纵向钢筋；2—梁上部纵向钢筋；3—伸入梁内的柱外侧纵向钢筋；

4—不能伸入梁内的柱外侧纵向钢筋，可伸入板内。

图 6-21 抗震设计时框架梁、柱纵向钢筋在节点区的锚固

在顶层的中节点柱纵向钢筋与边节点柱内侧纵向钢筋应伸至柱顶。当从梁底边计算的直线锚固长度不小于 l_{aE} 时，可不必水平弯折，否则应向柱内或梁内、板内水平弯折，锚固段弯折前的竖直投影长度不应小于 $0.5l_{abE}$，弯折后的水平投影长度不宜小于 12 倍的柱纵向钢筋直径。此处，l_{abE} 为抗震时钢筋的基本锚固长度，一级、二级取 $1.15l_{ab}$，三级、四级分别取 $1.05l_{ab}$ 和 $1.00l_{ab}$。

顶层端节点处，柱外侧纵向钢筋可与梁上部纵向钢筋搭接，搭接长度不应小于 $1.5l_{aE}$，且伸入梁内的柱外侧纵向钢筋截面面积不宜小于柱外侧全部纵向钢筋截面面积的 65%；在梁宽范围以外的柱外侧纵向钢筋可伸入现浇板内，其伸入长度与伸入梁内的相同。当柱外侧纵向钢筋的配筋率大于 1.2%时，伸入梁内的柱纵向钢筋宜分两批截断，其截断点之间的距离不宜小于 20 倍的柱纵向钢筋直径。

梁上部纵向钢筋伸入端节点的锚固长度，直线锚固时不应小于 l_{aE}，且伸过柱中心线的长度不应小于 5 倍的梁纵向钢筋直径；当柱截面尺寸不足时，梁上部纵向钢筋应伸至节点对边并

向下弯折，锚固段弯折前的水平投影长度不应小于 $0.4l_{abE}$，弯折后的竖直投影长度应取 15 倍的梁纵向钢筋直径。

梁下部纵向钢筋的锚固与梁上部纵向钢筋相同，但采用 90°弯折方式锚固时，竖直段应向上弯入节点内。

6.4　剪力墙结构设计

6.4.1　剪力墙的类型及分析方法

剪力墙结构是集承重、围护、分割等为一体的结构体系。理论分析和试验研究表明，剪力墙的受力特性和变形状态与剪力墙上的开洞情况直接相关。

1. 剪力墙的类型

通常情况下，按受力特性的不同可将剪力墙分为整体剪力墙、小开口整体墙、联肢剪力墙、壁式框架、框支剪力墙和不规则的大洞口剪力墙等类型，如图 6－22 所示。

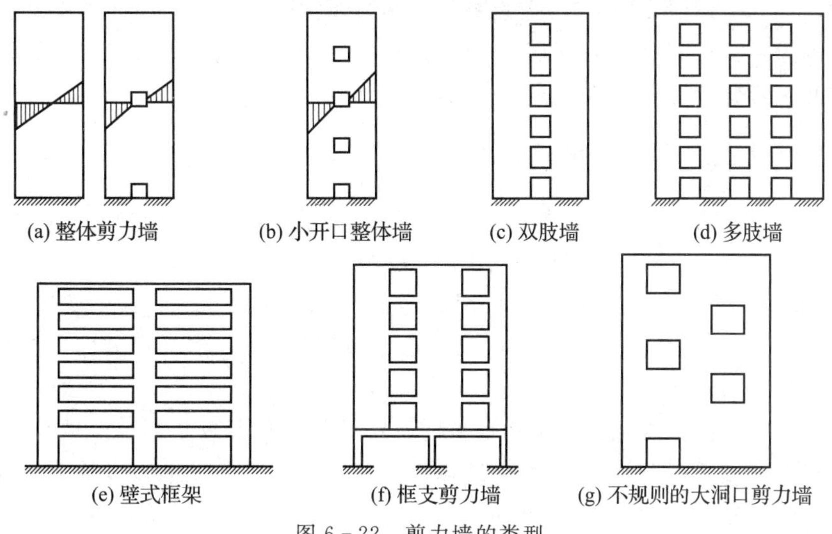

图 6－22　剪力墙的类型

1）整体剪力墙

无洞口的剪力墙或剪力墙上开有一定数量的洞口，但洞口的面积不超过墙体总面积的 15％，且洞口至墙边的净距及洞口之间的净距均大于洞口长边尺寸时，可以忽略洞口对墙体的影响，这样的墙体称为整体剪力墙，如图 6－22(a)所示。

2）小开口整体墙

当剪力墙上所开洞口面积稍大，超过墙体面积的 15％时，在水平荷载作用下，这类剪力墙截面的正应力分布将略偏离直线分布的规律，变成了相当于在整体墙弯曲时的直线分布应力之上叠加了墙肢局部弯曲应力，当墙肢中的局部弯矩不超过墙体整体弯矩的 15％时，其截面变形仍接近于整体截面剪力墙，这种剪力墙称之为小开口整体墙，如图 6－22(b)所示。

3）联肢剪力墙

当剪力墙沿竖向开有一列或多列较大的洞口时，由于洞口较大，剪力墙截面的整体性已被破坏，剪力墙的截面变形不再符合平截面假定，这时剪力墙成为由一系列连梁约束的墙肢组成的联肢剪力墙。其中，开有一列洞口的联肢剪力墙称为双肢墙，开有多列洞口的联肢剪力墙称为多肢墙，如图 6－22(c)(d)所示。

4)壁式框架

当剪力墙的洞口尺寸较大，墙肢宽度较小，连梁的线刚度接近于墙肢的线刚度，剪力墙的受力性能已接近于框架时，这种剪力墙称为壁式框架，如图 6－22(e)所示。

5)框支剪力墙

当下部楼层需要较大空间，采用框架结构来支承上部剪力墙时，这种混合式的结构体系称为框支剪力墙，如图 6－22(f)所示。

6)不规则的大洞口剪力墙

在剪力墙的高度范围内开设有不规则大洞口，或因洞口尺寸不一，或因洞口布置不规则，这样的剪力墙称为不规则的大洞口剪力墙，如图 6－22(g)所示。

2. 剪力墙的分析方法

不同类型的剪力墙，截面应力分布不相同，其内力与位移的计算方法也不一样。目前，分析剪力墙的内力与变形所采取的方法，有材料力学分析法、连续化方法、壁式框架分析法、有限单元法和有限条带法。其中有限单元法是剪力墙应力分析中一种比较精确的计算方法，而且对各种复杂几何形状的墙体都适用。这里不再详细介绍。

6.4.2 剪力墙的结构布置

为了充分发挥剪力墙的结构功能，合理安排建筑空间，剪力墙的结构布置应符合《高层建筑混凝土结构技术规程》(JGJ 3—2010)中的相关规定。

(1)平面布置宜简单、规则，宜沿两个主轴方向或其他方向双向布置，不应采用仅单向有墙的结构布置；纵、横墙宜相交成 Γ 形、T 形或工字形；尽量避免结构在各方向上存在刚度上的明显差异。

(2)剪力墙不宜过长，避免剪力墙发生脆性剪切破坏。对于较长的剪力墙，宜采用跨高比较大的连梁将其分成长度较均匀的墙段，各墙段的高宽比不宜小于 3，墙段长度不宜大于 8 m。

(3)每个独立墙肢的总高度与其截面高度之比不应小于 2。对于矩形截面独立墙肢，其截面高度与厚度之比不宜小于 5。

(4)剪力墙的门窗洞口宜上下对齐，成列布置，以形成明确的墙肢和连梁；不宜采用错洞墙，布置空洞时应避免各墙肢刚度差别过大。

(5)剪力墙间距取决于房间的开间尺寸及楼板跨度，一般为 3～8 m。剪力墙间距过小，将导致结构重量、刚度过大，从而使结构所受地震作用增大。为适当减小结构的刚度和重量，在可能的条件下，剪力墙的间距尽量取较大值。

(6)为避免结构竖向刚度突变，剪力墙宜上下连续、贯通到顶并逐渐减小厚度。剪力墙截面尺寸与混凝土强度等级不宜在同一高度处同时改变，一般宜相隔 2～3 层。混凝土强度等级沿结构竖向改变时，每次降低幅度宜控制在 5～10 MPa。

(7)当剪力墙与其平面外的楼面梁相连时，为抵抗梁端弯矩对墙的不利影响，楼面梁下宜设置扶壁柱，如图 6－23(a)所示；若不能设置扶壁柱，应在墙与梁相交处设置暗柱，如图 6－23(b)所示。暗柱范围为梁宽及梁两侧各一倍的墙厚。扶壁柱与暗柱宜按计算确定其配筋；必要时，剪力墙内可设置型钢，如图 6－23(c)所示。

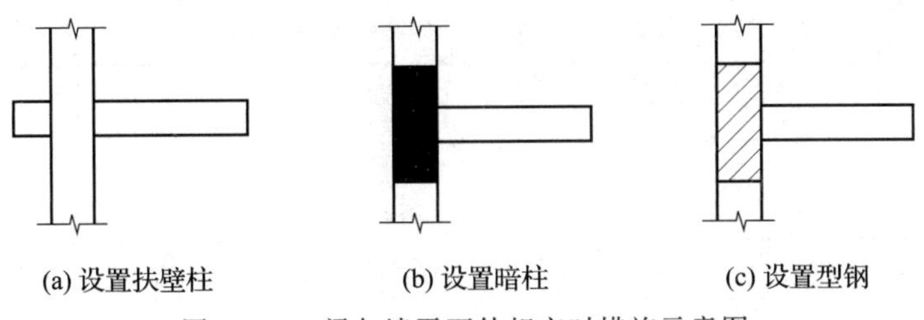

图 6-23　梁与墙平面外相交时措施示意图

(8)楼面主梁不宜支承在剪力墙的连梁上。

(9)剪力墙结构的楼、屋面结构体系宜为现浇。

6.4.3　剪力墙的构造要求

1. 剪力墙的截面尺寸

为了保证剪力墙平面外的刚度和稳定性，剪力墙的截面厚度应满足表 6-14 的要求。

表 6-14　剪力墙的最小截面厚度　　单位：mm

抗震等级	剪力墙部位	最小截面厚度			
		有端柱或翼墙		无端柱或翼墙	
一级、二级	底部加强部位	$H/16$	200	$h/12$	200
	其他部位	$H/20$	160	$h/15$	180
三级、四级	底部加强部位	$H/20$	160	$h/20$	160
	其他部位	$H/25$	160	$h/25$	160
非抗震设计	所有部位	$H/25$	160	$h/25$	160

注：1. H 为层高或剪力墙的无支长度，h 为层高。

2. 无支长度是指沿剪力墙长度方向没有平面外横向支承墙的长度，当墙平面外有与其相交的剪力墙时，可视为剪力墙的支承，因而可在层高及无支长度两者中取较小值计算剪力墙的最小厚度，而无翼墙与端柱的一字形剪力墙，只能按层高计算墙厚。

3. 剪力墙井筒中，分隔电梯井或管道井的墙肢截面厚度可适当减少，但不宜小于 160 mm。

4. 当墙厚不能满足表中要求时，应验算墙体的稳定。

2. 材料要求

(1)混凝土强度等级。剪力墙结构的混凝土强度等级不应低于 C20，带有筒体和短肢剪力墙的剪力墙结构的混凝土强度等级不应低于 C25。

(2)剪力墙的分布钢筋。高层建筑的剪力墙结构，其竖向余水平分布钢筋不应单排配置。当剪力墙截面厚度不大于 400 mm 时，可采用双排配筋；当剪力墙截面厚度在 400～700 mm 时，宜采用三排配筋；当剪力墙截面厚度大于 700 mm 时，宜采用四排配筋。各排分布钢筋之间拉筋的间距不应大于 600 mm，直径不应小于 6 mm。在底部加强部位，约束边缘构件以外的拉筋间距尚应适当加密。

为防止混凝土墙体在受弯裂缝出现后立即达到极限抗弯承载力，防止斜裂缝出现后发生脆性的剪拉破坏，提高其抵抗温度应力的能力，在墙肢中应配置一定数量的水平和竖向分布钢筋。剪力墙水平和竖向分布钢筋的最小配筋要求，如表 6-15 所示。

表 6-15　剪力墙水平和竖向分布钢筋的最小配筋要求

名　称	抗震等级	最小配筋率/%	最大间距/mm	最小直径/mm
一般剪力墙	一级、二级、三级	0.25	300	8
	四级、非抗震	0.20	300	8
温度应力较大部位剪力墙	抗震与非抗震	0.25	200	—

在一些温度应力较大而易出现裂缝的部位(如房屋顶层剪力墙、长矩形平面房屋的楼梯间和电梯间剪力墙、端开间的纵向剪力墙、端山墙),应适当增大剪力墙分布钢筋的最小配筋率,以抵抗温度应力的不利影响。分布钢筋的直径不宜大于墙肢截面厚度的1/10。

(3)钢筋锚固和连接要求。非抗震设计时,剪力墙纵向钢筋的最小锚固长度应取 l_a;抗震设计时应取 l_{aE}。剪力墙竖向及水平钢筋采用搭接连接时(见图 6-24),一级、二级抗震等级剪力墙的底部加强部位,接头位置应错开,同一截面连接的钢筋数量不宜超过总数量的 50%,错开净距不宜小于 500 mm;其他情况剪力墙的钢筋可在同一截面连接。分布钢筋的搭接长度,非抗震设计时,不应小于 $1.2l_a$;抗震设计时,不应小于 $1.2l_{aE}$。暗柱及端柱内纵向钢筋连接和锚固要求宜与框架柱相同。

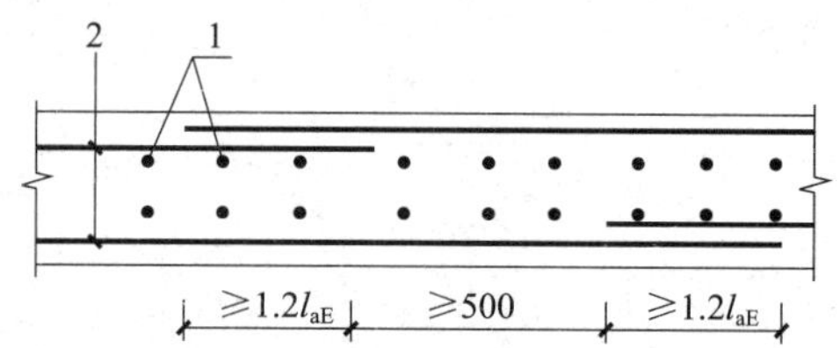

1—竖向分布钢筋;2—水平分布钢筋,非抗震设计时 l_{aE} 取 l_a。

图 6-24　剪力墙分布钢筋的搭接连接

(4)剪力墙开洞的构造要求。当剪力墙开有非连续小洞口(各边长度小于 800 mm),且在结构整体计算中不考虑其影响时,应在洞口四周配置补强钢筋,补强钢筋的直径不应小于 12 mm,截面面积应分别不小于被截断的水平分布钢筋和竖向分布钢筋的面积,如图 6-25 所示。非抗震设计时,图中的 l_{aE} 取 l_a。

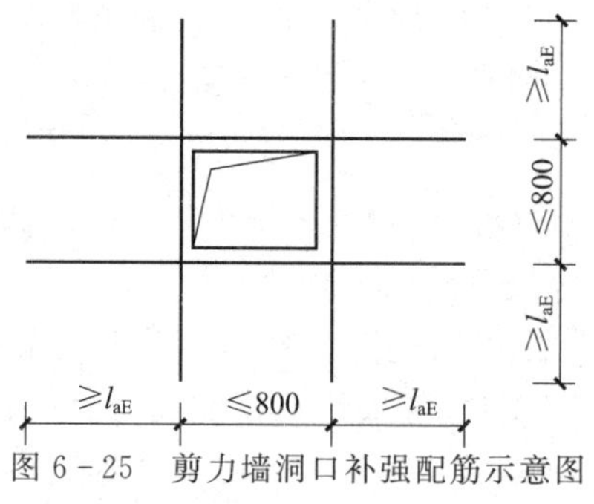

图 6-25　剪力墙洞口补强配筋示意图

(5)连梁开洞的构造要求。由于布置管道的需要,有时需在连梁上开洞,在设计时需对被洞口削弱的截面进行承载力验算。穿过连梁的管道宜预埋套管,洞口上、下的截面有效高度不宜小于梁高的 1/3,且不宜小于 200 mm;洞口处宜配置补强纵向钢筋和箍筋(见图 6-26),补强纵向钢筋的直径不应小于 2 根 14 mm。

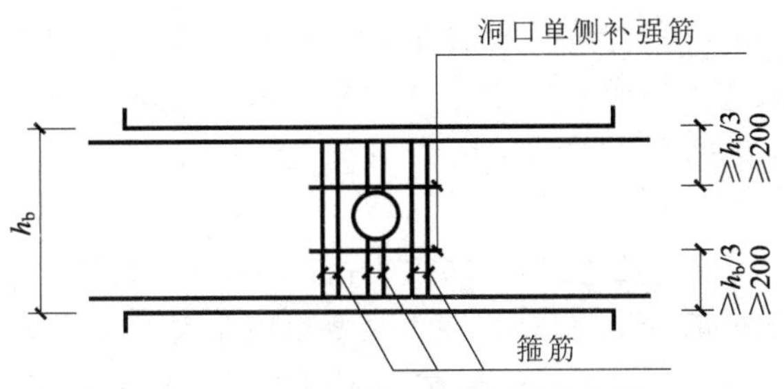

图 6-26　连梁洞口补强配筋示意图

(6)连梁的配筋构造要求。对跨高比小于 5 的连梁，在竖向荷载作用下产生的弯矩占总弯矩的比例较小，水平荷载作用下产生的反弯使它对剪切变形十分敏感，容易出现剪切裂缝。当连梁的跨高比不小于 5 时，与一般框架梁的受力类似，连梁可按照框架梁进行设计。

连梁的配筋构造应符合下列规定(见图 6-27)。

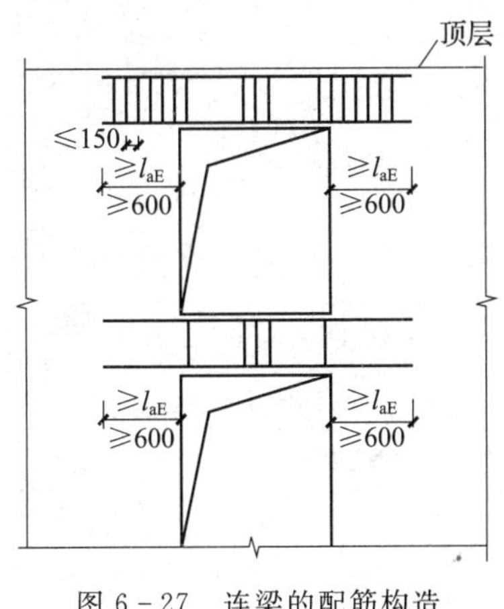

图 6-27　连梁的配筋构造

(非抗震设计时图中 l_{aE} 取 l_a)

①连梁顶面、底面纵向水平钢筋伸入墙肢的长度，抗震设计时不应小于 l_{aE}；非抗震设计时不应小于 l_a，且均不应小于 600 mm。

②抗震设计时，沿连梁全长箍筋的构造应按框架梁梁端箍筋加密区的箍筋构造要求采用；非抗震设计时，沿连梁全长的箍筋直径不应小于 6 mm，间距不应大于 150 mm。

③顶层连梁纵向水平钢筋伸入墙肢的长度范围内应配置间距不宜大于 100 mm 的构造箍筋，箍筋直径应与该连梁的箍筋直径相同。

④墙体水平分布钢筋应作为连梁的纵向构造钢筋(也称为腰筋)在连梁范围内拉通连续配置。当连梁截面高度大于 700 mm 时，其两侧面沿梁高范围设置的腰筋直径不应小于 10 mm，间距不应大于 200 mm；对跨高比不大于 2.5 的连梁，其两侧腰筋的总面积配筋率不应小于 0.3%。

6.5　框架-剪力墙结构设计

6.5.1　框架-剪力墙结构的受力和变形特点

框架-剪力墙结构由框架和剪力墙两类抗侧力单元组成。在水平力作用下，它们的受力和变形特点各异。框架以剪切型变形为主，随着楼层的增加，总侧移和层间侧移增长减慢，如图6－28(a)所示；剪力墙以弯曲型变形为主，随着楼层的增加，总侧移和层间侧移增长加快，如图6－28(b)所示。试验研究表明，在同一结构中，框架与剪力墙通过楼板连在一起，在各层楼板标高处协同工作、共同变形。

在协同工作中，剪力墙承担了大部分的水平荷载，但在荷载分担比例上是变化的。如图6－28(c)所示，剪力墙的下部变形将增大，而框架下部变形却减小了，导致下部剪力墙承担更多剪力，框架下部承担的剪力较小；在上部，情形正好相反。框架上部与下部所承受的剪力趋于均匀化。

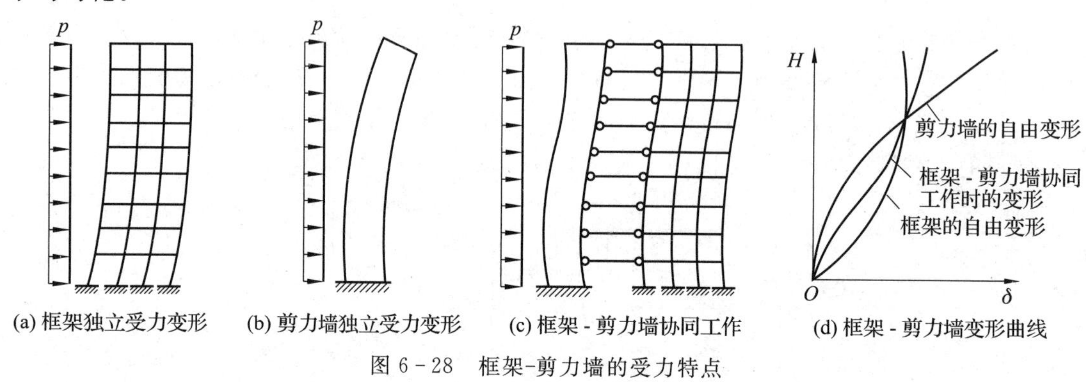

图 6－28　框架-剪力墙的受力特点

由图6－28(d)可见，框架-剪力墙结构的层间变形在下部小于纯框架，在上部小于纯剪力墙，即各层的层间变形也将趋于均匀化。因此，框架-剪力墙结构的计算中应考虑剪力墙与框架两种类型结构的不同受力特点，按协同工作条件进行内力、位移分析，不能简单地按框架结构计算。

《高层建筑混凝土结构技术规程》(JGJ 3—2010)规定：框架-剪力墙结构的抗震设计方法，应根据在规定的水平力作用下结构底层框架部分承受的地震倾覆力矩(m_E)与结构总地震倾覆力矩(M_E)的比值确定。

(1)当框架部分承受的地震倾覆力矩 $m_E \leqslant 0.1M_E$ 时，按剪力墙结构进行设计，其中的框架部分应按框架-剪力墙结构的框架进行设计。

(2)当框架部分承受的地震倾覆力矩 $0.1M_E < m_E \leqslant 0.5M_E$ 时，按框架-剪力墙结构进行设计。

(3)当框架部分承受的地震倾覆力矩 $0.5M_E < m_E \leqslant 0.8M_E$ 时，按框架-剪力墙结构进行设计，其最大适用高度可比框架结构适当增加，框架部分的抗震等级和轴压比限值宜按框架结构的规定采用。

(4)当框架部分承受的地震倾覆力矩 $0.8M_E < m_E$ 时，按框架-剪力墙结构进行设计，但其最大适用高度宜按框架结构采用，框架部分的抗震等级与轴压比限值应按框架结构的规定采用。当结构的层间位移角不满足框架-剪力墙结构的规定时，应进行结构抗震性能的分析与论证。

6.5.2　剪力墙的合理布置

基于框架-剪力墙结构的受力特点，在结构设计中，多设剪力墙对抗震是有利的，但是剪力墙的数量也不宜过大。研究表明，剪力墙太多，虽然有较强的抗震能力，但由于刚度太大、周期太短，地震作用要加大，不仅使上部结构的材料用量增加，而且会带来基础设计方面的困难；同时，在框架-剪力墙结构设计中，框架的水平剪力值有最低限值，剪力墙再增多，框架的材料消耗也不会再减少。另外，工程造价也不经济。因此，剪力墙的设置应有一个合理的数量。

抗震设计时，框架-剪力墙结构应设计成双向抗侧力体系。在结构的两个主轴方向上均应布置剪力墙。剪力墙的布置应遵循均匀、分散、对称、周边的原则。

一般情况下，剪力墙宜在框架-剪力墙结构平面的下列部位进行布置。

(1)竖向荷载较大处。增大竖向荷载可以避免墙肢出现偏心受拉的不利受力情况。

(2)建筑物端部附近。减少楼面外伸段的长度，而且有较大的抗扭刚度。

(3)楼梯间、电梯间。楼梯间、电梯间楼板开洞较大，设剪力墙予以加强。

(4)平面形状变化处。在平面形状变化处应力集中比较严重，在此处设置剪力墙予以加强，可以减少应力集中对结构的影响。

当建筑平面为长矩形平面或平面有一部分较长时，在该部位布置的剪力墙除应有足够的总体刚度外，各片剪力墙之间的距离不宜过大，宜满足表 6－16 的规定。

表 6－16　框架-剪力墙结构中剪力墙的间距

楼盖形式	非抗震设计（取较小值）	抗震设防烈度		
		6 度、7 度（取较小值）	8 度（取较小值）	9 度（取较小值）
现浇	5.0B,60	4.0B,50	3.0B,40	2.0B,30
装配整体	3.5B,50	3.0B,40	2.5B,30	—

注：1. 表中 B 为剪力墙之间的楼盖宽度(m)。

2. 装配整体式楼盖应设置厚度不小于 50 mm 的钢筋混凝土现浇层。

3. 现浇层厚度大于 60 mm 的叠合楼板可作为现浇板考虑。

4. 当房屋端部未布置剪力墙时，第一片剪力墙与房屋端部的距离，不宜大于表中剪力墙间距的 1/2。

6.5.3　框架-剪力墙结构的截面设计和构造要求

框架-剪力墙结构的结构布置、计算分析、截面设计及构造要求，除应符合框架结构和剪力墙结构的有关规定外，还应满足以下要求：

1. 各层框架总剪力的调整

框架-剪力墙结构中产生的地震倾覆力矩(M_E)由框架和剪力墙共同承受。为了加强框架部分抗震能力的储备，在抗震设计时，框架-剪力墙结构对应于地震作用标准值的各层框架总剪力应符合下列规定(见图 6－29)：

(1)框架部分承担的总地震剪力满足式(6－17)要求的楼层，其框架总剪力不必调整；不满足该式要求的楼层，其框架总剪力应按 $0.2V_0$ 和 $1.5V_{f,max}$ 两者的较小值采用。

$$V_f \geqslant 0.2V_0 \tag{6-17}$$

式中：V_0——对框架柱数量从下至上基本不变的结构，应取对应于地震作用标准值的结构底部总剪力，对框架柱数量从下至上分段有规律变化的结构，应取每段底层结构对应于地震作用标准值的总剪力；

V_f——对应于地震作用标准值且未经调整的各层(或某一段内各层)框架承担的地震总剪力;

$V_{f,max}$——对框架柱数量从下至上基本不变的结构,应取对应于地震作用标准值且未经调整的各层框架承担的地震总剪力中的最大值,对框架柱数量从下至上分段有规律变化的结构,应取每段中对应于地震作用标准值且未经调整的各层框架承担的地震总剪力中的最大值。

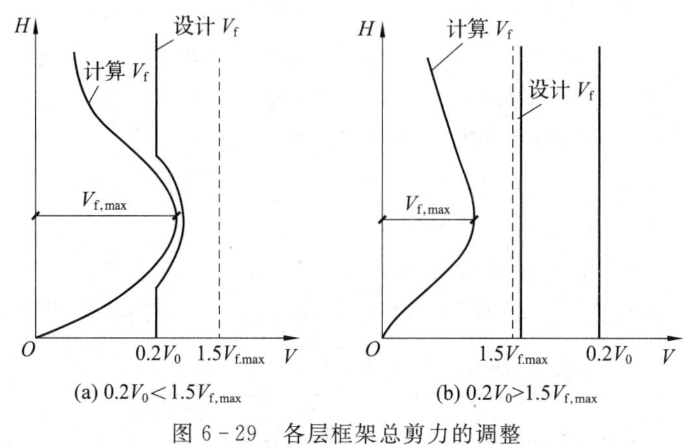

(a) $0.2V_0<1.5V_{f,max}$　　(b) $0.2V_0>1.5V_{f,max}$

图 6-29　各层框架总剪力的调整

(2)各层框架所承担的地震总剪力按第(1)条调整后,应按调整前、后剪力的比值调整每根框架柱以及与之相连框架梁的剪力及端部弯矩标准值,框架柱的轴力可不予调整。

(3)按振型分解反应谱法计算地震作用时,第(1)条所规定的调整可在振型组合之后进行。

框架内力的调整是框架-剪力墙结构内力计算完成后,一种保证框架安全的人为的设计措施;但对其内力进行调整后,节点弯矩和剪力不再保持平衡,需要重新分配节点弯矩。

2. 构造要求

在框架-剪力墙结构中,剪力墙的竖向与水平分布钢筋的配筋率,抗震设计时均不应小于0.25%,非抗震设计时均不应小于0.20%,并应至少双排布置。各排分布钢筋之间应设置拉筋,拉筋的直径不应小于6 mm、间距不应大于600 mm。

对于带边框剪力墙,还应符合下列要求。

(1)为保证剪力墙的稳定性,抗震设计时,一级、二级抗震的剪力墙结构底部加强部位应有足够的厚度,其不应小于200 mm,且不应小于层高的1/16;在其他情况下,不应小于160 mm,且不应小于层高的1/20。若墙体的厚度不能满足上述要求,则应验算墙体的稳定性。

(2)剪力墙的水平钢筋应全部锚入边框柱内,锚固长度不应小于 l_a(非抗震设计时)或 l_{aE}(抗震设计时)。

(3)剪力墙的混凝土强度等级宜与边框柱相同。剪力墙的截面设计宜按工字形截面考虑,剪力墙端部的纵向钢筋应配置在边框柱截面内。

(4)与剪力墙重合的框架梁可保留,也可做成宽度与墙厚相同的暗梁,暗梁的截面高度可取墙厚的2倍或与该榀框架梁截面等高,暗梁的配筋可按构造配置,且应符合一般框架梁相应抗震等级的最小配筋要求。

(5)边框柱截面宜与该榀框架其他柱的截面相同,边框柱应符合框架结构中框架柱构造配筋的规定；剪力墙底部加强部位边框柱的箍筋宜沿全高加密；当带边框剪力墙上的洞口紧邻边框柱时，边框柱的箍筋宜沿全高加密。

【拓展与应用】

香港中银大厦

香港中银大厦，是中国银行在香港的总部大楼，位于香港中西区中环花园道 1 号，由建筑师贝聿铭设计。大厦自 1982 年底开始规划设计，1985 年 4 月动工，1989 年建成，基地面积约 8400 m^2，总建筑面积 12.9 万 m^2，地上 70 层，楼高 315 m，加顶上两杆的高度共有 367.4 m，建成时是全亚洲最高的建筑物。大厦外型像竹子的节节高升，象征着力量、生机、茁壮和锐意进取的精神，基座的麻石外墙代表长城，象征中国。

该大厦采用钢筋混凝土立体支撑体系，结构采用 4 角 12 层高的巨形钢柱支撑，室内无一根柱子。利用立体支撑及各支撑平面内的钢柱和斜杆，将各楼层重力荷载传递至角柱，加大了楼层重力荷载作为抵抗倾覆力矩平衡重的力偶臂，从而提高了作为平衡重的有效性。

整座中银大厦可简化地看成是由四个不同高度的三角柱体构成，层层叠起，节节高耸。最下面的 1～17 层，大致是由四个三角柱体组成的立方体；从平面图上看来，即为正方形，每条周边长 52 m，由两条对角钱分割成四个三角形。再往上，则仿如分段切掉了一些三角柱：首先是在第 17 层，对角线北面的那个三角形被截去了，再往上是西面和东面两个三角柱切掉了，从而造成不同高度的三角柱体参差不齐的形状。到第 52 层，就只截剩南面那个三角柱体，一直达到顶部第 70 层，其尖角即为大厦最高点。

思考练习题

1. 简述高层建筑混凝土结构的结构类型和抗侧力结构体系，各有何优缺点。
2. 简述框架结构的布置原则、布置形式，各有何优缺点。
3. 框架结构的梁、柱截面尺寸如何确定？如何确定框架结构的计算简图？
4. 反弯点法与 D 值法在计算中各采用了哪些假定？简述其主要计算步骤。
5. 简述框架结构、剪力墙结构与框架剪力墙结构的设计构造要求。
6. 试用反弯点法计算图 6－30 所示框架结构的内力（弯矩、剪力）和水平位移。图中在各杆件旁边标出了其抗弯线刚度，其中 $i=2\ 500$ kN・m。

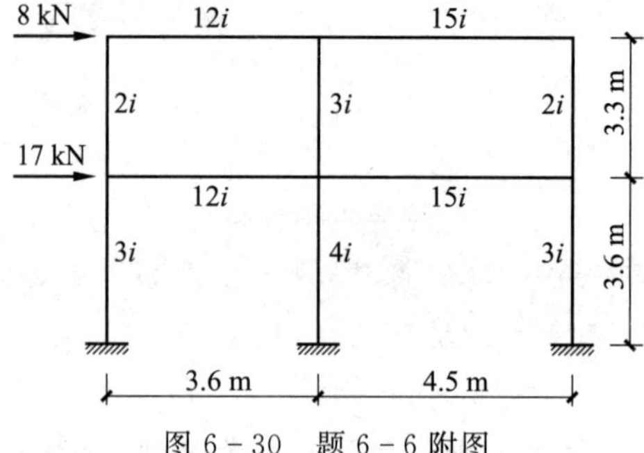

图 6-30　题 6-6 附图

第7章　砌体结构设计

【教学目标】

本章主要讲述砌体结构的用材、其受力性能分析、结构构件设计。本章学习目标如下：

(1)掌握块材、砂浆的类型及其基本性能指标；

(2)掌握砌体结构设计原理与计算方法；

(3)熟悉砌体结构构造要求。

【教学要求】

知识要点	能力要求	相关知识
(1)块材与砂浆类型与基本性能指标 (2)砌体结构受压构件设计原理与计算方法	(1) 掌握块材与砂浆类型与基本性能指标 (2)掌握结构平面布置、内力分析与受压构件设计	砌体结构设计规范
(1)砌体结构的构造要求	(1)熟悉高厚比验算方法 (2)熟悉圈梁、构造柱构造要求	砌体结构设计规范

砌体结构是一种古老的结构形式，在现代社会中，多指砖混结构。砌体结构的水平结构体系多是由钢筋混凝土的楼盖与悬挑构件组成的，有现浇式与装配式之分；砌体结构的竖向结构体系包括墙体(砌体)、钢筋混凝土楼梯等；砌体结构的基础结构体系主要有砖基础与钢筋混凝土结构等。

7.1　砌体用材及受力性能分析

7.1.1　砌体用材

砌体用材包括块体材料与砂浆。列入《砌体结构设计规范》(GB 50003—2011)的块体材料有烧结砖、蒸压砖、砌块与石材，砂浆有水泥砂浆、水泥石灰混合砂浆、石灰砂浆、石灰黏土砂浆与黏土砂浆。块体材料与砂浆的强度等级是根据其抗压强度而划分的，它也是确定砌体在各种受力状态下强度的依据。块体材料的强度等级用MU表示，砂浆的强度等级用M表示。对于混凝土小型空心砌块砌体，砌筑砂浆的强度等级用Mb表示，灌孔混凝土的强度等级用Cb表示。

1. 块材材料

1)砖

砖包括烧结普通砖、烧结多孔砖与非烧结硅酸盐砖。烧结普通砖是指以黏土、页岩、煤矸石或粉煤灰为主要原料，经过焙烧而成的普通砖，其截面尺寸为240 mm×115 mm×53 mm，(见图7-1(a))。烧结多孔砖是指以黏土、页岩、煤矸石或粉煤灰为主要原料，经过焙烧而成，分为P型(图7-1(b))与M型(图7-1(c))，其孔的尺寸小而数量多。烧结普通砖与烧结多孔砖主要用于承重部位，其抗压强度分为 MU30、MU25、MU20、MU15 与 MU10 五个强度等级。MU 后面的数字表示抗压强度的大小，单位为 N/mm^2。

非烧结硅酸盐砖有蒸压灰砂砖、蒸压粉煤灰砖等(见图 7－1(d))，其可大量利用工业废料，减少环境污染，多用于维护结构。蒸压灰砂砖、蒸压粉煤灰砖的抗压强度分为 MU25、MU20、MU15 与 MU10 四个等级。

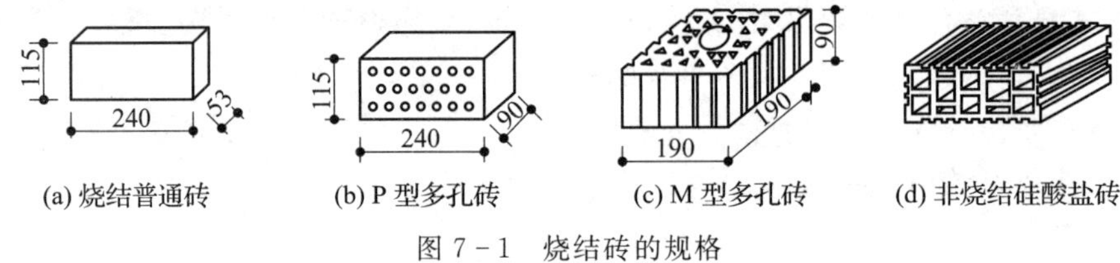

图 7－1　烧结砖的规格

目前，我国用于砌体结构的砖，主要有烧结普通砖、烧结多孔砖、蒸压灰砂砖与蒸压粉煤灰砖四种。

2) 砌块

砌块一般是指混凝土空心砌块、加气混凝土砌块与硅酸盐实心砌块。砌块按尺寸大小分为小型砌块、中型砌块与大型砌块三种。通常把高度为 180～350 mm 的砌块称为小型砌块，高度大于 350～900 mm 的砌块称为中型砌块，高度大于 900 mm 的砌块称为大型砌块。目前，我国在承重墙体材料中使用最为普遍的是混凝土小型空心砌块，其尺寸为 390mm×190mm×190mm，孔洞率一般为 25%～50%，常简称为混凝土砌块，如图 7－2 所示。

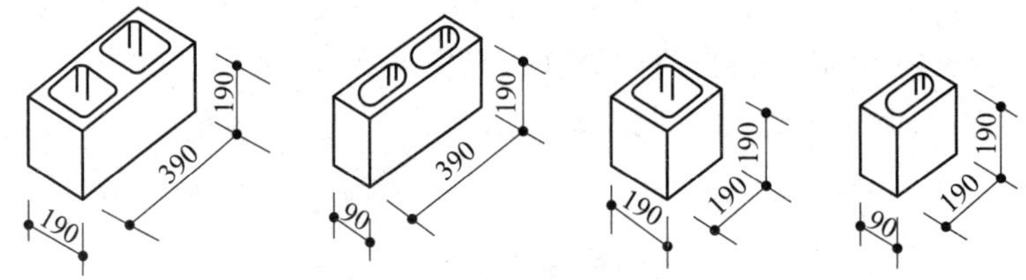

图 7－2　混凝土小型空心砌块

混凝土砌块的强度等级是根据标准试验方法，按毛截面面积计算所得的极限抗压强度值来划分的。普通混凝土砌块的强度划分为 MU20、MU15、MU10、MU7.5、MU5.0、MU3.5 六个等级，轻骨料混凝土砌块的强度划分为 MU10、MU7.5、MU5.0、MU3.5、MU2.5、MU1.5 六个等级。

3) 石材

砌体结构所用石材，是经过对天然石材加工后形成的满足砌筑要求的石材。根据外形与加工程度将其分为料石与毛石两种。料石又分为细料石、半细料石、粗料石与毛料石。石材的强度等级有 MU100、MU80、MU60、MU50、MU40、MU30、MU20 七个级别。石材的强度高，耐久性好，多用于房屋的基础与勒脚部位。

2. 砂浆

1) 砌筑砂浆

砂浆，是由胶凝材料(如水泥、石灰等)与细骨料(砂子)加水搅拌而成的混合材料，其作用是将砌体中的单个块体材料连接成一个整体，并因抹平块体材料表面而促使应力分布较为均匀。同时,因砂浆填满了块体材料之间的缝隙,从而减小了砌体的透气性,提高了砌体的保温性能与抗冻性能等。

砌体砂浆的强度,一般由边长为 70.7 mm 的立方体试块的抗压强度确定,分为 M15、M10、M7.5、M5、M2.5 五个等级。此外,还有砂浆强度等于零的情况,但它不是一个强度等级,只是在验算新砌筑尚未硬结的砌体强度时所采用的砂浆强度。M 后面的数字表示抗压强度的大小,单位为 N/mm^2。

2)混凝土小型空心砌块砌筑砂浆与灌孔混凝土

混凝土小型空心砌块砌筑砂浆,是砌块建筑专用的砂浆,它是由水泥、砂、水以及根据需要掺入的掺合料(如粉煤灰)与外加剂(如减水剂、早强剂、防冻剂等),按一定比例采用机械搅拌而成的砂浆。与砌筑砂浆相比,其可使砌体灰缝饱满、黏结性能好,减少墙体的开裂与渗漏,从而提高砌块砌体的质量。

混凝土小型空心砌块砌筑砂浆的强度划分为:Mb30、Mb25、Mb20、Mb15、Mb10、Mb7.5、Mb5,对应于 M30、M25、M20、M15、M10、M7.5、M5 等级的砌筑砂浆的抗压强度指标。

混凝土小型空心砌块灌孔混凝土,是由水泥、骨料、水以及根据需要掺入的掺合料与外加剂(如减水剂、早强剂、膨胀剂等),按一定比例采用机械搅拌后,用于浇筑混凝土小型空心砌块砌体芯柱或其他需要填实部位孔洞的混凝土。混凝土小型空心砌块灌孔混凝土的流动性高,收缩性小。其强度分为:Cb40、Cb35、Cb30、Cb25、Cb20,对应于 C40、C35、C30、C25、C20 混凝土的抗压强度指标。

3. 砌体结构对材料强度的要求

块体材料与砂浆的强度等级对砌体结构的可靠性影响很大。实践证明,块体材料与砂浆的强度等级越低,房屋的耐久性越差、可靠性越低。

在砌体结构设计时,尤其是承重墙,对其上部几层可选用强度等级相对较低的块体材料与砂浆,而下部几层应选用强度等级较高的块体材料与砂浆。同时,在同一层内宜采用强度等级相同的块体材料与砂浆。

《砌体结构设计规范》(GB 50003—2011)规定:对砌体结构所用材料的最低强度等级应符合以下要求。

(1)五层及五层以上房屋的墙,以及受振动或层高大于 6 m 的墙、柱所用材料的最低强度等级:砖 MU10,砌块 MU7.5,石材 MU30,砂浆 M5。

(2)对安全等级为一级或设计使用年限大于 50 年的房屋,墙、柱所用材料的最低强度等级应比第(1)条的规定至少提高一级。

(3)地面以下或防潮层以下的砌体、潮湿房间的墙,所用材料的最低强度等级应符合表 7-1的规定。

表 7-1　地面以下或防潮层以下的砌体、潮湿房间的墙所用材料的最低强度等级

潮湿程度	烧结普通砖	混凝土普通砖、蒸压普通砖	混凝土砌块	石材	水泥砂浆
稍潮湿的	MU15	MU20	MU7.5	MU30	M5.0
很潮湿的	MU20	MU20	MU10	MU30	M7.5

续表

潮湿程度	烧结普通砖	混凝土普通砖、蒸压普通砖	混凝土砌块	石材	水泥砂浆
含水饱和的	MU20	MU25	MU15	MU40	M10

注:1. 在冻胀地区,地面以下或防潮层以下的砌体,不宜采用多孔砖,如采用多孔砖,其孔洞应用不低于M10的水泥砂浆先灌实。当采用混凝土空心砌块时,其孔洞应采用强度等级不低于Cb20的混凝土预先灌实。

2. 对安全等级为一级或设计使用年限大于50年的房屋,表中材料强度等级应至少提高一级。

7.1.2 砌体种类

根据不同的标准可以对砌体进行分类。按照砌体的作用,可分为承重砌体与非承重砌体,如在砖混结构中,大多是墙体承重,则墙体称为承重砌体,在框架结构中,墙体一般为隔墙而不承重,称为非承重砌体。按照砌法及材料的不同,可分为实心砌体与空斗砌体;砖砌体、砌块砌体、石砌体;无筋砌体与配筋砌体等。

1. 砖砌体

砖砌体是由砖与砂浆砌筑而成的砌体。在房屋建筑中,砖砌体既可作为内墙、外墙、柱、基础等的承重结构,又可用作维护墙与隔墙等的非承重结构。在砌筑时要尽量符合砖的模数,常用的标准墙厚度有一砖(240 mm)、一砖半(370 mm)和二砖(490 mm)等。

2. 砌块砌体

砌块砌体是由砌块与砂浆砌筑而成的砌体。目前多采用小型混凝土空心砌块砌筑砌体。采用砌块砌体可减轻劳动强度,有利于提高劳动生产率,并具有较好的经济技术效果。砌块砌体主要用于住宅、办公楼、学校建筑以及一般工业建筑的承重墙与围护墙。

3. 石砌体

石砌体,是用石材与砂浆(或混凝土)砌筑而成的,可分为料石砌体、毛石混凝土砌体等。石砌体在产石山区的应用较为广泛。料石砌体不仅可用来建造房屋,还可用来修建挡土墙、石拱桥、石坝、渡槽与储液池等。

4. 配筋砌体

为提高砌体的强度与整体性,减小构件的截面尺寸,可在砌体的水平灰缝内每隔几皮砖放置一层钢筋网,这样的砌体称为网状配筋砌体,也称为横向配筋砌体(见图 7-3(a));在竖向灰缝内或预留的竖槽内配置纵向钢筋,并浇筑混凝土,这种砌体称为组合砌体,也称为纵向配筋砌体(见图7-3(b))。纵向配筋砌体适用于承受偏心压力较大的墙与柱。

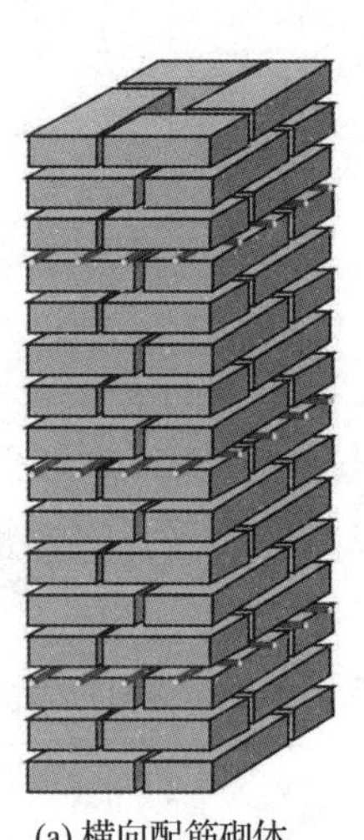

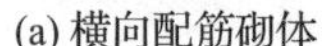

(a) 横向配筋砌体

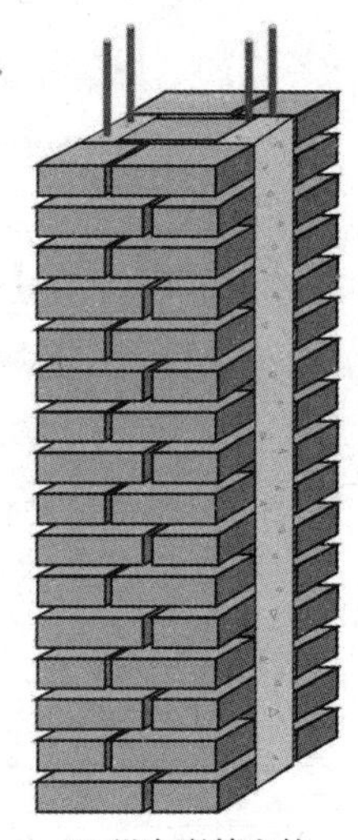

(b) 纵向配筋砌体

图 7-3 配筋砌体

7.1.3　砌体的受力性能

砌体作为一个整体，与钢筋混凝土构件一样，
也能承受外在荷载的拉、压、弯、剪的作用。试验和工程实践证明，在不同荷载效应作用下的砌体，其力学性能是不同的，砌体的抗压承载力远大于其抗拉、抗弯与抗剪承载力，因此，砌体多适于用作受压构件。

1. 砌体的受压性能

如图 7－4 所示，该无配筋砖砌体在轴心压力的作用下从加载受力到破坏大致经历了三个阶段。

第一阶段，从加载开始到单块砖上出现细小裂缝为止，此时的荷载为破坏荷载的 50%～70%。这个阶段的特点是荷载不增加，裂缝也不会继续扩展，裂缝仅仅是单砖裂缝。

第二阶段，继续加载，原有裂缝不断开展，单砖裂缝贯通形成穿过几皮砖的竖向裂缝，同时有新的裂缝出现，且不继续加载，裂缝也会缓慢发展，当荷载为破坏荷载的 80%～90%时，连续裂缝将进一步发展成贯通缝。

第三阶段，当荷载继续增加时，裂缝将迅速发展，砌体被通长裂缝分割为若干个半砖小立柱，虽然砌体中的砖并未全部压碎，但由于小立柱受力极不均匀，砌体最终会因小立柱的失稳或压碎而破坏。

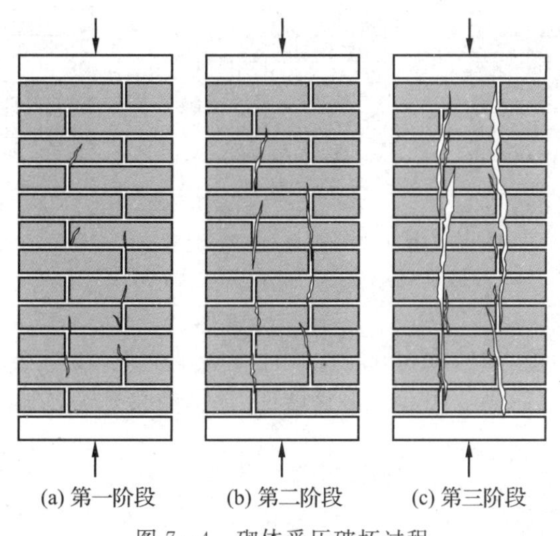

图 7－4　砌体受压破坏过程

通过对砖砌体在轴心受压时的受力分析及试验结果表明，影响砌体抗压强度的主要因素有以下几方面。

(1)块体材料与砂浆的强度。块体材料与砂浆的强度是影响砌体抗压强度最主要也是最直接的因素。在其他条件不变的情况下，块体材料与砂浆的强度越高，砌体的强度越高。对一般砖砌体而言，提高砖的强度等级比提高砂浆的强度等级取得的效果好。

(2)块体材料尺寸与几何形状。块体材料的高度越大，抗压能力越强；块体材料的表面越平整、规则，受力越均匀，砌体的抗压强度也越高。

(3)砂浆的流动性、保水性与弹性模量。砌筑砌体所用砂浆的和易性好、流动性大时，容易

形成厚度均匀、密实的灰缝，可减小块材的弯曲应力与剪应力，从而提高砌体的抗压强度。所以除有防水要求外，一般不采用流动性较差的纯水泥砂浆进行砌筑。砂浆的弹性模量越低时，变形率越大，由于砌块与砂浆的交互作用，使砌体所受到的拉应力越大，从而使砌体的强度降低。

(4)砌筑质量。砌筑砌体时，砂浆铺砌饱满、均匀，可以改善块体在砌体中的受力性能，使之较均匀地受压，从而提高砌体的抗压强度。通常要求，砌体水平灰缝的砂浆饱满度不得低于80%，砌体灰缝厚度以10～12 mm为宜。《砌体结构设计规范》(GB 50003—2011)将施工质量分为A、B、C三个等级，配筋砌体不允许采用C级。

此外，强度差别较大的块体材料混合砌筑时，砌体在同样荷载下，将引起不同的压缩变形，因而会使砌体在较低的荷载下受到破坏。故在一般情况下，不同强度等级的砖或砌块不应混合使用。

2. 砌体的抗拉、受弯、抗剪性能

1)砌体的抗拉性能

试验表明，砌体的抗拉强度主要取决于块材与砂浆连接面的黏结强度，块体材料与砂浆的黏结强度主要取决于砂浆的强度等级。砌体在轴心拉力作用下，其构件破坏形式有沿齿缝破坏、通缝破坏与竖缝破坏，其中，沿齿缝破坏是主要的破坏形式(见图7-5)。

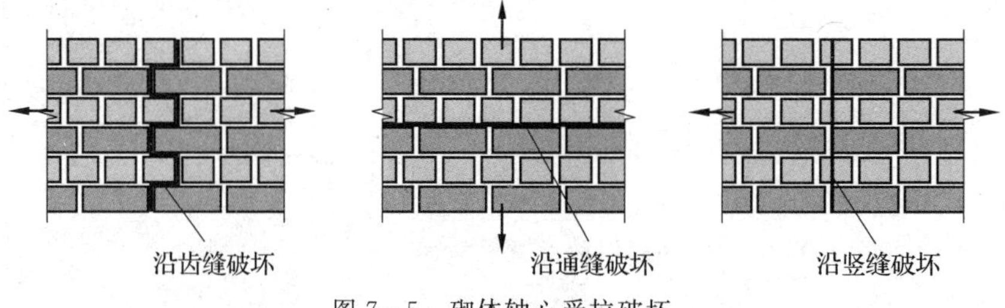

图7-5　砌体轴心受拉破坏

2)砌体的受弯性能

试验表明，砌体构件受弯时，破坏发生在弯曲受拉的一侧，受弯破坏的主要原因与砂浆的强度有关。砌体受弯破坏形式一般有沿齿缝破坏、沿通缝破坏及沿块体与竖向灰缝破坏三种(见图7-6)。

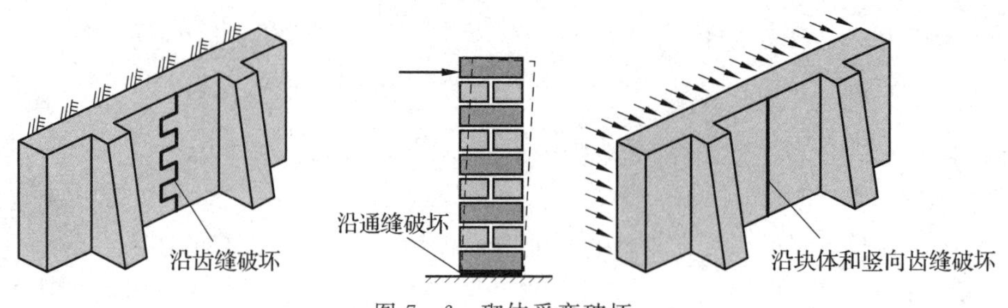

图7-6　砌体受弯破坏

3)砌体的抗剪性能

试验证明，单纯受剪时，砌体的抗剪强度主要取决于水平灰缝中砂浆及砂浆与块体材料的黏结强度，砌体在剪力作用下的破坏均为沿灰缝的破坏(见图7-7)，其中，沿阶梯形截面破坏是地震中墙体破坏的常见形式。

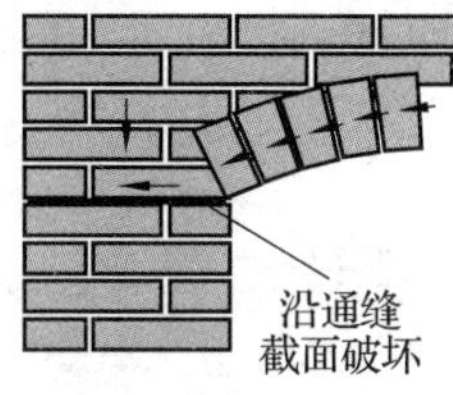

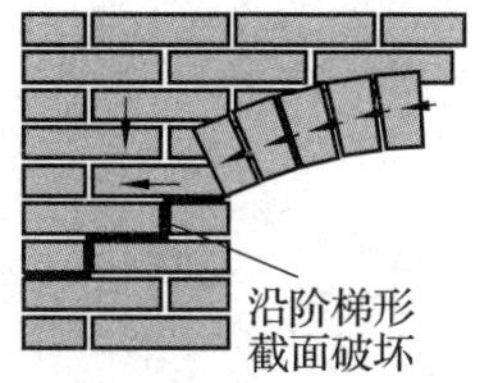

图 7－7　砌体受剪破坏

3. 砌体的强度设计值

根据试验与结构可靠度分析结果，《砌体结构设计规范》(GB 50003—2011)规定了各类砌体的抗压强度设计值，该强度设计值是根据施工质量控制等级为 B 级、龄期为 28 d 的标准以毛截面计算出来的。这里仅提供砖块材料的抗压强度设计值(表 7－2 和表 7－3)，其他可参看《砌体结构设计规范》(GB50003—2011)。

表 7－2　烧结普通砖与烧结多孔砖的抗压强度设计值　　单位：MPa

砖强度等级	砂浆强度等级					砂浆强度
	M15	M10	M7.5	M5	M2.5	0
MU30	3.94	3.27	2.93	2.59	2.26	1.15
MU25	3.60	2.98	2.68	2.37	2.06	1.05
MU20	3.22	2.67	2.39	2.12	1.84	0.94
MU15	2.79	2.31	2.07	1.83	1.60	0.82
MU10	—	1.89	1.69	1.50	1.30	0.67

注：当烧结多孔砖的孔洞率大于 30％时，表中数值应乘以 0.9。

表 7－3　蒸压灰砂普通砖与蒸压粉煤灰砖砌体的抗压强度设计值　　单位：MPa

砖强度等级	砂浆强度等级				砂浆强度
	M15	M10	M7.5	M5	0
MU25	3.60	2.98	2.68	2.37	1.05
MU20	3.22	2.67	2.39	2.12	0.94
MU15	2.79	2.31	2.07	1.83	0.82

注：当采用专用砂浆砌筑时，其抗压强度设计值按表中数值采用。

在砌体结构设计时，考虑到一些不利因素，对下列情况的各类砌体，其强度设计值还应乘以调整系数 γ_a：

(1)当施工质量控制为 C 级时，表 7－1 与表 7－2 中的数值应乘以调整系数 $\gamma_a=0.89$；当施工质量为 A 级时，可将表中数值乘以调整系数 $\gamma_a=1.15$。

(2)有吊车房屋砌体、跨度不小于 9 m 的梁下烧结普通砖砌体，跨度不小于 7.5 m 的梁下烧结多孔砖、蒸压灰砂砖、蒸压粉煤灰砖砌体与混凝土砌块砌体，$\gamma_a=0.9$。

(3)对无筋砌体构件，当其截面面积小于 0.3 m^2 时，γ_a 为其截面面积加 0.7；对于配筋砌体构件，当其中砌体截面面积小于 0.2 m^2 时，γ_a 为截面面积加 0.8；构件截面面积以“m^2”计。

(4)当砌体用强度等级小于 M5.0 的水泥砂浆砌筑时,对比表 7-2 与表 7-3 中的数值,$\gamma_a=0.9$;对配筋砌体构件,当其中的砌体采用水泥砂浆砌筑时,仅对砌体的强度设计值乘以调整系数 γ_a。

7.2 砌体结构的设计与计算

砌体结构设计的基本步骤与钢筋混凝土结构一样,从楼盖→墙体、柱→基础。首先进行墙体布置,然后确定房屋的静力计算方案,进行墙、柱内力分析,最后计算墙、柱的承载力,并采取相应的构造措施。

7.2.1 结构平面布置方案

在砌体结构设计中,其平面布置,基本上是指承重墙与柱的布置。承重墙与柱的布置不仅直接影响房屋的平面划分、房屋的大小与使用要求,还影响房屋的空间刚度与结构的荷载传递路线。因此,对砌体结构的楼盖、墙体、柱进行设计时,必须确定砌体结构的平面布置方案。

根据荷载传递路线的不同,砌体结构房屋的平面布置可分为横墙承重、纵墙承重、纵横墙承重与内框架承重四种形式。

1. 纵墙承重方案

在砌体结构房屋中,沿房屋平面较短方向布置的墙称为横墙,沿房屋平面较长方向布置的墙称为纵墙。楼(屋)盖传来的荷载由承重墙承重的布置方案,称为纵墙承重方案(见 7-8(a))。楼(屋)盖荷载的传递方式有两种:一种是楼板直接搁置在纵墙上,另一种是楼板搁置在梁上而梁搁置在纵墙上。后一种方式在工程中应用较多。

纵墙承重方案的特点是:

(1)横墙数量少且自承重,建筑平面布局灵活,但房屋的横向刚度较差;

(2)纵墙承受的荷载较大,纵墙上门窗的大小及位置受到一定限制;

(3)墙体材料用量较少,楼盖构件所用材料较多。

纵墙承重方案主要用于开间较大的教学楼、医院、食堂与仓库等建筑。

2. 横墙承重方案

楼盖构件搁置在横墙(或钢筋混凝土梁)上,由横墙承担屋盖、各楼层传来的荷载,而纵墙仅起围护作用的布置方案,称为横墙承重方案(见图 7-8(b))。此时竖向荷载的传递路径是:楼盖荷载→横墙→基础→地基。

横墙承重方案的特点是:

(1)横墙的数量较多、间距较小(一般为 2.7～4.8 m),因此房屋的横向刚度较大,整体性好,抵抗风荷载、地震作用,以及调整地基不均匀沉降的能力较强;

(2)楼盖结构设计较简单,可以采用钢筋混凝土板(或预应力混凝土板),而且施工也较方便;

(3)外纵墙属于自承重墙,建筑立面易处理,门窗的大小及位置易灵活设置;

(4)横墙较密,房间平面布置不灵活,砌体材料用量也相对较多。

横墙承重方案主要用于房间大小固定、横墙间距较密的住宅、宿舍、学生公寓、旅馆与招待所等建筑。

3. 纵横墙承重方案

楼盖传来的荷载由纵墙与横墙共同承重的布置方案，称为纵横墙承重方案（见图 7－8(c)）。此时竖向荷载的传递路径是：楼盖荷载→纵墙或横墙→基础→地基。这种承重结构在工程上被广泛应用。

纵横墙承重方案的特点是：

(1)房屋沿纵向、横向的刚度均较大，砌体受力较均匀，因而可避免局部墙体承载过大；

(2)由于楼板可依据使用功能灵活布置，因而能较好地满足使用要求；

(3)结构的整体性能较好。

纵横墙承重方案主要用于多层塔式住宅与综合楼等建筑。

4. 内框架承重方案

楼盖传来的荷载由房屋内部的钢筋混凝土框架与外部砌体墙、柱共同承重的布置方案，称为内框架承重方案，如图 7－8(d)所示。

内框架承重方案的特点是：

(1)内部可形成较大空间，平面布局灵活，容易满足使用要求；

(2)横墙较少，房屋的空间刚度较差；

(3)砌体与钢筋混凝土是两种力学性能不同的材料，在荷载作用下，因构件产生不同的压缩变形而引起较大的附加内力，使其抵抗地基产生不均匀沉降，且其抗震的能力较弱。

内框架承重方案主要用于商店、多层轻工业厂房等建筑。

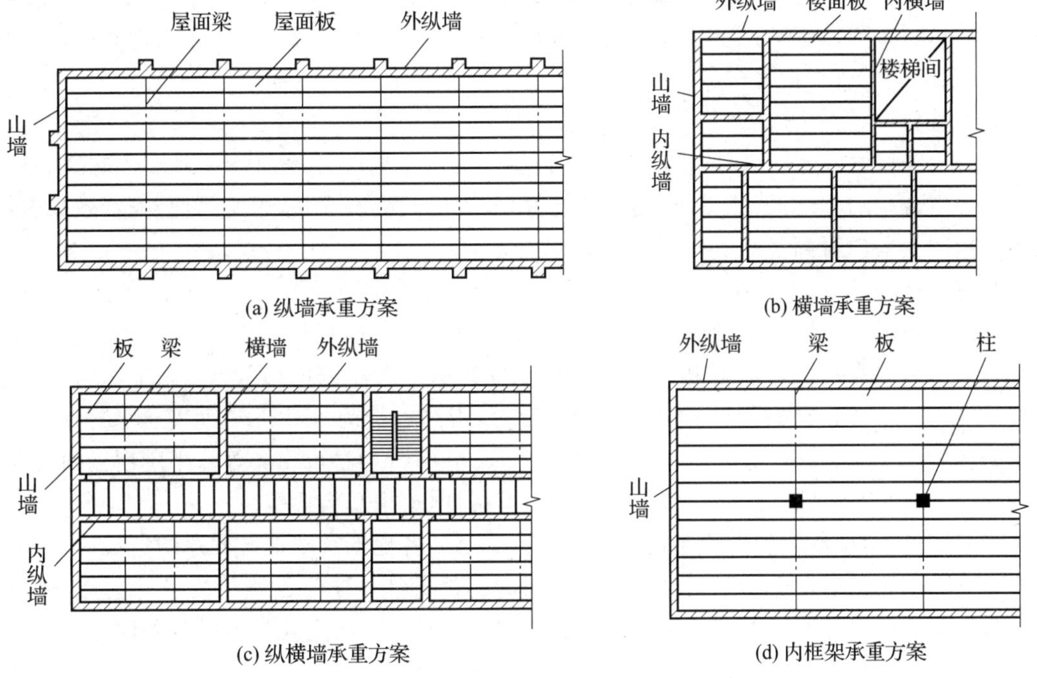

图 7－8　砌体结构房屋的平面布置方案

7.2.2　楼盖的设计与构造

砌体结构楼盖设计的方案有钢筋混凝土现浇板式楼盖与装配板式楼盖两种。依据我国

《建筑抗震设计规范》(GB 50011—2010)(2016 版)的要求,砌体结构的楼盖宜采用现浇板式楼盖。装配式楼盖的预制构件易统一与标准化,可以加快施工速度,节省材料,减少劳动力,因此在有些地区被广泛应用。关于现浇板式楼盖的结构设计可参见第 5 章,这里仅介绍装配式楼盖的结构设计。

装配式楼盖的结构设计,包括预制构件的类型选择、预制构件的结构布置及连接构造。

1. 预制板的类型选择

装配式楼盖的形式有铺板式、无梁式与密肋式,其中铺板式是实际工程中最常用的。铺板式楼盖是将预制板的两端支承在砖墙或楼面梁上,按照一定的构造要求密铺而成的。

预制板的形式很多,常用的有实心板、空心板与槽形板等,如图 7-9 所示。

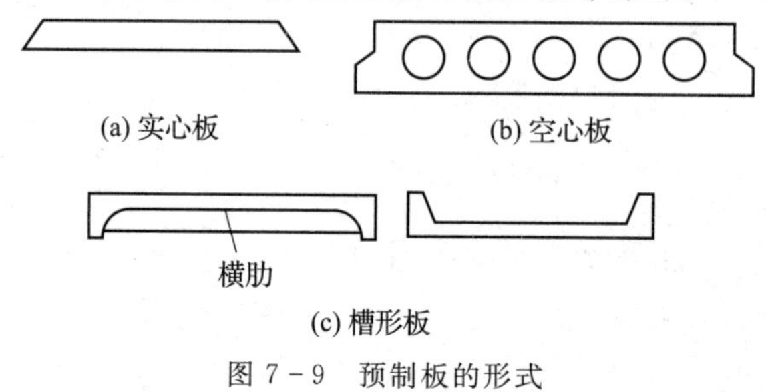

图 7-9　预制板的形式

1)实心板

实心板是最简单的一种楼面铺板。普通实心板的跨度较小,一般为 1.2～2.7 m,板厚为 50～100 mm,板宽为 500～800 mm。实心板构造简单,施工方便,跨度小,板表面平整,常用作走道板、架空搁板或地沟盖板等。

2)空心板

空心板又叫多孔板,孔洞的形状有圆形、方形、矩形与椭圆形等,其中,圆形孔的空心板比较常见。空心板的刚度大、自重小、受力性能好,又因为其板底平整、施工简便、隔音效果较好,因此在预制楼盖中得到普遍应用。

3)槽形板

槽形板由面板、纵肋与横肋组成,横肋除在板的两端必须设置外,在板的中部附近也要设置 2～3 道,以提高板的整体刚度。槽形板面板的厚度一般不小于 25 mm。用于民用楼面时,板高一般为 120 mm 或 180 mm,用于工业楼面时,板高一般为 180 mm,肋宽为 50～80 mm。常用跨度为 1.5～6.0 m,宽度有 500 mm、600 mm、900 mm、1 200 mm 等。当所用板的跨度与荷载均较大时,为了减轻板的自重,提高板的抗弯强度,可采用槽形板。

一般情况下,预制板多由预制构件厂家生产、提供,各地也有本地区的通用定型构件,仅当有特殊要求或施工条件受到限制时才进行专门的构件设计。通常预制板的设计选择,可根据砖混结构平面布置方案所要求的房间跨度、进深与开间尺寸,起重与运输设备条件以及楼盖承载要求等条件,选择相应的预制板级别与形式。

2. 预制板的结构布置

铺板式楼盖的结构布置,即预制板的铺置方式,根据房屋的结构平面布置方案可分为横向承重方案、纵向承重方案与纵横向混合承重方案。

在设计楼盖铺板布置时,如果建筑平面、运输及吊装条件允许,宜优先选用中等宽度的楼板与同种规格的板，必要时附加其他规格的板，尽量减少构件的数量与品种。

在进行预制板布置时，预制板的长边在任何情况下都不得搁置、嵌固在承重墙内，以免改变预制板的受力性能，同时也可避免板边被压坏。

在预制楼板上不得布置砖隔墙，当采用空心板时，不得在空心板上凿较多的洞或穿过较大直径的竖管。

3. 预制板的连接构造

装配式楼盖由多个预制构件装配而成，构件间的连接是设计与施工中的重要问题。可靠的连接是保证楼盖本身整体性以及楼盖与房屋其他构件共同工作的前提。

装配式楼盖的连接包括板与板的连接、板与墙（梁）以及梁与墙的连接。

1）板与板的连接

预制板间必须留置不小于 10 mm 的板缝，但是对较大的板缝应采取构造措施避免板面装饰材料开裂。一般情况下，板缝应采用强度等级不低于 C15 的细石混凝土或不低于 M5 的水泥砂灌实（见图 7－10(a)、(b)）。当板缝的宽度不小于 50 mm 时，应设置现浇板带，按简支板进行配筋计算（见图 7－10(c)）。

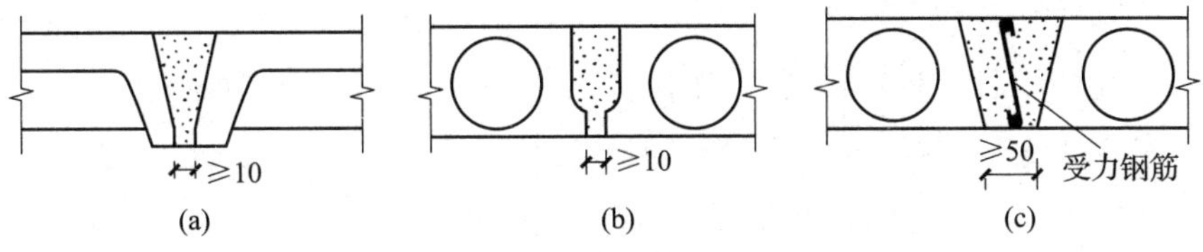

图 7－10　板缝的处理

2）板与墙（梁）的连接

预制板搁置在墙或梁上时，一般依靠支承处的坐浆与一定的支承长度来保证可靠连接，坐浆的厚度为 10～20 mm，板在砖砌体墙上的支承长度应不小于 100 mm（见图 7－11(a)），板在混凝土梁上的支承长度应不小于 80 mm（见图 7－11(b)、(c)）。空心板两端的孔洞应用混凝土或砖块堵实，以免在灌缝或浇筑楼面面层时漏浆。

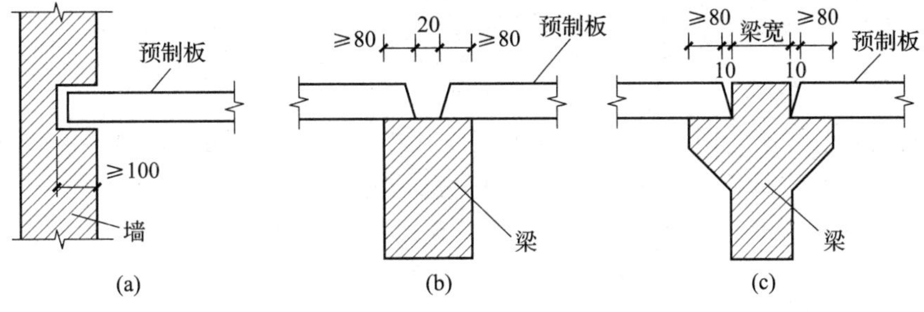

图 7－11　预制板的支承长度

板与非支承墙连接时，一般采用细石混凝土灌缝。当预制板的跨度不小于 4.8 m 时，在板的跨中附近加设锚拉筋以加强其与横墙的连接，或将圈梁设置于楼盖平面处。

3）梁与墙的连接

梁在墙上的支承长度应满足梁内受力钢筋在支座处的锚固要求，并满足支座处砌体局部受压承载力的要求。预制梁在墙上的支承长度应不小于 180 mm，在支承处的坐浆厚度为 10～20 mm。

7.2.3 砌体结构的内力分析

在砖墙体的内力分析与计算时,需要将其简化为符合实际要求的理论分析模型,即结构计算简图。在实际工程中,砌体结构的墙体尺寸如板,但其受力特性不同于板。墙体有纵墙与横墙、内墙与外墙之分,其不但直接承受竖向荷载与水平荷载,而且还与其他构件(如屋盖、楼层、墙、基础等)通过节点相互联系,也承受与其相连的其他构件的荷载,将砌体结构房屋变成一个复杂的空间结构体系。这样,墙体结构计算简图的构建是比较困难的。

1. 砌体结构的静力计算方案与计算模型

首先,为了简化砌体结构的静力计算,可以将其转化为平面结构。

现以纵墙承重的单层单跨砌体房屋为例。若该房屋的两端无山墙,中间也无横墙,屋盖由预制钢筋混凝土空心板与屋面大梁组成,假定作用在房屋上的荷载是均匀分布的,外纵墙上的洞口也是均匀排列的,从两个窗洞中线截取一个计算单元(见图 7-12(a)、(b))。

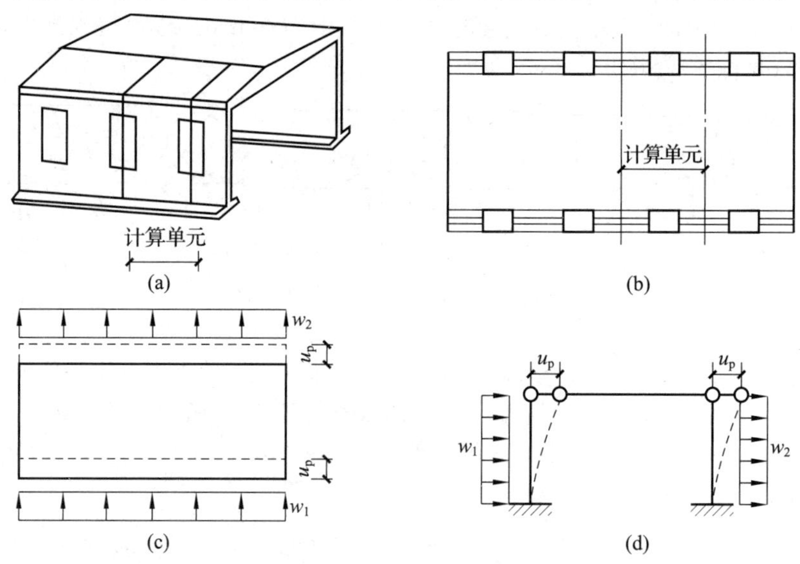

图 7-12 无山墙的单层纵墙承重方案

在水平风荷载 w_2 的作用下,房屋各单元墙顶的水平位移是相同的(见图 7-12(c))。如果将屋盖简化为横梁,将基础简化为墙的固定端支座,屋盖与墙的连接视为铰接,计算单元的纵墙简化为柱,则计算单元的受力状态即为一个单跨的平面排架,纵墙顶的水平位移为 u_p(见图 7-12(d))。该计算单元的静力分析可采用结构力学解平面排架的方法进行。

然而,实际工程中的砌体结构,都是有山墙(或横墙)存在的。由于山墙的存在,房屋荷载的传递路线及其变形情况就发生了变化。假设上例房屋的两端设有山墙,其他条件一样(见图 7-13)。图中 u_1 为山墙顶端的侧移值,u_2 为屋盖的水平位移值。

该砌体结构的传力路线由"风荷载→纵墙→纵墙基础→地基",变为"风荷载→纵墙→纵墙基础→地基"与"风荷载→纵墙→屋盖结构→山墙→山墙基础→地基"并进。结构的空间工作特性十分明显。同时,山墙犹如一根竖向的悬臂柱,约束了屋盖的水平变形,导致屋盖的最终水平变形大小不等,离山墙越近变形越小,跨中的最大水平位移值 $u_s < u_p$。

试验分析与理论研究表明,砌体结构的空间工作特性主要与横墙的间距、楼盖(包括屋盖、

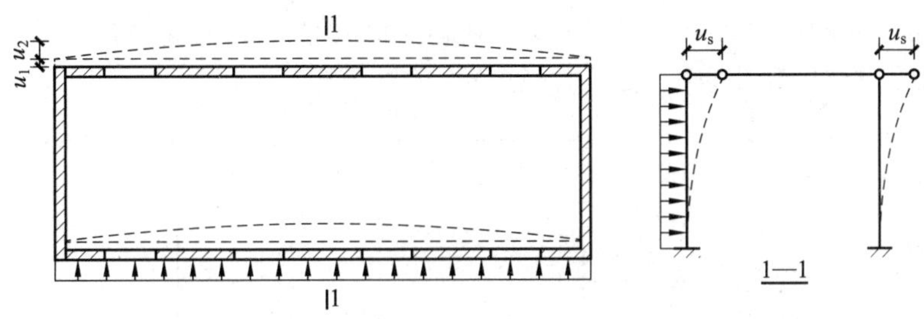

图 7－13　有山墙的单层纵墙承重方案

楼层)的刚度大小有关。房屋空间作用的大小可以用空间性能影响系数 η 表示：

$$\eta = \frac{u_s}{u_p} \leqslant 1 \tag{7-1}$$

式中：u_p——不考虑空间作用时，外荷载作用下平面排架的水平位移，其值主要取决于纵墙的刚度；

u_s——考虑空间作用时，外荷载作用下房屋排架水平位移的最大值，其值取决于纵墙的刚度、楼盖的水平刚度与横墙的刚度。

当横墙的间距越小或横墙的数量越多时，楼盖的水平刚度越大，房屋的空间作用越大，即空间性能越好，水平位移 u_s 越小，η 值也就越小；反之，η 值越大，房屋的空间性能越差。房屋各层的空间性能影响系数 η_i 见表 7－4。

表 7－4　房屋各层的空间性能影响系数 η_i

屋盖或楼盖类别	横墙间距 s/m														
	16	20	24	28	32	36	40	44	48	52	56	60	64	68	72
1	—	—	—	—	0.33	0.39	0.45	0.50	0.55	0.60	0.64	0.68	0.71	0.74	0.77
2	—	0.35	0.45	0.54	0.61	0.68	0.73	0.78	0.82	—	—	—	—	—	—
3	0.37	0.49	0.60	0.68	0.75	0.81	—	—	—	—	—	—	—	—	—

注：1. i 取 $1 \sim n$，n 为房屋的层数。

2. 表中的屋盖或楼盖类别见表 7－5。

考虑到砌体结构的空间工作性能，可以根据其影响程度的大小，制定不同的静力计算方案。《砌体结构设计规范》(GB 50003—2011)按照房屋空间刚度与横墙间距的大小，将砌体结构的静力计算方案分为刚性方案、刚弹性方案与弹性方案三种(见表 7－5)。

表 7－5　房屋的静力计算方案

	屋盖或楼盖类别	刚性方案	刚弹性方案	弹性方案
1	整体式、装配整体与装配式无檩条体系钢筋混凝土屋盖或钢筋混凝土楼盖	$s<32$	$32 \leqslant s \leqslant 72$	$s>72$
2	装配式有檩条体系钢筋混凝土屋盖、轻钢屋盖与有密铺望板的木屋盖或木楼盖	$s<20$	$20 \leqslant s \leqslant 48$	$s>48$
3	瓦材屋面的木屋盖与轻钢屋盖	$s<16$	$16 \leqslant s \leqslant 36$	$s>36$

注：1. 表中 s 为房屋横墙间距，其长度单位为 m。

2. 当屋盖、楼盖类别不同或横墙间距不同时，可按照表 7－4 的规定确定房屋的静力计算方案。

3. 对无山墙或伸缩缝处无横墙的房屋，应按弹性方案考虑。

这样，依据不同的静力计算方案，可以得到砌体结构墙体的平面结构计算模型（见图 7-14），实现了由空间结构计算向平面结构计算简化的转化。

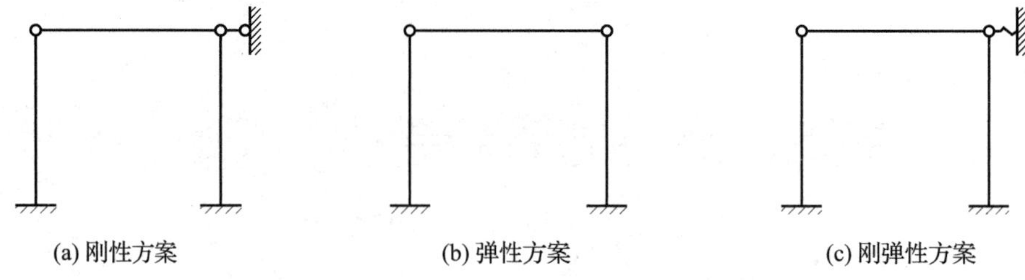

图 7-14　砌体结构墙体的平面结构计算模型

一般情况下，砌体结构工程的结构设计方案，应采用刚性方案或刚弹性方案，不宜采用弹性方案。因为弹性方案中房屋的水平位移较大，当房屋高度增加时，会因位移过大导致房屋倒塌，否则需要过度增加纵墙的截面面积。因此，为了保证房屋的刚度，采用刚性方案或刚弹性方案设计时，房屋的横墙应符合下列要求。

(1)当横墙中开有洞口时，洞口的水平截面面积不应超过横墙截面面积的 50%。

(2)横墙的厚度不宜小于 180 mm。

(3)单层房屋的横墙长度不宜小于其高度，多层房屋的横墙长度不宜小于 $H/2$（H 为横墙总高度）。

2. 内力分析

1)单层房屋

(1)采用刚性方案的承重纵墙体计算。

①计算假定：墙体上端具有水平不动铰支承点；墙体下端为固定端支承。

②墙体承受的荷载：屋盖传来的压力，一般偏心作用于墙体顶端截面，偏心距为压力的合力作用点至截面形心的距离；墙体自重；作用在墙体高度范围内的风压（吸）力，当位于抗震设防区时，可能为水平地震作用。

③内力计算：根据刚性方案要求以及力学知识，可以得到偏心压力、墙体自重与侧向水平荷载（风荷载）作用的计算简图与内力（见图 7-15）。

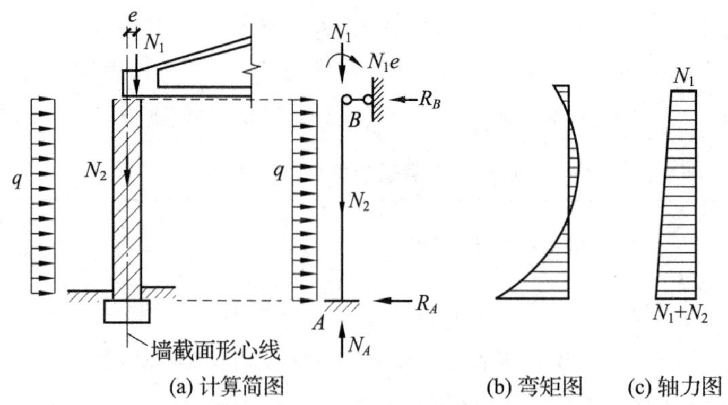

图 7-15　单层房屋刚性方案的计算简图与计算内力

(2)采用刚弹性方案的承重纵墙体计算。

①计算假定：以一开间宽度的墙体作为计算单元，按平面排架进行内力分析；墙体上端为弹性铰支承，下端为固定端支承，与墙体连接的屋盖视作排架的刚度为无限大的水平链杆，两侧墙体顶端在荷载作用下的水平侧移相等。

②墙体承受的荷载：与采用刚性方案的房屋相同，墙体的计算简图如图 7-16(a)所示。

③内力计算的基本步骤：首先将排架上端看作不动铰支承(见图 7-16(b))，计算支承反力 R，并求出这种情况下的内力图；然后将 R 乘以相应的空间性能影响系数 η(按表 7-4 采用)，并使其反方向作用在排架顶端(见图 7-16(c))，按建筑力学的方法分析排架内力，做出这种情况下的内力图；然后，将上述两种内力图叠加，得到偏心压力、墙体自重及侧向水平荷载(风荷载)作用下的内力值。

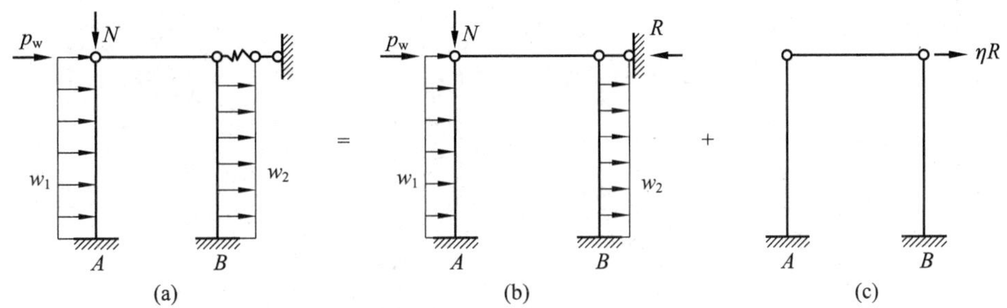

p_w—作用于墙体顶端的风荷载设计值；N—作用于墙体顶端的竖向压力。

图 7-16　单层房屋刚弹性方案的计算简图与内力计算

2)多层房屋

(1)采用刚性方案的承重纵墙体计算。

①计算假定：各层楼盖(屋盖)可看作承重纵墙的水平不动铰支承点；每层楼盖处与墙体均为铰接；底层墙体与基础连接处，视为不动铰支座。

②墙体承受的荷载：纵墙设计时，一般可取一个开间的窗洞中线间距内的竖向墙带作为计算单元(见图 7-17(a))；各层纵墙计算单元所承受的荷载(见图 7-18(a))有：本层楼盖梁端或板端传来的支座反力 N_l，N_l的作用点可取为离纵墙内边缘的 $0.4a_0$ 处(a_0为梁或板的有效支承长度)；上面各楼层传来的压力 N_u，可认为其作用于上一楼层墙体的截面重心上；本层纵

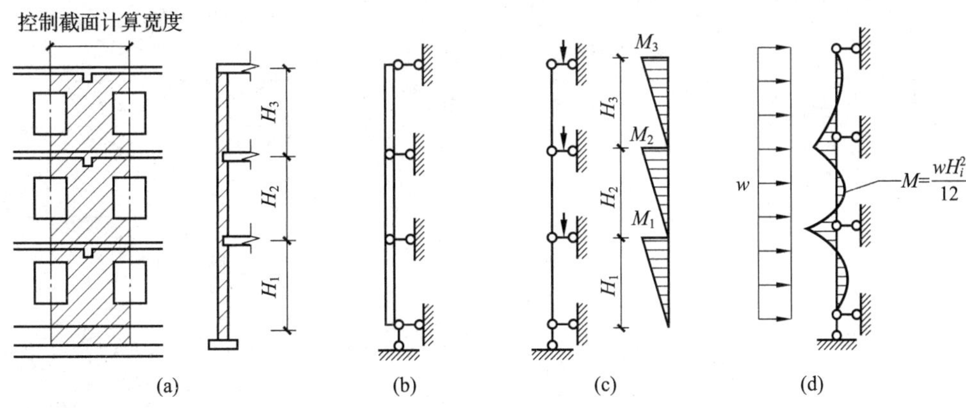

图 7-17　多层房屋刚性方案的计算简图与计算内力

墙的自重 N_G，其作用于本层墙体的截面重心上；作用于本层纵墙高度范围内的风荷载，在抗震设防地区，还有水平地震作用。墙体的计算简图如图 7－17(b)所示。

③内力计算：计算承重纵墙时，应逐层选取对承载能力可能起控制作用的截面，每一层墙体的控制截面一般在计算楼层墙上端楼盖大梁底面、窗口上端、窗台及墙下端即下层楼盖大梁底梢上的截面。当上述几处的截面面积均以窗间墙计算时(见图 7－18(b))，为了安全起见，可将图中截面Ⅰ—Ⅰ、Ⅳ—Ⅳ作为控制截面。这时截面Ⅰ—Ⅰ处作用有轴向力与弯矩，而截面Ⅳ—Ⅳ处只有轴向力，无弯矩，其弯矩图，如图 7－17(c)所示。因此，在进行截面承载力计算时，对截面Ⅰ—Ⅰ要按偏心受压进行计算，对截面Ⅳ—Ⅳ要按轴心受压进行计算；此外，还需对截面Ⅰ—Ⅰ即大梁支承处的砌体进行局部受压承载能力验算。

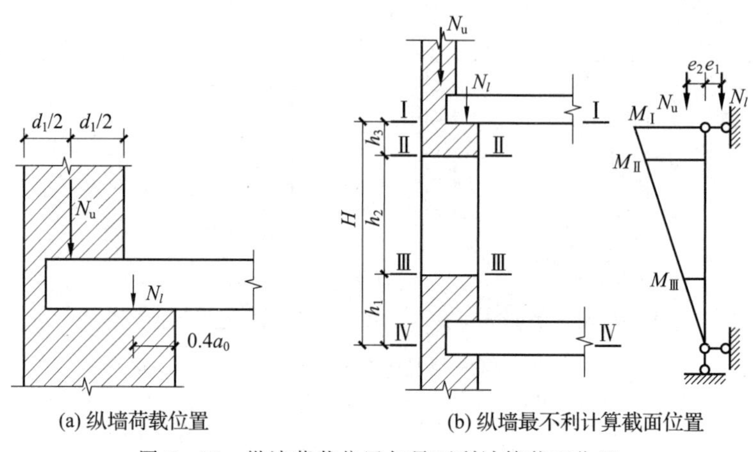

(a) 纵墙荷载位置　(b) 纵墙最不利计算截面位置

图 7－18　纵墙荷载位置与最不利计算截面位置

在水平荷载作用下(风荷载为 w)，承重纵墙视为竖向连续梁，其弯矩 $M = wH_i^2/12$，H_i 为层高(见图 7－17(d))。对于刚性方案的房屋，通常风荷载引起的内力往往不足全部内力的 5%，因此墙体的承载力主要由竖向荷载控制。试验研究与理论分析表明，当多层刚性方案房屋的外墙符合下列要求时，可不考虑风荷载的影响：

①洞口水平截面面积不超过全截面面积的 2/3；

②层高与总高不超过表 7－6 的规定；

③屋面自重不小于 0.8 kN/m²。

表 7－6　外墙不考虑风荷载影响时的最大高度

基本风压/(kN·m⁻²)	层高/m	总高/m
0.4	4.0	28
0.5	4.0	24
0.6	4.0	18
0.7	3.5	18

注：对于多层混凝土砌块房屋 190 mm 厚的外墙，当层高不大于 2.8 m、总高不大于 19.6 m、基本风压不大于 0.7 kN/m²时，可不考虑风荷载的影响。

试验研究表明，对于梁跨度大于 9 m 的墙承重的多层房屋，除按上述方法计算墙体承载力时，还需要考虑梁端约束弯矩对墙体产生的不利影响。通常可按梁两端固结进行梁端弯矩计算，然后将其乘以修正系数 γ 后，依据墙体线刚度分配到上层墙体底部与下层墙体顶部，修正系数 γ 可按式(7-2)确定。

$$\gamma = 0.2\sqrt{\frac{a}{h}} \tag{7-2}$$

式中：a——梁端实际支承长度；

h——支承墙体的墙厚，当上、下墙厚不同时取下部墙厚，当有壁柱时 $h_T=3.5i$，i 为截面回转半径。

(2)采用刚性方案房屋的承重横墙计算。

承重横墙的计算假定同承重纵墙。横墙承受由楼盖传来的均布线荷载，通常沿横墙轴线取宽度为 1 m 的墙体作为计算单元(见图 7-19(a))。

当建筑物的开间相同或相差不大、楼面活荷载也不大时，内横墙可近似按轴心受压构件计算，但是需验算底层截面Ⅱ—Ⅱ的承载力(见图 7-19(b))；当横墙左右两侧开间的尺寸悬殊或楼面荷载相差较大时，除验算底层截面Ⅱ—Ⅱ外，顶部截面Ⅰ—Ⅰ还应按偏心受压进行承载力验算；当楼面梁支承于横墙上时，还应验算梁端下砌体的局部受压承载力。

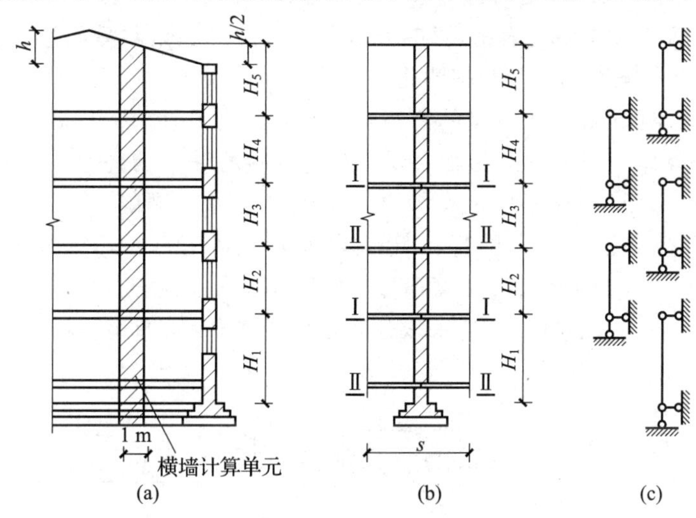

图 7-19　多层刚性方案房屋横墙的计算简图

(3)采用刚弹性方案的墙体设计计算。

进行多层刚弹性方案房屋的墙体计算时，可视屋架(或大梁)、横梁与墙(或柱)的连接为铰接，考虑空间作用，按照平面排架或框架进行计算。其计算简图如图 7-20(a)所示。

多层刚弹性方案房屋的墙体内力分析步骤如下。

①在各层横梁与墙体连接处加水平铰支杆，计算在水平荷载(风荷载)作用下无侧移时的支杆反力 R_i，并求得相应的内力图(见图 7-20(b))。

②把已求出的支杆反力 R_i 乘以相应的空间性能影响系数 η(按表 7-4 采用)，并将其反向作用在节点上(见图 7-20(c))，求得这种情况下的内力图。

③将上述两种情况下的内力图叠加即得最后的内力。

3. 砌体结构构件的承载力计算

砌体结构中的构件有受压构件、受拉构件、受弯构件等，其承载力的计算原理与方法应符

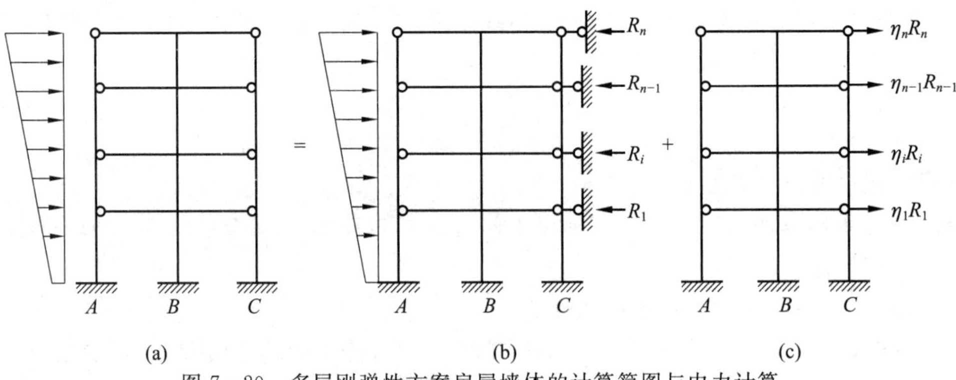

图 7-20　多层刚弹性方案房屋墙体的计算简图与内力计算

合第 3 章所讲述的结构极限状态法的规定。

1)受压构件

(1)影响截面承载力的主要因素。

砌体结构中的受压构件多是墙、柱，采用砖块、砌块与砂浆等材料，其截面形状一般是正方形、矩形与 T 形。根据试验研究表明，影响其截面承载力的因素除截面形状、材料强度、施工水平等之外，主要还是截面偏心距与高厚比。

截面偏心距(e)，可由截面上承受的弯矩设计值与轴力设计值的比确定，即 $e=M/N$。根据偏心距的大小，砌体受压构件分为轴心受压构件与偏心受压构件。一般情况下，砌体结构墙、柱不宜采用偏心受压，若偏心距过大，可能使构件产生水平裂缝，使构件承载力明显降低，结构既不安全也不经济合理。因此，现行《砌体结构设计规范》(GB 50003—2011)规定：轴向力偏心距应符合 $e \leqslant 0.6y$ 的要求(y 为截面重心到轴向力所在偏心方向截面边缘的距离，如图 7-21 所示)；若设计超过该限值，则应采取适当措施予以减小，如调整构件截面尺寸，选用配筋砌体等。

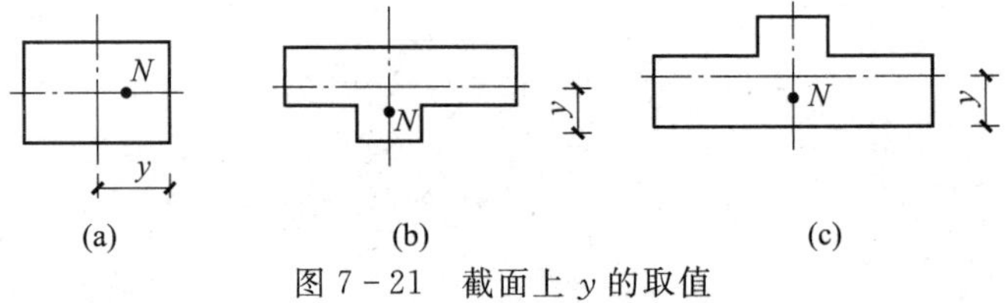

图 7-21　截面上 y 的取值

高厚比(β)是用来反映砌体受压构件的长细程度。当 $\beta \leqslant 3$ 时，称为矮墙、短柱；当 $\beta > 3$ 时，称为高墙、长柱。高厚比的大小可由式(7-3)、式(7-4)求得。

对于矩形截面：

$$\beta = \gamma_\beta \frac{H_0}{h} \tag{7-3}$$

对于 T 形或十字形截面：

$$\beta = \gamma_\beta \frac{H_0}{h_T} \tag{7-4}$$

式中：H_0——墙、柱的计算高度，可按表 7-7 取值；

h——矩形截面竖向力偏心方向的边长，当轴心受压时，为构件截面的短边；

h_T——T 形截面的折算高度，可近似取 $h_T = 3.5i$(i 为截面的回转半径)；

γ_β——高厚比修正系数，按表 7－8 取用。

表 7－7　受压构件的计算高度 H_0

房屋类别			柱		带壁柱墙或周边拉结的墙		
			排架方向	垂直排架方向	$s>2H$	$2H\geqslant s>H$	$s\leqslant H$
有吊车的单层房屋	变截面柱上段	弹性方案	$2.5H_u$	$1.25H_u$	$2.5H_u$		
		刚性、刚弹性方案	$2.0H_u$	$1.25H_u$	$2.0H_u$		
	变截面柱下段		$1.0H_l$	$0.8H_l$	$1.0H_l$		
无吊车的单层与多层房屋	单跨	弹性方案	$1.5H$	$1.0H$	$1.5H$		
		刚弹性方案	$1.2H$	$1.0H$	$1.2H$		
	多跨	弹性方案	$1.25H$	$1.0H$	$1.25H$		
		刚弹性方案	$1.10H$	$1.0H$	$1.10H$		
	刚性方案		$1.0H$	$1.0H$	$1.0H$	$0.4s+0.2H$	$0.6s$

注：1. 表中 H_u 为变截面柱的上段高度，H_l 为变截面柱的下段高度。

2. H 为构件高度，在房屋底层，取楼板顶面到构件下端支点的距离，下端支点的位置可取在基础顶面；当埋置较深且有刚性地坪时，可取室外地面下 500 mm 处；在房屋其他层，为楼板或其他水平支点间的距离；对于无壁柱的山墙，可取层高加山墙尖高度的 1/2，对于带壁柱的山墙可取壁柱处的山墙高度。

3. 对上端为自由端的构件，取 $H_0=2H$。

4. s 为房屋横墙间距。

5. 独立砖柱，当无柱间支撑时，柱在垂直排架方向的 H_0 应按表中数值乘以 1.25 后采用。

6. 自承重墙的计算高度应根据周边支承或拉结条件确定。

表 7－8　高厚比修正系数 γ_β

砌体材料类别	γ_β
烧结普通砖、烧结多孔砖	1.0
混凝土及轻骨料混凝土砌块	1.1
蒸压灰砂砖、蒸压粉煤灰砖、细料石、半细料石	1.2
粗细料石、毛石	1.5

(2)计算公式。

在试验研究与理论分析的基础上，无筋砌体轴心与偏心受压构件的承载力计算公式为：

$$N\leqslant \varphi f A \tag{7-5}$$

$$\left.\begin{aligned}\varphi&=\frac{1}{1+12\left(\dfrac{e}{h}\right)^2}\quad(\beta\leqslant 3)\\ \varphi&=\frac{1}{1+12\left[\dfrac{e}{h}+\sqrt{\dfrac{1}{12}\left(\dfrac{1}{\varphi_0}-1\right)}\right]^2}\quad(\beta>3)\end{aligned}\right\} \tag{7-6}$$

$$\varphi_0 = \frac{1}{1+\alpha\beta^2} \tag{7-7}$$

式中：N——轴向力设计值；

f——砌体抗压强度设计值，部分砌体抗压强度设计值可按表 7－2 与表 7－3 采用，其他部分可依据《砌体结构设计规范》(GB 50003—2011)规定执行；

A——截面面积，对各类砌体均按毛截面计算；

φ——高厚比 β、轴向力的偏心距 e 对受压构件承载力的影响系数；

φ_0——轴心受压稳定系数，当 $\beta \leqslant 3$ 时，取 $\varphi_0=1.0$；

α——与砂浆强度等级有关的系数，当砂浆强度等级不小于 M5.0 时，$\alpha=0.0015$，当砂浆强度等级为 M2.5 时，$\alpha=0.0020$，当砂浆强度等级为零时，$\alpha=0.0090$。

由式(7－6)可以看出，当砌体构件为轴心受压时，即 $e=0$，则 $\varphi_0=\varphi$。

对于矩形截面构件，当轴向力偏心方向的截面边长大于另一方向的截面边长时，除了按偏心受压计算外，还应对较小边长方向按轴心受压进行验算。

【案例 7－1】 已知某受压砖柱，其承受的轴向压力设计值 $N=150$ kN，截面尺寸为 $b\times h=490$ mm×620 mm，沿截面长边方向的弯矩设计值 $M=8.5$ kN·m，柱的计算高度 $H_0=5.9$ m，采用 MU10 的烧结普通砖、M5.0 的混合砂浆，结构安全等级为二级，施工质量控制等级为 B 级。试验算该柱的承载力是否满足要求。

案例分析：基于已知条件，查表 7－2 得 MU10 烧结普通砖与 M5.0 的混合砂浆砌筑的砖砌体的抗压强度设计值 $f=1.50$ N/mm²，砖柱的截面面积 $A=0.49\times0.62=0.304$ m² >0.3 m²，对砌体的抗压强度设计值不需要调整。偏心距 $e=M/N=56.67$ mm。

(1)计算高厚比 β。

$\gamma_\beta=1.0$，则 $\beta=\gamma_\beta \dfrac{H_0}{h}=1.0\times\dfrac{5.9}{0.62}=9.52>3$，长柱

(2)确定承载力影响系数 φ。

$e=56.67$ mm，$\alpha=0.0015$，由式(7－6)与式(7－7)可得

$$\begin{aligned}\varphi &= \frac{1}{1+12\left[\dfrac{e}{h}+\sqrt{\dfrac{1}{12}\left(\dfrac{1}{\varphi_0}-1\right)}\right]^2}\\ &= \frac{1}{1+12\times\left[\dfrac{56.67}{620}+\sqrt{\dfrac{1}{12}}\times(1+0.001\,5\times9.52^2-1)\right]^2}\\ &= 0.68\end{aligned}$$

(3)承载力验算。由式(7－5)可得该柱的抗力为

$$\begin{aligned}N_R &= \varphi f A = 0.68\times1.50\times0.304\times10^6\\ &= 310080(\text{N}) = 310.1(\text{kN}) > 150(\text{kN})\end{aligned}$$

(4)短边轴心承压验算($e=0$)。

$\beta=\gamma_\beta \dfrac{H_0}{h}=1.0\times\dfrac{5.9}{0.49}=12.04$，由式(7－7)可得

$\varphi_0=\dfrac{1}{1+\alpha\beta^2}=\dfrac{1}{1+0.001\,5\times12.04^2}=0.821$，则

$$N'_R = \varphi_0 fA = 0.821 \times 1.50 \times 0.304 \times 10^6$$
$$= 374376(\mathrm{N}) = 374.4(\mathrm{kN}) > 150(\mathrm{kN})$$

该柱满足设计要求。

2)砌体局部受压

在砌体结构房屋的墙体中，经常遇到压力仅作用在砌体部分面积上的局部受压情况，如屋架端部的砌体支承处、梁端支承处的砌体。这些情况的共同特点，是砌体支承着比自身强度高的上层构件，上层构件的总压力通过局部受压面积传递给本层构件。

砌体在局部压力作用下，压力总要沿着一定的扩散角分布到砌体构件较大截面或者全截面上。这时按较大截面或全截面受压进行构件承载力计算能够满足要求，但实际上，在局部承压面下的砌体处也有可能出现被压碎的裂缝，这就是砌体局部抗压强度不足造成的破坏现象。因此，设计砌体受压构件时，除按整个构件进行承载力计算外，还要验算局部承压面的承载力。

砌体的局部受压可分为均匀局部受压与非均匀局部受压两种。

试验表明，砖砌体局部受压的破坏形态有三种(见图 7－22)。第一种是因竖向裂缝的发展而破坏；第二种是劈裂破坏，这种破坏的特点是，在局部压力作用下产生的竖向裂缝少而集中，且初裂荷载与破坏荷载很接近；第三种是与垫板接触的砌体局部破坏，如墙梁的墙高与跨度之比较大，当砌体强度较低时，有可能出现梁支承附近砌体被压碎的现象。这三种破坏形式都应避免在砌体结构设计中出现。

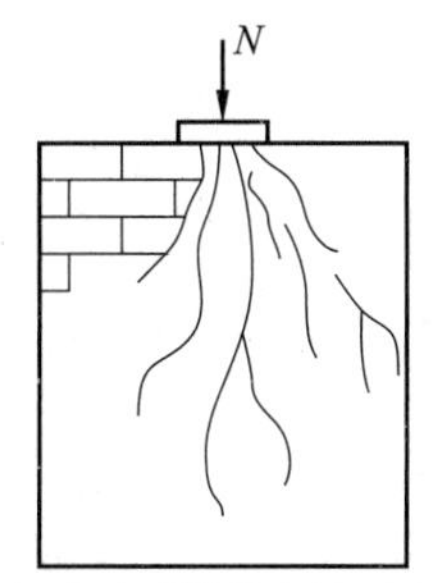

(a) 因竖向裂缝的发展而破坏

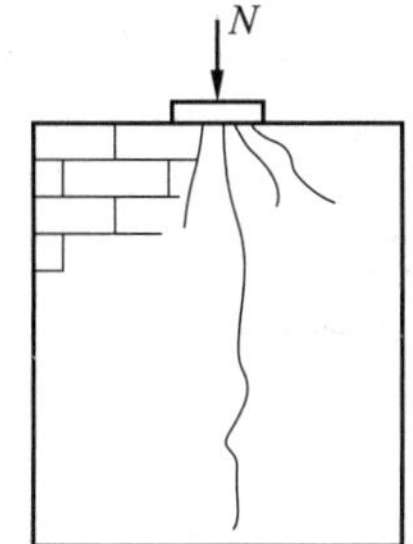

(b) 劈裂破坏

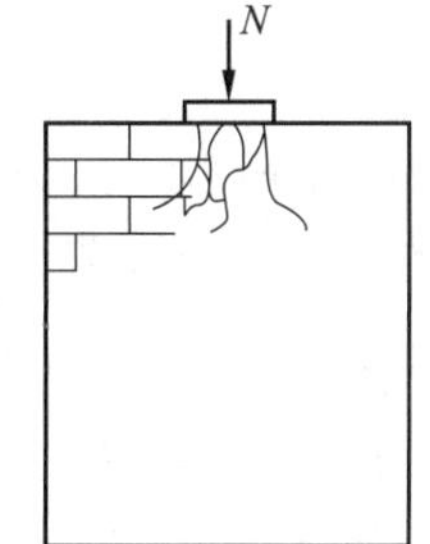

(c) 与垫板接触的砌体局部破坏

图 7－22　砌体局部受压的破坏形式

(1)砌体局部均匀受压的计算公式。

$$N_l \leqslant \gamma f A_l \tag{7-8}$$

$$\gamma = 1 + 0.35\sqrt{\frac{A_0}{A_l} - 1} \tag{7-9}$$

式中：N_l——局部受压面积上的轴向力设计值；

γ——砌体局部抗压强度提高系数；

f——砌体的抗压强度设计值；

A_l——局部受压面积；

A_0——影响砌体局部抗压强度的计算面积，可按图 7－23 所示的规定采用。

(2)砌体局部非均匀受压的计算公式。

梁端支承处的砌体，其压应力是不均匀分布的(见图 7－24)。当梁支承在砌体上时，由于梁的弯曲使梁末端脱离砌体的趋势，这就使梁端伸入砌体的长度与实际支承的梁端长度是不等的。为了理论计算与实际相吻合，我们把梁端底面没有离开砌体的长度称为有效支承长度

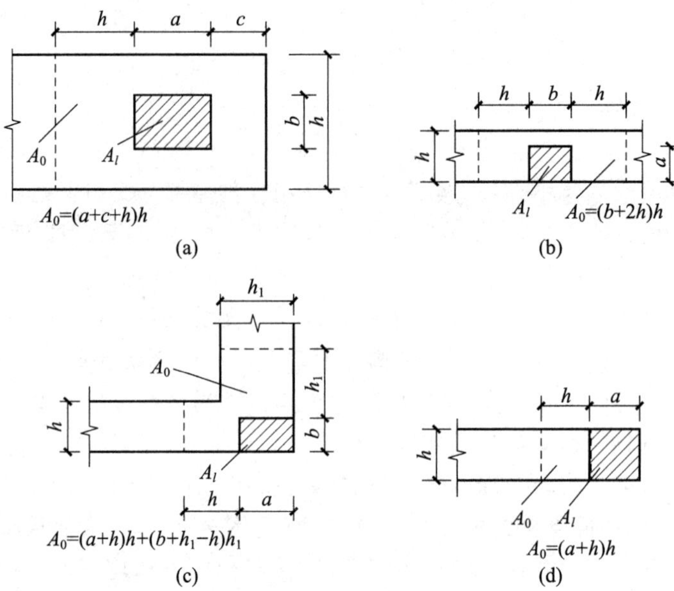

图 7-23　影响局部抗压强度的计算面积 A_0

a_0,其小于梁端伸入砌体的长度 a。梁端底面的有效支承长度 a_0 可按式(7-10)计算。

$$a_0 = 10\sqrt{\frac{h_c}{f}} \tag{7-10}$$

式中:h_c——梁的截面高度,mm;

f——砌体的抗压强度设计值,MPa。

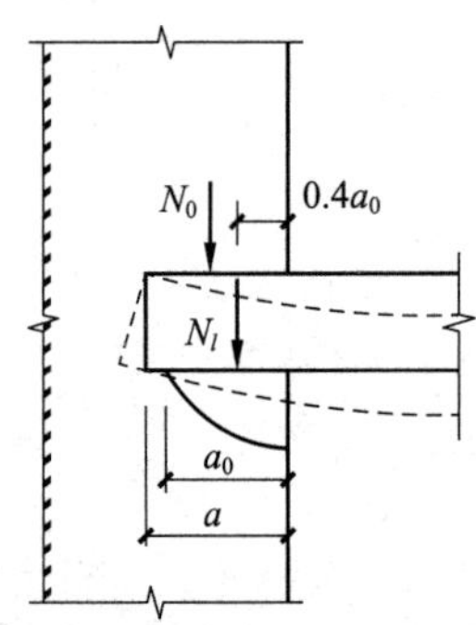

图 7-24　梁端支承处砌体的局部受压

梁端支承处砌体局部受压的承载力计算公式为

$$\Psi N_0 + N_l \leqslant \eta\gamma f A_l \tag{7-11}$$

式中:A_l——局部受压面积,按 $A_l = a_0 b$ 计算,b 为梁宽;

N_0——局部受压面积内上部轴向力设计值,$N_0 = \sigma_0 A_l$;

N_l——梁端支承压力设计值;

σ_0——上部平均压应力设计值;

η——梁端底面压应力图形的完整系数,应取 0.7,对于过梁与墙梁应取 1.0;

Ψ——上部荷载的折减系数,$\Psi = 1.5 - 0.5\dfrac{A_0}{A_l}$,当 $A_0/A_l \geqslant 3$ 时,取 $\Psi=0$;

其他符号含义同前。

(3)梁端下设有垫块的砌体局部受压计算。

实际工程中，由于其他条件的限制，当梁端局部受压承载力不足时，可在梁端设置刚性垫块或柔性垫梁，增大局部承压面积，使梁端压应力比较均匀地传递到垫块下的砌体截面上，以改善砌体的受力状态。通常在梁端设置预制或现浇混凝土刚性垫块(见图 7－25)，这是较为有效的方法。

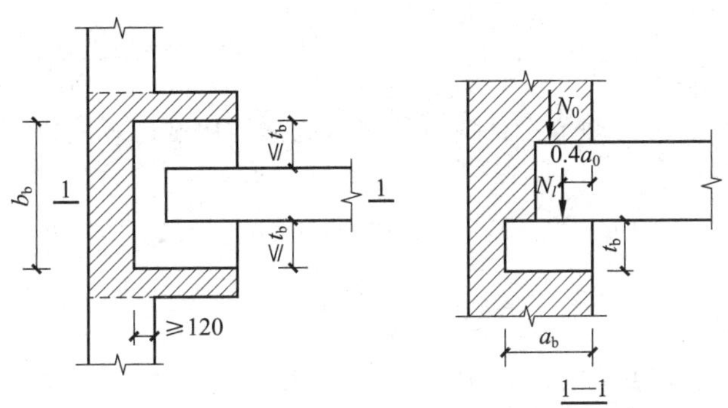

图 7－25　壁柱上设有垫块时梁端局部受压

在梁端下设有刚性垫块，梁端的有效支承长度 a_0 应按式(7－12)确定。其中，垫块上 N_l 作用点的位置可取 $0.4a_0$。

$$a_0 = \delta_1 \sqrt{\frac{h_c}{f}} \tag{7-12}$$

式中：δ_1——刚性垫块的影响系数，可按表 7－9 采用。

表 7－9　系数 δ_1 的取值

σ_0/f	0	0.2	0.4	0.6	0.8
δ_1	5.4	5.7	6.0	6.9	7.8

现行《砌体结构设计规范》(GB 50003—2011)规定：刚性垫块下的砌体局部受压承载力应按式(7－13)计算。

$$N_0 + N_l \leqslant \varphi\gamma_1 f A_b \tag{7-13}$$

$$N_0 = \sigma_0 A_b$$

$$A_b = a_b b_b$$

式中：N_0——垫块面积 A_b 内上部轴向力设计值；

φ——垫块上 N_0 与 N_l 合力的影响系数，应取 $\beta \leqslant 3$，按式(7－6)计算；

γ_1——垫块外砌体面积的有利影响系数，取 $\gamma_1 = 0.8\gamma$，但不小于 1.0，γ 为砌体局部抗压强度提高系数，按式(7－9)以 A_b 代替 A_l 计算得出；

A_b——垫块面积；

a_b——垫块伸入墙内的长度；

b_b——垫块的宽度。

另外，刚性垫块的构造应符合下列规定：

①刚性垫块的高度不应小于 180 mm，自梁边算起的垫块挑出长度不应大于垫块高度 t_b。

②在带壁柱墙的壁柱内设置刚性垫块时，其计算面积应取壁柱范围内的面积，而不应计算翼缘部分，壁柱上垫块伸入翼墙内的长度不应小于 120 mm。

③当现浇垫块与梁端整体浇筑时，垫块可在梁高范围内设置。

3)轴心受拉构件、受弯构件与受剪构件

(1)轴心受拉构件。

轴心受拉构件的承载力应满足式(7-14)的要求。

$$N_t \leqslant f_t A \tag{7-14}$$

式中：N_t——轴心拉力设计值；

f_t——砌体的轴心抗拉强度设计值，可参见《砌体结构设计规范》(GB 50003—2011)。

(2)受弯构件。

对于受弯构件的承载力应满足式(7-15)的要求。

$$M \leqslant f_{tm} W \tag{7-15}$$

式中：M——弯矩设计值；

f_{tm}——砌体弯曲抗拉强度设计值，可参见《砌体结构设计规范》(GB 50003—2011)；

W——截面抵抗矩，矩形截面的 $W=bh^2/6$(b、h 分别为矩形截面的高度与宽度)。

对于受弯构件的受剪承载力应按式(7-16)计算。

$$V \leqslant f_v bz \tag{7-16}$$

式中：V——剪力设计值；

f_v——砌体的抗剪强度设计值，可参见《砌体结构设计规范》(GB 50003—2011)；

b——截面宽度；

z——内力臂，按 $z=I/S$ 计算，其中，I 为截面惯性矩，S 为截面面积矩，当截面为矩形时，取 $z=2h/3$(h 为截面高度)。

(3)受剪构件。

图 7-26 所示为一拱支座的截面受力情况，对于此类既受到竖向压力 G_K，又受到水平剪力 V 作用的砌体受剪承载力构件，《砌体结构设计规范》(GB 50003—2011)规定：沿通缝或沿阶梯形截面破坏时受剪构件的承载力，应按式(7-17)计算。

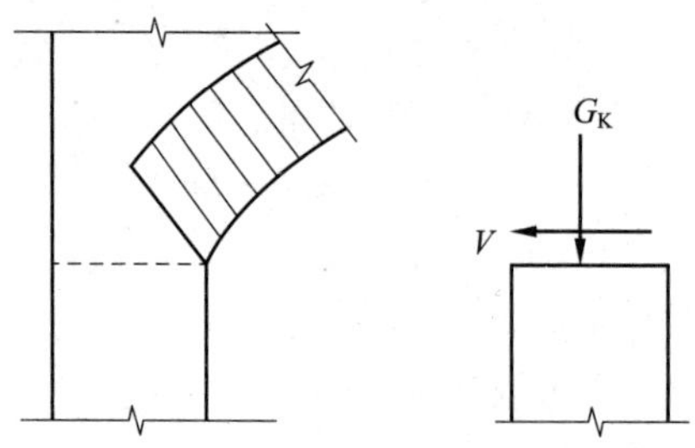

图 7-26　拱支座的截面受力

$$V \leqslant (f_v + \alpha\mu\sigma_0)A \tag{7-17}$$

式中：V——剪力设计值；

α——修正系数：当 $\gamma_G=1.2$ 时，砖(含多孔砖)砌体取 0.60，混凝土砌块砌体取 0.64，当 $\gamma_G=1.35$ 时，砖(含多孔砖)砌体取 0.64，混凝土砌块砌体取 0.66；

μ——剪压复合受力影响系数($\alpha\mu$ 的值可查表 7-10 获得)，当 $\gamma_G=1.2$ 时，$\mu=0.26-$

$0.082\sigma_0/f$，当 $\gamma_G=1.35$ 时，$\mu=0.23-0.065\sigma_0/f$，σ_0/f 为轴压比，且不大于 0.8；

σ_0——永久荷载设计值产生的水平截面平均压应力，其值不应大于 $0.8f$；

A——水平截面面积，当有孔洞时取净截面面积；

其他符号含义同前。

表 7-10　当 $\gamma_G=1.2$ 与 $\gamma_G=1.35$ 时的 $\alpha\mu$ 值

γ_G	σ_0/f	0.1	0.2	0.3	0.4	0.5	0.6	0.7	0.8
1.2	砖砌体	0.15	0.15	0.14	0.14	0.13	0.13	0.12	0.12
	砌块砌体	0.16	0.16	0.15	0.15	0.14	0.13	0.13	0.12
1.35	砖砌体	0.14	0.14	0.13	0.13	0.13	0.12	0.12	0.11
	砌块砌体	0.15	0.14	0.14	0.13	0.13	0.13	0.12	0.12

4. 砌体结构的构造要求

砌体结构除了应满足结构的承载力计算外，还应满足相应的构造要求。关于砌体结构的构造要求，这里仅讨论墙、柱高厚比的验算与圈梁、构造柱的设置问题。

1）墙、柱高厚比的验算

《砌体结构设计规范》(GB 50003—2011)规定，墙、柱的高厚比应按式(7-18)验算。

$$\beta=\frac{H_0}{h}\leqslant\mu_1\mu_2[\beta] \tag{7-18}$$

$$\mu_2=1-0.4\frac{b_s}{s} \tag{7-19}$$

式中：H_0——墙、柱的计算高度，按表 7-7 采用；

h——墙厚或矩形柱与 H_0 对应的边长；

μ_1——自承重墙允许高厚比的修正系数，可按下列规定取值，当墙体厚度 $h=240$ mm 时，取 $\mu_1=1.2$，当墙体厚度 $h=90$ mm 时，取 $\mu_1=1.5$，当 90 mm$<h<$240 mm 时，μ_1 可按插入法计算，对于承重墙而言，$\mu_1=1.0$；

μ_2——有门窗洞口墙允许高厚比的修正系数，当计算结果小于 0.7 时，应取 0.7，当洞口高度不大于墙高的 1/5 时，可取为 1.0；

b_s——在宽度 s 范围内的门窗洞口总宽度；

s——相邻横墙或壁柱之间的距离，如图 7-27 所示；

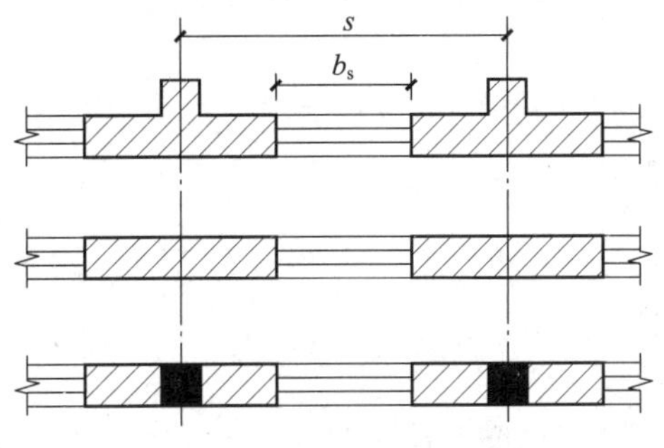

图 7-27　b_s 与 s 取值示意图

$[\beta]$——墙、柱的允许高厚比，其与墙柱的承载力计算无关，取决于砂浆强度等级、墙上是否开洞及洞口尺寸、是否承重及支承条件及施工质量，其值的大小主要是根据房屋中墙、柱的稳定性与实践性经验确定的，可按表 7-11 中的规定采用。

表 7-11　墙、柱的允许高厚比$[\beta]$

砌体类型	砂浆强度等级	墙	柱
无筋砌体	M2.5	22	15
	M5.0 或 Mb5.0、Ms5.0	24	16
	≥M7.5 或 Mb7.5、Ms7.5	26	17
配筋砌块砌体	—	30	21

注：1. 毛石墙、柱的允许高厚比应按表中数值降低 20%。

2. 带有混凝土或砂浆面层的组合砖砌体构件的允许高厚比，可按表中数值提高 20%，但不得大于 28。

3. 验算施工阶段砂浆尚未硬化的新砌砌体构件高厚比时，允许高厚比对墙取 14，对柱取 11。

在验算墙、柱的高厚比时，应注意以下几个问题。

(1)当与墙连接的相邻两墙间的距离 $s \leqslant \mu_1\mu_2[\beta]h$ 时，墙的高度可不受式(7-18)的限制。

(2)变截面柱的高厚比可按上、下截面分别验算，其计算高度可按表 7-7 采用。验算上柱的高厚比时，墙、柱的允许高厚比可按表 7-11 的数值乘以 1.3 后采用。

(3)对带壁柱的墙需要分别进行整片墙与壁柱间墙的高厚比验算(见图 7-28)。

对整片墙的高厚比验算可按式(7-18)进行，由于该墙为 T 形截面，因而需要把式中的 h 改为 T 形截面的折算厚度 h_T($h_T = 3.5i, i = \sqrt{I/A}$，$I$ 为带壁柱墙截面的惯性柱，A 为带壁柱墙的截面面积)。

对壁柱间墙的高厚比验算可按式(7-18)进行，计算 H_0时，不论房屋静力计算属于何种计算方案，一律按刚性方案考虑，且 s 取壁柱间的距离。

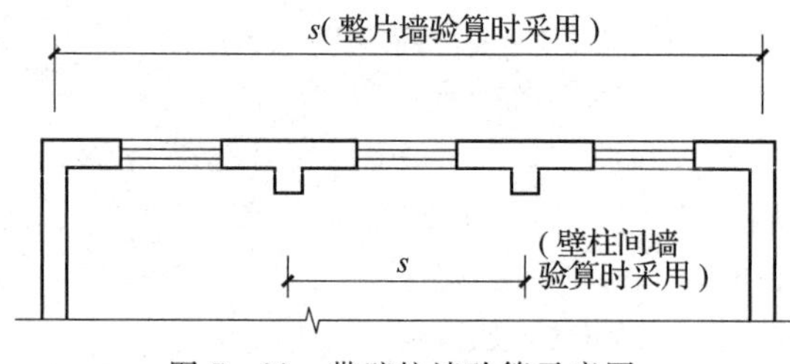

图 7-28　带壁柱墙验算示意图

(4)对于带构造柱墙的高厚比验算，也需要分别进行整片墙与壁柱间墙的高厚比验算。

①整片墙的高厚比验算。

$$\beta = \frac{H_0}{h} \leqslant \mu_1\mu_2\mu_c[\beta] \tag{7-20}$$

$$\mu_c = 1 + \gamma\frac{b_c}{l} \tag{7-21}$$

式中：μ_c——带构造柱墙允许高厚比的提高系数；

γ——系数，对细料石砌体，$\gamma=0$，对混凝土砌块、混凝土多孔砖、粗料石、毛料石及毛石砌体，$\gamma=1.0$，对其他砌体，$\gamma=1.5$；

l——构造柱的间距；

b_c——构造柱沿墙长方向的宽度(见图 7－29)，当 $b_c/l>0.25$ 时，取 $b_c/l=0.25$，当 $b_c/l<0.25$时，取 $b_c/l=0$。

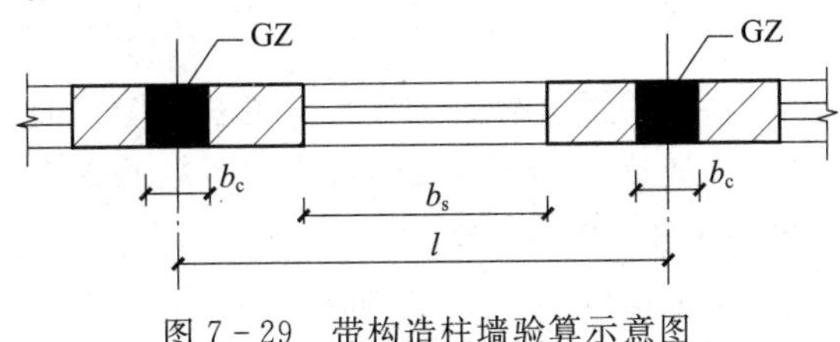

图 7－29　带构造柱墙验算示意图

②壁柱间墙的高厚比验算，同构造柱间墙的高厚比验算。

【案例 7－2】 某三层砌体结构教学楼平面，如图 7－30 所示。该楼采用现浇钢筋混凝土楼盖，外纵、横墙的厚度为 370 mm，内纵、横墙的厚度为 240 mm，隔墙的厚度为 120 mm，底层墙高 4.8 m(至基础顶面)，层高 3.5 m，砂浆的强度等级均采用 M2.5，门宽为 1000 mm，纵墙

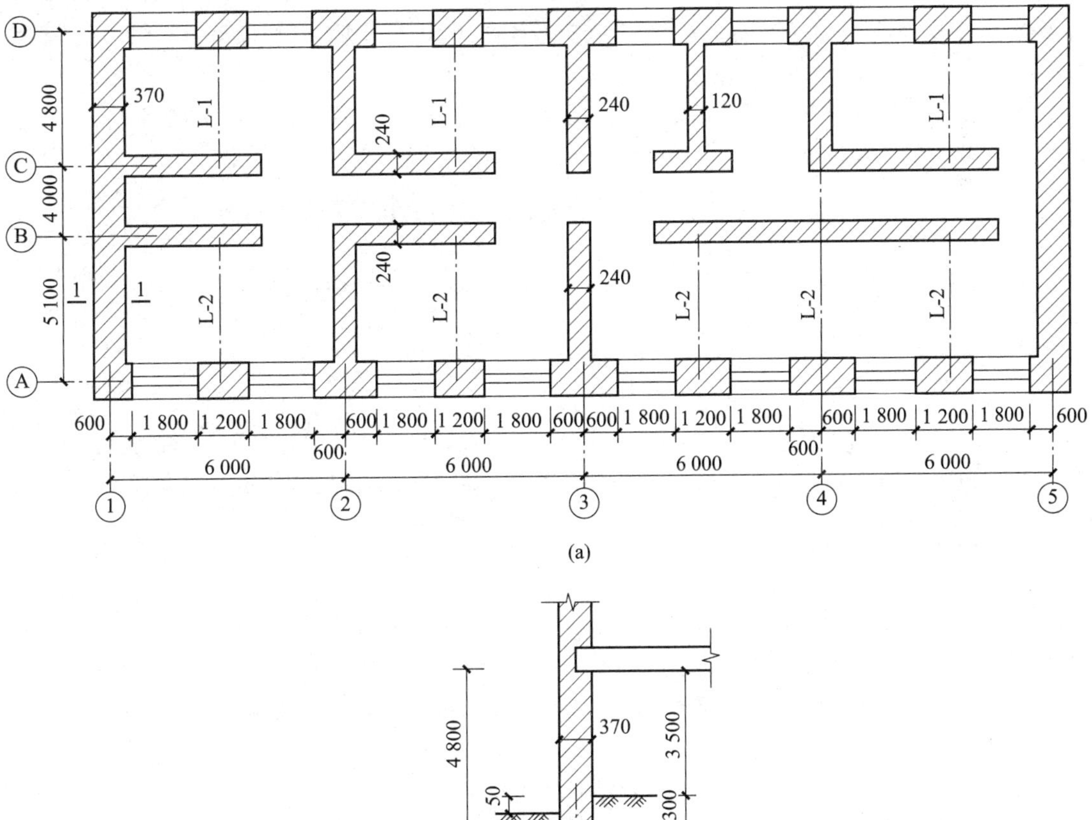

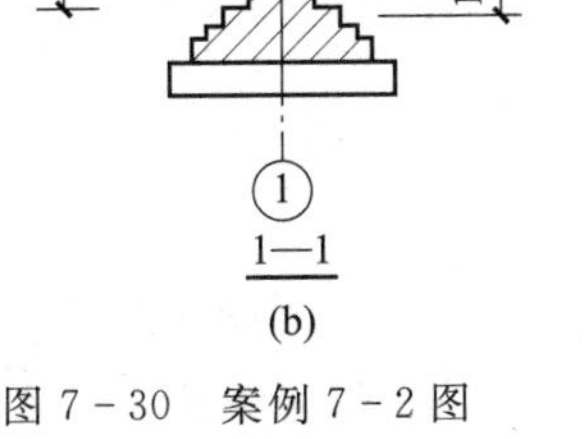

(a)

(b)

图 7－30　案例 7－2 图

上的窗宽为 1800 mm。试对该结构墙体的高厚比进行验算，判断是否满足结构稳定性及其空间刚度的要求。

案例分析：多层砌体结构的墙、柱高厚比验算是砌体结构设计的基本要求，其计算步骤基本上分为以下几步。

①房屋的静力计算方案确定，并根据静力计算方案可获得墙体的计算高度 H_0。

②承重墙与非承重墙确定，计算出自承重墙允许高厚比的修正系数值 μ_1。

③有门窗洞口墙的允许高厚比的修正系数值 μ_2 计算。

④墙、柱的高厚比验算。对无壁柱、有壁柱及有构造柱墙体，分别采用相应的公式进行验算。

本案例为多层砌体结构，根据所给条件，对各墙体高厚比的验算过程及其结果如下。

(1)纵墙高厚比的验算。

①外纵墙。

根据结构平面图可知，最不利外纵墙为③～⑤轴，该墙厚 $h=370$ mm，墙高 $H=4.8$ m，其最大横墙间距 $s=12$ m，由表 7-5 可知，$s=12$ m<32 m，属于刚性方案，因此，由表 7-11 得允许高厚比$[\beta]=22$，再由表 7-7 可知，$s=12$ m$>2H=9.6$ m，可得墙体的计算高度 $H_0=1.0H=$ 4.8 m。

该楼盖为整体现浇楼盖，可知该纵墙上的楼板为单向板，即纵墙属于承重墙，则 $\mu_1=1.0$。因为外纵墙的洞口长度 $b_s=4\times1800=7200$ mm，由式(7-19)可得

$\mu_2=1-0.4\dfrac{b_s}{s}=1-0.4\times\dfrac{7\,200}{12\,000}=0.76>0.7$，所以，外墙的高厚比为

$$\beta=\frac{H_0}{h}=\frac{4\,800}{370}=12.97\leqslant\mu_1\mu_2[\beta]=1.0\times0.76\times22=16.72\text{（满足要求）。}$$

②内纵墙。墙厚 $h=240$ mm，$\mu_1=1.0$。

$$\mu_2=1-0.4\frac{b_s}{s}=1-0.4\times\frac{2\times1\,000}{12\,000}=0.93$$

$$\beta=\frac{H_0}{h}=\frac{4\,800}{240}=20\leqslant\mu_1\mu_2[\beta]=1.0\times0.93\times22=20.46\text{（基本满足要求）。}$$

(2)横墙高厚比的验算。

①外横墙。

根据结构平面图可知，最不利外横墙为⑤轴墙体，该墙厚 $h=370$ mm，墙高 $H=4.8$ m，其最大横墙间距 $s=13.9$ m，查表 7-5 可知，$s=13.9$ m<32 m，属于刚性方案，因此，由表 7-11 得允许高厚比$[\beta]=22$，再由表 7-7 可知，$s=13.9$ m$>2H=9.6$ m，可得墙体的计算高度 $H_0=1.0H=4.8$ m。

外横墙属于自承重墙，可由内插法求得 $\mu_1=0.94$。

又因为外横墙无门窗洞口，$b_s=0$，$\mu_2=1.0>0.7$，所以，外横墙的高厚比为

$$\beta=\frac{H_0}{h}=\frac{4\,800}{370}=12.97\leqslant\mu_1\mu_2[\beta]=0.94\times1\times22=20.68\text{（满足要求）。}$$

②内横墙。

墙厚 $h=240$ mm，墙高 $H=4.8$ m，其最大横墙间距 $s=5.1$ m，查表 7-5 可知，$s=5.1$ m< 32 m，属于刚性方案，因此，由表 7-11 得允许高厚比 $s=5.1$ m，再由表 7-7 可知，$H<s=$

5.1 m<2H=9.6 m,可得墙体的计算高度

$H_0 = 0.4s + 0.2 \quad H = 0.4 \times 5.1 + 0.2 \times 4.8 = 3\ \text{m}$。

外横墙属于自承重墙,$\mu_1=1.2$;内横墙无门窗洞口,$\mu_2=1.0>0.7$,所以内横墙的高厚比为

$$\beta = \frac{H_0}{h} = \frac{3\ 000}{240} = 12.5 \leqslant \mu_1\mu_2[\beta] = 1.2 \times 1 \times 22 = 26.4\text{(满足要求)。}$$

(3)隔墙高厚比的验算。

隔墙厚 h=120 mm:一般情况下,隔墙上端砌筑时,一般用斜置立砖顶紧梁底,可按不动铰支承考虑,因隔墙两侧与纵墙无搭接,若按两侧无拉结考虑,可取大值 $H_0=H=3.5$ m,其最大横墙间距 $s=4.56$ m,属于刚性方案,由表 7-11 得允许高厚比$[\beta]=22$。隔墙无门窗洞口,$\mu_2=1.0>0.7$,隔墙属于自承重墙,则

$$\mu_1 = 1.2 + \frac{240-120}{240-90} \times (1.5-1.2) = 1.44$$

内横墙的高厚比为

$$\beta = \frac{H_0}{h} = \frac{3\ 500}{120} = 29.17 \leqslant \mu_1\mu_2[\beta] = 1.44 \times 1 \times 22 = 31.68\text{(满足要求)。}$$

综上所述,该结构墙体均满足在施工阶段、使用阶段结构的稳定性及其空间刚度的要求。

2)圈梁的设置及构造要求

圈梁是在房屋的檐口、楼层或基础顶面标高处沿墙体水平方向设置的封闭状的钢筋混凝土连续构件,可以增强砌体房屋的整体刚度,防止由于地基不均匀沉降,或较大振动荷载等对房屋引起的不利影响,也是砌体房屋抗震的有效措施。

(1)圈梁的设置。

根据地基情况、房屋类型、层数及所受到的振动荷载等条件,《砌体结构设计规范》(GB 50003—2011)对圈梁的布置做出了相应的规定。

对于厂房、仓库、食堂等空旷单层房屋应按下列规定设置圈梁。

①砖砌体结构房屋,檐口标高为 5~8 m 时,应在檐口标高处设置圈梁一道;檐口标高大于 8 m 时,应增加设置数量。

②砌块及料石砌体结构房屋,檐口标高为 4~5 m 时,应在檐口标高处设置圈梁一道;檐口标高大于 5 m 时,应增加设置数量。

③对有吊车或较大振动设备的单层工业房屋,当未采取有效的隔振措施时,除在檐口或窗顶标高处设置现浇混凝土圈梁外,还应增加设置数量。

对于住宅、办公楼等多层砌体结构民用房屋,且层数为 3~4 层时,应在底层与檐口标高处各设置一道圈梁。当层数超过 4 层时,除应在底层与檐口标高处各设置一道圈梁外,至少应在所有纵、横墙上隔层设置。多层砌体工业房屋,应每层设置现浇混凝土圈梁。设置墙梁的多层砌体结构房屋,应在托梁、墙梁顶面与檐口标高处设置现浇钢筋混凝土圈梁。

当多层砌体结构房屋采用现浇混凝土楼(屋)盖且层数超过 5 层时,除应在檐口标高处设置一道圈梁外,可隔层设置圈梁,并应与楼(屋)面板一起现浇。未设置圈梁的楼面板嵌入墙内的长度不应小于 120 mm,并沿墙长配置不少于 2 根直径为 10 mm 的纵向钢筋。

(2)圈梁的构造要求。

①圈梁宜连续地设在同一水平面上,并形成封闭状。当圈梁被门窗洞口截断时,应在洞口

上部增设相同截面的附加圈梁。附加圈梁与圈梁的搭接长度 l 不应小于其中到中垂直间距 h 的 2 倍，且不得小于 1 m，如图 7－31 所示。

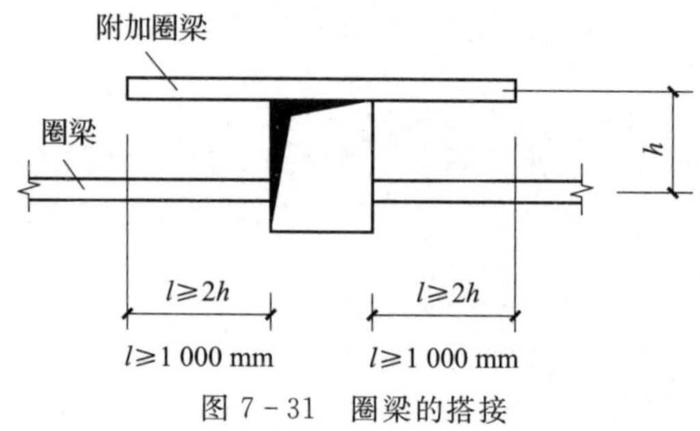

图 7－31　圈梁的搭接

②纵、横墙交接处的圈梁应可靠连接(见图 7－32)。刚弹性与弹性方案房屋，圈梁应与屋架、大梁等构件可靠连接。

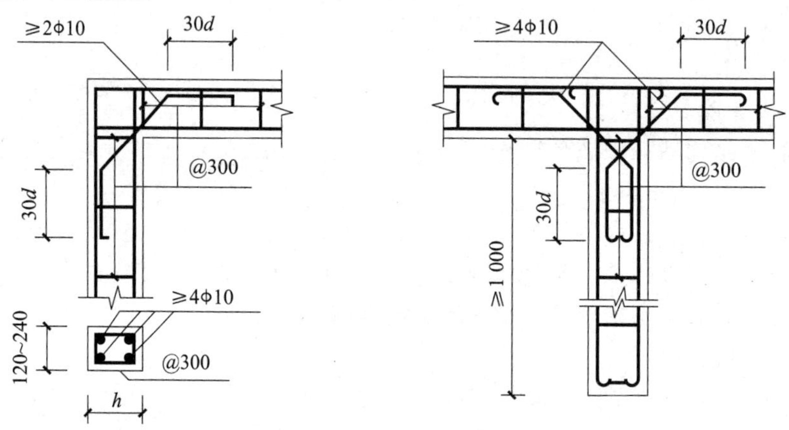

图 7－32　纵、横墙角交接处圈梁的连接构造

③混凝土圈梁的宽度宜与墙厚相同。当墙厚不小于 240 mm 时，其宽度不宜小于墙厚的 2/3。圈梁的高度不应小于 120 mm。纵向钢筋的数量不应少于 4 根，直径不应小于 10 mm，绑扎接头的搭接长度按受拉钢筋考虑，箍筋间距不应大于 300 mm。

④圈梁兼作过梁时，过梁部分的钢筋应按计算面积另行增配。

3)构造柱的布置及构造要求

构造柱，是一种与砌筑墙体浇筑在一起的现浇钢筋混凝土柱。各层的构造柱在竖向上下贯通，在横向与钢筋混凝土圈梁连接在一起，将墙体箍住，提高了墙体的抗剪强度、延性与房屋结构的整体性。构造柱设置在构造较薄弱、应力易集中的部位。施工时，必须先砌筑墙体，后浇筑构造柱。钢筋混凝土构造柱的基本结构如图 7－33 所示。

(1)构造柱的布置。

各类砖砌体房屋的现浇钢筋混凝土构造柱，其设置除了应符合《建筑抗震设计规范》(GB 50011—2010)(2016 版)的有关规定与表 7－12 的要求外，还应符合以下规定。

①外廊式与单面走廊式的多层房屋，应根据房屋增加一层的层数，按表 7－12 的要求设置构造柱，且单面走廊两侧的纵墙均应按外墙处理。

②横墙较少的房屋，应根据房屋增加一层的层数，按表 7－12 的要求设置构造柱。当横墙

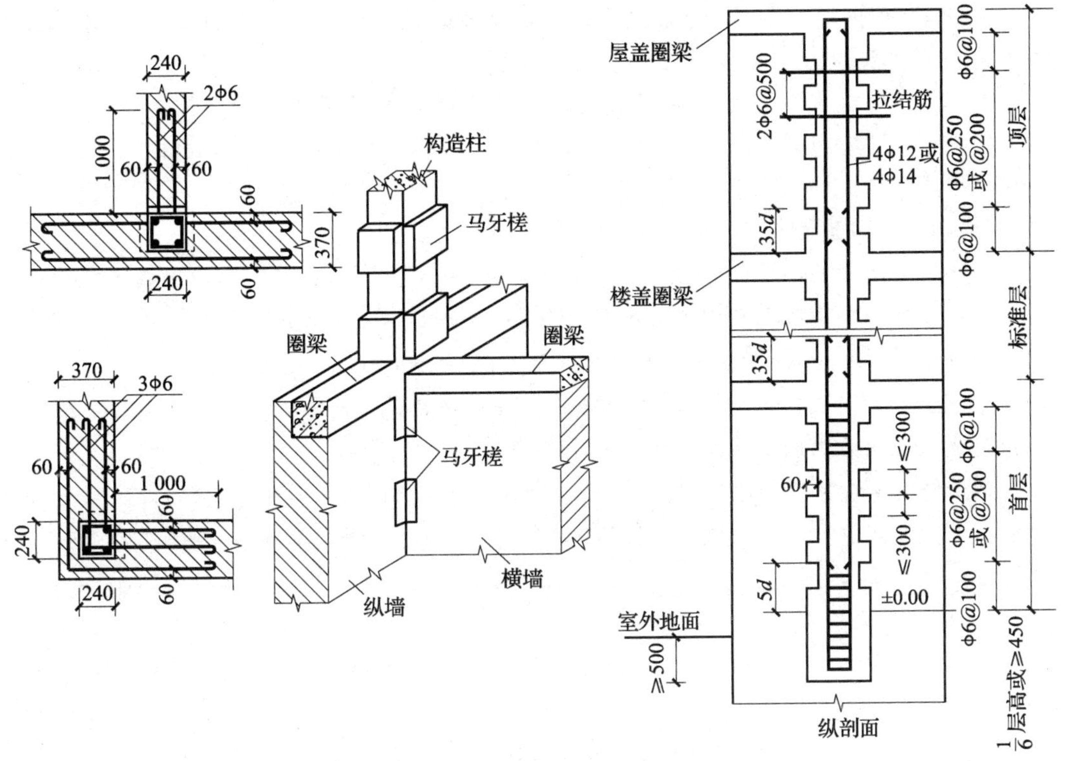

图 7－33　钢筋混凝土构造柱的基本构造

较少的房屋为外廊式或单面走廊式时，应按①款要求设置构造柱；但 6 度不超过四层、7 度不超过三层与 8 度不超过两层时，应按增加两层的层数对待。

③各层横墙很少的房屋，应按增加两层的层数设置构造柱。

表 7－12　多层砖砌体房屋构造柱设置要求

<table>
<tr><th colspan="4">房屋层数</th><th colspan="2" rowspan="2">设置部位</th></tr>
<tr><th>6 度</th><th>7 度</th><th>8 度</th><th>9 度</th></tr>
<tr><td>四、五</td><td>三、四</td><td>二、三</td><td></td><td rowspan="3">楼、电梯间四角，楼梯斜梯段上下端对应的墙体处；
外墙四角与对应转角；
错层部位横墙与外纵墙交接处；
大房间内外墙交接处；
较大洞口两侧</td><td>隔 12 m 或单元横墙与外纵墙交接处；
楼梯间对应的另一侧内横墙与外纵墙交接处</td></tr>
<tr><td>六</td><td>五</td><td>四</td><td>二</td><td>隔开间横墙（轴线）与外墙交接处；
山墙与内纵墙交接处</td></tr>
<tr><td>七</td><td>≥六</td><td>≥五</td><td>≥三</td><td>内墙（轴线）与外墙交接处；
内墙的局部较小墙垛处；
内纵墙与横墙（轴线）交接处</td></tr>
</table>

注：较大洞口，内墙指不小于 2.1 m 的洞口；外墙是在内外墙交接处已设置构造柱时允许适当放宽，但洞侧墙体应加强。

④采用蒸压灰砂砖与蒸压粉煤灰砖的砌体房屋，当砌体的抗剪强度仅达到普通黏土砖砌

体的 70%时，应根据增加一层的层数按①～③款要求设置构造柱；但 6 度不超过四层、7 度不超过三层与 8 度不超过两层时，应按增加两层的层数对待。

⑤有错层的多层房屋，在错层部位应设置墙，在与其他墙交接处应设置构造柱；在错层部位的错层楼板位置应设置现浇钢筋混凝土圈梁；当房屋层数不低于四层时，底部 1/4 楼层处错层部位墙中部的构造柱间距不宜大于 2 m。

(2)构造柱的构造要求。

多层砖砌体房屋的构造柱应符合下列构造规定。

①构造柱的最小截面可采用 180 mm×240 mm(墙厚 190 mm 时为 180 mm×190 mm)；纵向钢筋宜采用 4 φ 12，箍筋间距不宜大于 250 mm，且在柱上、下端适当加密；6、7 度时超过六层、8 度超过五层与 9 度时，构造柱纵向钢筋宜采用 4 φ 14，箍筋间距不应大于 200 mm；房屋四角的构造柱应适当加大截面及配筋。

②构造柱与墙连接处应砌成马牙槎，沿墙高每隔 500 mm 设 2 φ 6 水平钢筋与φ 4 分布短筋平面内点焊组成的拉结网片或φ 4 点焊钢筋网片，每边伸入墙内不宜小于 1 m。6、7 度时底部 1/3 楼层，8 度时底部 1/2 楼层，9 度时全部楼层，上述拉结钢筋网片应沿墙体水平通长设置。

③构造柱与圈梁连接处，构造柱的纵筋应在圈梁纵筋内侧穿过，保证构造柱纵筋上下贯通。

④构造柱可不单独设置基础，但应伸入室外地面下 500 mm，或与埋深小于 500 mm 的基础圈梁相连。

⑤房屋高度与层数接近《建筑抗震设计规范》(GB 50011—2010)(2016 版)表 7.1.2 的限值时，横墙内的构造柱间距不宜大于层高的两倍，下部 1/3 楼层的构造柱间距适当减小；当外纵墙开间大于 3.9 m 时，应另设加强措施。内纵墙的构造柱间距不宜大于 4.2 m。

【拓展与应用】

砌体结构的发展与演变

砌体结构是一种古老的结构形式。在中外有着悠久的发展历史，其中石砌体和砖砌体更是源远流长。其代表性建筑有中国的长城、埃及胡夫金字塔、古希腊帕特农神庙、法国巴黎圣母院等。

1. 秦砖汉瓦时代

考古资料表明，早在 5000 年前，中国就建造有了石砌体祭坛和石砌围墙。公元 595—605 年，隋代李春建造的河北赵县安济桥，是世界上最早建造的空腹式单孔圆弧石拱桥。

大约 3000 年前，中国就有了生产和使用烧结砖的历史，战国时期已能烧制大尺寸空心砖，南北朝以后砖砌体的应用更为普遍。据记载，万里长城始建于公元前 7 世纪春秋时期的楚国，秦代能够采用乱石和土将秦、燕、赵北面的城墙连成一体并增筑新的城墙，建成了闻名于世的万里长城。公元 520 年左右，北魏时期建成嵩岳寺塔，整塔上下浑砖砌就，层叠布以密檐，外涂白灰，内为楼阁式，外为密檐式，为砖砌单筒体结构，是中国最早的古密檐式砖塔。该塔历经 1400 多年风雨侵蚀，仍巍然屹立。1381 年，明代建造的南京灵谷寺无梁殿，殿高 22 m，宽 46.7 m，进深 37.9 m，整座建筑全用砖石砌成，以砖拱卷作为主体结构，砖拱最大跨度可达到 11.25m，无梁无椽，南北各有 3 个拱门，四面皆有窗。至今已有 600 多年历史，依然结构坚固，气势雄伟。其是我国历史最悠久、规模最大的砖砌拱券结构殿宇。

2. 混凝土砌块时代

混凝土砌块起源于美国，于 1882 年问世并得以较广泛的应用。第二次世界大战后，混凝土砌块的生产和应用技术传至美洲和欧洲的一些国家，继而又传至亚洲、非洲和大洋洲。1891 年，在美国芝加哥建成的莫纳德洛克大厦(Monadnock Building) 是 20 世纪以前、世界最高的砌体结构办公用楼房，其长 62m，宽 21m，高 16 层，也是一幢带有电梯的大厦，沿用至今。

3. 空心砌块时代

20 世纪上半叶中国砌体结构的发展缓慢。1949 年以来，中国砌体结构得到迅速发展，大致经历了由砖砌体(含承重多孔空心砖砌体)→大型振动砖壁板材→配筋砖砌体→配筋混凝土砌块砌体的发展过程，取得了显著的成绩。

20 世纪 60 年代以来，中国小型空心砌块和多孔砖生产及应用有较大发展，在 20 世纪 60 年代末国内已提出墙体材料革新以来，新型墙体材料达到 2100 亿块标准砖，共完成新型墙体材料建筑面积 3.3 亿 m^2。砌块与砌块建筑的年递增量均在 20% 左右。近几年，中国的砖年产量达到世界其他各国砖年产量的总和，90% 以上的墙体均采用砌体材料。现已从过去用砖石建造低矮的民房，发展到建造大量的多层住宅、办公楼等民用建筑和中小型单层工业厂房、多层轻工业厂房以及影剧院、食堂等。

4. 砖混时代

20 世纪 90 年代以来，在吸收和消化国外配筋砌体结构成果的基础上，中国建立了钢筋混凝土砌块砌体剪力墙结构体系，大大地拓宽了砌体结构在高层房屋及其在抗震设防地区的应用。在全国范围内对砌体结构作了较为系统的试验研究和理论探讨，总结了一套具有本国特色、比较先进的砌体结构理论、计算方法和应用经验。新颁布的《砌体结构规范》(GB 50003—2011)标志着中国建立了较为完整的砌体结构设计的理论体系和应用体系。这部标准既适用于砌体结构的静力设计又适用于抗震设计；既适用于无筋砌体结构的设计又适用于较多类型的配筋砌体结构设计；既适用于多层砌体结构房屋的设计，又适用于高层砌体结构房屋的设计。

思考练习题

1. 常用的砌体有哪几种？简述常用的砌体材料及其适用范围。
2. 砌体结构中块材与砂浆的作用是什么？
3. 砌体构件受压承载力计算中，系数 φ 表示什么意义？如何确定？
4. 什么是高厚比？砌体房屋限制高厚比的目的是什么？
5. 圈梁与构造柱的主要作用是什么？简述圈梁与构造柱的设置方法。
6. 某偏心受压柱的截面尺寸为 490 mm×620 mm，柱的计算高度 $H=H_0=4.8$ m，采用强度等级为 MU10 蒸压灰砂砖及 M5.0 混合砂浆砌筑，柱底承受轴向压力设计值 $N=200$ kN，弯矩设计值 $M=30$ kN·m(沿长边方向)，结构的安全等级为二级，施工质量控制等级为 B 级。试验算该柱底截面是否安全。
7. 某单层单跨无吊车的仓库，柱间距离为 4 m，中间开宽度为 1.8 m 的窗，仓库长 40 m，屋架下弦标高为 5 m，壁柱的截面尺寸为 370 mm×490 mm，墙厚为 240 mm，房屋静力计算方案为刚弹性方案。试验算带壁柱墙的高厚比。

第 8 章　钢结构设计

【教学目标】

本章主要讲述钢结构的用材及其种类、构件设计、构件连接形式及其承载力计算。本章学习目标如下：

(1)掌握型钢、连接材料类型及其基本性能指标；

(2)掌握钢结构构件设计原理与计算方法；

(3)熟悉钢结构及构件的连接形式。

【教学要求】

知识要点	能力要求	相关知识
(1)型钢、连接材料的类型及其基本性能指标 (2)钢结构构件设计原理与计算方法	(1) 掌握型钢、连接材料类型与基本性能指标 (2)掌握钢结构构件强度、抗剪、稳定性设计及验算	钢结构设计规范
焊接，螺栓连接、铆接等连接形式	(1)熟悉焊接种类、焊缝强度设计及构造要求 (2)熟悉普通螺栓、高强螺栓抗力设计及构造要求	钢结构设计规范
钢结构防火与防腐	了解钢结构防火与防腐基本措施	建筑设计防火与防腐规范

钢结构是由钢制材料组成的结构，是一种主要的建筑形式，目前主要应用于工业建筑、公共建筑等。钢结构设计的基本原理与混凝土结构的一样，其设计内容主要是材料确定、构件承载力设计、构件连接方式选取及其承载力设计等。由于钢材存在不耐高温、易锈蚀和易疲劳三大隐患，还应注意防火与防腐的设计。

8.1　钢结构用材

钢结构用材主要是钢材和连接材料。钢材主要为热轧成型的钢板、型钢，以及冷弯成型的薄壁型钢；钢结构的连接材料主要包括用于手工电弧焊连接的焊条与自动焊或半自动焊的焊丝，用于螺栓连接的普通螺栓和高强度螺栓以及铆钉连接的铆钉。

8.1.1　钢材

1. 钢材的种类和规格

1)钢板

钢板有薄钢板(厚度为 0.35～4 mm)、厚钢板(厚度为 4.5～60 mm)与扁钢(厚度为 4～60 mm，宽度为 30～200 mm)等，用“一宽×厚×长”或“一宽×厚”表示，单位为 mm，如－450×8×3 100，－450×8。

2)型钢

常用的轧制型钢有角钢、工字钢、槽钢、H 型钢、T 型钢、钢管等,如图 8-1 所示。

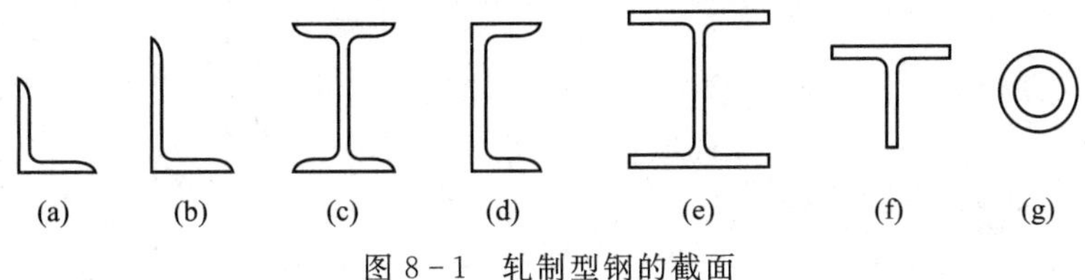

图 8-1　轧制型钢的截面

(1)角钢。角钢有等边角钢和不等边角钢两种(见图 8-1(a)、(b))。等边角钢以"∟肢宽×肢厚"表示,不等边角钢以"∟长肢宽×短肢宽×肢厚"表示,单位为 mm,如∟ 63×5,∟ 100×80×8。

(2)工字钢。工字钢(见图 8-1(c))有普通工字钢和轻型工字钢两种。普通工字钢用"I 截面高度的厘米数"表示,高度在 20 mm 以上的工字钢,同一高度有三种腹板厚度,分别记为 a、b、c,其中,a 类腹板最薄、翼缘最窄,b 类腹板较厚、翼缘较宽,c 类腹板最厚、翼缘最宽,如 I32a、I32c。同样高度的轻型工字钢的翼缘要比普通工字钢的翼缘宽而薄,腹板也薄,轻型工字钢可用符号 Q 表示,如 QI32a。

(3)槽钢。槽钢(见图 8-1(d))有普通槽钢和轻型槽钢两种,分别以"[或 Q[截面高度厘米数"表示,如[20a、Q[20b 等。

(4)H 型钢。H 型钢(见图 8-1(e))可分为宽翼缘(HW)、中翼缘(HM)和窄翼缘(HN)三类。H 型钢用"高度×宽度×腹板厚度×翼缘厚度"表示,单位为 mm,如 HW340×250×9×14。各种 H 型钢均可剖分为 T 型钢(见图 8-1(f)),代号分别为 TW、TM 和 TN。T 型钢也用"高度×宽度×腹板厚度×翼缘厚度"表示,单位为 mm,如 TW170×250×9×14。

(5)钢管。钢管(见图 8-1(g))有热轧无缝钢管和焊接钢管两种,用"ϕ外径×壁厚"来表示,单位为 mm,如"ϕ 400×6"。

3)冷弯薄壁型钢

冷弯薄壁型钢采用薄钢板冷轧制成,其截面形状不一,常见的截面形状如图 8-2 所示,壁厚一般为 1.5～5 mm。对于承重结构受力构件的壁厚不宜小于 2 mm。

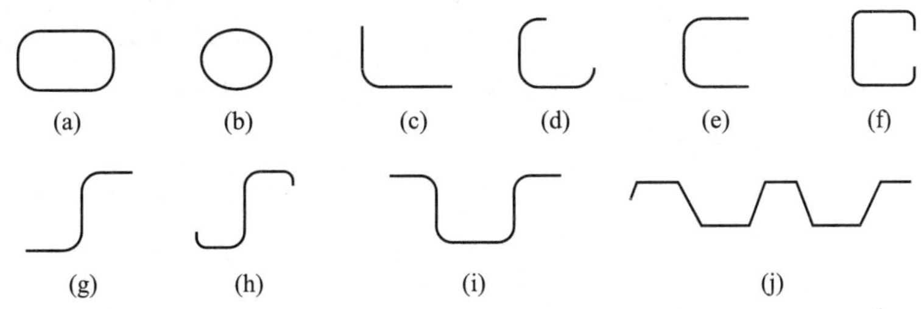

图 8-2　薄壁型钢的截面形状

另外,压型钢板是冷弯薄壁型钢的另一种形式,如图 8-2(j)所示,它是用厚度为 0.4～1.6 mm的钢板、镀锌钢板或彩色涂层钢板经冷轧而成的波形板。

2. 钢材的技术性能及影响因素

钢材的技术性能一般指钢材的力学性能、工艺性能和为满足某些结构的需要而具有的特殊性能。关于钢材的力学性能指标(如屈服点、抗拉强度、伸长率)、机械性能指标(冲击韧性)、钢材的工艺性能指标(冷弯性能、焊接性能),这些内容在前面的章节中已介绍过,这里主要说明钢材的Z向性能与疲劳性能。

1)钢材的Z向性能

钢材的Z向性能又称层状撕裂现象。钢板在顺轧制方向的性能比其垂直方向(横向)的性能要好,厚度方向更差一些。这种现象在厚钢板上表现更为突出。如图8-3所示,在外力作用下,连接节点处容易出现钢板的层状撕裂。

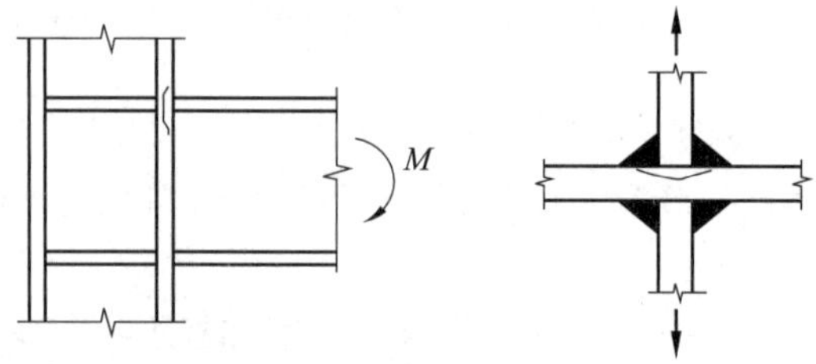

图8-3 钢板的层状撕裂

当采用大于40 mm厚的钢板时,应符合《厚度方向性能钢板》(GB/T 5313—2010)规范规定的相应等级要求。

钢板的Z向性能可以用厚度方向拉力试验的断面收缩率来评定。

$$\Psi_z = \frac{A_0 - A_1}{A_0} \times 100\% \tag{8-1}$$

式中:Ψ_z——断面收缩率;

A_0——试件原横截面积;

A_1——试件拉断时断口处的横截面积。

2)钢材的疲劳性能

不耐高温、易腐蚀、易疲劳是制约钢结构安全性能的三大隐患,因此,在结构设计中,关注钢结构构件的疲劳性能指标是十分重要的。钢材的疲劳,是指钢构件承受连续反复的变化荷载时,随着时间的增长,微小裂纹不断扩展,截面不断减小,直至最后达到临界尺寸时发生突然断裂的现象。当破坏发生时,构件截面上的应力低于材料的抗拉强度,有时甚至低于屈服强度。试验证明,疲劳破坏属脆性破坏,危险性大。

《钢结构设计规范》(GB 50017—2017)规定:对于直接承受动力荷载重复作用的钢结构构件及其连接,当应力变化的循环次数$n \geqslant 5\times10^4$时,应进行疲劳计算。

3. 影响钢材技术性能的主要因素

影响钢材技术性能指标的主要因素有材料的化学成分、温度、冶炼、冷加工与时效硬化、应力集中等。在前面的章节中,已经介绍过材料的化学成分、温度、冶炼、冷加工与时效硬化,这里说明一下应力集中的影响问题。

实际工程中,钢构件因为连接、组装等原因需要开设孔洞或改变截面,这也是不可避免的。当构件受到拉力、压力时,截面上的应力分布不再均匀,在孔洞与截面突然改变处将产生高峰应力,这种现象称为应力集中(见图8-4所示)。试验表明,应力集中与截面的外形特征有密切关系,孔洞边缘越不圆滑,越尖锐,截面改变越突然,应力集中现象越严重,此时尖角处的应力状态会导致构件发生危险的脆性破坏。因此,在设计中,应尽量避免截面的突然变化,或采用圆滑的形状,或逐渐改变截面的方法,使应力集中现象趋向平缓。

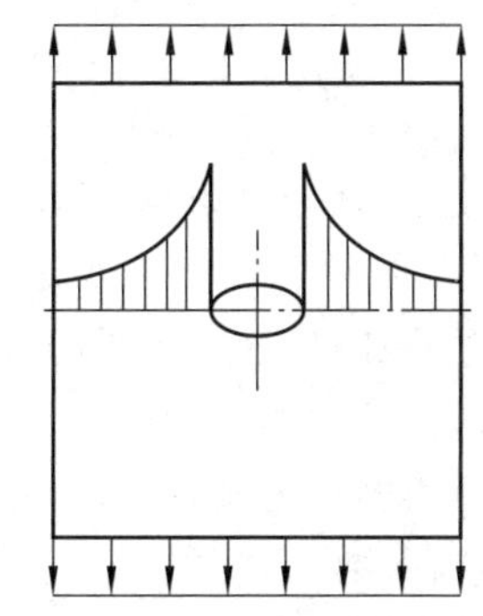

图 8－4　孔洞边的应力集中示意图

4. 钢结构选材的要求

《钢结构设计规范》(GB 50017—2017)规定：为了保证承重结构的承载能力及防止在一定条件下出现脆性破坏，应根据结构的重要性、荷载特征、结构形式、应力状态、连接方法、钢材厚度、工作环境等因素综合考虑，选用合适的钢材牌号和材性。

(1)普通钢结构的受力构件不宜采用厚度小于 5 mm 的钢板，壁厚小于 3 mm 的钢管，截面小于∟ 45×4 或∟ 56×36×4 的角钢。

(2)钢材的强度设计值应根据钢材的厚度或直径，按表 8－1 采用。但当计算下列情况的钢结构构件或连接时，钢材的强度设计值应乘以相应的折减系数。

表 8－1　钢材的强度设计值　　单位：N/mm^2

钢材		抗拉、抗压和抗弯 f	抗剪 f_v	端面承压(刨平顶紧)f_{ce}
牌号	厚度或直径/mm			
Q235 钢	≤16	215	125	325
	>16～40	205	120	
	>40～60	200	115	
	>60～100	190	110	
Q345 钢	≤16	310	180	400
	>16～35	295	170	
	>35～50	265	155	
	>50～100	250	145	
Q390 钢	≤16	350	205	415
	>16～35	325	190	
	>35～50	315	180	
	>50～100	295	170	
Q420 钢	≤16	380	220	440
	>16～35	360	210	
	>35～50	340	195	
	>50～100	325	185	

注：表中厚度是指计算点的钢材厚度，对轴心受拉和轴心受压构件是指截面中较厚板件的厚度。

①单面连接的单角钢。

a.按轴心受力计算强度和连接时，乘以系数 0.85。

b.按轴心受压计算稳定性时，等边角钢乘以系数 0.6+0.0015λ，但不大于 1.0；短边相连的不等边角钢乘以系数 0.5+0.0025λ，但不大于 1.0；长边相连的不等边角钢乘以系数 0.70。其中，λ 为长细比，对中间无联系的单角钢压杆，应按最小回转半径计算，当 $\lambda<20$ 时，取 $\lambda=20$。

②无垫板的单面施焊对接焊缝，应乘以系数 0.85。

③施工条件较差的高空安装焊缝和铆钉连接，应乘以系数 0.90。

③沉头和半沉头铆钉连接，应乘以系数 0.80。

当上述几种情况同时存在时，其折减系数应连乘。

(3)需要验算疲劳的结构，所用钢材应依据结构所处环境条件，分别具有常温、0 ℃、−20 ℃、−40 ℃冲击韧性的合格保证(具体钢种的不同要求应查阅相关规范)。

下列情况的承重结构和构件不应采用 Q235 沸腾钢。

①对于焊接结构：直接承受动力荷载或振动荷载且需要验算疲劳的结构；工作温度低于−20 ℃时的直接承受动力荷载或振动荷载，但可不验算疲劳的结构以及承受静力荷载受弯及受拉的重要承重结构；工作温度等于或低于−30 ℃的所有承重结构。

②对于非焊接结构：工作温度不大于−20 ℃的直接承受动力荷载且需要验算疲劳的结构。

(4)有抗震设防的钢结构用材，钢材的强屈比不应小于 1.2，伸长率应大于 20%，钢材应有良好的可焊性和合格的冲击韧性。

8.1.2 连接材料

1.焊条及焊丝

手工焊接采用的焊条应符合《非合金钢及细晶粒钢焊条》(GB/T 5117—2012)或《热强钢焊条》(GB/T 5118—2012)的规定。选择的焊条型号应与主体金属力学性能相适应。对直接承受动力荷载或振动荷载且需要验算疲劳强度的结构，宜采用低氢型焊条。

自动焊接或半自动焊接采用的焊丝及相应的焊剂应与主体金属力学性能相适应，并应符合现行国家标准的规定。当为手工焊接时，Q235 钢采用 E43 焊条，Q345 钢采用 E50 焊条，Q390 钢和 Q420 钢均采用 E55 焊条。

2.螺栓

普通螺栓应符合《六角头螺栓 C 级》(GB/T 5780—2016)和《六角头螺栓》(GB/T 5782—2016)的规定。高强螺栓应符合《钢结构用高强度大六角头螺栓》(GB/T 1228—2006)、《钢结构用高强度大六角螺母》(GB/T 1229—2006)、《钢结构用高强度垫圈》(GB/T 1230—2006)、《钢结构用高强度大六角头螺栓、大六角螺母、垫圈技术条件》(GB/T 1231—2006)或《钢结构用扭剪型高强度螺栓连接副》(GB/T 3632—2008)的规定。

8.2 钢结构的设计与计算

8.2.1 钢结构的计算方法

根据《建筑结构可靠性设计统一标准》(GB 50068—2018)的要求，钢结构的计算公式与其他结构形式的计算公式一样，采用概率理论为基础的极限状态设计方法，并以应力形式表达的分项系数设计表达式。但是，对于钢结构的疲劳计算，因各影响因素有待进一步研究，目前依然采用传统的容许应力设计法。

钢结构构件的设计表达式如下。

(1)承载能力极限状态。

$$\gamma_0\left(\sum_{j=1}^{n}\gamma_{G_j}\sigma_{G_{jk}}+\gamma_{Q_1}\gamma\sigma_{Q_{1K}}+\sum_{i=2}^{n}\gamma_{Q_i}\Psi_{ci}\sigma_{Q_{ik}}\right)\leqslant f \tag{8-2}$$

$$f=\frac{f_y}{\gamma_R} \tag{8-3}$$

式中：γ_0——结构重要性系数；

γ_{G_j}——永久荷载分项系数；

$\sigma_{G_{jk}}$——永久荷载标准值产生的应力值；

γ_{Q_1}——第一个可变荷载分项系数；

γ——考虑设计使用年限的调整系数；

$\sigma_{Q_{1K}}$——第一个可变荷载标准值产生的应力值；

γ_{Q_i}——第 i 个可变荷载分项系数；

Ψ_{ci}——第 i 个可变荷载组合值系数；

$\sigma_{Q_{ik}}$——第 i 个可变荷载标准值产生的应力值；

f_y——钢材强度值；

f——钢结构构件与连接强度设计值；

γ_R——抗力分项系数，对于 Q235，取 $\gamma_R=1.087$，对于 Q345、Q390、Q420，取 $\gamma_R=1.111$。

(2)正常使用极限状态。

$$\upsilon\leqslant[\upsilon] \tag{8-4}$$

式中：υ——荷载的标准值产生的最大挠度；

$[\upsilon]$——规范规定的结构或构件容许变形值。

8.2.2　钢结构的基本构件类型及其计算

钢结构的基本构件主要有轴心受力构件(轴心受压和轴心受拉)、受弯构件、偏心受力构件(拉弯构件与压弯构件)等。

1. 轴心受力构件

轴心受力构件是在钢结构中应用比较广泛的，如桁架、塔架、网架等杆件体系(见图8－5)。这类结构通常假定其节点为铰接连接，当无节间荷载作用时，构件只受轴向力(或轴心受拉或轴心受压)的作用。由于轴心受力构件是由薄壁型钢组成的，容易在受力状态下丧失稳定，所以需要对结构构件的强度、刚度、整体稳定与局部稳定进行验算。

1)轴心受力构件的类型

轴心受力构件的常用截面形式可分为实腹式与格构式两大类。当构件受力较小时，采用实腹式截面；当构件受力较大时，采用格构式截面。

实腹式构件制作简单，与其他构件的连接也较为方便，其常用的截面形式如图 8－6 所示。如图 8－6(a)所示为单个型钢截面，如圆钢、钢管、角钢、槽钢、工字钢、H 型钢、T 型钢，常用于普通的轴心受力构件，其中，T 型钢也可用于桁架结构中的弦杆；如图 8－6(b)所示为型钢与

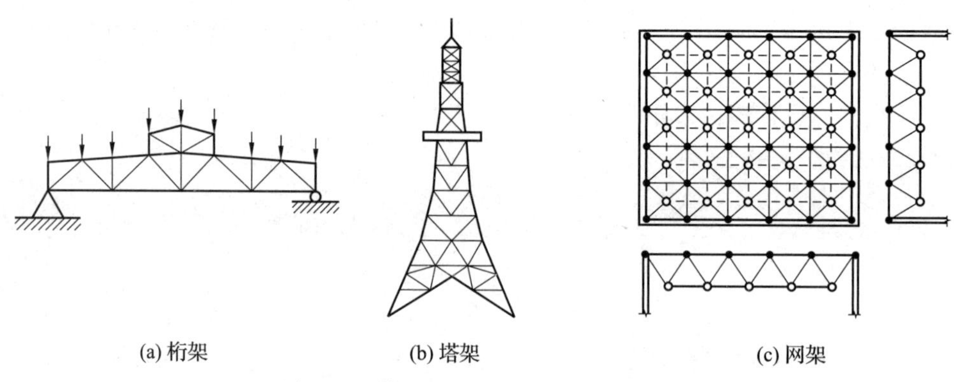

图 8-5　轴心受力构件在工程中的应用

钢板组成的组合截面，常用于普通的轴心受力构件；如图 8-6(c)所示为双角钢组成的截面，常用于桁架结构中的弦杆和腹杆；如图 8-6(d)所示为冷弯薄壁型钢的截面，常用于轻型钢结构。

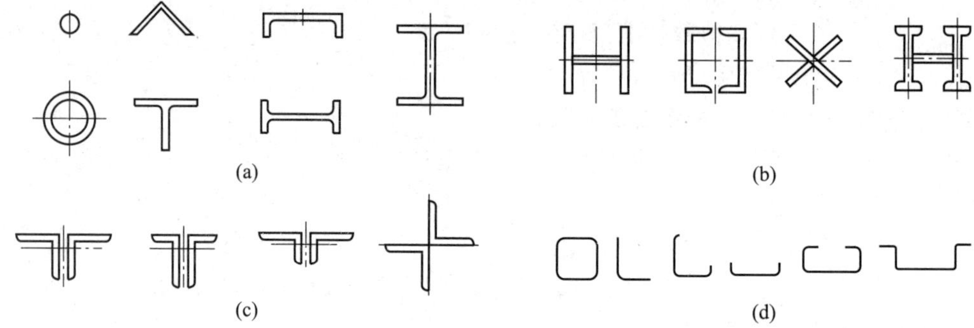

图 8-6　实腹式构件常用的截面形式

格构式构件一般由两个或多个型钢肢件组成，肢件采用角钢缀条或缀板连成整体（见图 8-7）。格构式构件常用于受压力较大的构件中，以使压杆实现两主轴方向的等稳定性，刚度大，用料省。

2）轴心受力构件的计算长度

确定桁架弦杆与单系腹杆（用节点板与弦杆连接）的长细比时，其计算长度 l_0 应按表 8-2 取用。

表 8-2　桁架弦杆与单系腹杆的计算长度 l_0

项　次	弯曲方向	弦　杆	腹　杆	
			支座斜杆和支座竖杆	其他腹杆
1	在桁架平面内	l	l	$0.8l$
2	在桁架平面外	l_1	l	l
3	斜平面	—	l	$0.9l$

注：1. l 为构件的几何长度（节点中心间距离），l_1 为桁架弦杆侧向支承点之间的距离。

2. 斜平面是指与桁架平面斜交的平面，适用于构件截面两主轴均不在桁架平面内的单角钢腹杆和双角钢十字形截面腹杆。

3. 无节点板的腹杆计算长度在任意平面内均取其等于几何长度（钢管结构除外）。

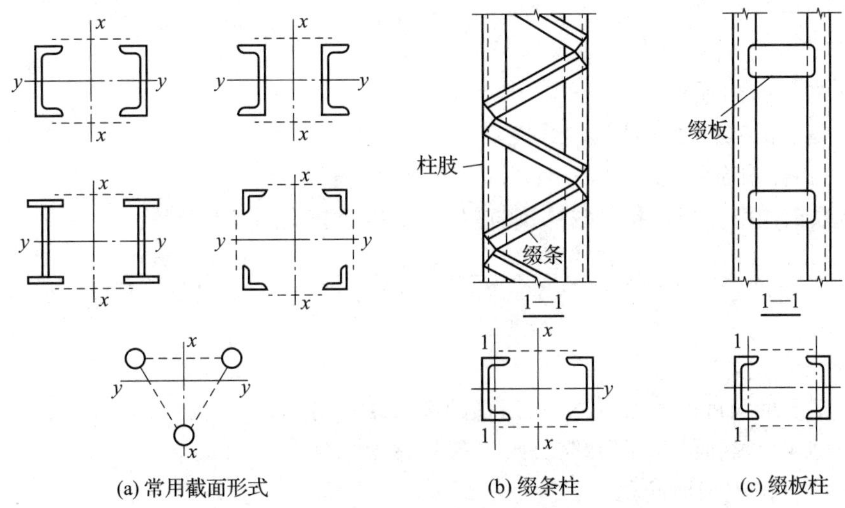

图 8－7　格构式构件的常用截面形式与缀材布置

当桁架弦杆侧向支承点之间的距离为节间长度的 2 倍且两节间的弦杆轴心压力不相同时(见图 8－8),则该弦杆在桁架平面外的计算长度应按式(8－5)确定(但不应小于 $0.5l_1$)。

$$l_0 = l_1\left(0.75 + 0.25\frac{N_2}{N_1}\right) \tag{8-5}$$

式中:N_1——较大的压力,计算时取正值;

N_2——较小的压力或拉力,计算时压力取正值,拉力取负值。

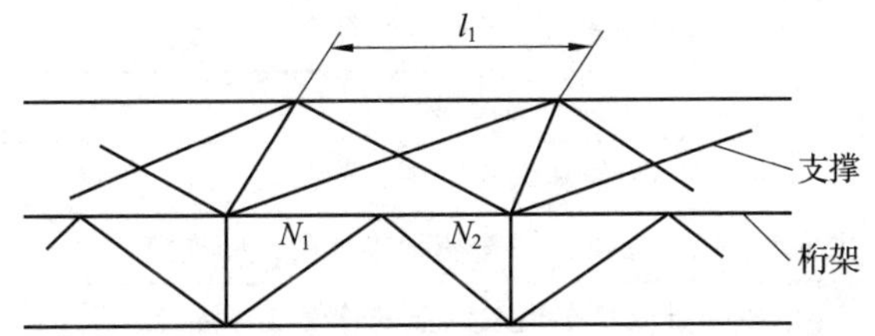

图 8－8　弦杆轴心压力在侧向支承点间有变化的桁架简图

桁架再分式腹杆体系的受压主斜杆及 K 形腹杆体系的竖杆等,在桁架平面外的计算长度也应按式(8－5)确定(受拉主斜杆的长度仍取 l_1);在桁架平面内的计算长度则取节点中心间的距离(见图 8－9)。

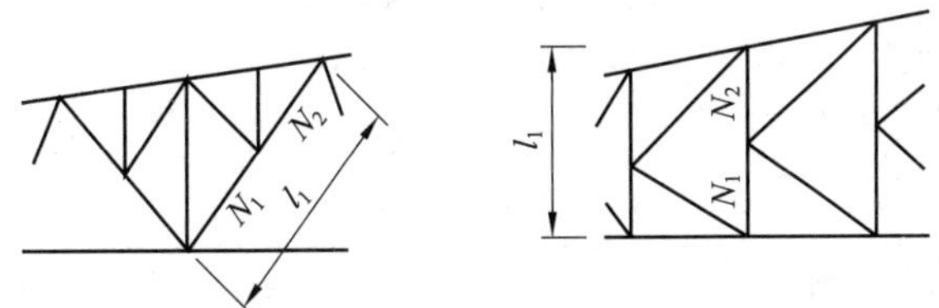

图 8－9　再分式腹杆体系和 K 形腹杆体系

3)轴心受力构件的强度和刚度计算

对于轴心受力杆件(除高强螺栓摩擦型连接处外)的强度,其应按式(8－6)计算。

$$\sigma=\frac{N}{A_n}\leqslant f \tag{8-6}$$

式中：N——轴心拉力或轴心压力；

F——钢材的抗拉强度或抗压强度设计值；

A_n——构件的净截面面积，按毛截面扣除孔洞面积计算。

对于高强螺栓摩擦型连接处的强度，应按式(8-7)与式(8-8)计算。

$$\sigma=\left(1-0.5\frac{n_1}{n}\right)\frac{N}{A_n}\leqslant f \tag{8-7}$$

$$\sigma=\frac{N}{A}\leqslant f \tag{8-8}$$

式中：n——在节点或拼接处，构件一端连接的高强螺栓的数目；

n_1——所计算截面(最外列螺栓处)上高强螺栓的数目；

A——构件的毛截面面积。

对于构件刚度，其计算公式为

$$\lambda=\frac{l_0}{r}\leqslant[\lambda] \tag{8-9}$$

式中：λ——构件的最大长细比；

l_0——构件的计算长度；

r——截面的回转半径，$r=\sqrt{I/A}$，I 为毛截面的惯性矩，A 为毛截面面积；

$[\lambda]$——构件的容许长细比，见表 8-3 和表 8-4。

表 8-3 受压构件的容许长细比

项次	构件名称	容许长细比
1	柱、桁架和天窗架中的构件	150
	柱的缀条、吊车梁或吊车桁架以下的柱间支撑	
2	支撑(吊车梁或吊车桁架以下的柱间支撑除外)	200
	用以减少受压构件长细比的杆件	

注：1. 桁架(包括空间桁架)的受压腹杆，当其内力不大于承载能力的 50%时，容许长细比值可取 200。

2. 计算单角钢受压构件的长细比时，应采用角钢的最小回转半径；但计算在交叉点相互连接的交叉杆件平面外的长细比时，应采用与角钢肢边平行轴的回转半径。

3. 跨度不小于 60 m 的桁架，其受压弦杆和端压杆的容许长细比值宜取 100，其他受压腹杆可取 150(承受静力荷载或间接承受动力荷载)或 120(直接承受动力荷载)。

4. 由容许长细比控制截面的杆件，在计算其长细比时，可不考虑扭转效应。

表 8-4 受拉构件的容许长细比

项次	构件名称	承受静力荷载或间接承受动力荷载的结构		直接承受动力荷载的结构
		一般建筑结构	有重级工作制吊车的厂房	
1	桁架的杆件	350	250	250

续表

<table>
<tr><td rowspan="2">项次</td><td rowspan="2">构件名称</td><td colspan="2">承受静力荷载或间接承受动力荷载的结构</td><td rowspan="2">直接承受动力荷载的结构</td></tr>
<tr><td>一般建筑结构</td><td>有重级工作制吊车的厂房</td></tr>
<tr><td>2</td><td>吊车梁或吊车桁架以下的柱间支撑</td><td>300</td><td>200</td><td></td></tr>
<tr><td>3</td><td>其他拉杆、支撑、系杆等
(张紧的圆钢除外)</td><td>400</td><td>350</td><td></td></tr>
</table>

注:1. 承受静力荷载的结构中,可仅计算受拉构件在竖向平面内的长细比。

2. 在直接或间接承受动力荷载的结构中,单角钢受拉构件长细比的计算方法同表 8-3 注 2。

3. 中、重级工作制吊车桁架下弦杆的长细比不宜超过 200。

4. 在设有夹钳或刚性料耙等硬钩吊车的厂房中,支撑(表中第 2 项除外)的长细比不宜超过 300。

5. 受拉构件在永久荷载与风荷载组合作用下受压时,其长细比不宜超过 250。

6. 跨度不小于 60 m 的桁架,其受拉弦杆和腹杆的长细比不宜超过 300(承受静力荷载或间接承受动力荷载)或 250(直接承受动力荷载)。

4)轴心受压构件的整体稳定性计算

在轴心压力作用下,轴心受压构件往往会发生失稳现象,造成构件的破坏。试验表明,常见的轴心压杆失稳时有三种可能的屈曲形式,即弯曲屈曲、扭转屈曲和弯扭屈曲(见图8-10)。由于钢结构中采用钢板厚度 $t>4$ mm 的开口式或封闭式截面,抗扭刚度较大,因此,设计中一般仅考虑弯曲屈曲的失稳形式。

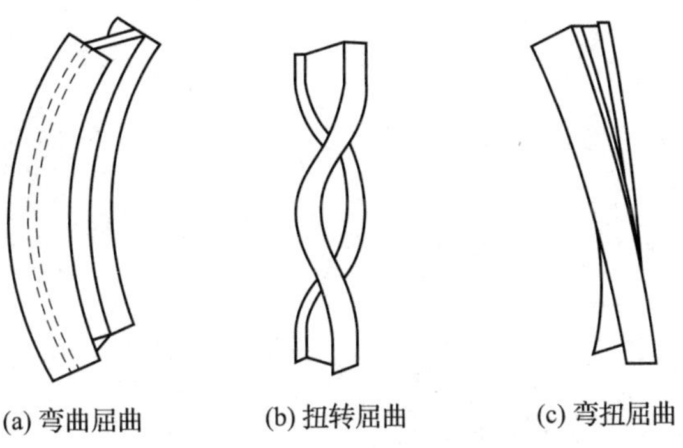

图 8-10　常见的轴心压杆失稳的屈曲形式

轴心受压构件的整体稳定计算公式为

$$\frac{N}{\varphi A} \leqslant f \tag{8-10}$$

式中:φ——轴心受压构件的稳定系数,其可根据构件的长细比、钢材的屈服强度和截面分类,按《钢结构设计规范》(GB 50017—2017)中的规定取值,且取截面两主轴稳定系数中的较小值。

5)轴心受压构件的局部稳定性计算

工程实践中,轴心受压构件不仅会发生整体失稳现象,而且也会出现局部丧失稳定性的事件,如图 8-11 所示。为了防范这种现象的发生,《钢结构设计规范》(GB 50017—2017)规定:

轴心受压构件必须满足局部稳定的要求，并采用板件宽厚比限值的方法来控制。

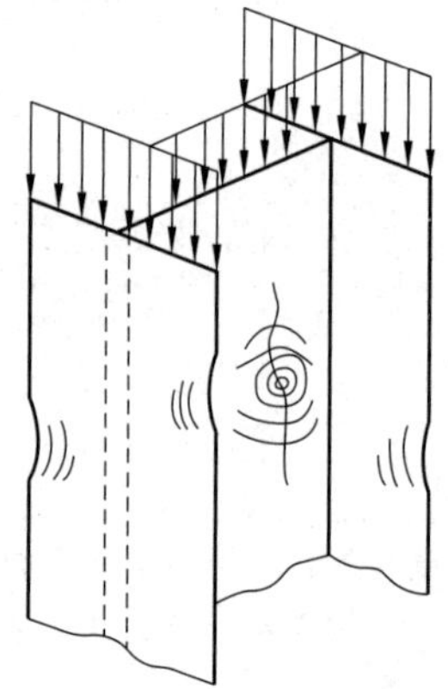

图 8－11　轴心受压构件的局部失稳

不同形状截面的宽厚比限值及局部稳定计算公式如下。

(1)对于 T 形、工字形截面(见图 8－12)。

翼缘：

$$\frac{b}{t}\left(\text{或}\frac{b_1}{t}\right) \leqslant (10+0.1\lambda)\sqrt{\frac{235}{f_y}} \tag{8-11}$$

$$\frac{b_1}{t_1} \leqslant (15+0.2\lambda)\sqrt{\frac{235}{f_y}} \tag{8-12}$$

腹板：

$$\frac{h_0}{t_w} \leqslant (25+0.5\lambda)\sqrt{\frac{235}{f_y}} \tag{8-13}$$

式中：b——角钢短肢边或 T 形、工字形截面翼缘的长度；

t——角钢肢边宽度；

b_1——角钢长肢边或 T 形截面腹板长度；

t_1——T 形截面腹板宽度；

λ——构件两个方向长细比的较大值，当 $\lambda<30$ 时，取 $\lambda=30$，当 $\lambda>100$ 时，取 $\lambda=100$；

h_0——腹板的计算高度；

t_w——腹板的厚度。

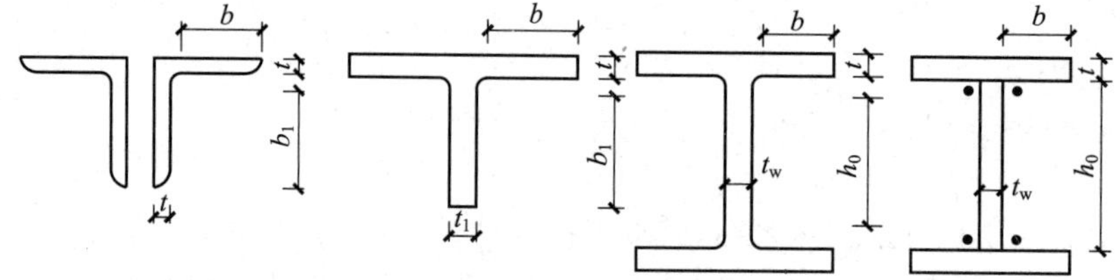

图 8－12　T 形、工字形截面及板件尺寸

(2)对于封闭形截面(见图 8－13(a))。

$$\frac{b_0}{t}\left(\text{或}\frac{h_0}{t_w}\right) \leqslant 40\sqrt{\frac{235}{f_y}} \tag{8-14}$$

式中：b_0——箱形截面受压构件的计算宽度。

(3)对于圆形截面(见图 8－13(b))。

$$\frac{d}{t} \leqslant 100\left(\frac{235}{f_y}\right) \tag{8-15}$$

式中：d——环形截面的外缘直径。

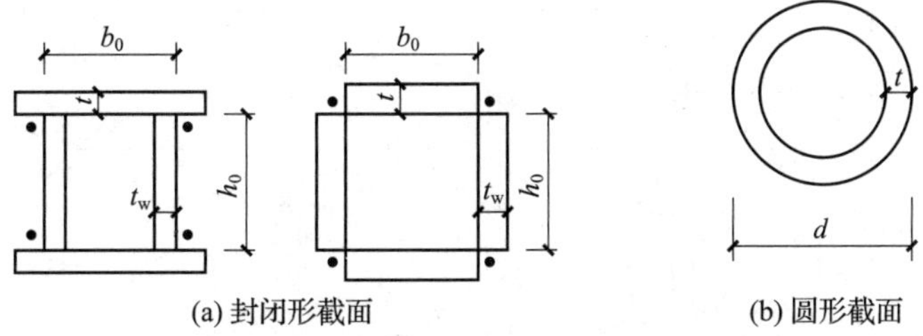

图 8－13　封闭形、圆形截面及板件尺寸

2. 受弯构件

如钢筋混凝土受弯构件一样，钢结构的受弯构件也是用以承受竖向荷载的构件，包括实腹式受弯构件(如梁)和格构式受弯构件(如桁架)，如图 8－14 所示。实腹式受弯构件按材料与制作方法的不同分为型钢梁与组合梁。型钢梁通常采用热轧工字钢与槽钢，当荷载和跨度较小时，可采用冷弯薄壁型钢，其加工简单、成本较低，但受到截面尺寸的限制，一般用于小型受弯构件(见图 8－14(a)、(b)、(c))；组合梁由钢板、型钢用焊缝或铆钉或螺栓连接而成，其截面组织较灵活，可用于荷载和跨度较大、采用型钢梁不能满足受力要求的情况(见图 8－14(d)、(e)、(f))。

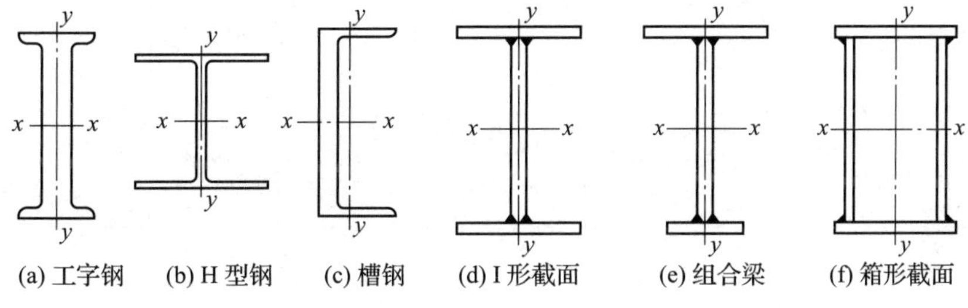

图 8－14　受弯构件的截面形式

受弯构件也可按照弯曲变形的特点，分为仅在一个主平面内受弯的单向弯曲梁与在两个主平面内受弯的双向弯曲梁(亦称为斜弯曲梁，如屋面檩条、吊车梁等)。工程中的大多数受弯构件都是单向弯曲梁。

1)受弯构件的强度计算

(1)受弯构件的强度计算公式。

$$\frac{M_x}{\gamma_x W_{nx}} + \frac{M_y}{\gamma_y W_{ny}} \leqslant f \tag{8-16}$$

式中：M_x、M_y——绕 x 轴与 y 轴的弯矩设计值，对单向受弯，非弯曲方向的弯矩值为零；

W_{nx}、W_{ny}——对 x 轴和 y 轴的净截面抵抗矩；

γ_x、γ_y——与截面模量相应的截面塑性发展系数，应按表 8－5 取值(当受压翼缘的自由外伸宽度与其厚度比大于 $13\sqrt{235/f_y}$ 而不超过 $15\sqrt{235/f_y}$ 时，取 $\gamma_x=1.0$，对于需要计算疲劳的拉弯、压弯构件，宜取 $\gamma_x=\gamma_y=1.0$)；

其他符号含义同前。

表 8－5　截面塑性发展系数

项次	截面形式	γ_x	γ_y
1	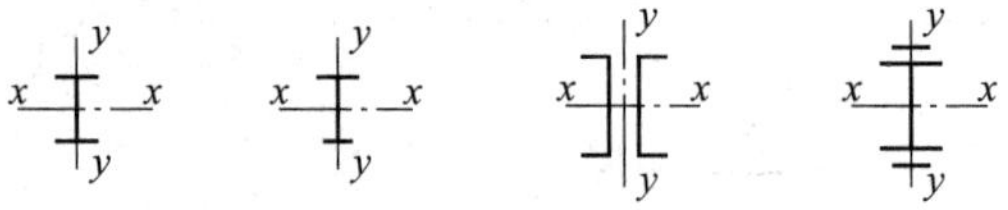	1.05	1.2
2	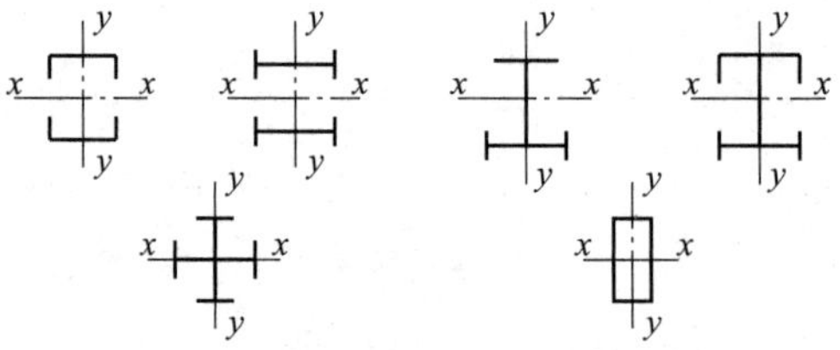		1.05
3		$\gamma_{x1}=1.05$ $\gamma_{x2}=1.2$	1.2
4			1.05
5	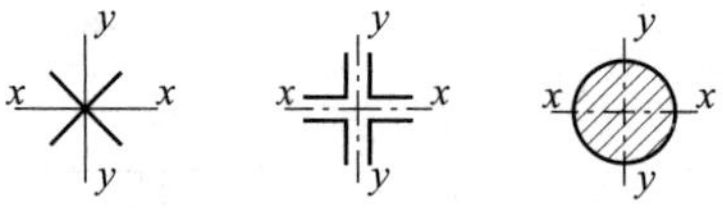	1.2	1.2
6	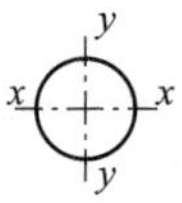	1.15	1.15
7		1.0	1.05
8			1.0

(2)受弯构件的抗剪强度 τ 计算公式。

$$\tau=\frac{VS}{It_{\mathrm{w}}}\leqslant f_{\mathrm{v}} \tag{8-17}$$

式中：V——计算截面沿腹板平面作用的剪力设计值；

S——计算剪应力处以上毛截面对中性轴的面积矩；

I——毛截面惯性矩；

t_{w}——腹板的厚度；

f_v——钢材的抗剪强度设计值。

(3)受弯构件的局部压应力计算。

工程中，如果梁的翼缘需要承受较大的固定集中荷载(包括支座)而又未设支承加劲肋或受有移动的集中荷载(如起重机轮压)作用时，应计算腹板计算高度边缘的局部承压强度(见图 8-15)。

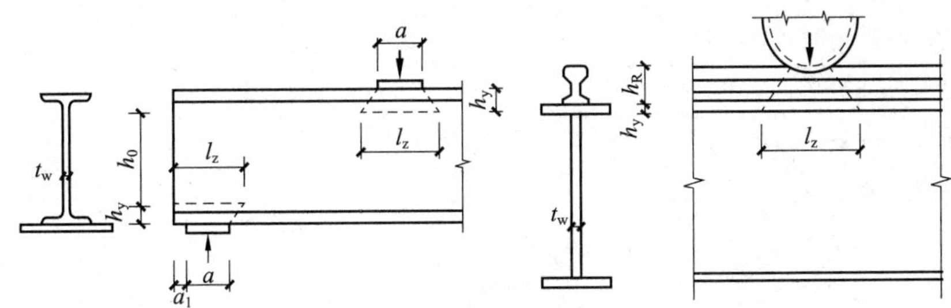

图 8-15　局部压应力

局部承压强度可按式(8-18)计算。

$$\sigma_c=\frac{\Psi F}{t_w l_z}\leqslant f \tag{8-18}$$

式中：F——集中荷载，对动力荷载应乘以动力系数；

Ψ——集中荷载增大系数，对重级工作制起重机轮压，$\Psi=1.35$，对其他 $\Psi=1.0$；

l_z——集中荷载在腹板计算高度处的假定分布长度(对跨中集中荷载，$l_z=a+5h_y+2h_R$，对梁端支座反力，$l_z=a+2.5h_y+2a_1$)；

a——集中荷载沿跨度方向的支承长度，对起重机轮压，无资料时可取 50 mm；

h_y——自梁顶至腹板计算高度处的距离；

h_R——轨道高度，梁顶无轨道时，取 $h_R=0$；

a_1——梁端至支座板外边缘的距离，取值不得大于 $2.5h_y$。

当计算不能满足要求时，可通过在承受固定集中荷载处或支座处，设置横向加劲肋予以加强，也可修改截面尺寸；但当承受移动集中荷载时，则只能修改截面尺寸。

(4)复杂应力作用下的强度计算。

在组合梁腹板的计算高度边缘处，如果同时承受较大的正应力、剪应力或局部压应力，需按式(8-19)验算该处的折算应力。

$$\sqrt{\sigma^2+\sigma_c^2-\sigma\sigma_c+3\tau}\leqslant\beta_1 f \tag{8-19}$$

式中：σ、σ_c、τ——腹板计算高度处同一点的弯曲正应力、剪应力和局部压应力，$\sigma=\frac{M_x}{M_{nx}}\frac{h_0}{h}$，以拉应力为正，压应力为负；

β_1——局部承压强度设计值增大系数(当 σ 与 σ_c 同号或 $\sigma_c=0$ 时，$\beta_1=1.1$；当 σ 与 σ_c 异号时，$\beta_1=1.2$)。

2)受弯构件的刚度计算

为了不影响结构的正常使用，《钢结构设计规范》(GB 50017—2017)规定：在荷载标准值的作用下，受弯构件的刚度应满足式(8-20)的要求。

$$\upsilon\leqslant[\upsilon] \tag{8-20}$$

式中：υ——由荷载标准值(不考虑动力系数)产生的最大挠度；

$[\upsilon]$——构件的挠度容许值，按照表 8－6 取值。

表 8－6　受弯构件挠度容许值

项次	构件类别	挠度容许值	
		$[v_T]$	$[v_Q]$
1	吊车梁和吊车桁架(按自重和起重量最大的一台吊车计算挠度)		
	(1)手动吊车和单梁吊车(含悬挂吊车)	$l/500$	
	(2)轻级工作制桥式吊车	$l/800$	
	(3)中级工作制桥式吊车	$l/1\ 000$	
	(4)重级工作制桥式吊车	$l/1\ 200$	—
2	手动或电动葫芦的轨道梁	$l/400$	
3	有重轨(重量不小于 38 kg/m)轨道的工作平台梁	$l/600$	
	有轻轨(重量不大于 24 kg/m)轨道的工作平台梁	$l/400$	
4	楼(屋)盖梁或桁架、工作平台梁(第 3 项除外)和平台板：		
	(1)主梁或桁架(包括设有悬挂起重设备的梁和桁架)	$l/400$	$l/500$
	(2)抹灰顶棚的次梁	$l/250$	$l/350$
	(3)除(1)、(2)款外的其他梁(包括楼梯梁)	$l/250$	$l/300$
	(4)屋盖檩条		
	支承无积灰的瓦楞铁和石棉瓦屋面者	$l/150$	
	支承压型金属板、有积灰的瓦楞铁和石棉瓦等屋面者	$l/200$	—
	支承其他屋面材料者	$l/200$	
	(5)平台板	$l/150$	

注：1. l 为受弯构件的跨度(对悬臂梁和伸臂梁，l 为悬伸长度的 2 倍)。

2. $[v_T]$为永久荷载和可变荷载标准值产生的挠度(若有起拱，则应减去拱度)的容许值；$[v_Q]$为可变荷载标准值产生的挠度的容许值。

3)受弯构件的稳定性计算

《钢结构设计规范》(GB 50017—2017)规定，当符合下列情况之一时，梁的整体稳定性可以得到保证，不必验算。

(1)有铺板(各种钢筋混凝土板和钢板)密铺在梁的受压翼缘上并与其牢固连接，能阻止梁受压翼缘的侧向位移时。

(2)H 型钢或等截面工字形简支梁受压翼缘的自由长度 l_1 与其宽度 b_t 之比不超过表 8－7 所规定的数值时。如果梁不能满足上述条件，则应验算梁的整体稳定性。

对于在最大刚度主平面内受弯的构件，可按式(8－21)进行验算。

$$\frac{M_x}{\varphi_b W_x} \leqslant f \tag{8-21}$$

式中：M_x——绕强轴作用的最大弯矩；

φ_b——梁的整体稳定性系数；

W_x——按受压纤维确定的梁毛截面模量。

表 8-7　H 型钢或等截面工字形简支梁不需计算整体稳定性的最大 l_1/b_t 值

钢号	跨中无侧向支承点的梁		跨中受压翼缘有侧向支承点的梁，不论荷载作用于何处
	荷载作用在上翼缘	荷载作用在下翼缘	
Q235	13.0	20.0	16.0
Q345	10.5	16.5	13.0
Q390	10.0	15.5	12.5
Q420	9.5	15.0	12.0

注：其他型号的梁不需计算整体稳定性的最大 l_1/b_t 值，应取 Q235 钢的数值乘以 $\sqrt{235/f_y}$。

对于在两个平面受弯的 H 型钢截面或工字形截面构件，可按式(8-22)进行验算。

$$\frac{M_x}{\varphi_b W_x}+\frac{M_y}{\gamma_y W_y}\leqslant f \tag{8-22}$$

$$\varphi_b=1.07-\frac{\lambda_y^2}{44\ 000}\frac{f_y}{235} \tag{8-23}$$

式中：W_x、W_y——按受压纤维确定的对 x 轴和对 y 轴毛截面模量；

φ_b——绕强轴弯曲所确定的梁整体稳定系数[对于工字形截面(含 H 型钢)，当 $\lambda_y\leqslant 120\sqrt{235/f_y}$ 时，梁的整体稳定系数可按式(8-23)近似计算；若按式(8-23)计算所得到的值仍大于 1.0，取 $\varphi_b=1.0$]；

λ_y——梁对弱轴的长细比，$\lambda_y=l_1/i_y$[l_1 为受压翼缘绕弱轴弯曲时侧向支承点间的距离(梁的支座处应视为有侧向支承)，i_y 为梁截面对弱轴的回转半径]；

其他符号含义同前。

4)受弯构件的局部稳定性计算

在考虑受弯构件整体稳定性时，还应考虑其受压翼缘与腹板的局部稳定性问题。对于型钢截面梁，其腹板和翼缘的局部稳定性已经得到保证，不必验算。对于组合截面的构件，其局部稳定性可按下列要求验算。

(1)受压翼缘的局部稳定性应满足式(8-24)的要求。

$$\frac{b}{t}\leqslant 13\sqrt{\frac{235}{f_y}} \tag{8-24}$$

当计算梁抗弯强度取 $\gamma_x=1.0$ 时，b/t 可放宽至 $15\sqrt{235/f_y}$。

箱形截面梁受压翼缘板在两腹板间的无支承宽度 b_0 与其厚度 t 之比应符合式(8-25)的要求。

$$\frac{b_0}{t}\leqslant 40\sqrt{\frac{235}{f_y}} \tag{8-25}$$

(2)腹板的局部稳定性，可以通过腹板高厚比，与设置加劲肋的方法来控制。当腹板的高厚比 $h_0/t_w\leqslant 80\sqrt{235/f_y}$ 时，对其局部稳定性可不进行验算，否则应按《钢结构设计规范》(GB 50017—2017)的要求配置加劲肋，即当 $h_0/t_w>80\sqrt{235/f_y}$ 时，应配置横向加劲肋；当 $h_0/t_w>170\sqrt{235/f_y}$(受压翼缘扭转受到约束时)或 $h_0/t_w>150\sqrt{235/f_y}$(受压翼缘扭转未受到约束时)或按计算需要时，在弯曲应力较大区格的受压区增加配置纵向加劲肋。对于局部压应力很大的梁，必要时尚宜在受压区配置短加劲肋。但在任何情况下，h_0/t_w均不应超过250。此处，h_0为腹板计算高度，t_w为腹板厚度。

3. 偏心受力构件

1）拉弯构件

拉弯构件是指同时承受轴向拉力与弯矩的构件。在桁架中，承受节间荷载的杆件常存在拉弯构件。当拉力较大而弯矩较小时，拉弯构件采用的截面形式与轴心受拉构件的相同；当拉力较小而弯矩较大时，拉弯构件应采用在弯矩作用平面内截面高度较大的截面形式。

通常情况下，拉弯构件只进行强度和刚度的计算；但当拉力较小而弯矩很大时，还应按受弯构件的要求对拉弯构件进行整体稳定性与局部稳定性的计算。

在主平面内承受弯矩作用，且承受静力荷载或间接承受动力荷载时，拉弯构件的强度可按式(8-26)进行计算。

$$\frac{N}{A_n} \pm \frac{M_x}{\gamma_x W_{nx}} \pm \frac{M_y}{\gamma_y W_{ny}} \leqslant f \tag{8-26}$$

当弯矩作用在主平面内，且直接承受动力荷载时，拉弯构件的强度仍按式(8-26)计算，但截面塑性发展系数取$\gamma_x = \gamma_y = 1.0$。

拉弯构件的刚度计算公式为

$$\lambda \leqslant [\lambda] \tag{8-27}$$

2）压弯构件

压弯构件是指同时承受轴向压力与弯矩的构件。在桁架中，承受节间荷载的杆件也常存在压弯构件。当压力较大而弯矩较小时，压弯构件采用的截面形式与轴心受压构件的相同；当压力较小而弯矩较大时，压弯构件应采用弯矩作用平面内截面高度较大的截面形式。

压弯构件也需要进行强度、刚度、整体稳定性和与局部稳定性计算。其强度计算同拉弯构件一样；刚度计算与轴心受压构件相同，容许长细比也相同；其整体稳定也应进行弯矩作用平面内的稳定性计算与弯矩作用平面外的稳定性计算，而局部稳定包括翼缘板的局部稳定与腹板的局部稳定。

(1)翼缘板的局部稳定性可按式(8-28)计算。

$$\frac{b}{t} \leqslant 15\sqrt{\frac{235}{f_y}} \tag{8-28}$$

式中：b——受压翼缘自由外伸宽度，对焊接结构取腹板边至翼缘板(肢)边缘的距离，对轧制构件取内圆弧起点至翼缘板(肢)边缘的距离；

t——受压翼缘厚度。

(2)腹板的局部稳定(工字形截面)应符合以下要求：

①当$0 \leqslant a_0 \leqslant 1.6$时。

$$\frac{h_0}{t} \leqslant (16a_0 + 0.5\lambda + 25)\sqrt{\frac{235}{f_y}} \tag{8-29}$$

②当$1.6 < a_0 \leqslant 2.0$时。

$$\frac{h_0}{t} \leqslant (48a_0 + 0.5\lambda - 26.2)\sqrt{\frac{235}{f_y}} \tag{8-30}$$

式中：λ——构件在弯矩作用平面内的长细比(当$\lambda < 30$时，取$\lambda = 30$，当$\lambda > 100$时，取$\lambda =$

100)；

a_0——应力系数，$a_0=(\sigma_{max}-\sigma_{min})/\sigma_{max}$（其中，$\sigma_{max}$为腹板计算高度边缘的最大压应力，计算时不考虑构件的稳定系数，σ_{min}为腹板计算高度另一边缘相应的应力，压应力取正值，拉应力取负值）。

8.3　钢结构的连接构造

钢结构的连接包括两部分内容：一是钢构件的加工制作；另一个是结构体系之间各构件的安装组合。前者可以在工厂或施工现场采用钢板、型钢等钢材按照设计要求进行加工制作，完成结构所需的基本构件，如梁、柱、桁架等；后者一般在施工现场按照一定的程序与工程部位，将基本构件连接为一个结构体系，如厂房、桥梁、体育馆等。无论是基本钢构件自身的连接，还是构件之间的连接，连接部位都应具备足够的刚度、强度与延性，以满足结构的传力与使用要求。

现代钢结构建筑中，钢结构的连接方式通常有焊缝连接、铆钉连接与螺栓连接三种形式（见图 8－16）。铆钉连接需要在钢构件上开孔，用加热的铆钉进行铆合，也可用常温的铆钉进行铆合但需要较大的铆合力，其连接稳定、传力可靠、韧性与塑性较好、质量易于检查，适用于承受动力荷载、荷载较大与跨度较大的结构，如桥梁结构。但是铆钉连接费工费料、噪声与劳动强度大，已渐渐地被焊缝连接和螺栓连接替代。另外，在薄壁钢结构中，也经常采用射钉与自攻螺钉连接。

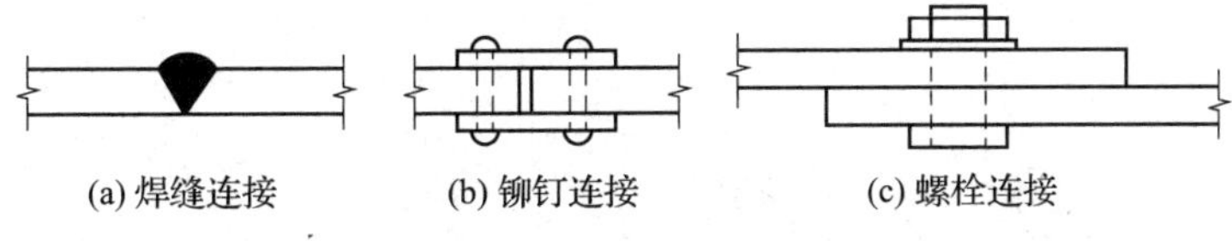

图 8－16　钢结构的主要连接方式

这里主要介绍焊缝连接与螺栓连接两种形式，其他内容可以参看《钢结构设计规范》（GB 50017—2017）。

8.3.1　焊缝连接

1. 焊缝连接的类型

焊缝连接是指通过加热将连接处的钢材熔化而融合在一起的连接方式。焊缝连接构造简单、省钢省工，而且能实现自动化操作，一般不需要拼接材料。除少数直接承受动力荷载结构的某些连接不宜采用焊缝连接外，其他以及任何形状的结构都可采用焊缝连接。焊缝连接已经广泛用于工业和民用建筑钢结构，是现代钢结构最主要的连接方式。

焊缝连接的形式多样，通常从构件连接的相对位置、构造与施焊位置等进行分类。

（1）按构件连接的相对位置划分，焊缝连接有对接、搭接、T 形连接与角接等形式（见图 8－17）。

（2）按构造划分，焊缝连接有对接焊缝与角焊缝两种形式。对接焊缝按其受力方向分为正对接焊缝与斜对接焊缝（见图 8－18(a)、(b)），角焊缝也可再分为正面角焊缝、斜面角焊缝与斜焊缝（见图 8－18(c)）。

（3）按施焊位置划分，焊缝可分为平焊、立焊、横焊与仰焊等形式（见图 8－19）。

平焊的施焊工作方便，质量易于保证。立焊和横焊的质量及生产效率比平焊差一些。仰

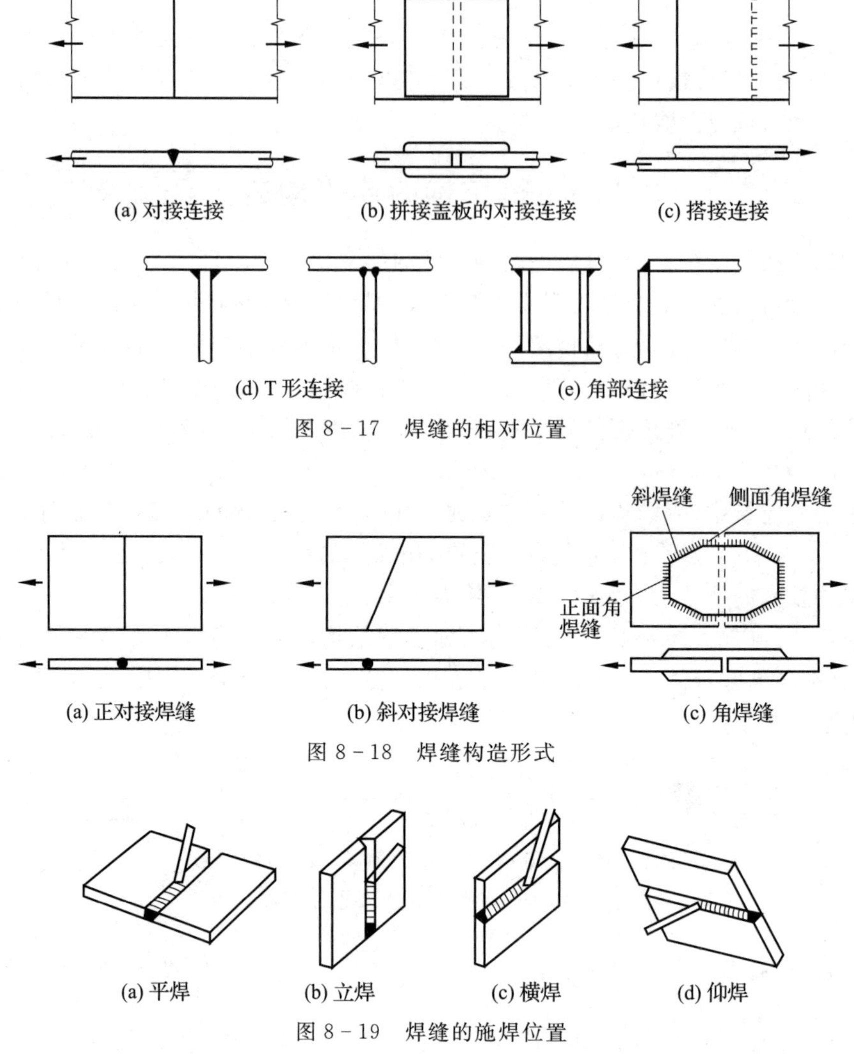

(a) 对接连接　(b) 拼接盖板的对接连接　(c) 搭接连接

(d) T 形连接　(e) 角部连接

图 8－17　焊缝的相对位置

(a) 正对接焊缝　(b) 斜对接焊缝　(c) 角焊缝

图 8－18　焊缝构造形式

(a) 平焊　(b) 立焊　(c) 横焊　(d) 仰焊

图 8－19　焊缝的施焊位置

焊的操作条件最差，焊缝质量也不易保证。焊缝的施焊位置由连接构造决定，设计时应尽量采用平焊的焊接构造，避免采用仰焊焊缝。

2. 焊缝的常用代号

由于焊缝的形式多样，便于工程施工图的绘制和识图，现行《焊缝符号表示法》(GB/T 324—2008)给予了相应的规定：每种焊缝形式可由其特定的焊缝代号表达，焊缝代号由指引线、图形符号与辅助符号三部分组成。指引线是由箭头线与基准线(实线和虚线)组成。箭头指到图形上的相应焊缝处，基准线的上面与下面用来标注图形符号和焊缝尺寸。当箭头指向焊缝所在的一面时，应将图形符号与焊缝尺寸等标注在基准线的上面；当箭头指向焊缝所在的另一面时，应将图形符号与焊缝尺寸等标注在基准线的下面。必要时，可在基准线的末端加一尾部作为其他说明之用。图形符号是表示焊缝的基本形式，如用“◺”表示角焊缝，用“V”表示 V 形坡口对接焊缝等。辅助符号表示焊缝的辅助要求，如用“▶”表示现场安装焊缝等。一些常用的焊缝代号如表 8－8 所示。

表 8-8　部分常用焊缝代号

	角焊缝			
	单面焊	双面焊	安装焊缝	相同焊缝
形式	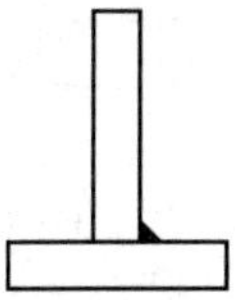	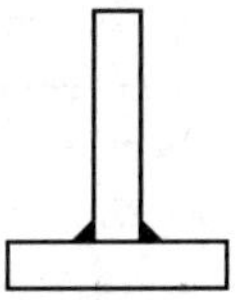		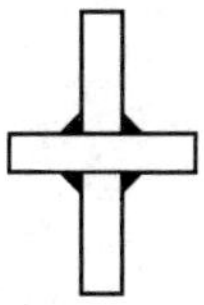
标注方法	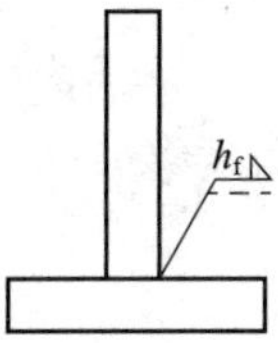 h_f	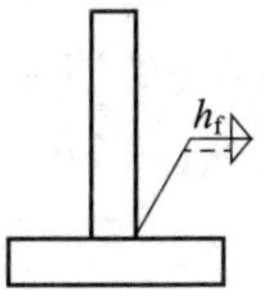 h_f	 $4h_f$	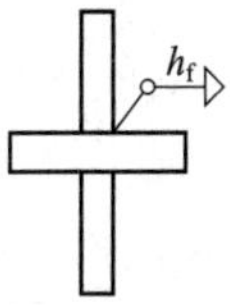 h_f

	对接焊缝	塞焊缝	三面焊缝
形式	a c p a c		
标注方法	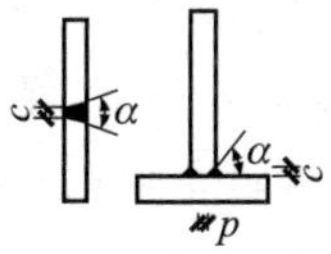 c α α c p	 h_f	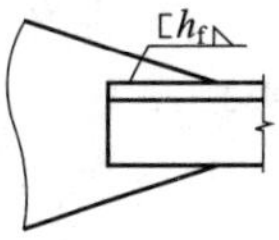 h_f

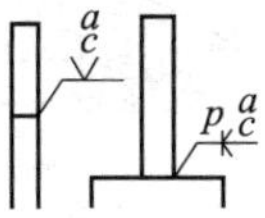

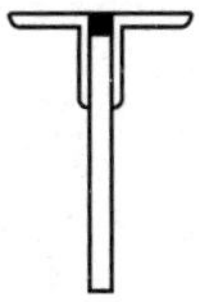

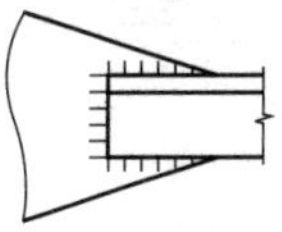

如果焊缝分布比较复杂或用上述标注方法不能表达清楚，可在标注焊缝代号的同时，再在图形上加栅线表示(见图 8-20)。

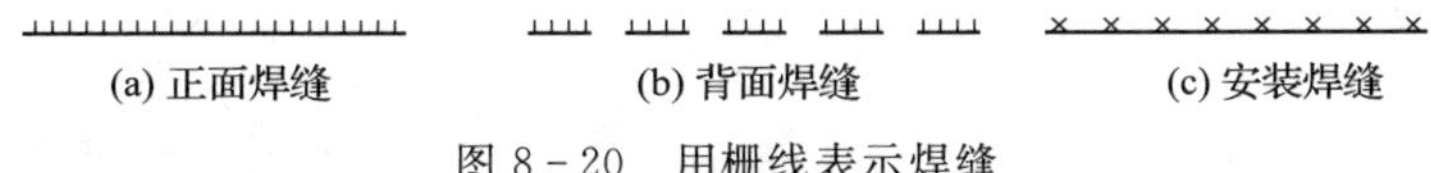

图 8-20　用栅线表示焊缝

3. 焊缝的构造要求

1)对接焊缝的构造要求

对接焊缝的坡口形式有 I 形、单边 V 形、V 形、U 形、K 形与 X 形等，如图 8-21 所示(图中 c 为焊缝厚度，p 为焊缝长度)。其坡口形式与焊件厚度有关。当焊件厚度(手工焊为 6 mm，埋弧焊为 10 mm)很小时，可用直边缝。对于一般厚度的焊件，可采用具有单边 V 形坡口或 V 形焊缝。对于较厚($t>20$ mm)的焊件，可采用 U 形、K 形与 X 形缝。对于 V 形与 U 形，需对焊缝根部进行补焊。

对接焊缝的拼接处，当焊件的宽度不同或厚度相差 4 mm 以上时，应分别在宽度方向或厚度方向上从一侧或两侧做成坡度不大于 1∶2.5 的斜角，以使截面过渡和缓，减小应力集中(见图 8-22)。

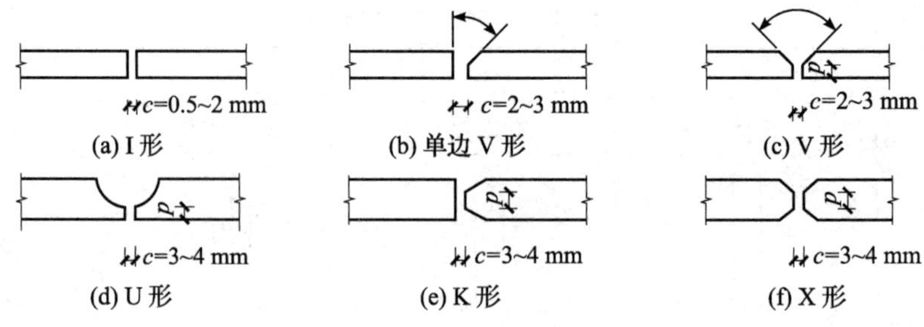

图 8-21　对接焊缝的坡口形式

焊缝的起灭弧处，要设置引弧板与引出板（见图 8-23），焊后将其割除。对受静力荷载的结构设置引弧（出）板有困难时，允许不设引弧（出）板，但焊缝计算长度 l_w 等于实际长度减 $2t$（t 为较薄焊件的厚度）。

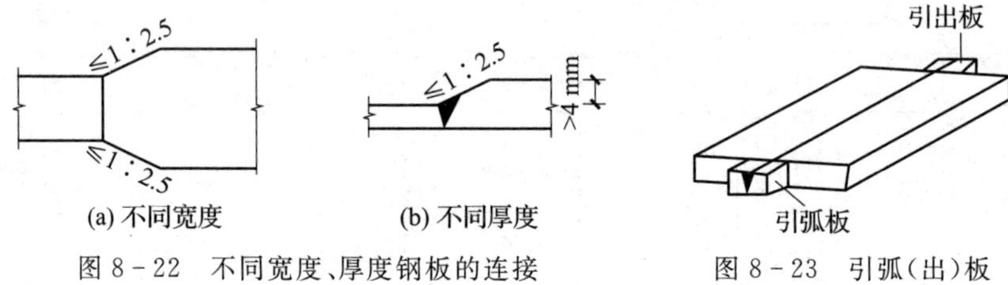

图 8-22　不同宽度、厚度钢板的连接　　图 8-23　引弧（出）板

2）角焊缝的构造要求

角焊缝是最常见的焊缝，焊接时不需要加工坡口，施焊比较方便，但相对于对接焊缝，其传力线较曲折，有明显的应力集中现象。角焊缝的截面形式有直角形（见图 8-24）与斜角形（见图 8-25），直角形有凸形角、平形角与凹形角等，一般情况下采用凸形角焊缝，但在端焊缝中，它会使传力线弯折，应力集中严重。因此，在直接承受动力荷载的结构中，其端焊缝宜采用平形（长边顺内力方向），也可采用凹形。

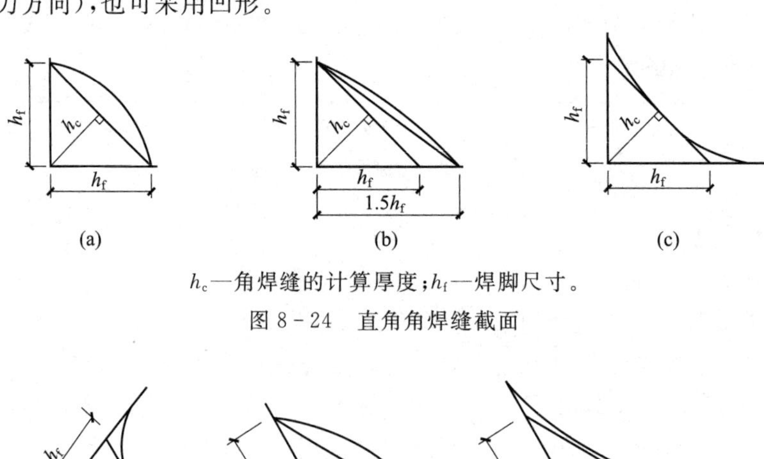

h_c—角焊缝的计算厚度；h_f—焊脚尺寸。

图 8-24　直角角焊缝截面

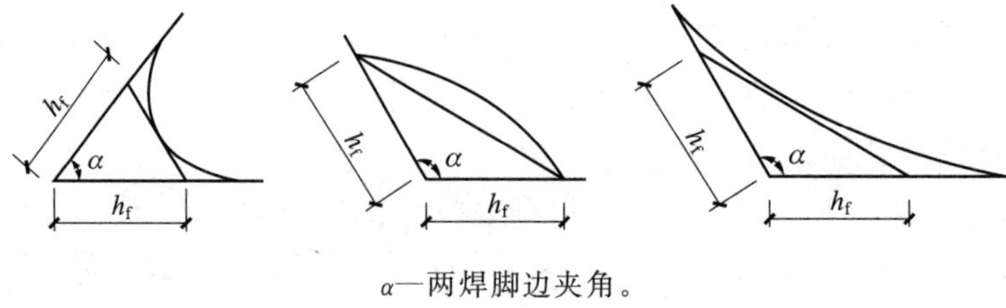

α—两焊脚边夹角。

图 8-25　斜角角焊缝截面

角焊缝的主要尺寸是焊脚尺寸 h_f 与焊缝计算长度 l_w，考虑起弧与灭弧的影响，取 $l_w=2h_f$。

角焊缝的焊脚尺寸应与焊件的厚度相适应，不宜过大或过小。焊脚尺寸过小，难以保证焊缝的最小承载能力与防止焊缝因冷却过快而产生的裂纹；焊脚尺寸太大，难以避免焊缝冷却收缩而产生的较大的焊接变形，且热影响区扩大，容易产生脆裂，较薄焊件易被烧穿。因此，《钢结构设计规范》(GB 50017—2017)规定了角焊缝的最小焊脚尺寸和最大焊脚尺寸。

(1)角焊缝的最小焊脚尺寸。对于焊条电弧焊，$h_f \geqslant 1.5\sqrt{t}$（$t$ 为较厚焊件的厚度）；对于埋弧自动焊与 T 形连接的单面角焊缝，$h_f \geqslant 1.5\sqrt{t}-1$；当焊件厚度不大于 4 mm 时，$h_f$ 取焊件的厚度值。

(2)角焊缝的最大焊脚尺寸。对于 T 形连接角焊缝，$h_f \leqslant 1.2t$（t 为较薄焊件的厚度）；在板边缘的角焊缝，当板厚 $t \leqslant 6$ mm 时，$h_f \leqslant t$；当板厚 $t > 6$ mm 时，$h_f \leqslant t-(1\sim2)$ mm。

同样，角焊缝的长度也不宜过小或过大。过小会使杆件局部加热严重，且起弧和弧坑相距太近，加上一些可能产生的缺陷，使焊缝不够可靠；长度过大，侧面角焊缝的应力沿长度分布不均匀，焊缝越长，其差别也越大，太长时焊缝两端应力可能已经达到极限强度而破坏，此时焊缝中部还未充分发挥其承载力。这种应力分布的不均匀性，对承受动力荷载的结构尤其不利。所以，侧面角焊缝和正面角焊缝的计算长度 $l_w \geqslant 8h_f$ 或 40 mm，且侧面角焊缝 $l_w \leqslant 60h_f$。但是，若内力沿侧面角焊缝全长分布，则 l_w 不受此限制。

3)焊缝的强度设计值

焊缝的强度设计值可按表 8-9 取用。《钢结构工程施工质量验收规范》(GB 50205—2020)规定，焊缝依其质量检查标准分为三个等级。三级焊缝只要求检查焊缝实际尺寸是否符合设计要求以及有无看得见的裂纹、咬边等缺陷。对有较大拉应力的对接焊缝以及直接承受动力荷载的较重要的对接焊缝，宜采用二级焊缝；对抵抗动力与疲劳性能有较高要求的部位可采用一级焊缝。对一级或二级焊缝，在外观检查的基础上应再做无损检验。钢结构一般采用三级焊缝。

表 8-9　焊缝的强度设计值　　单位：N/mm^2

焊接方法和焊条型号	构件钢材		对接焊缝				角焊缝
	牌号	厚度或直径/mm	抗压 f_c^w	焊缝质量为下列等级时，抗拉 f_t^w		抗剪 f_v^w	抗拉、抗压和抗剪 f_f^w
				一级、二级	三级		
自动焊、半自动焊和E43 型焊条的手工焊	Q235钢	≤16	215	215	185	125	160
		>16～40	205	205	175	120	
		>40～60	200	200	170	115	
		>60～100	190	190	160	110	
自动焊、半自动焊和E50 型焊条的手工焊	Q345钢	≤16	310	310	265	180	200
		>16～35	295	295	250	170	
		>35～50	265	265	225	155	
		>50～100	250	250	210	145	

续表

焊接方法和焊条型号	构件钢材		对接焊缝				角焊缝
	牌号	厚度或直径/mm	抗压 f_c^w	焊缝质量为下列等级时，抗拉 f_t^w		抗剪 f_v^w	抗拉、抗压和抗剪 f_f^w
				一级、二级	三级		
自动焊、半自动焊和E55型焊条的手工焊	Q390钢	≤16	350	350	300	205	220
		>16～35	325	325	285	190	
		>35～50	315	315	270	180	
		>50～100	295	295	250	170	
	Q420钢	≤16	380	380	320	220	220
		>16～35	360	360	305	210	
		>35～50	340	340	290	195	
		>50～100	325	325	275	185	

注：1. 自动焊和半自动焊所采用的焊丝和焊剂，应保证其熔敷金属的力学性能不低于《埋弧焊用碳钢焊丝和焊剂》(GB/T 5293—2018)和《埋弧焊用低合金钢焊丝和焊剂》(GB/T 12470—2018)中相关的规定。

2. 焊缝质量等级应符合《钢结构工程施工质量验收规范》(GB 50205—2020)的规定。其中，厚度小于8 mm钢材的对接焊缝不应采用超声波探伤确定焊缝质量等级。

3. 对接焊缝在受压区的抗弯强度设计值取 f_c^w，在受拉区的抗弯强度设计值取 f_t^w。

4. 表中厚度是指计算点的钢材厚度，对轴心受拉和轴心受压构件是指截面中较厚板件的厚度。

5. 对无垫板的单面施焊对接焊缝的连接计算，表中规定的强度设计值应乘以折减系数 0.85。

4. 焊缝的强度计算

1)对接焊缝的强度计算

轴心力作用下的对接焊缝连接(见图 8－26)的强度，可按式(8－31)计算

$$\sigma = \frac{N}{l_w t} \leqslant f_t^w \text{ 或 } f_c^w \tag{8-31}$$

式中：N——轴心拉力或压力；

l_w——焊缝的计算长度，当未采用引弧板时，取实际长度减 $2t$；

t——对接焊缝中焊件的较小厚度，在 T 形接头中为腹板厚度；

f_t^w、f_c^w——对接焊缝的抗拉强度设计值和抗压强度设计值，见表 8－9。

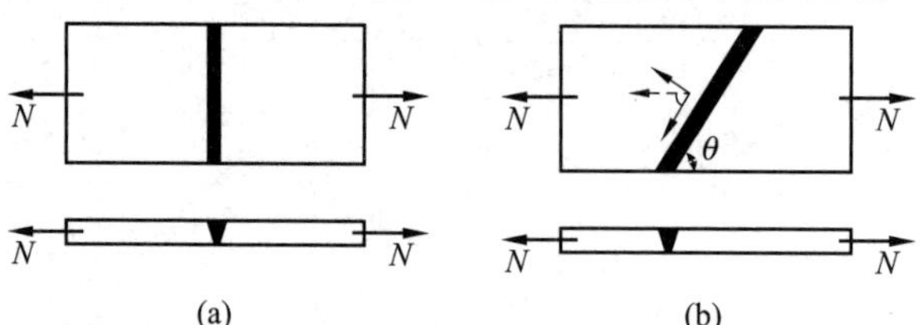

图 8－26　轴心力作用下的对接焊缝连接

若承受轴心力的钢板用斜焊缝对接，焊缝与作用力间的夹角 θ 符合 $\tan\theta \leqslant 1.5$ 时，则其强度可不计算。

在对接接头和 T 形接头中，承受弯矩、剪力共同作用的对接焊缝或对接与角接组合焊缝，其正应力与剪应力应分别进行计算；但在同时受有较大正应力与剪应力处，应按式(8-32)计算折算应力。

$$\sqrt{\sigma^2+3\tau^2}\leqslant 1.1f_t^w \tag{8-32}$$

2)直角角焊缝的强度计算

角焊缝以传递剪力为主，根据不同的受力形式，按照作用力与焊缝长度方向间的关系，采用不同的公式进行强度计算。

(1)在通过焊缝形心的拉力、压力或剪力作用下，正面角焊缝(作用力垂直于焊缝的长度方向)的强度 σ_f 计算公式为

$$\sigma_f=\frac{N}{l_w h_e}\leqslant \beta_f f_f^w \tag{8-33}$$

式中：σ_f——按焊缝有效截面($l_w h_e$)计算，垂直于焊缝长度方向的应力；

N——轴心拉力或压力；

l_w——角焊缝的计算长度，每条焊缝取其实际长度减去 $2h_f$；

h_e——角焊缝的计算厚度，直角角焊缝等于 $0.7h_f$；

β_f——正面角焊缝的强度设计值增大系数，对承受静力荷载和间接承受动力荷载的结构，$\beta_f=1.22$，对直接承受动力荷载的结构，$\beta_f=1.0$；

f_f^w——角焊缝强度设计值。

(2)侧面角焊缝(作用力平行于焊缝的长度方向)的强度 τ_f 计算公式为

$$\tau_f=\frac{N}{l_w h_e}\leqslant f_f^w \tag{8-34}$$

式中：τ_f——按焊缝有效截面计算的沿焊缝长度方向的剪应力；

其他符号含义同前。

(3)在各种应力的综合作用下，σ_f 与 τ_f 共同作用处的角焊缝的强度计算公式为

$$\sqrt{\left(\frac{\sigma_f}{\beta_f}\right)^2+\tau^2}\leqslant f_f^w \tag{8-35}$$

8.3.2 螺栓连接

1. 螺栓连接的类型

螺栓连接分为普通螺栓连接与高强螺栓连接(见图 8-27)。

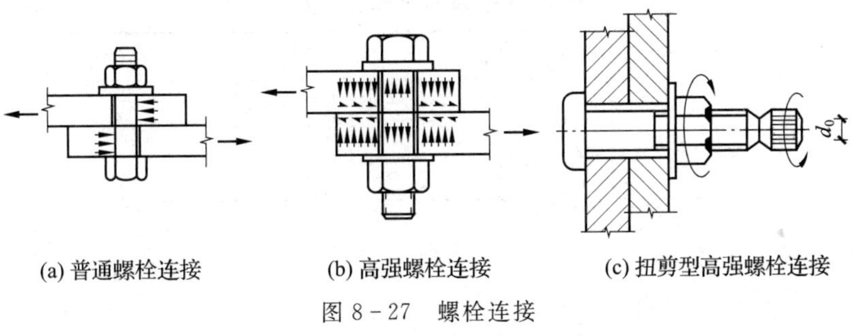

(a) 普通螺栓连接　(b) 高强螺栓连接　(c) 扭剪型高强螺栓连接

图 8-27　螺栓连接

1)普通螺栓连接

普通螺栓分 A、B、C 三级,A 级与 B 级为精制螺栓,C 级为粗制螺栓。A 级与 B 级的材料性能等级为 5.6 级与 8.8 级,C 级螺栓的材料性能等级为 4.6 级与 4.8 级。其中,数字的个位代表抗拉强度 100 N/mm^{2}的倍数,小数代表屈服强度与抗压强度的比值。例如,8.8 级螺栓表示其抗拉强度不小于 800 N/mm^2,屈强比为 0.8。

C 级螺栓装卸便利,不需特殊设备,但螺杆与钢板孔壁不够紧密,螺栓不宜受剪;A 级、B 级螺栓的栓杆与栓孔的加工都有严格要求,受力性能较 C 级螺栓好,但要求更高,制作与安装复杂,费用较高,目前已很少采用。C 级螺栓一般用于沿螺栓杆轴心受拉的连接中,以及次要结构的抗剪连接或安装时的临时固定。

2)高强螺栓连接

高强螺栓有 8.8 级和 10.9 级,主要采用 45 号钢、40B 钢、20MnTiB 钢等材质。高强螺栓按传力特点可分为摩擦型与承压型两类。摩擦型高强螺栓的连接依靠被连接件间的摩擦阻力传力,剪力等于摩擦力时,即为设计极限荷载。承压型高强螺栓连接的传力特征,是剪力超过摩擦力时,构件间发生相互滑动,螺栓杆身与孔壁接触,由摩擦力与杆身的剪切、承压共同传力。当构件间产生较大的塑性变形或接近破坏时,荷载主要由杆身承担。承压型高强螺栓连接的承载力比摩擦型要高得多,但变形较大,不适用于承受动力荷载的连接。摩擦型高强螺栓的孔径比螺栓的公称直径大 1.5～2.0 mm,承压型高强螺栓的孔径比螺栓的公称直径大 1.0～1.5 mm。

高强螺栓的形状、连接构造与普通螺栓基本相同。两者的主要区别是:普通螺栓的连接依靠杆身承压与抗剪来传递剪力(见图 8-27(a)),高强螺栓的连接是首先给螺栓施加很大的预拉力(通过扭紧螺母实现),使被连接件的接触面之间产生挤压力,在垂直于螺杆方向有很大的摩擦力,依靠这种摩擦力来传递剪力(见图 8-27(b))。

与焊缝连接相比,螺栓连接的优点是安装方便,特别适用于工地安装连接,也便于拆卸,适用于需要装拆结构的连接与临时性连接。螺栓连接的缺点是需要在板件上开孔和拼装时对孔,增加制造工作量,此外,螺栓孔还会使构件截面削弱,且被连接的板件需要相互搭接或另加角钢或拼接板等连接件,造成钢材的浪费。

2. 常用螺栓及孔洞图例

钢结构施工图上,需要将螺栓及其孔眼的施工要求用图形表示清楚,以免引起混淆。螺栓及其孔眼图例见表 8-10。

表 8-10 螺栓及其孔眼图例

名称	永久螺栓	高强螺栓	安装螺栓	圆形螺栓孔	长圆形螺栓孔
图例				ϕ	b

3. 螺栓连接的构造要求

1)螺栓布列间距不宜过大或过小

螺栓在构件上的排列通常有并列与错列两种形式。在布列时,各螺栓之间的距离应当适宜,若螺栓间距过小,会使螺栓周围应力相互影响,也会使构件截面削弱过多,降低承载力,不便于施工安装操作；若螺栓间距过大，则会使连接件间不能紧密贴合，在受压时容易发生鼓曲现象，且一旦潮气侵入缝隙，还会使钢材生锈。

螺栓的最大、最小容许距离应符合表 8-11 的要求。除此之外，还应满足以下构造要求。

表 8-11　螺栓或铆钉的最大、最小容许距离

<table>
<tr><th>名称</th><th colspan="3">位置和方向</th><th>最大容许距离
（取两者的较小值）</th><th>最小容许距离</th></tr>
<tr><td rowspan="5">中心间距</td><td colspan="3">外排（垂直内力方向或顺内力方向）</td><td>$8d_0$或$12t$</td><td rowspan="5">$3d_0$</td></tr>
<tr><td rowspan="3">中间排</td><td colspan="2">垂直内力方向</td><td>$16d_0$或$24t$</td></tr>
<tr><td rowspan="2">顺内力方向</td><td>构件受压力</td><td>$12d_0$或$18t$</td></tr>
<tr><td>构件受拉力</td><td>$16d_0$或$24t$</td></tr>
<tr><td colspan="3">沿对角线方向</td><td>—</td></tr>
<tr><td rowspan="4">中心至构件边缘距离</td><td colspan="3">顺内力方向</td><td rowspan="4">$4d_0$或$8t$</td><td>$2d_0$</td></tr>
<tr><td rowspan="3">垂直内力方向</td><td colspan="2">剪切边或手工气割边</td><td rowspan="2">$1.5d_0$</td></tr>
<tr><td rowspan="2">轧制边、自动气割或锯割边</td><td>高强螺栓</td></tr>
<tr><td>其他螺栓</td><td>$1.2d_0$</td></tr>
</table>

注：1. d_0为螺栓的孔径，t为外层较薄板件的厚度。

2. 钢板边缘与刚性构件（如角钢、槽钢等）相连的螺栓的最大间距可按中间排的数值采用。

(1)每一杆件在节点上以及拼接接头的一端，永久性的螺栓数不宜少于两个。对组合构件的缀条，其端部连接可采用一个螺栓。

(2)C 级螺栓宜用于沿其杆轴方向受拉连接，但是在承受静力荷载或间接承受动力荷载结构中的次要连接，在承受静力荷载的可拆卸结构的连接，以及临时固定构件用的安装连接，也可采用 C 级螺栓受剪连接。

(3)对直接承受动力荷载的普通螺栓受拉连接，应采用双螺帽或其他能防止螺帽松动的有效措施，如采用弹簧垫圈，或将螺帽与螺杆焊死等方法。

2)螺栓连接的强度设计值

螺栓连接的强度设计值，可以按照表 8-12 的值取用。

表 8-12　螺栓连接的强度设计值

<table>
<tr><th colspan="2" rowspan="3">螺栓的性能等级、锚栓和构件钢材的牌号</th><th colspan="6">普通螺栓</th><th rowspan="2">锚栓</th><th colspan="3" rowspan="2">承压型连接高强螺栓</th></tr>
<tr><th colspan="3">C 级螺栓</th><th colspan="3">A 级、B 级螺栓</th></tr>
<tr><th>抗拉
f_t^b</th><th>抗剪
f_v^b</th><th>承压
f_c^b</th><th>抗拉
f_t^b</th><th>抗剪
f_v^b</th><th>承压
f_c^b</th><th>抗拉
f_t^a</th><th>抗拉
f_t^b</th><th>抗剪
f_v^b</th><th>承压
f_c^b</th></tr>
<tr><td rowspan="3">普通螺栓</td><td>4.6 级、4.8 级</td><td>170</td><td>140</td><td></td><td></td><td></td><td></td><td></td><td></td><td></td><td></td></tr>
<tr><td>5.6 级</td><td></td><td></td><td></td><td>210</td><td>190</td><td></td><td></td><td></td><td></td><td></td></tr>
<tr><td>8.8 级</td><td></td><td></td><td></td><td>400</td><td>320</td><td></td><td></td><td></td><td></td><td></td></tr>
</table>

续表

螺栓的性能等级、锚栓和构件钢材的牌号		普通螺栓						锚栓	承压型连接高强螺栓		
		C级螺栓			A级、B级螺栓						
		抗拉 f_t^b	抗剪 f_v^b	承压 f_c^b	抗拉 f_t^b	抗剪 f_v^b	承压 f_c^b	抗拉 f_t^a	抗拉 f_t^b	抗剪 f_v^b	承压 f_c^b
锚栓	Q235钢							140			
	Q345钢							180			
承压型连接高强螺栓	8.8级								400	250	
	10.9级								500	310	
构件	Q235钢			305			405				470
	Q345钢			385			510				590
	Q390钢			400			530				615
	Q420钢			425			560				655

4. 普通螺栓连接的计算

1)抗剪承载力计算

试验研究表明，抗剪螺栓连接的破坏形式有螺栓杆剪断、孔壁压坏、钢板被拉断、板端被剪断、螺栓杆弯曲等(见图8-28)。板端被剪断、螺栓杆弯曲可以通过构造要求来保证，即通过限制端距$e \geqslant 2d_0$(d_0为螺栓的孔径)避免板端被剪断，通过限制叠板厚度不大于$5d$(d为螺栓杆的直径)避免螺栓杆弯曲。螺栓杆剪断、孔壁压坏、钢板被拉断需要通过计算来保证连接的安全，钢板被拉断属于构件的强度计算。因此，抗剪螺栓连接的计算只考虑螺栓杆剪断、孔壁压坏两种破坏形式。

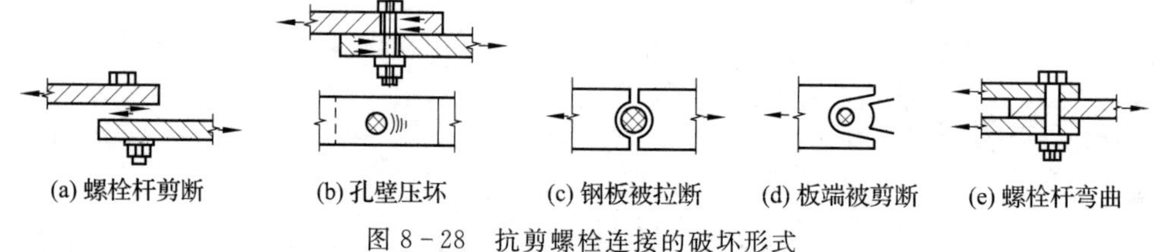

(a) 螺栓杆剪断　(b) 孔壁压坏　(c) 钢板被拉断　(d) 板端被剪断　(e) 螺栓杆弯曲

图8-28　抗剪螺栓连接的破坏形式

在普通螺栓的抗剪连接中，每个普通螺栓的承载力设计值N_{min}应取抗剪与承压承载力设计值中的较小者，其计算公式如下。

抗剪承载力设计值：$$N_v^b = n_v \frac{\pi d^2}{4} f_v^b \tag{8-36}$$

承压承载力设计值：$$N_c^b = d f_c^b \sum t \tag{8-37}$$

式中：N_v^b、N_c^b——一个普通螺栓的抗剪承载力设计值、承压承载力设计值；

n_v——受剪面数目，单剪$n_v=1$，双剪$n_v=2$；

d——螺栓杆直径；

f_v^b、f_c^b——螺栓抗剪强度设计值、承压强度设计值；

$\sum t$ ——在不同受力方向中一个受力方向承压构件总厚度的较小值。

2)抗拉承载力计算

普通螺栓杆轴方向受拉连接中,单个普通螺栓承载力设计值可按式(8 - 38)计算。

$$N_t^b = \frac{\pi d_c^2}{4} f_t^b \tag{8-38}$$

式中:d_c——螺栓在螺纹处的有效直径,可按表 8 - 13 采用;

N_t^b ——一个普通螺栓的受拉承载力设计值。

表 8 - 13　螺栓螺纹处有效截面面积

公称直径/mm	12	16	18	20	22	24	27	30
$\frac{\pi d_c^2}{4}$ /mm²	84	157	192	245	303	363	459	561

3)同时承受剪力与杆轴方向拉力的普通螺栓计算

该种状态下的普通螺栓剪拉承载力,可按式(8 - 39)与式(8 - 40)计算。

$$\sqrt{\left(\frac{N_v}{N_v^b}\right)^2 + \left(\frac{N_t}{N_t^b}\right)^2} \leqslant 1 \tag{8-39}$$

$$N_v \leqslant N_c^b \tag{8-40}$$

式中:N_v、N_t——一个普通螺栓所承受的剪力和拉力。

4)螺栓群在弯矩作用下的计算

弯矩作用下的螺栓群(见图 8 - 29),其剪力一般通过连接件下的承托板传递;弯矩通过螺栓群承受,此时中性轴在最下排螺栓处,螺栓 N_i 的拉力应符合式(8 - 41)的计算要求(最上排螺栓的受力最不利)。

$$N_i = \frac{My_i}{m\sum y_i^2} \leqslant N_t^b \tag{8-41}$$

式中:m——螺栓排列的纵向列数;

y_i——各螺栓到螺栓群中和轴的距离。

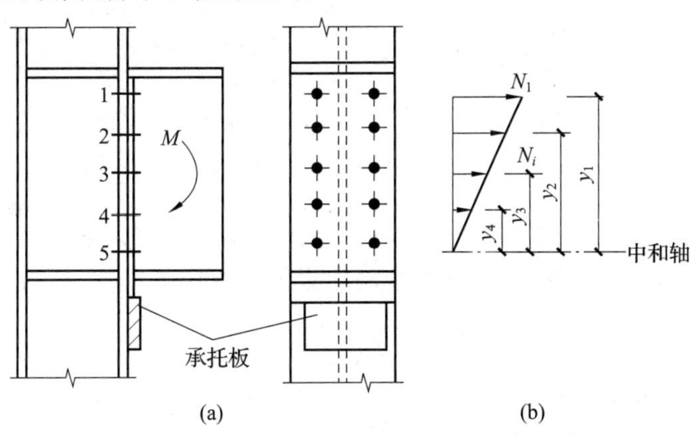

图 8 - 29　弯矩作用下的螺栓群

此外,螺栓群偏心受剪、螺栓群偏心受拉(包括小偏心受拉和大偏心受拉)、螺栓群受剪力与拉力的共同作用，以及高强螺栓抗剪连接的具体计算，参看《钢结构设计规范》(GB 50017—2017)的规定。

8.4 钢结构构件的连接构造

钢结构构件的连接，按传力与变形情况可分为铰接、刚接与介于两者之间的半刚接三种基本类型。半刚接在设计中采用较少，这里仅介绍铰接与刚接。

8.4.1 主梁与次梁的连接

一般情况下，次梁与主梁的连接方式主要有铰接与刚接两种，通常采用铰接，但对于连续梁与多高层框架梁，应运用刚接的形式。

1)次梁与主梁的铰接

次梁与主梁的铰接从构造上可分为两类：一类是叠接，即将次梁直接放在主梁上，并用焊缝或螺栓连接(见图 8－30(a))；另一类平接，即主梁与次梁侧向连接(见图 8－30(b))。

由于平接可以减小梁格的结构高度，并增加梁格刚度，实际工程中应用较多。

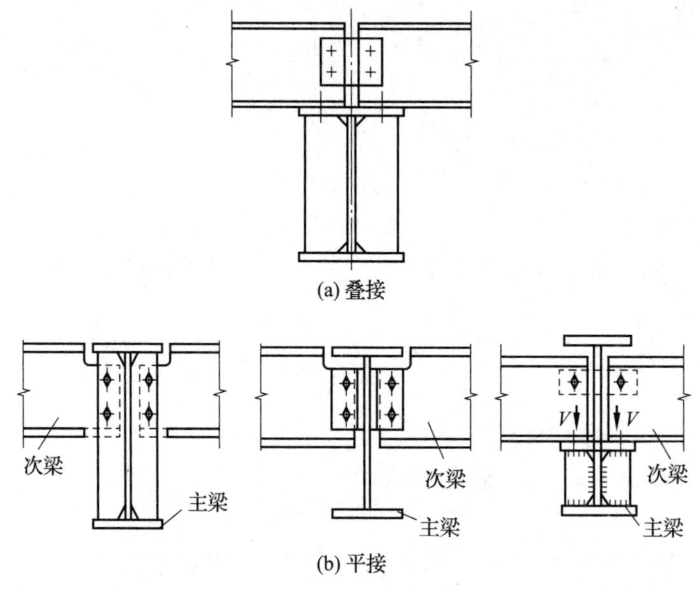

图 8－30 次梁与主梁的铰接

2)次梁与主梁的刚接

次梁与主梁的刚接，是将相邻次梁连接成支承于主梁上的连续梁。为了承受次梁端部的弯矩，在次梁上翼缘处设置连接盖板，盖板应与次梁上翼缘用焊缝连接，次梁下翼缘与承托板处也应采用焊缝连接(见图 8－31)。

8.4.2 梁与柱的连接

梁与柱的连接也有两种形式，即铰接与刚接。

1)梁与柱的铰接

梁与柱铰接有两种构造形式：一种是梁置于柱顶(见图 8－32)；另一种是梁与柱侧向连接

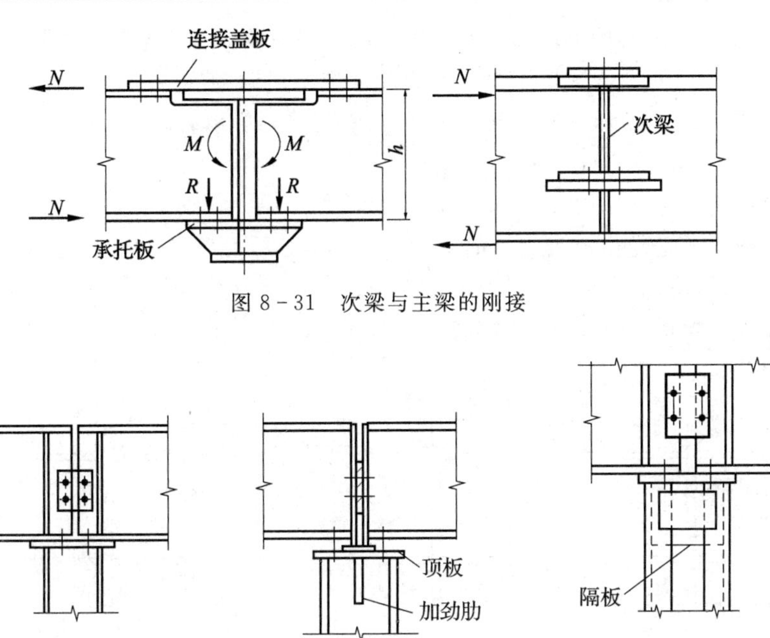

图 8-31　次梁与主梁的刚接

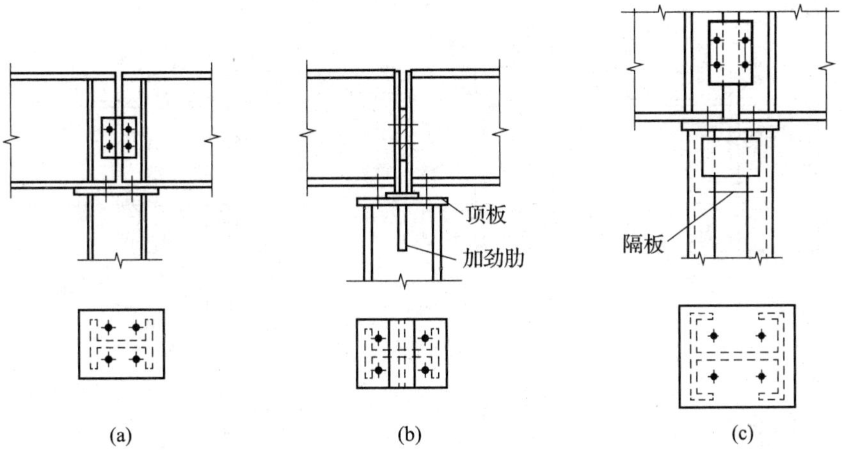

图 8-32　梁置于柱顶(铰接)

(见图 8-33)。

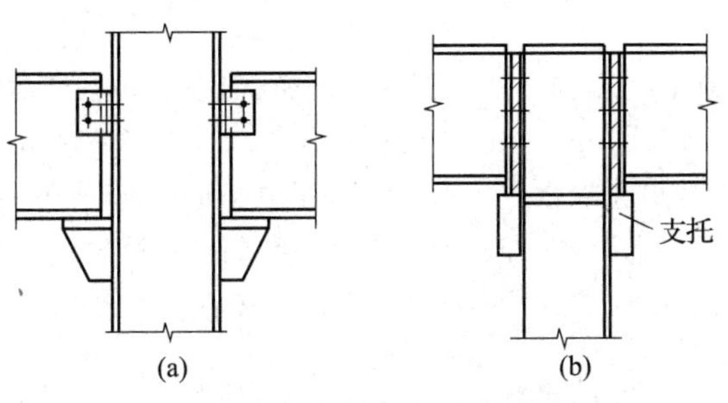

图 8-33　梁与柱侧向连接(铰接)

如图 8-32 所示,梁的反力通过柱的顶板传给柱;顶板的厚度一般取 16～20 mm,顶板与柱焊接;梁与顶板用普通螺栓连接。在图 8-32(a)中,梁支承加劲肋对准柱的翼缘,相邻梁之间留 10～20 mm 的空隙,以便安装时有调节余地;最后用夹板与构造螺栓相连。这种连接形式传力明确,构造简单,但当两相邻梁的反力不等时会引起柱的偏心受压。

在图 8-32(b)、(c)中,梁的反力通过突缘加劲肋作用于柱轴线附近,即使两相邻梁的反力不等,柱仍接近轴心受压。突缘加劲肋底部应刨平顶紧于柱顶板,在柱顶板的下面应设置加劲肋,相邻梁间应留 10～20 mm 空隙,以便于安装时调节,最后嵌入合适的垫板并用螺栓相连。

如图 8-33 所示梁与柱侧向连接,常用于多层框架中,图 8-33(a)适用于梁反力较小情况，梁直接放置在柱的牛腿上，用普通螺栓相连，梁与柱侧间留有空隙，用角钢和构造螺栓相连。图 8－33(b)所示的做法适用于梁的反力较大情况。梁的反力由端加劲肋传给支托，支托采用厚钢板或加劲后的角钢与柱侧用焊缝相连，梁与柱侧仍留有空隙，安装后用垫板和螺栓相连。

2)梁与柱的刚接

刚接的构造要求是能传递反力又能有效地传递弯矩。图 8－34 所示为梁与柱刚接的一种构造形式，梁端弯矩由焊于柱翼缘的上下水平连接板传递，梁端剪力由连接于梁腹板的垂直肋板传递。为保证柱腹板不至于压坏或局部失稳，防止柱翼缘板受拉发生局部弯曲，通常都在柱上设置水平加劲肋。

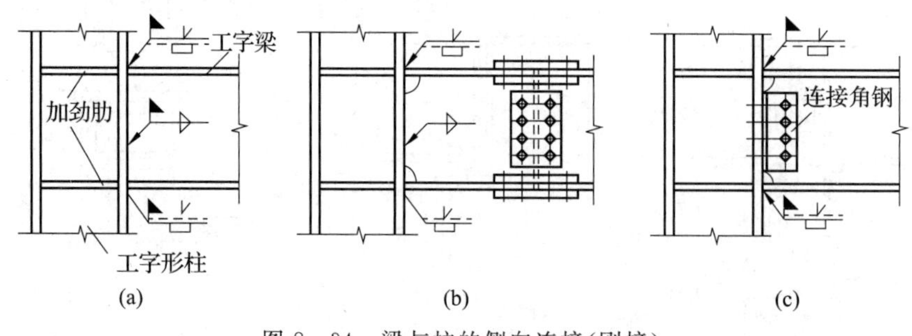

图 8－34　梁与柱的侧向连接(刚接)

8.4.3　柱脚

柱脚的作用，是将柱下端固定并将其内力传给基础。由于混凝土强度远低于钢材强度，所以必须将柱的底部放大，以增加其与基础顶部的接触面积。

1)铰接柱脚

铰接柱脚的主要作用是传递轴心压力，因此，一般轴心受压柱脚都做成铰接。当柱轴压力较小时，柱通过焊缝将压力传给底板，由底板再传给基础(见图 8－35(a))。当柱轴压力较大时，为增加底板的刚度又不使底板太厚，以及减小柱端与底板间连接焊缝的长度，通常采用图 8－35(b)、(c)、(d)所示的构造形式，在柱端与底板间增设一些中间传力零件，如靴梁、隔板与肋板等。如图 8－35(b)所示为加肋板的柱脚，此时底板宜做成正方形。如图 8－35(c)所示为

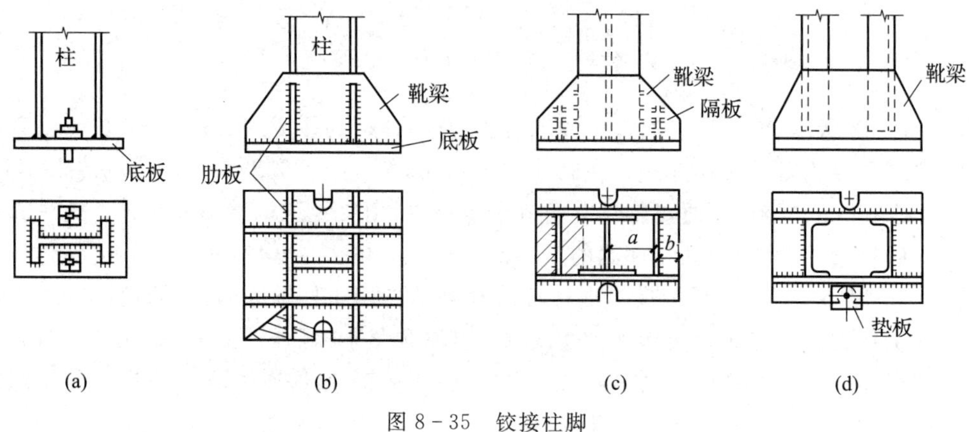

图 8－35　铰接柱脚

加隔板的柱脚，底板常做成长方形。如图 8-35(d)所示为格构式轴心受压柱的柱脚。柱脚通常采用埋设于基础的锚栓来固定。铰接柱脚一般沿轴线设置 2～4 个紧固于底板上的锚栓，锚栓的直径为 20～30 mm，底板孔径应比锚栓直径大 1～1.5 倍，待柱就位并调整到设计位置后，再用垫板套住锚栓并与底板焊牢。

2)刚接柱脚

刚接柱脚一般多用于框架柱(压弯柱)。刚接柱脚的特点是既能传递轴力与剪力，又能传递弯矩。剪力主要由底板与基础顶面间摩擦传递。在弯矩作用下，若底板范围内产生拉力，则由锚栓承受，故锚栓须经过计算确定。锚栓不宜固定在底板上，而应采用如图 8-36 所示的构造，在靴梁两侧焊接两块间距较小的肋板，锚栓固定在肋板上面的水平板上。为方便安装，锚栓不宜穿过底板。

如图 8-36(a)所示为整体式柱脚，用于实腹柱与肢件间距较小的格构柱。当肢件间距较大时，为节省钢材，可采用分离式柱脚，如图 8-36(b)所示。

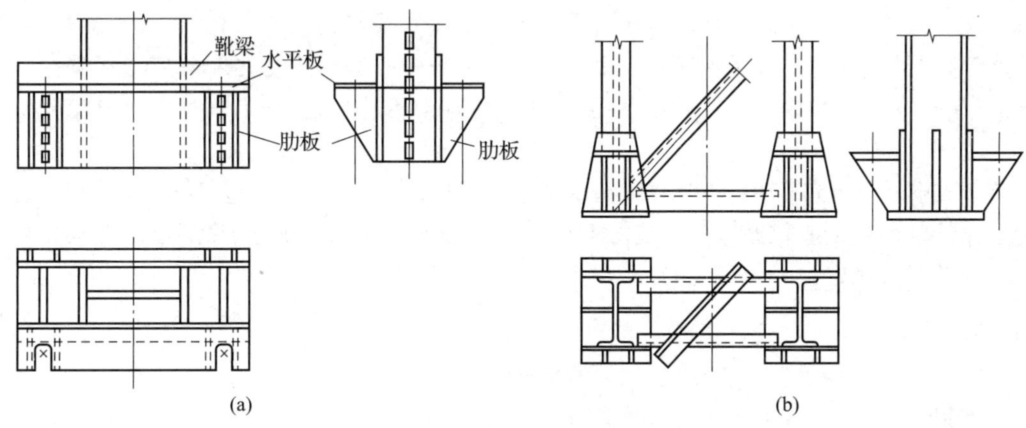

图 8-36　刚接柱脚

另外，还有一种插入式柱脚形式，其是直接将钢柱插入混凝土杯口基础内，用二次浇筑混凝土的方法将其固定。这种方式已在工程中应用，效果较好。

8.5　钢结构的涂装

钢结构的涂装包括防腐涂装与防火涂装。

8.5.1　防腐涂装

钢结构在常温大气环境中使用，钢材受大气中水分、氧气与其他污染物的作用而被腐蚀。大气的相对湿度与污染物的含量是影响钢材腐蚀程度的重要因素。常温下，当相对湿度超过 60%，甚至高达 70%以上时，钢材的腐蚀会明显加快。根据钢铁腐蚀的电化学原理，为防止电解质溶液在金属表面沉降与凝结，防止各种腐蚀性介质的污染等，通常在钢结构表面涂刷防腐涂料，形成有效的防护层。

防腐涂料一般由不挥发组分与挥发组分(稀释剂)两部分组成。防腐涂料涂刷在钢结构表面后，其中的挥发组分逐渐挥发，留下不挥发组分干结成膜。涂料产品中，不同类别的品种，各有其特定的优缺点。在涂装设计时，必须根据不同的品种，合理地选择适当的涂料品种。

在涂装前必须对钢材表面进行处理，除去油脂、灰尘与化学药品等污染物，并进行除锈污。清除污染物可采用的方法包括：有机溶剂清洗法、化学除油法、电化学除油法、乳化除油法与超声波除油法等。清除铁锈可采用的方法包括：手工除锈法、动力工具除锈法、喷射或抛射除锈法与酸洗除锈法等。

8.5.2 防火涂装

未加防火保护的钢结构在火灾温度的作用下，只需十几分钟，自身温度就可达到 540 ℃，这时钢材的机械力学性能会迅速下降，达到 600 ℃时，其强度几乎为零。未加防火保护的钢结构构件的耐火极限为 0.25 h，无法满足《建筑设计防火规范》(GB 50016—2014)(2018 版)与《石油化工企业设计防火规范》(GB 50160—2008)(2018 版)等规范的耐火极限要求，因此必须对钢结构进行防火保护。防火保护的方法为喷涂防火涂料。

防火涂料的防火原理为：①涂层对钢材起屏蔽作用，隔离火焰，使钢构件不至于直接暴露在火焰或高温中。②涂层吸热后，部分物质分解出水蒸气或其他不燃气体，起到消耗热量、降低火焰温度与燃烧速度、稀释氧气的作用。③涂层本身多孔轻质或受热膨胀后形成碳化泡沫层，热导率均在 0.233 W/(m·K)以下，阻止热量迅速向钢材传递，推迟钢材受热升温到极限温度的时间。

钢结构防火涂料按所用黏结剂分为有机类与无机类，按涂层厚度分为薄涂型与厚涂型。

防火涂料的用量应根据有关规范对钢结构耐火极限的要求来确定，涂层厚度应根据标准耐火实验数据来确定。

【拓展与应用】

港珠澳大桥

港珠澳大桥，是中国境内一座连接香港、广东珠海和澳门的桥隧工程，位于中国广东省珠江口伶仃洋海域内，为珠江三角洲地区环线高速公路南环段。大桥于 2009 年 12 月 15 日动工建设，2017 年 7 月 7 日实现主体工程全线贯通，2018 年 2 月 6 日完成主体工程验收，同年 10 月 24 日上午 9 时开通运营。

大桥东起香港国际机场附近的香港口岸人工岛，向西横跨南海伶仃洋水域接珠海和澳门人工岛，止于珠海洪湾立交；桥隧全长 55 km，其中主桥 29.6 km、香港口岸至珠澳口岸 41.6 km；桥面为双向六车道高速公路，设计速度 100 km/h；工程项目总投资额 1269 亿元。因其超大的建筑规模、空前的施工难度和顶尖的建造技术而闻名世界。

大桥的主桥为三座大跨度钢结构斜拉桥，每座主桥均有独特的艺术构思。其中青州航道桥塔顶结型撑吸收“中国结”文化元素，将最初的直角、直线造型“曲线化”，使桥塔显得纤巧灵动、精致优雅。江海直达船航道桥主塔塔冠造型取自“白海豚”元素，与海豚保护区的海洋文化相结合。九洲航道桥主塔造型取自“风帆”，寓意“扬帆起航”，与江海直达船航道塔身形成序列化造型效果，桥塔整体造型优美、亲和力强，具有强烈的地标韵味。东西人工岛汲取“蚝贝”元素，寓意珠海横琴岛盛产蚝贝。香港口岸的整体设计富于创新，且美观、符合能源效益。旅检大楼采用波浪形的顶篷设计，为支撑顶篷，大楼的支柱呈树状，下方为圆锥形，上方为枝杈状展开。最靠近珠海市的收费站设计成弧形，前面是一个钢柱，后面有几根钢索拉住，就像一个巨大的锚。大桥水上和水下部分的高差近 100 m，既有横向曲线又有纵向高低，整体如一条丝带一样纤细轻盈，把多个节点串起来，寓意“珠联璧合”。前山河特大桥采用波形钢腹板预应力组合箱梁方案，采用符合绿色生态特质的天蓝色涂装方案，造型轻巧美观，与当地自然生态景观浑然天；桥体矫健轻盈，似长虹卧波，天蓝色波形腹板与前山河水道遥相辉映，如同水天一色，在风起云涌之间形成一道绚丽的风景线。

思考练习题

1. 建筑工程上钢材的种类主要包括哪些？QI32a 代表什么？
2. 钢材的 Z 向性能是指什么？其评价指标是什么？
3. 单面连接单角钢按轴心受力计算强度与连接时，如何确定其强度设计值？
4. 钢结构的连接方法有哪些？
5. 对接焊缝与角焊缝按受力方向可分为哪几种形式？焊缝按其施焊位置可分为哪几类？
6. 普通螺栓与高强螺栓的主要区别是什么？摩擦型高强螺栓的抗剪承载力是怎样确定的？
7. 次梁与主梁的连接构造形式有哪些？梁与柱的连接构造形式有哪些？
8. 柱与基础的连接构造形式有哪些？
9. 简述钢结构防腐与防火的基本措施，举例说明。

第9章 地基基础设计

【教学目标】

本章主要讲述地基基础设计基本要求、设计原理,无筋扩展基础与钢筋混凝土结构扩展基础设计与构造要求。本章学习目标如下:

(1)掌握地基基础类型及其与结构主体关系要求;

(2)掌握地基基础设计计算方法;

(3)熟悉无筋扩展基础与钢筋混凝土结构扩展基础设计与构造要求。

【教学要求】

知识要点	能力要求	相关知识
地基基础的类型以及设计基本规定	(1) 掌握地基基础类型及特点 (2)掌握地基基础设计基本规定	建筑地基基础设计规范
地基基础设计计算方法	(1)熟悉基础埋深确定方法 (2)熟悉地基承载力确定	建筑地基基础设计规范

建筑物中,基础是上部结构与地基的连接部位(见图9-1),其结构设计内容包括地基计算与基础设计两部分,因此,基础设计通常又称之为地基基础设计。

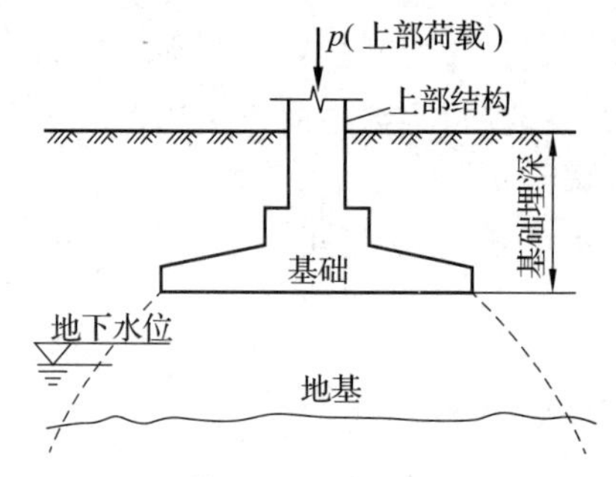

图9-1 主体、地基与基础关系的示意图

《高层建筑混凝土结构技术规程》(JGJ 3—2010)涉及地基与基础设计的内容,但仅对高层建筑的基础设计给出了一般规定,可供参考。《建筑地基基础设计规范》(GB 50007—2011)详细介绍了地基与基础的设计方法与构造要求,包括基本规定、地基计算、各类基础设计、基坑工程设计、检验与监测方法等,并明确规定了地基基础的设计使用年限不应小于建筑结构的设计使用年限。

本章以《建筑地基基础设计规范》(GB 50007—2011)为主要依据,介绍基础设计的基本要求以及常见的几种基础设计方法。

9.1 地基基础设计的基本规定

目前,工程结构的基础形式是多样的,不同的结构体系可能采用不同的基础形式,例如,单层与多层建筑结构常采用无筋扩展基础、扩展基础、柱下条形基础与柱下独立基础，高层建筑则多采用筏形基础、箱形基础与桩基础等。基于地基复杂程度、建筑规模大小、建筑物使用功能要求等，基础设计时，也要做好两个方面的工作，即满足理论计算和符合各类地基基础的设计规范或规程规定。

1. 建筑结构地基基础设计的等级划分

现行《建筑地基基础设计规范》(GB 50007—2011)将地基基础设计分为三个等级，设计时应根据具体情况，按表 9-1 用选。

表 9-1　地基基础设计等级

设计等级	建筑与地基类型
甲级	(1)重要的工业与民用建筑物； (2)30 层以上的高层建筑； (3)体型复杂，层数相差超过 10 层的高低层连成一体建筑物； (4)大面积的多层地下建筑物(如地下车库、商场、运动场等)； (5)对地基变形有特殊要求的建筑物； (6)复杂地质条件下的坡上建筑物(包括高边坡)； (7)对原有工程影响较大的新建建筑物； (8)场地和地基条件复杂的一般建筑物； (9)位于复杂地质条件及软土地区的二层及二层以上地下室的基坑工程； (10)开挖深度大于 15 m 的基坑工程； (11)周边环境条件复杂、环境保护要求高的基坑工程
乙级	(1)除甲级、丙级以外的工业与民用建筑物； (2)除甲级、丙级以外的基坑工程
丙级	(1)场地和地基条件简单、荷载分布均匀的七层及七层以下民用建筑及一般工业建筑； (2)次要的轻型建筑物； (3)非软土地区且场地地质条件简单、基坑周边环境条件简单、环境保护要求不高且开挖深度小于 5.0 m 的基坑工程

2. 建筑结构地基设计的基本要求

地基设计计算包括承载力计算、变形验算和稳定性验算。这三项内容可根据建筑物地基基础设计等级及长期荷载作用下地基变形对上部结构的影响程度，在具体设计中选用。

(1)所有建筑物的地基计算均应满足承载力计算的有关规定。

(2)设计等级为甲级、乙级的建筑物，以及设计等级为丙级的建筑物有下列情况之一时应做变形验算，但对设计为丙级的建筑物且符合表 9-2 要求的地基工程可不做变形验算：

①地基承载力特征值小于 130 kPa，且体型复杂的建筑；

②在基础上及其附近有地面堆载或相邻基础荷载差异较大，可能引起地基产生过大的不均匀沉降时；

③软弱地基上的建筑物存在偏心荷载时；

④相邻建筑距离近，可能发生倾斜时；

⑤地基内有厚度较大或厚薄不均的填土，其自重固结未完成时。

表 9-2 可不做地基变形验算的设计等级为丙级的建筑物范围

地基主要受力层情况	地基承载力特征值 f_{ak}/kPa			$80\leqslant f_{ak}<100$	$100\leqslant f_{ak}<130$	$130\leqslant f_{ak}<160$	$160\leqslant f_{ak}<200$	$200\leqslant f_{ak}<300$
	各土层坡度/%			≤5	≤10	≤10	≤10	≤10
建筑类型	砌体承重结构、框架结构(层数)			≤5	≤5	≤6	≤6	≤7
	单层排架结构(6 m柱距)	单跨	吊车额定起重量/t	10~15	15~20	20~30	30~50	50~100
			厂房跨度/m	≤18	≤24	≤30	≤30	≤30
		多跨	吊车额定起重量/t	5~10	10~15	15~20	20~30	30~75
			厂房跨度/m	≤18	≤24	≤30	≤30	≤30
	烟囱		高度/m	≤40	≤50	≤75		≤100
	水塔		高度/m	≤20	≤30	≤30		≤30
			容积/m^3	50~100	100~200	200~300	300~500	500~1000

(3)经常受水平荷载作用的高层建筑、高耸结构和挡土墙等,以及建造在斜坡上或边坡附近的建筑物和构筑物,还有基坑工程,应进行稳定性验算。

另外,建筑地下室或地下构筑物存在上浮问题时,尚应进行抗浮验算。

3. 地基基础设计的荷载规定

用于地基基础设计的荷载是上部结构设计的结果,相应地,地基基础设计的荷载与上部结构设计的荷载效应组合及取值应该是一致的。可是地基基础设计与上部结构设计在概念和设计方法上存在差异,在设计原则上也不统一。当前为了有效地进行地基基础设计,《建筑地基基础设计规范》(GB 50007—2011)规定:地基基础设计时,作用组合的效应设计值应按照下列规定执行。

1)各种荷载效应的组合值计算公式

(1)正常使用极限状态下,标准组合的效应设计值 S_k,按式(9-1)计算。

$$S_k = S_{G_k} + S_{Q_{1k}} + \Psi_{c_2} S_{Q_{2k}} + \cdots + \Psi_{c_n} S_{Q_{ik}} \tag{9-1}$$

式中:S_{G_k}——永久作用标准值 G_k 的效应;

$S_{Q_{ik}}$——第 i 个可变作用标准值 Q_{ik} 的效应;

Ψ_{ci}——第 i 个可变作用 Q_i 的组合值系数,按《建筑结构荷载规范》(GB 50009—2012)的规定取值。

(2)准永久组合的效应设计值 S_k,按式(9-2)计算。

$$S_k = S_{G_k} + \Psi_{q_1} S_{Q_{1k}} + \Psi_{q_2} S_{Q_{2k}} + \cdots + \Psi_{q_i} S_{Q_{ik}} \tag{9-2}$$

式中:Ψ_{q_i}——第 i 个可变作用的准永久值系数,按《建筑结构荷载规范》(GB 50009—2012)的规定取值。

(3)承载能力极限状态下,由可变作用控制的基本组合的效应设计值 S_d,按式(9-3)计算。

$$S_d = \gamma_G S_{G_k} + \gamma_{Q_1} S_{Q_{1K}} + \gamma_{Q_2} \Psi_{c_2} S_{Q_{2k}} + \cdots + \gamma_{Q_i} \Psi_{c_i} S_{Q_{nk}} \tag{9-3}$$

式中：γ_G——永久荷载的分项系数，按《建筑结构荷载规范》(GB 50009—2012)的规定取值；

γ_{Q_i}——第 i 个可变作用的分项系数，按《建筑结构荷载规范》(GB 50009—2012)的规定取值。

(4)对由永久作用控制的基本组合，也可采用简化规则，基本组合的效应设计值 S_d，按式(9-4)计算。

$$S_d = 1.35S_k \tag{9-4}$$

2)不同设计内容所采用的荷载组合规定

(1)按地基承载力确定基础底面积及埋深或按单桩承载力确定桩数时，传至基础或承台底面上的作用效应应按正常使用极限状态下作用的标准组合，相应的抗力应采用地基承载力特征值或单桩承载力特征值。

(2)计算地基变形时，传至基础底面上的作用效应应按正常使用极限状态下作用的准永久组合，不应计入风荷载和地震作用，相应的限值应为地基变形允许值。

(3)计算挡土墙、地基或滑坡稳定以及基础抗浮稳定时，作用效应应按承载能力极限状态下作用的基本组合，但其分项系数均为 1.0。

(4)在确定基础或桩基承台高度、支挡结构截面、计算基础或支挡结构内力、确定配筋和验算材料强度时，上部结构传来的作用效应和相应的基底反力、挡土墙土压力以及滑坡推力，应按承载能力极限状态下作用的基本组合，采用相应的分项系数；当需要验算基础裂缝宽度时，应按正常使用极限状态下作用的标准组合。

(5)基础设计安全等级、结构设计使用年限、结构重要性系数，应按有关规范的规定采用，但结构重要性系数 γ_0 不应小于 1.0。

9.2　地基基础设计的计算方法

1. 基础埋置深度的确定

基础埋置深度简称埋深，一般是指室外设计地面至基础底面的垂直距离。选择基础埋深，也就是选择合适的地基持力层，以满足地基承载力、变形与稳定性的要求。基础埋深的大小对建筑物的安全与正常使用、施工的难易程度与工程造价影响很大，合理确定基础埋深是一个十分重要的问题。

《建筑地基基础设计规范》(GB 50007—2011)建议，基础埋深应综合考虑以下条件进行确定。

1)建筑物的用途，有无地下室、设备基础和地下设施，基础的形式和构造

对有地下室、设备基础与地下设施的建筑，其基础的埋置深度应根据建筑物的地下结构标高进行选定。对于无筋扩展基础，若基础底面面积确定后，依据刚性角构造要求规定的最小高度，可以确定基础的埋深。

2)作用在地基上的荷载大小与性质

某一深度的土层，对荷载较小的基础可能是很好的持力层，但对荷载较大的基础可能就不宜作为持力层。承受动荷载的基础，不宜选择饱和疏松的粉细砂作为持力层。在抗震设防区，天然地基上的箱形基础与筏形基础的埋深不宜小于建筑物高度的 1/15，桩箱或桩筏的埋深(不计桩长)不宜小于建筑物高度的 1/18。

3)工程地质和水文地质条件

一般当上层土的承载力和变形能满足要求时,就应选择上层土作为持力层。一般尽量将基础置于地下水位以上,如必须放在地下水位以下,则应在施工时采取降水或排水措施。

4)相邻建筑物的基础埋深

基础埋置深度一般不宜小于 0.5 m(对于岩石地基,可不受此限制)。当存在相邻建筑物时,新建建筑物的埋深最好不大于原有建筑物的埋深。当新建建筑物的基础必须比原有建筑物的基础深时,两基础之间应保持一定的距离,一般取相邻两基础底面高差的 1～2 倍。如这些要求难以满足时,应采取适当的施工措施来保证相邻建筑物的安全。当基础附近有管道或坑道等地下设施时,埋深一般要低于地下设施的底面。

5)地基土冻胀和融陷的影响

埋置于冻胀土中的地基,其最小埋深 $d_{\min}$ 可按式(9-5)确定。

$$d_{\min} = z_d - h_{\max} \tag{9-5}$$

式中:z_d——场地冻结深度;

$h_{\max}$——基础底面下允许冻土层最大厚度。

z_d 与 $h_{\max}$ 可按照《建筑地基基础设计规范》(GB 50007—2011)的有关规定确定。对于冻胀、强冻胀与特强冻胀地基上的建筑物,均应采取防冻措施。

2. 地基承载力的确定

1)地基承载力特征值的确定

通常情况下,地基承载力特征值 f_a 由勘察单位提供的勘察报告给出。结构设计人员可根据地质勘察报告结果,结合结构设计特点,若有必要,也可以对勘察报告提出设计建议,并对勘察报告的内容与深度进行复核,最终做出是否满足设计需要的正确判断。

目前,地基承载力特征值的确定方法主要有三种方法,即按土的抗剪强度指标计算的理论公式法、现场载荷试验法与原位测试经验公式法。《建筑地基基础设计规范》(GB 50007—2011)规定:地基承载力特征值可由载荷试验或其他原位测试、公式计算,并结合工程经验综合确定。

(1)规范推荐的理论公式法。对于轴心荷载作用(偏心距 $e \leqslant 0.033$ 倍基础底面宽度)的基础,根据土的抗剪强度指标,地基承载力特征值可按式(9-6)计算确定,并应满足变形要求。

$$f_a = M_b \gamma b + M_d \gamma_m d + M_c c_k \tag{9-6}$$

式中:f_a——由土的抗剪强度指标确定的地基承载力特征值,kPa;

M_b、M_d、M_c——承载力系数,可按《建筑地基基础设计规范》(GB 50007—2011)中的表 5.2.5 确定;

b——基础底面宽度,大于 6 m 时按 6 m 取值,对于砂土小于 3 m 时按 3 m 取值;

c_k——基底下一倍短边宽度的深度范围内土的黏聚力标准值,kPa;

d——基础埋置深度,一般自室外地面标高算起。在填方整平地区,可自填土地面标高算起,但填土在上部结构施工后完成时,应从天然地面标高算起。对于地下室,如采用箱形基础或筏基时,埋深应自室外地面标高算起;当采用独立基础或条形基础时,应从室内地面标高算起。

(2)现场载荷试验法。现场载荷试验法是一种直接原位测试法。在现场通过一定尺寸的载荷板对扰动较少的地基土体直接施荷,所测得的成果一般能反映相当于 1～2 倍载荷板宽度的深度以内土体的平均性质。

通过载荷试验，可得到荷载 Q 与时间 t 对应的沉降 s，进而绘制出 $Q-s$ 曲线，即可以确定地基承载力特征值。对同一土层，应选择三个以上的试验点，如所得实测值的极差不超过平均值的 30%，则取该平均值作为地基承载力特征值。

(3)原位测试经验公式法。原位测试一般是指动力触探，国际上广泛应用的是标准贯入试验，由标准贯入锤击数或动力触探锤击数确定地基承载力。这种方法是间接原位测试法，是通过大量原位试验与载荷试验的比对，经回归分析并结合经验，可以间接地确定地基承载力。

2)地基承载力特征值的深度修正

当基础宽度大于 3 m 或埋深大于 0.5 m 时，从载荷试验或其他原位测试、经验值等方法确定的地基承载力特征值，还应按式(9-7)进行修正。

$$f_a = f_{ak} + \eta_b\gamma(b-3) + \eta_d\gamma_m(d-0.5) \tag{9-7}$$

式中：f_a——修正后的地基承载力特征值，kPa；

f_{ak}——地基承载力特征值，kPa；

η_b、η_d——基础宽度与埋深的地基承载力修正系数，具体数值见表 9-3；

γ——基础底面以下土的重度(kN/m^3)，地下水位以下取浮重度；

γ_m——基础底面以上土的加权平均重度(kN/m^3)，位于地下水位以下取浮重度；

其他符号含义同前。

表 9-3　承载力修正系数

土的类别		η_b	η_d
淤泥和淤泥质土		0	1.0
人工填土 e 或 I_L 大于或等于 0.85 的黏性土		0	1.0
红黏土	含水比 $\alpha_w>0.8$	0	1.2
	含水比 $\alpha_w\leqslant0.8$	0.15	1.4
大面积压实填土	压实系数大于 0.95、黏粒含量 $\rho_c\geqslant10\%$ 的粉土	0	1.5
	最大干密度大于 2 100 kg/m^3 的级配砂石	0	2.0
粉土	黏粒含量 $\rho_c\geqslant10\%$ 的粉土	0.3	1.5
	黏粒含量 $\rho_c<10\%$ 的粉土	0.5	2.0
e 或 I_L 均小于 0.85 的黏性土		0.3	1.6
粉砂、细砂(不包括很湿与饱和时的稍密状态)		2.0	3.0
中砂、粗砂、砾砂和碎石土		3.0	4.4

注：1. 强风化和全风化的岩石，可参照所风化成的相应土类取值，其他状态下的岩石不修正。

2. 地基承载力特征值按深层平板载荷试验确定时，取 $\eta_d=0$。

3. 含水比是指土的天然含水量与液限的比值。

4. 大面积压实填土是指填土范围大于两倍基础宽度的填土。

3)基础底面的压力计算

地基承载力是指在保证地基强度与稳定性的条件下，建筑物不产生超过允许沉降量的地基承受荷载的能力。

(1)基础地面的压力应符合下列规定(见图 9－2)。

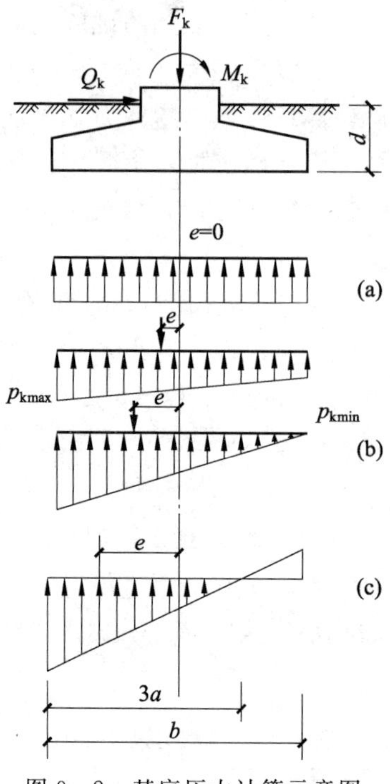

图 9－2　基底压力计算示意图

①当轴心荷载作用时,有

$$p_k \leqslant f_a \tag{9-8}$$

式中:p_k——相应于作用的标准组合时,基础底面处的平均压力值,kPa;

f_a——修正后的地基承载力特征值。

②当偏心荷载作用时,在符合式(9－8)的前提下,尚应符合式(9－9)要求。

$$p_{kmax} \leqslant 1.2f_a \tag{9-9}$$

式中:p_{kmax}——相应于作用的标准组合时,基础底面边缘的最大压力值,kPa。

(2)在满足上述条件的情况下,基础底面的压力 p_k 可按下列公式确定。

①当基础底面在轴心荷载作用时(见图 9－2(a)),有

$$p_k = \frac{F_k + G_k}{A} \tag{9-10}$$

式中:F_k——相应于作用的标准组合时,上部结构传至基础顶面的竖向力值,kN;

G_k——基础自重和基础上的土重,kN;

A——基础底面面积,m^2。

②当基础底面在偏心荷载作用时(见图 9－2(b)),有

$$p_{kmax} = \frac{F_k + G_k}{A} + \frac{M_k}{W} \tag{9-11}$$

$$p_{kmin} = \frac{F_k + G_k}{A} - \frac{M_k}{W} \tag{9-12}$$

式中：M_k——相应于作用的标准组合时，作用于基础底面的力矩值，kN·m；

W——基础底面的抵抗矩，m^3；

p_{kmin}——相应于作用的标准组合时，基础底面边缘的最小压力值，kPa；

其他符号含义同前。

③当基础底面形状为矩形且偏心距 $e>b/6$ 时（见图 9-2(c)），p_{kmax}应按式(9-13)计算。

$$p_{kmax}=\frac{2(F_k+G_k)}{3la} \tag{9-13}$$

式中：l——垂直于力矩作用方向的基础底面边长，m；

a——合力作用点至基础底面最大压力边缘的距离，m；

其他符号含义同前。

3. 地基软弱下卧层承载力计算

当地基受力层范围内存在软弱下卧层（承载力显著低于持力层的高压缩性土层）时，此层可能因强度不足而破坏，按持力层土的承载力计算得出基础底面尺寸后，还应对软弱下卧层进行验算。要求作用在软弱下卧层顶面处的附加应力与自重应力之和不超过其承载力设计值，即

$$p_z+p_{cz}\leqslant f_{az} \tag{9-14}$$

式中：p_z——相应于作用的标准组合时，软弱下卧层顶面处的附加压力值，kPa，[对于条形基础，$p_z=\dfrac{b(p_k-p_c)}{b+2z\tan\theta}$；对于矩形基础，$p_z=\dfrac{lb(p_k-p_c)}{(b+2z\tan\theta)(l+z\tan\theta)}$]；

p_{cz}——软弱下卧层顶面处土的自重压力值，kPa；

f_{az}——软弱下卧层顶面处经深度修正后的地基承载力特征值，kPa；

b——矩形基础或条形基础底边的宽度，m；

l——矩形基础底边的长度，m；

p_c——地基底面处土的自重压力值，kPa；

z——基础底面至软弱下卧层顶面的距离，m；

θ——地基压力扩散线与垂直线的夹角，°，可按表 9-4 采用。

表 9-4　地基压力扩散角 θ

E_{s1}/E_{s2}	z/b	
	0.25	0.50
3	6°	23°
5	10°	25°
10	20°	30°

注：1. E_{s1}为上层土压缩模量，E_{s2}为下层土压缩模量。

2. $z/b<0.25$ 时，取 $\theta=0°$，必要时，宜由试验确定；$z/b>0.50$ 时，θ 值不变。

3. z/b 在 0.25 与 0.50 之间可插值使用。

对于沉降已经稳定的建筑或经过预压的地基，可以适当地提高地基承载力。

4. 地基变形验算

根据地基承载力选定了基础底面尺寸后，基本上就保证了建筑物在防止地基剪切破坏方面具有足够的安全度。但是，在荷载作用下，地基的变形总要发生，故还需将地基变形控制在

允许范围内，以保证上部结构不因地基变形过大而丧失其使用功能。

根据各类建筑物的结构特点、整体刚度和使用要求的不同，地基变形的特征可分为沉降量、沉降差、倾斜与局部倾斜。每一个具体建筑物的破坏或正常使用，都是由变形特征指标控制的。对于砌体承重结构应由局部倾斜值控制，对于框架结构与单层排架结构应由相邻柱基的沉降差控制，对于多层或高层建筑与高耸结构应由倾斜值控制，必要时尚应控制平均沉降量。基础设计时，要满足地基变形计算值不大于地基变形允许值的条件。

在计算地基的变形值时，地基内的应力分布可采用各向同性均质线性变形体理论，可按照式(9－15)计算出地基的最终变形量。

$$s=\Psi_s s'=\Psi_s\sum_{i=1}^{n}\frac{p_0}{E_{s_i}}(z_i\bar{\alpha}_i-z_{i-1}\bar{\alpha}_{i-1}) \tag{9-15}$$

式中：s——地基最终变形量，mm；

s'——按分层总和法计算出的地基变形量，mm；

Ψ_s——沉降计算经验系数，根据地区沉降观测资料及经验确定，无地区经验时可采用表9－5的数值；

n——地基变形计算深度范围内所划分的土层数；

p_0——相应于作用的准永久组合时基础底面处的附加压力，kPa；

E_{s_i}——基础底面下第 i 层土的压缩模量，MPa，按实际应力范围计算；

z_i、z_{i-1}——基础底面至第 i 层土、第 $i-1$ 层土底面的距离，m；

$\bar{\alpha}_i$、$\bar{\alpha}_{i-1}$——基础底面计算点至第 i 层土、第 $i-1$ 层土底面范围内平均附加应力系数，可按《建筑地基基础设计规范》(GB 50007—2011)附录K采用。

表 9－5 沉降计算经验系数 ψ_s

基底附加应力	$\bar{E}_s$ /MPa				
	2.5	4.0	7.0	15.0	20.0
$p_0\geqslant f_{ak}$	1.4	1.3	1.0	0.4	0.2
$p_0\leqslant 0.75f_{ak}$	1.1	1.0	0.7	0.4	0.2

注：$\bar{E}_s$ 为变形计算深度范围内压缩模量的当量值，由 $\bar{E}_s=\dfrac{\sum A_i}{\sum\dfrac{A_i}{E_{s_i}}}$ 计算，A_i 为第 i 层土附加应力系数沿土层厚度的积分值。

对于地基变形计算深度 z_n，应符合式(9－16)要求。

$$\Delta s'_n\leqslant 0.025\sum_{i=1}^{n}\Delta s'_i \tag{9-16}$$

式中：$\Delta s'_i$——在计算深度范围内，第 i 层土的计算变形值，mm；

$\Delta s'_n$——在由计算深度向上取厚度为 Δz 的土层计算变形值，mm，Δz 按表9－6确定。

表 9－6 Δz 值

b/m	$b\leqslant 2$	$2<b\leqslant 4$	$4<b\leqslant 8$	$b>8$
Δz/m	0.3	0.6	0.8	1.0

当无相邻荷载影响且基础宽度为 1～30 m 时，基础中点的地基变形计算深度也可按简化公式(9 - 17)计算。

$$z_n = b(2.5 - 0.4\ln b) \tag{9-17}$$

式中：b——基础宽度，m。

当计算深度在土层分界面附近时，如下层土较硬，可取土层分界面的深度为计算深度；如下层土较软，应继续计算；在计算深度范围内存在基岩时，z_n可取基岩表面深度。

在地基变形计算时，当建筑物基础埋置较深时，需要考虑开挖基坑地基土的回弹。独立基础一般埋深较浅，可不考虑开挖基坑地基土的回弹。

5. 地基稳定性验算

在水平荷载与竖向荷载共同作用下，基础可能与深层土层一起发生整体滑动破坏。这种地基破坏通常采用圆弧滑动面法进行验算，要求最危险的滑动面上诸力对滑动中心所产生的抗滑力矩 M_R与滑动力矩 M_S应符合式(9 - 18)的要求。

$$M_R / M_S \geqslant 1.2 \tag{9-18}$$

位于稳定土坡坡顶上的建筑(见图 9 - 3)，当垂直于坡顶边缘线的基础底面边长不大于 3 m时，其基础底面外边缘线至坡顶的水平距离 a 应符合式(9 - 19)要求，且不得小于 2.5 m，则土坡坡面附近由基础引起的附加压力不会影响土坡的稳定性。

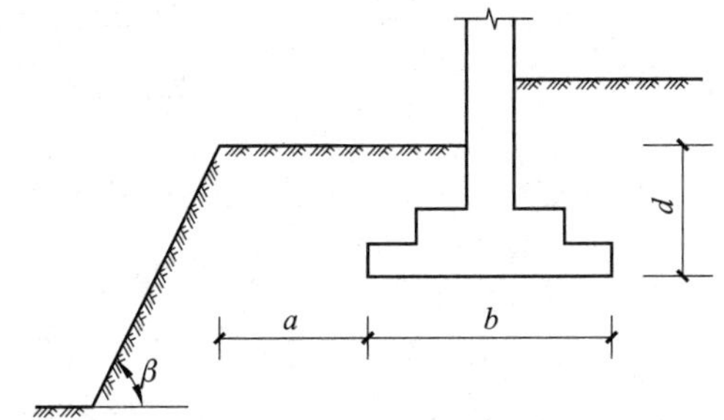

图 9 - 3　基础底面外边缘线至坡顶的水平距离示意图

$$a \geqslant \xi b - \frac{d}{\tan \beta} \tag{9-19}$$

式中：ξ——系数，条形基础取 3.5，矩形基础取 2.5；

b——垂直于坡顶边缘线的基础底面边长，m；

d——基础埋深，m；

β——边坡坡角，°。

当 a 不满足式(9 - 19)要求时，可以根据基底平均压力按式(9 - 18)确定，基础距坡顶边缘的距离与基础埋深。

9.3　无筋扩展基础的设计

1. 无筋扩展基础的类型

无筋扩展基础也称为刚性基础，通常有砖、混凝土、灰土、毛石等材料组成的墙下条形基础或柱下独立基础。这类基础的抗拉强度与抗剪强度较低，一般适用于多层民用建筑和轻型厂房。

目前，无筋扩展基础有砖基础、素混凝土基础、毛石基础、灰土与三合土基础，其中，砖基础和素混凝土基础的使用比较广泛。

1）砖基础

砖基础是通常沿墙的两边或柱的四边，按两皮砖高（120 mm）外挑 1/4 砖宽（60 mm），向下逐级放大而形成的，有等高式与不等高式两种（见图 9-4）。基于砖砌体刚性角的限制，当基础埋置较深时，宜做成不等高台阶的放脚。为了使基础与地基接触良好，通常在这类基础的底面以下铺设 20 mm 厚的砂垫层、100 mm 厚的碎石垫层或碎砖三合土垫层。目前较为流行的做法是将砖基础和灰土基础或三合土基础等组成复合基础。由于砖基础施工方便，造价低，在一般砖混结构房屋的墙、柱基础中广泛采用。

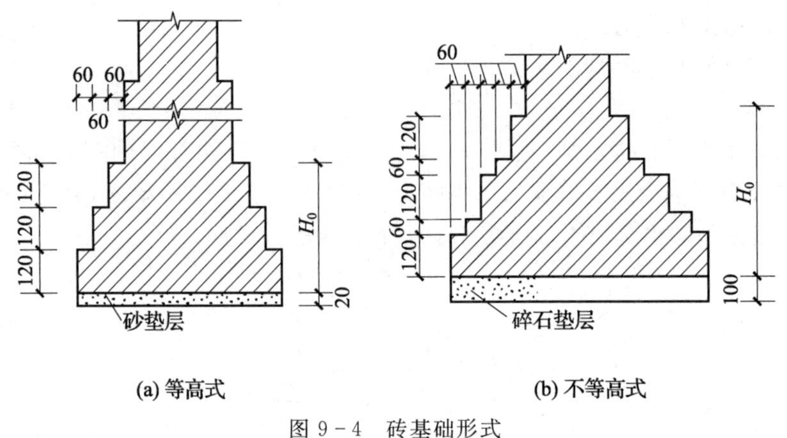

图 9-4 砖基础形式

2）素混凝土基础

混凝土基础的外形一般为锥形或台阶形（见图 9-5）。混凝土强度等级通常采 C15，基础底面宽度 $b \leqslant 1100$ mm。该类基础比较适用于地下水位较高、土质条件较差、埋置深度不大的浅基础。

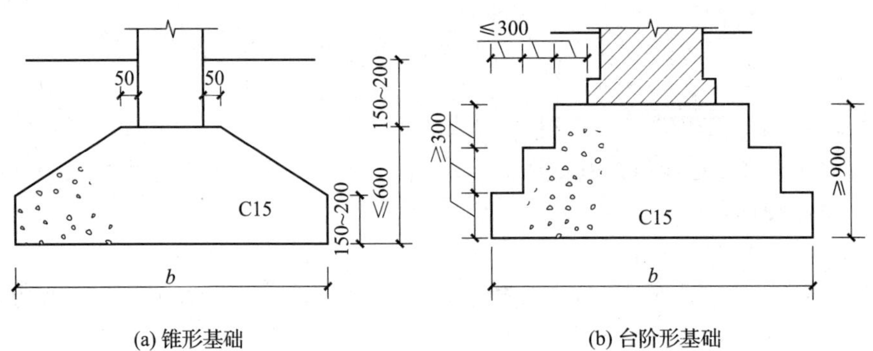

图 9-5 素混凝土基础形式

2. 无筋扩展基础高度的确定

由于该类基础的抗拉强度与抗剪强度较低，在确定其高度时必须控制基础内的拉应力与剪应力。通常采用控制材料强度等级与台阶宽高比的方法来确定，不需要进行内力分析与截面强度计算。

《建筑地基基础设计规范》(GB 50007—2011)规定：无筋扩展基础每个台阶的宽高比(见图 9-6(a))都不得超过表 9-7 中所列出的允许值。按照基础宽高比的要求，设计时，一般可先选择适当的基础埋深与基础底面尺寸，设基础底面宽度为 b，基础高度可由式(9-20)确定。

$$H_0 \geqslant \frac{b-b_0}{2\tan\alpha} \tag{9-20}$$

式中：b——基础底面宽度，m；

b_0——基础顶面的墙体宽度或柱脚宽度，m；

H_0——基础高度，m；

$\tan\alpha$——基础台阶宽高比 $b_2 : H_0$，其允许值可按表 9-7 选用；

b_2——基础台阶宽度，m。

表 9-7　部分无筋扩展基础台阶宽高比的允许值

基础材料	质量要求	台阶宽高比的允许值		
		$p_k \leqslant 100$	$100 < p_k \leqslant 200$	$200 < p_k \leqslant 300$
砖基础	砖不低于 MU10、砂浆不低于 M5	1 : 1.50	1 : 1.50	1 : 1.50
混凝土基础	C15 混凝土	1 : 1.00	1 : 1.00	1 : 1.25
毛石混凝土基础	C15 混凝土	1 : 1.00	1 : 1.25	1 : 1.50
毛石基础	砂浆不低于 M5	1 : 1.25	1 : 1.50	—
灰土基础	体积比 3 : 7 或 2 : 8 的灰土，其最小干密度： 粉土 1 550 kg/m³； 粉质黏土 1 500 kg/m³； 黏土 1 450 kg/m³	1 : 1.25	1 : 1.50	—
三合土基础	体积比 1 : 2 : 4～1 : 3 : 6(石灰 : 砂 : 骨料)，每层约虚铺 220 mm，夯至 150 mm	1 : 1.50	1 : 1.20	—

注：1. p_k 为作用的标准组合时基础底面处的平均压力值(kPa)。

2. 阶梯形毛石基础的每阶伸出宽度，不宜大于 200 mm。

3. 当基础由不同材料叠合组成时，应对接触部分做抗压验算。

4. 混凝土基础单侧扩展范围内基础底面处的平均压力值超过 300 kPa 时，还应进行抗剪验算；对基底反力集中于立柱附近的岩石地基，应进行局部受压承载力验算。

由于受基础台阶宽高比的限制，无筋扩展基础的高度一般都较大，但不应大于基础埋深，否则，应加大基础埋深或选择刚性角 α 较大的基础类型(如混凝土基础)，如仍不满足，则可采用钢筋混凝土基础。

对于无筋扩展基础的钢筋混凝土柱，其柱脚高度 $h_1 \geqslant b_1$(见图 9-6(b))，并不应小于 300 mm且不小于 $20d$。当柱纵向钢筋在柱脚内的竖向锚固长度不满足锚固要求时，可沿水平方向弯折，弯折后的水平锚固长度$\geqslant 10d$ 也不应大于 $20d$。这里，d 为柱中的纵向受力钢筋的最大直径。

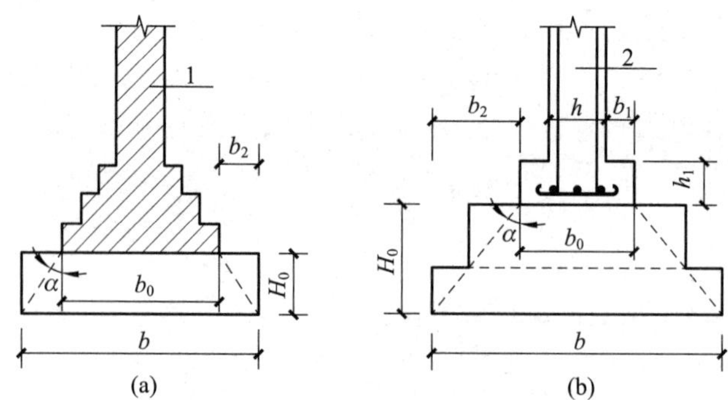

d—柱中纵向钢筋的直径；1—承重墙；2—钢筋混凝土柱。

图 9-6　无筋扩展基础构造示意图

【案例 9-1】 某五层砖混结构住宅楼，上部结构传至基础顶面上的轴心压力荷载效应标准组合值 $F_k=220$ kN/m(正常使用极限状态下)，室内地坪±0.000 高于室外地面 0.450 m，基底标高为-1.600 m，墙厚为 360 mm。地基为粉土，土质良好，修正后的地基承载力特征值 $f_a=250$ kPa。环境类别为一类，结构设计使用年限为 50 年。试确定基础底宽度与砖放脚的台阶数，并绘出基础剖面图。

案例分析：基于已知条件，该工程的条形砖基础设计基本步骤如下。

(1)确定基础埋深 d。

由室外地面标高起算，$d=1.600-0.450=1.150$(m)。

(2)拟定条形基础的底面宽度。

由式(9-10)可得

$$b \geqslant \frac{F_k}{f_a-\gamma_G d}=\frac{220}{250-20\times(1.150+1.600)\div 2}=0.99(\text{m})$$

取 $b=1.0$ m，可求出基础底面的压力 p_k，即

$$p_k=\frac{F_k+G_k}{b}=\frac{220+20\times 1.0\times(1.150+1.600)\div 2}{1.0}=247.5(\text{kPa})<f_a$$

(3)基础做法。

根据构造要求，基础底面垫层选用 C15 素混凝土，高度 $H_0=100$mm；基础用 MU10 烧结普通砖砌筑，高度为 360 mm，二一间隔收砌法(不等高式)，每级台阶的外挑宽度为 60 mm，如图 9-7 所示。

(4)验算宽高比。

①砖基础验算。

由表 9-7 查得砖基础台阶宽高比允许值为 1∶1.5；上部砖墙宽度 $b_0=360$ mm，4 级台阶高度分别为 60 mm、120 mm、60 mm、120 mm，均能满足宽高比的要求。

则砖基础底部宽度 b' 可取为

$$b'=b_0+2\times 4\times 60=840(\text{mm})$$

②混凝土垫层验算。

由表 9-7 查得混凝土垫层宽高比允许值为 1∶1.25，$b'=840$ mm，$b=1.0$ m，$H_0=$

100 mm,可求出垫层台阶宽度 b_0' 为

$$b_0' = \frac{b-b'}{2} = \frac{1\,000-840}{2} = 80(\text{mm})$$

由此,则混凝土垫层宽高比为

$$\frac{b_0'}{H_0} = \frac{80}{100} \leqslant \frac{1}{1.25} = 0.8\text{(满足要求)}$$

该砖混结构住宅楼基础剖面图如图 9-7 所示。

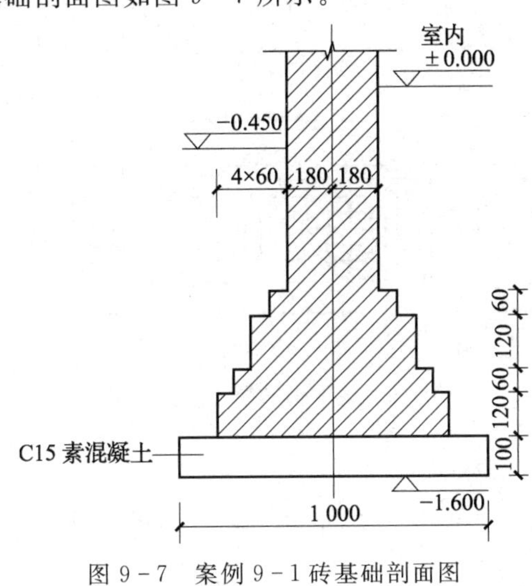

图 9-7　案例 9-1 砖基础剖面图

9.4　钢筋混凝土扩展基础的设计

1. 钢筋混凝土扩展基础的类型

钢筋混凝土扩展基础简称为扩展基础,是指墙下钢筋混凝土条形基础与柱下钢筋混凝土独立基础。这类基础的抗弯与抗剪性能良好,可在竖向荷载较大、地基承载力不高以及承受水平力与力矩荷载等情况下使用。与无筋基础相比,其基础高度较小,因此更适宜在基础埋置深度较小时使用。

1)墙下钢筋混凝土条形基础

墙下钢筋混凝土条形基础形式如图 9-8 所示,一般情况下可采用无肋的墙基础(见图 9-8(a)),如地基不均匀,为了增强基础的整体性与抗弯能力,也可以采用有肋的墙基础(见图 9-8(b)),肋部配置足够的纵向钢筋和箍筋,以承受由不均匀沉降引起的弯曲应力。

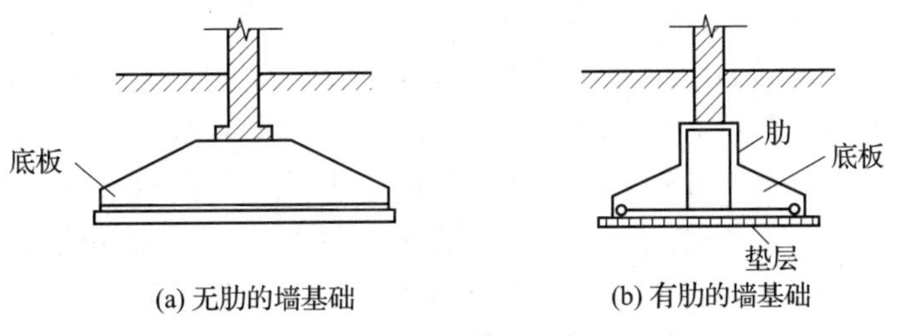

图 9-8　墙下钢筋混凝土条形基础

2)柱下钢筋混凝土独立基础

柱下钢筋混凝土独立基础形式如图 9-9 所示。现浇柱下独立基础可做成阶梯形或锥形，预制柱则采用杯口基础。杯口基础常用于装配式单层工业厂房。砖基础、毛石基础与钢筋混凝土基础，通常在基坑底面铺设强度等级不低于 C10 的混凝土垫层，其厚度一般为 100 mm。垫层的作用是保护坑底土体不被人为扰动和雨水浸泡，同时可改善基础的施工条件。

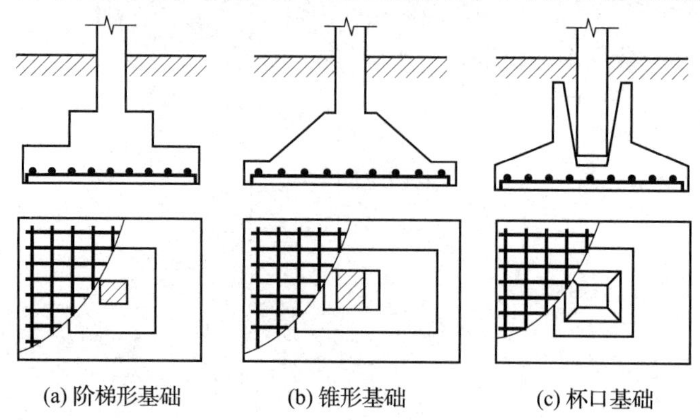

图 9-9　柱下钢筋混凝土独立基础

2. 扩展基础的一般构造要求

(1)锥形基础的边缘高度不宜小于 200 mm，且两个方向的坡度不宜大于 1∶3；阶形基础的每阶高度，宜为 300～500 mm。

(2)垫层的厚度不宜小于 70 mm，垫层混凝土强度等级不宜低于 C10。

(3)基础的混凝土强度等级不应低于 C20。

(4)当柱下钢筋混凝土独立基础的边长与墙下钢筋混凝土条形基础的宽度不小于 2.5 m 时，底板受力钢筋的长度可取边长或宽度的 0.9 倍，并宜交错布置(见图 9-10)。

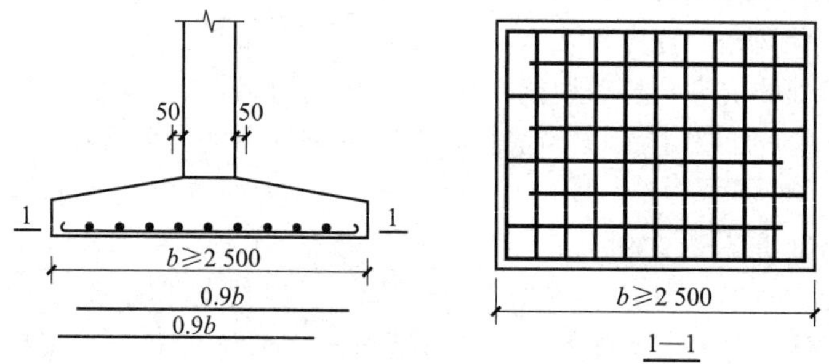

图 9-10　柱下独立基础底板受力钢筋布置

(5)扩展基础受力钢筋的最小配筋率不应小于 0.15%，底板受力钢筋的最小直径不应小于 10 mm，间距不应大于 200 mm，也不应小于 100 mm。墙下钢筋混凝土条形基础纵向分布钢筋的直径不应小于 8 mm；间距不应大于 300 mm；每延米分布钢筋的面积不应小于受力钢筋面积的 15%。当有垫层时，钢筋保护层的厚度不应小于 40 mm；无垫层时不应小于 70 mm。

(6)钢筋混凝土条形基础底板在 T 形与十字形交接处，底板横向受力钢筋仅沿一个主要受力方向通长布置，另一方向的横向受力钢筋可布置到主要受力方向底板宽度 1/4 处，在拐角处底板横向受力钢筋应沿两个方向布置(见图 9-11)。

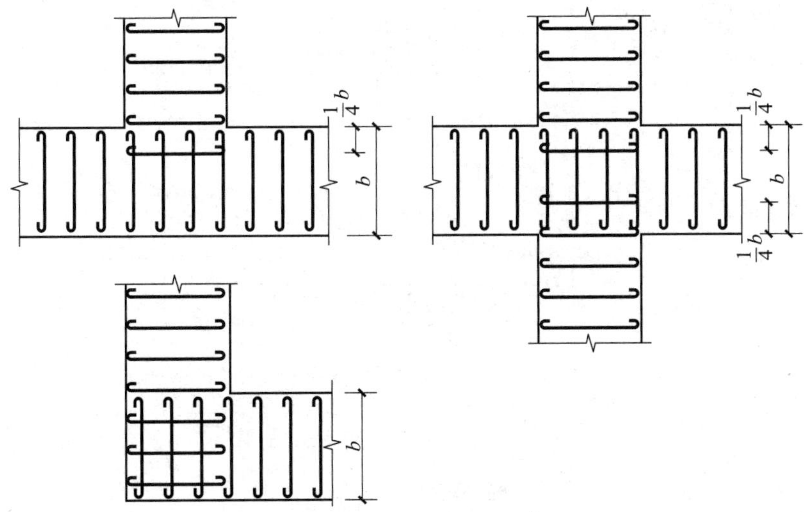

图 9－11　墙下条形基础纵横交叉处底板受力钢筋布置

3. 墙下钢筋混凝土条形基础设计

墙下钢筋混凝土条形基础的截面设计包括确定基础高度与基础底板配筋两方面。在内力计算时，通常沿墙长度方向取 1 m 作为计算单元。

1)轴心荷载作用下

(1)基础内力计算。

当墙体为砖墙且大放脚不大于 1/4 砖长时，基础最大内力设计值在墙边截面（见图 9－12），该截面处的弯矩 M 与剪力 V 为

$$M = \frac{1}{8}p_j(b-a)^2 \tag{9-21}$$

$$V = \frac{1}{2}p_j(b-a) \tag{9-22}$$

式中：V——基础底板最大剪力设计值，kN/m；

M——基础底板最大弯矩设计值，kN·m；

a——砖墙厚度，mm；

b——基础宽度，mm；

p_j——相应于作用的基本组合时地基净反力值（kN/mm^2），$p_j = F/b$，F 为相应于荷载效应基本组合时上部结传至基础顶面的竖向力设计值（kN/m）。

(2)基础高度。

基础内不配箍筋与弯起钢筋，则基础的有效高度 h_0 由混凝土的受剪承载力公式确定，即

$$V \leqslant 0.7\beta_{hs} f_t h_0 B \tag{9-23}$$

式中：f_t——混凝土轴心抗拉强度设计值，kPa；

B——基础长度方向的计算单元，一般取 1 m；

β_{hs}——受剪切承载力截面高度影响系数，由 $\beta_{hs} = (800/h_0)^{1/4}$ 计算，当 $h_0 < 800$ mm 时，取 $h_0 = 800$ mm，当 $h_0 > 2\ 000$ mm 时，取 $h_0 = 2\ 000$ mm。

(3)基础底板配筋。

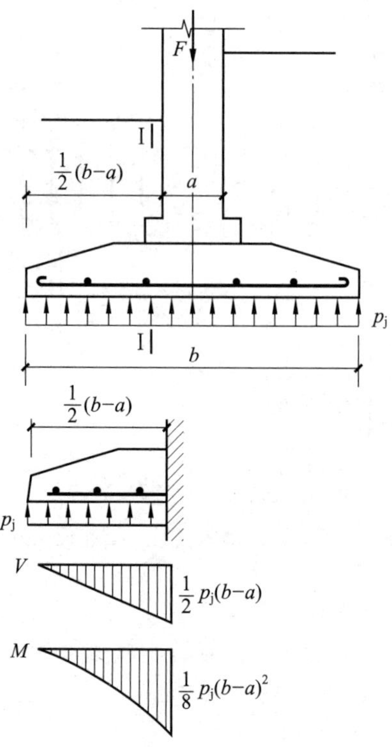

图 9-12　轴力荷载作用下墙下条形基础的内力分析

基础每米长的受力钢筋截面面积,可按式(9-24)计算。

$$A_s = \frac{M}{0.9 f_y h_0} \tag{9-24}$$

式中:A_s——基础每延米长基础底板受力钢筋截面面积,mm^2/m;

f_y——钢筋抗拉强度设计值,N/mm^2;

h_0——基础有效高度,m;

0.9——截面内力臂的近似值。

2)在偏心荷载作用下

在偏心荷载作用下,当地基净反力偏心距 $e_0 = M/F < b/6$ 时,基底净反力呈梯形分布(图 9-13),则基础边缘处的最大净反力设计值为

$$p_{jmax} = \frac{F}{b} + \frac{6M}{b^2} \tag{9-25}$$

$$p_{jmin} = \frac{F}{b} - \frac{6M}{b^2} \tag{9-26}$$

式中:M——相应于荷载效应基本组合时作用于基础底面的力矩值。

在悬臂支座处Ⅰ—Ⅰ截面的地基净反力 p_{j1} 可由式(9-27)计算。

$$p_{j1} = p_{jmin} + \frac{b - a_1}{b}(p_{jmax} - p_{jmin}) \tag{9-27}$$

对于基础高度确定和底板配筋,仍按式(9-23)和式(9-24)计算,但两式中的最大剪力设计值与最大弯矩设计值应取悬臂支座处Ⅰ—Ⅰ截面的剪力与弯矩,即

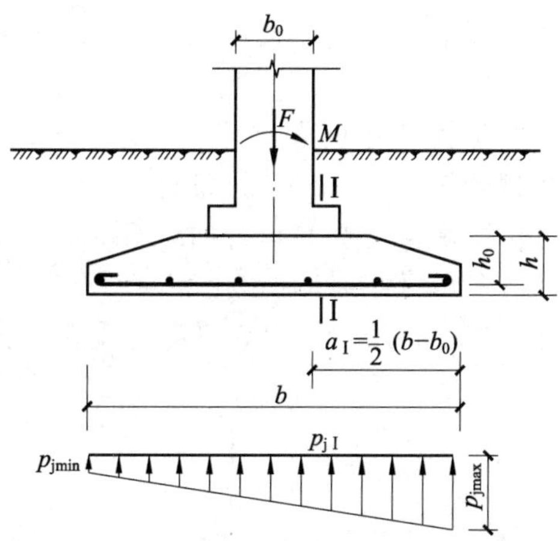

图 9-13　偏心荷载作用下条形基础的内力分析

$$M=\frac{1}{6}(2p_{\mathrm{jmax}}+p_{\mathrm{j1}})a_1^2 \tag{9-28}$$

$$V=\frac{1}{2}(p_{\mathrm{jmax}}+p_{\mathrm{j1}})a_1 \tag{9-29}$$

4. 柱下钢筋混凝土独立基础的设计

1)构造要求

柱下钢筋混凝土独立基础的构造要求，除了符合条形基础的一般构造要求外，尚应满足以下规定。

(1)阶形基础每阶高度一般为 300～500 mm，当基础高度不小于 600 mm 而小于 900 mm 时，阶形基础分两级；当基础高度不小于 900 mm 时，阶形基础分三级。当采用锥形基础时，其边缘高度不宜小于 200 mm，顶部每边应沿柱边放出 50 mm。

(2)柱下钢筋混凝土独立基础的受力钢筋应双向配置。现浇柱的纵向钢筋可通过插筋锚入基础，插筋的数量、直径及钢筋种类应与柱内纵向钢筋相同。插筋与柱的纵向受力钢筋的连接方法应按《混凝土结构设计规范》(GB 50010—2010)(2015 版)规定执行。插入基础的钢筋，上下至少应有两道箍筋固定。插筋的下端宜做成直钩放在基础底板的钢筋网上。当符合下列条件之一时，可仅将四角的插筋伸至底板的钢筋网上，其余插筋伸入基础的长度按锚固长度确定(见图 9-14)：

①柱为轴心受压或小偏心受压，基础高度不小于 1200 mm。

②柱为大偏心受压，基础高度不小于 1400 mm。

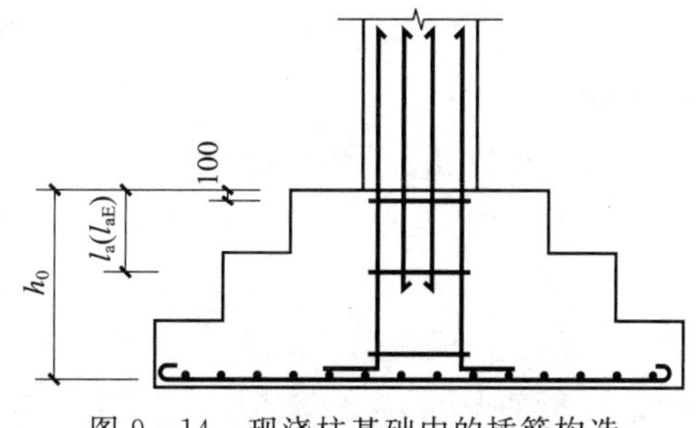

图 9-14　现浇柱基础中的插筋构造

杯口基础的构造要求，可按《建筑地基基础设计规范》(GB 50007—2011)的规定执行。

2)基础设计

(1)基础高度。在柱传来的荷载作用下，如果沿柱周边(或阶梯高度变化处)的基础高度(或阶梯高度)不足，就会产生冲切破坏，形成45°斜裂面的角锥体(见图9-15)。为保证基础不发生冲切破坏，必须要有足够的高度，使锥体以外的地基净反力所产生的冲切力小于冲切面处混凝土的抗冲切能力。所以，基础的高度由混凝土受冲切承载力确定。对矩形截面柱的矩形基础，柱与基础交接处、基础变阶处的抗受冲切破坏条件应满足下列公式的要求。

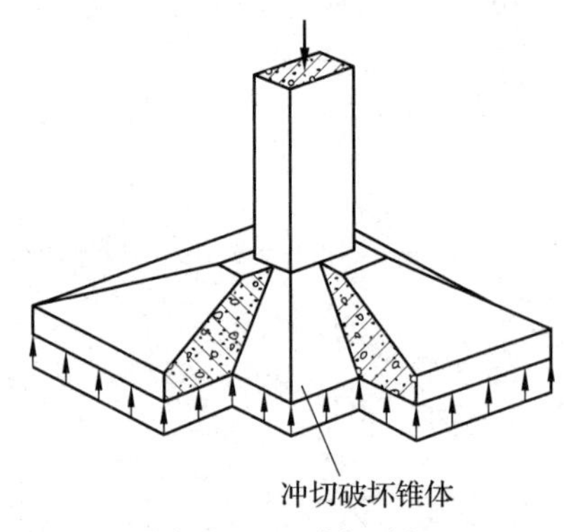

图9-15 冲切破坏

$$F_l \leqslant 0.7\beta_{hp} f_t a_m h_0 \tag{9-30}$$

$$a_m = (a_t + a_b)/2 \tag{9-31}$$

$$F_l = p_j A_l \tag{9-32}$$

式中：F_l——相应于作用的基本组合时作用在A_l上的地基土净反力设计值；

β_{hp}——受冲切承载力截面高度影响系数(当$h \leqslant 800$ mm时，取$\beta_{hp}=1.0$；当$h \geqslant 2\ 000$ mm时，取$\beta_{hp}=0.9$，其间按线性内插法取用)；

f_t——混凝土轴心抗拉强度设计值，kPa；

a_m——冲切破坏锥体的计算长度，m；

h_0——基础冲切破坏锥体的有效高度，m；

a_t——冲切破坏锥体最不利一侧斜截面的上边长(当计算柱与基础交接处的受冲切承载力时，取柱宽；当计算基础变阶处的受冲切承载力时，取上阶宽)，m；

a_b——冲切破坏锥体最不利一侧斜截面在基础底面积范围内的下边长[当冲切破坏锥体的底面落在基础底面以内，如图9-16(a)、(b)所示，计算柱与基础交接处的受冲切承载力时，取柱宽加两倍基础有效高度；当计算基础变阶处的受冲切承载力时，取上阶宽加两倍该处的基础有效高度]，m；

p_j——扣除基础自重及其上土重后相应于荷载效应基本组合时的地基土单位面积净反力(kPa)，对偏心受压基础可取基础边缘处最大地基土单位面积净反力；

A_l——冲切验算时取用的部分基底面积(m^2)，如图9-16(a)、(b)中的阴影面积*ABCDEF*，或图9-16(c)中的阴影面积*ABCD*。

(2)基础底板的配筋。基础底板的配筋，应按抗弯计算确定。在轴心荷载或单向偏心荷载作用下，底板受弯可按简化方法计算，即：对于矩形基础，当台阶的宽高比不大于2.5且偏心距

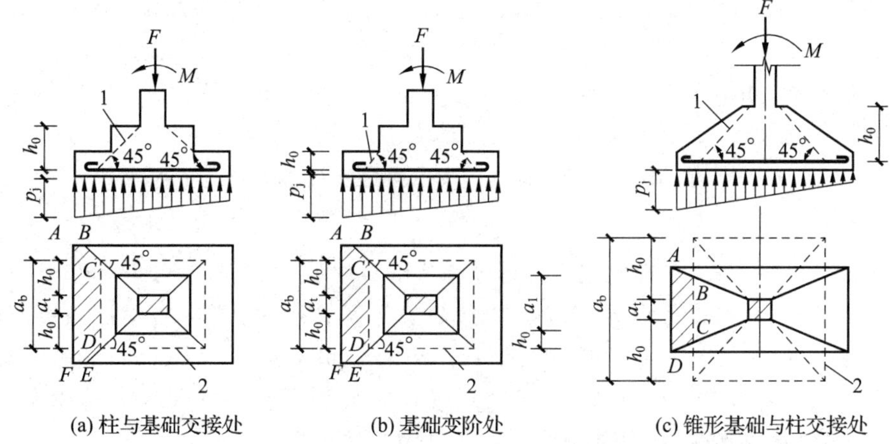

(a) 柱与基础交接处　　(b) 基础变阶处　　(c) 锥形基础与柱交接处

1—冲切破坏锥体最不利一侧的斜截面；2—冲切破坏锥体的底面线。

图 9－16　计算阶形基础的受冲切承载力截面位置

不大于 1/6 基础宽度时，任意截面的底板弯矩可按下列公式计算（见图 9－17）。

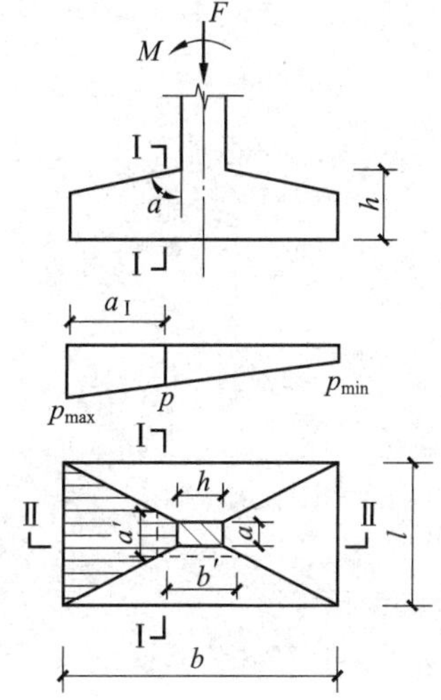

图 9－17　矩形基础底板的计算示意

$$M_{\mathrm{I}} = \frac{1}{12} a_{\mathrm{I}}^{2} \left[(2l + a') \left(p_{\max} + p - \frac{2G}{A} \right) + (P_{\max} - p) l \right] \tag{9-33}$$

$$M_{\mathrm{II}} = \frac{1}{48} (l - a')^{2} (2b + b') \left(p_{\max} + p_{\min} - \frac{2G}{A} \right) \tag{9-34}$$

式中：M_{I}、M_{II}——相应于作用的基本组合时任意截面Ⅰ—Ⅰ、Ⅱ—Ⅱ处的弯矩设计值，kN·m；

a_{I}——任意截面Ⅰ—Ⅰ至基底边缘最大反力处的距离，m；

l、b——基础底面的边长，m；

$p_{\max}$、$p_{\min}$——相应于作用的基本组合时的基底边缘最大和最小地基反力设计值，kPa；

p——相应于作用的基本组合时在任意截面Ⅰ—Ⅰ处基础底面地基反力设计值，kPa；

G——考虑作用分项系数的基础自重及其上的土自重（kN），当组合值由永久作用控制时，作用分项系数取 1.35。

值得注意的是，式(9-33)和式(9-34)中的 p_{max}、p_{min} 与 p 均为地基反力，而不是地基净反力。

当计算出弯矩 M_I、M_{II} 后，再按式(9-24)即可计算出基础底板的配筋。

对于阶形基础，如图 9-16 所示，长边方向，柱与基础交接处的弯矩为 M_I，其对应的配筋为 A_{sI}；基础变阶处的弯矩为 M_{III}，其对应的配筋为 A_{sIII}，所以应取 A_{sI} 与 A_{sIII} 中的较大者进行配筋，才能确保安全。同理，短边方向也应按上述规定进行配筋。

【拓展与应用】

苏州市虎丘塔地基沉降事故及思考

苏州市虎丘塔，又名云岩寺塔，是驰名中外的宋代古塔。位于苏州市虎丘公园山顶，落成于宋太祖建隆二年(公元 961 年)，距今已有 1036 年。全塔 7 层，高 47.7m。塔的平面呈八角形，由外壁、回廊与塔心三部分组成。塔身全部青砖砌筑，外形仿楼阁式木塔，每层都有 8 个壶门，拐角处的砖特制成圆弧形，建筑精美。1961 年被列为全国重点保护文物。

由于塔基土厚薄不均，塔墩基础设计构造不完善等原因，从明代起，该塔就开始向西北倾斜。上世纪 80 年代，经专家测量，塔身因向东北方向严重倾斜，不仅塔尖倾斜 2.34 m，塔身最大倾斜度为 3°59′，而且底层塔身发生不少裂缝，东北方向为竖直裂缝，西南方向为水平裂缝。在国家文物管理局和苏州市人民政府领导下，召开多次专家会议，采取在塔四周建造一圈桩排式地下连续墙，并对塔周围与塔基进行钻孔注浆和树根桩加固塔身等方法，加固修整，终于保住了这座母塔。

由此引起的思考：

(1) 地基沉降对建筑物的影响有哪些？

(2) 产生地基沉降的原因是什么？

(3) 地基基础设计主要考虑哪些因素？

思考练习题

1. 简述地基、基础与上部结构相互作用,并图示说明。
2. 什么是埋深? 确定埋深应考虑哪些因素?
3. 什么是地基反力和地基净反力?
4. 柱下钢筋混凝土独立基础的插筋有哪些构造要求? 其基础高度如何确定?
5. 无筋扩展基础的特点是什么? 简述说明砖基础的构造要求。
6. 柱下钢筋混凝土阶形独立基础的底板配筋如何确定?
7. 某砖墙基础,其上部传来的竖向力 F_k=100 kN/m,基础埋深 d=1.0 m,修正后的地基承载力特征值 f_a=120 kPa,基础采用 M5.0 水泥砂浆砌筑,要求基础顶面至少低于室外地面 0.2 m,砖基础的剖面如图 9-18 所示,环境类别为一类,结构设计使用年限为 50 年。试确定该基础的尺寸 b 与 H_0。

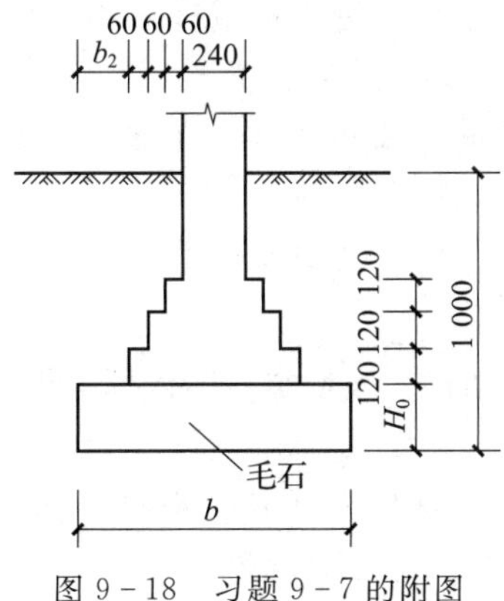

图 9-18　习题 9-7 的附图

8. 某住宅楼砖墙承重,底层墙厚为 370 mm,作用基础顶面上的荷载 F=235 kN/m,基础埋深 d=1.0 m,如图 9-19 所示。已知条形基础的底面宽度 b=2.0 m,基础的混凝土强度等级采用 C20,配置 HPB300 级钢筋。环境类别为一类,结构设计使用年限为 50 年。试计算:
   (1)该条形基础的底板厚度是否满足。
   (2)确定基础底板配筋。

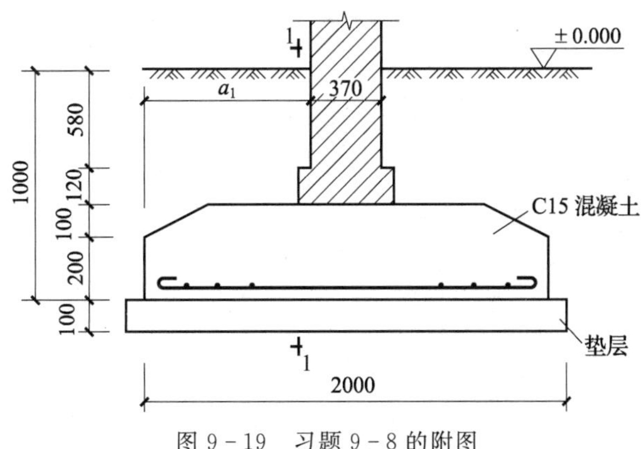

图 9-19　习题 9-8 的附图

参考文献

[1]中华人民共和国国家标准.建筑结构可靠性设计统一标准(GB 50068—2018)[M].北京:中国建筑工业出版社,2018.

[2]中华人民共和国国家标准,建筑结构荷载规范(GB 50009—2012)[M].北京:中国建筑工业出版社,2012

[3]中华人民共和国国家标准.混凝土结构设计规范(GB 50010—2010)(2015 版)[M].北京:中国建筑工业出版社,2015.

[4]中华人民共和国国家标准,建筑抗震设计规范(GB 50011—2010)(2016 版)[M].北京:中国建筑工业出版社,2016.

[5]中华人民共和国国家标准.砌体结构设计规范(GB 50003—2011)[M].北京:中国建筑工业出版社,2012.

[6]中华人民共和国国家标准.建筑地基基础设计规范(GB 50007—2011)[M].北京:中国建筑工业出版社,2012.

[7]中华人民共和国国家标准,钢结构设计规范(GB 50017—2017)[M].北京:中国计划出版社.2017.

[8]中华人民共和国国家标准,钢结构高强度螺栓连接技术规程(JGJ 82—2011)[M].北京:中国建筑工业出版社,2011.

[9]中华人民共和国国家标准.建筑结构设计术语和符号标准(GB/T 50083—2014)[M].北京:中国建筑工业出版社,2015.

附录　等截面等跨连续梁在常用荷载作用下的内力系数

1. 在均布荷载作用下

$$M = K_1 g l^2 + K_2 q l^2$$

$$V = K_3 g l + K_4 q l$$

2. 在集中荷载作用下

$$M = K_1 G l + K_2 Q l$$

$$V = K_3 G + K_4 Q$$

式中，g、q 分别为单位长度上的均布恒荷载和活荷载（g、q 在表中均用 q 表示）；G、Q 分别为集中恒荷载和活荷载（G、Q 在表中均用 P 表示）；K_1、K_2、K_3、K_4 均为内力系数，由表中相应栏查得。

附表 1　两跨梁

荷载简图	跨内最大弯矩		支座弯矩	横向剪力			
	M_1	M_2	M_B	V_A	$V_{B左}$	$V_{B右}$	V_C
q; A B C; l l	0.070	0.070	−0.125	0.375	−0.625	0.625	−0.375
q; M_1 M_2	0.096	−0.025	−0.063	0.437	−0.563	0.063	0.063
P P	0.156	0.156	−0.188	0.312	−0.688	0.688	−0.312
P	0.203	−0.047	−0.094	0.406	−0.594	0.094	0.094
P P	0.222	0.222	−0.333	0.667	−1.334	1.334	−0.667
P	0.278	−0.056	−0.167	0.833	−1.167	0.167	0.167

附表 2　三跨梁

荷载简图	跨内最大弯矩		支座弯矩		横向剪力					
	M_1	M_2	M_B	M_C	V_A	$V_{B左}$	$V_{B右}$	$V_{C左}$	$V_{C右}$	V_D
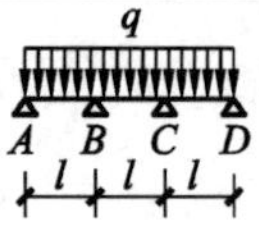	0.080	0.025	-0.100	-0.100	0.400	-0.600	0.500	-0.500	0.600	-0.400
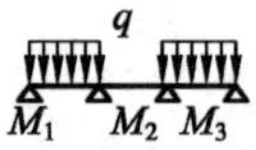	0.101	-0.050	-0.050	-0.050	0.450	-0.550	0.000	0.000	0.550	-0.450
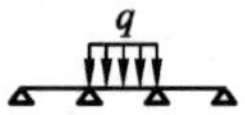	-0.025	0.075	-0.050	-0.050	-0.050	-0.050	0.050	-0.050	0.050	0.050
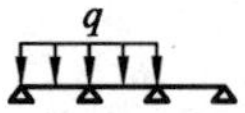	0.073	0.054	-0.117	-0.033	0.383	-0.617	0.583	-0.417	0.033	0.033
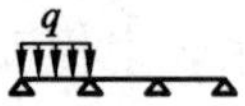	0.094	—	-0.067	0.017	0.433	-0.567	0.083	-0.083	-0.017	-0.017
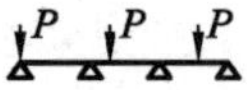	0.175	0.100	-0.150	-0.150	0.350	-0.650	0.500	-0.500	0.650	-0.350
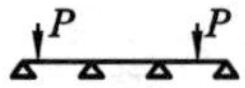	0.213	-0.075	-0.075	0.075	0.425	-0.575	0.000	0.000	0.575	-0.425
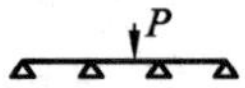	-0.038	0.175	-0.075	-0.075	-0.075	-0.075	0.500	-0.500	0.075	0.075
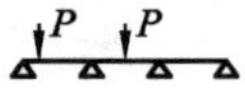	0.162	0.137	-0.175	-0.050	0.325	-0.675	0.625	-0.375	0.050	0.050
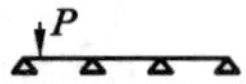	0.200	—	-0.100	0.025	0.400	-0.600	0.125	0.125	-0.025	-0.025
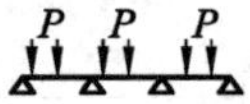	0.244	0.067	-0.267	-0.267	0.733	-1.267	1.000	-1.000	1.267	-0.733
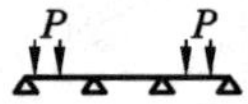	0.289	-0.133	-0.133	-0.133	0.866	-1.134	0.000	0.000	1.134	-0.866
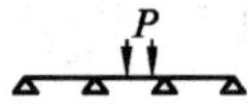	-0.044	0.200	-0.133	-0.133	-0.133	-0.133	1.000	-1.000	0.133	0.133
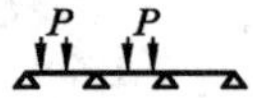	0.229	0.170	-0.311	-0.089	0.689	-1.311	1.222	-0.778	0.089	0.089
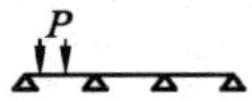	0.274	—	-0.178	0.044	0.822	-1.178	0.222	0.222	-0.044	-0.044

附表 3　四跨梁

荷载简图	跨内最大弯矩				支座弯矩			横向剪力							
	M_1	M_2	M_3	M_4	M_B	M_C	M_D	V_A	$V_{B左}$	$V_{B右}$	$V_{C左}$	$V_{C右}$	$V_{D左}$	$V_{D右}$	V_E
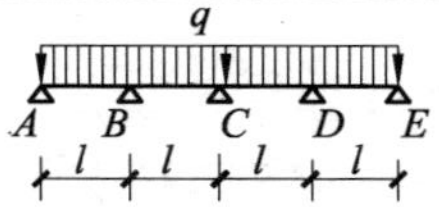 q; A B C D E; l l l l	0.077	0.036	0.036	0.077	−0.107	−0.071	−0.107	0.393	−0.607	0.536	−0.464	0.464	−0.536	0.607	−0.393
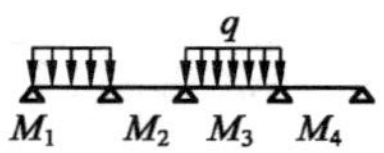 q; M_1 M_2 M_3 M_4	0.100	0.045	0.081	−0.023	−0.054	−0.036	−0.054	0.446	−0.554	0.018	0.018	0.482	−0.518	0.054	0.054
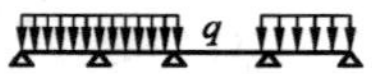 q	0.072	0.061	—	0.098	−0.121	−0.018	−0.058	0.380	−0.620	0.603	−0.397	−0.040	−0.040	0.558	−0.442
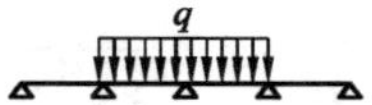 q	—	0.056	0.056	—	−0.036	−0.107	−0.036	−0.036	−0.036	0.429	−0.571	0.571	−0.429	0.036	0.036
q	0.094	—	—	—	−0.067	0.018	−0.004	0.433	−0.567	0.085	0.085	−0.022	−0.022	0.004	0.004
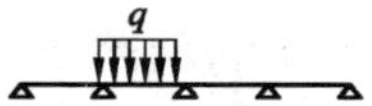 q	—	0.074	—	—	−0.049	−0.054	0.013	−0.049	−0.049	0.496	−0.504	0.067	0.067	−0.013	−0.013
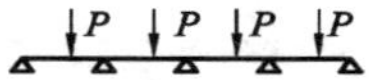 P P P P	0.169	0.116	0.116	−0.169	−0.161	−0.107	−0.161	0.339	−0.661	0.554	−0.446	0.446	−0.554	0.661	−0.339
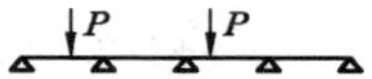 P P	0.210	0.067	0.183	−0.040	−0.080	−0.054	−0.080	0.420	−0.580	0.027	0.027	0.473	0.527	0.080	0.080
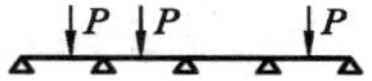 P P P	0.159	0.146	—	0.206	−0.181	−0.027	−0.087	0.319	−0.681	0.654	−0.346	−0.060	−0.060	0.587	−0.413

续表

荷载简图	跨内最大弯矩				支座弯矩			横向剪力							
	M_1	M_2	M_3	M_4	M_B	M_C	M_D	V_A	$V_{B左}$	$V_{B右}$	$V_{C左}$	$V_{C右}$	$V_{D左}$	$V_{D右}$	V_E
	—	0.142	0.142	—	−0.054	−0.161	−0.054	−0.054	−0.054	0.393	−0.607	0.607	−0.393	0.054	0.054
	0.200	—	—	—	−0.100	0.027	−0.007	0.400	−0.600	0.127	0.127	−0.033	−0.033	0.007	0.007
	—	0.173	—	—	−0.074	−0.080	0.020	−0.074	−0.074	0.493	−0.507	0.100	0.100	−0.020	−0.020
	0.238	0.111	0.111	0.238	−0.286	−0.191	−0.286	0.714	−1.286	1.095	−0.905	1.905	−1.095	1.286	−0.714
	0.286	−0.111	0.222	−0.048	−0.143	−0.095	−0.143	0.875	−1.143	0.048	0.048	0.952	−1.048	0.143	0.143
	0.226	0.194	—	0.282	−0.321	−0.048	−0.155	0.679	−1.321	1.274	−0.726	−0.107	−0.107	1.155	−0.845
	—	0.175	0.175	—	−0.095	−0.286	−0.095	−0.095	−0.095	0.810	−1.190	0.190	−0.810	0.095	0.095
	0.274	—	—	—	−0.178	0.048	−0.012	0.822	−1.178	0.226	0.226	−0.060	−0.060	0.012	0.012
	—	0.198	—	—	−0.131	−0.143	−0.036	−0.131	−0.131	0.988	−1.012	0.178	0.178	−0.036	−0.036

附表 4 五跨梁

荷载简图	跨内最大弯矩			支座弯矩				横向剪力										
	M_1	M_2	M_3	M_B	M_C	M_D	M_E	V_A	$V_{B左}$	$V_{B右}$	$V_{C左}$	$V_{C右}$	$V_{D左}$	$V_{D右}$	$V_{E左}$	$V_{E右}$	V_F
q; A B C D E F; l l l l l	0.078	0.033	0.046	−0.105	−0.079	−0.079	−0.105	0.394	−0.606	0.526	−0.474	0.500	−0.500	0.474	−0.526	0.606	−0.394
q; M_1 M_2 M_3 M_4 M_5	0.100	−0.046	0.085	−0.053	−0.040	−0.040	−0.053	0.447	−0.553	0.013	0.013	0.500	−0.500	−0.013	−0.013	0.553	−0.447
q	−0.263	0.079	−0.039	−0.053	−0.040	−0.040	−0.053	−0.053	−0.053	0.513	−0.487	0.000	0.000	0.487	−0.513	0.053	0.053
q	0.073	0.059	—	−0.119	−0.022	−0.044	−0.051	0.380	−0.620	0.598	−0.402	−0.023	−0.023	0.493	−0.507	0.052	0.052
q	—	0.055	0.064	−0.035	−0.111	−0.020	−0.057	−0.035	−0.035	0.424	−0.576	0.591	−0.049	−0.037	−0.037	0.557	−0.443
q	0.094	—	—	−0.067	0.018	−0.005	0.001	0.433	−0.567	0.085	0.085	−0.023	−0.023	0.006	0.006	−0.001	−0.001
q	—	0.074	—	−0.049	−0.054	0.014	−0.004	−0.049	−0.049	0.495	−0.505	0.068	0.068	−0.018	−0.018	0.004	0.004
q	—	—	0.072	0.013	−0.053	−0.053	0.013	0.013	0.013	−0.066	−0.066	0.500	−0.500	0.066	0.066	−0.013	−0.013
P P P P P	0.171	0.112	0.132	−0.158	−0.118	−0.118	−0.158	0.342	−0.658	0.540	−0.460	0.500	−0.500	0.460	−0.540	0.658	−0.342
P P P	0.211	−0.069	0.191	−0.079	−0.059	−0.059	−0.079	0.421	−0.579	0.020	0.020	0.500	−0.500	−0.020	−0.020	0.579	−0.421
P P	0.039	0.181	−0.059	−0.079	−0.059	−0.059	−0.079	−0.079	−0.079	0.520	−0.480	0.000	0.000	0.480	−0.520	0.079	0.079
P P P	0.160	0.144	—	−0.179	−0.032	−0.066	−0.077	0.321	−0.679	0.647	−0.353	−0.034	−0.034	0.489	−0.511	0.077	0.077

续表

荷载简图	跨内最大弯矩			支座弯矩				横向剪力									
	M_1	M_2	M_3	M_B	M_C	M_D	M_E	V_A	$V_{B左}$	$V_{B右}$	$V_{C左}$	$V_{C右}$	$V_{D左}$	$V_{D右}$	$V_{E左}$	$V_{E右}$	V_F
	—	0.140	0.151	−0.052	−0.167	−0.031	−0.086	−0.052	−0.052	0.385	−0.615	0.637	−0.363	−0.056	−0.056	0.586	−0.414
	0.200	—	—	−0.100	0.027	−0.007	0.002	0.400	−0.600	0.127	0.127	−0.034	−0.034	0.009	0.009	−0.002	−0.002
	—	0.173	—	−0.073	−0.081	0.022	−0.005	−0.073	−0.073	0.493	−0.507	0.102	0.102	−0.027	−0.027	0.005	0.005
	—	—	0.171	10020	−0.079	−0.079	0.020	0.020	0.020	−0.099	−0.099	0.500	−0.500	0.099	0.099	−0.020	−0.020
	0.240	0.100	0.122	−0.281	−0.211	−0.211	−0.281	0.719	−1.281	1.070	−0.930	1.000	−1.000	0.930	−1.070	1.281	−0.719
	0.287	−0.117	0.228	−0.140	−0.105	−0.105	−0.140	0.860	−1.140	0.035	0.035	1.000	−1.000	−0.035	−0.035	1.140	−0.860
	−0.047	0.216	−0.105	−0.140	−0.105	−0.105	−0.140	−0.140	−0.140	1.035	−0.965	0.000	0.000	0.965	−1.035	0.140	0.140
	0.227	0.189	—	−0.319	−0.057	−0.118	−0.137	0.681	−1.319	1.262	−0.738	−0.061	−0.061	0.981	−1.019	0.137	0.137
	—	0.172	0.198	−0.093	−0.297	−0.054	−0.153	−0.093	−0.093	0.796	−1.204	1.243	−0.757	−0.099	−0.099	1.153	−0.847
	0.274	—	—	−0.179	0.048	−0.013	0.003	0.821	−1.179	0.227	0.227	−0.061	−0.061	0.016	0.016	−0.003	−0.003
	—	0.198	—	−0.131	−0.144	0.038	−0.010	−0.131	−0.131	0.987	−1.013	0.182	0.182	−0.048	−0.048	0.010	0.010
	—	—	0.193	0.035	−0.140	−0.140	0.035	0.035	0.035	−0.175	−0.175	1.000	−1.000	0.175	0.175	−0.035	−0.035